Evemarie Brändle

Bauernhaussanierung

Evemarie Brändle

Bauernhaus-sanierung

Neues Wohnen in alten Häusern

BLV Verlagsgesellschaft
München Wien Zürich

CIP-Titelaufnahme der Deutschen Bibliothek

Brändle, Evemarie:
Bauernhaussanierung: neues Wohnen
in alten Häusern / Evemarie Brändle.
[Unter Mitarb. von Franz Xaver Wittmann] –
München; Wien; Zürich:
BLV Verlagsgesellschaft, 1988
ISBN 3-405-13457-9

Unter Mitarbeit von Franz Xaver Wittmann
(Kapitel »Heizung und Warmwasser«)

Satz und Druck: Appl, Wemding
Bindung: Sellier, Freising

Printed in Germany · ISBN 3-405-13457-9

Inhalt

Geleitwort

Denkmalschutz und Denkmalpflege haben europaweit eine neue Dimension, eine neue Qualität erreicht. Es geht nicht mehr ausschließlich um hochrangige kunstgeschichtliche Denkmäler, etwa um die »Prunkstücke« der Geschichte. Es geht um Straßen und Plätze, um Häusergruppen, Fabriken, Brücken, Bahnhöfe – um sozialgeschichtlich wichtige Siedlungen, um ganze Ortsteile, in den Städten ebenso wie im ländlichen Raum. Von der europäischen Kampagne für den ländlichen Raum wird mit Nachdruck unterstrichen: Nicht allein in den Städten ist unsere Kultur gewachsen, auch die Gemeinden, die Dörfer waren jahrhundertelang kulturelle, soziale und wirtschaftliche Zentren. Der Begriff Kultur dokumentiert sich dabei nicht nur in Kirchen und Rathäusern, sondern in besonders eindrucksvoller Weise auch in den Bauernhäusern. Sie prägen die Landschaften, sie spiegeln Lebensart und Lebensweise der Menschen wider, die in ihnen »zu Hause« waren und sind. Das Bauernhaus in seiner ursprünglichen, seiner geschichtlichen Gestalt zu erhalten, es zu erneuern, ohne es neumodischen Tendenzen zu unterwerfen, das ist eine große Aufgabe:

Bauernhäuser bilden innerhalb der rund ½ Million Einzelgebäude und mindestens 1½ Millionen Gebäude in Gesamtanlagen, die in der Bundesrepublik unter Denkmalschutz stehen, eine »Schwerpunkt-Gruppe«. Rund 15 Prozent unserer gesamten Bausubstanz sind denkmalpflegerisch schutzbedürftig, müssen gepflegt und unterhalten werden. Dazu kommen schätzungsweise 2½ Millionen Altbauten, die zwar nicht denkmalgeschützt, aber erhaltungswürdig sind. Der ländliche Raum ist auch daran in großem Umfange beteiligt.

Daraus ergibt sich eine »öffentliche Aufgabe«, die zugleich eine Aufgabe aller an Denkmalschutz und Denkmalpflege Beteiligten ist. Sie wendet sich an Planer und Architekten, an Denkmalpfleger und Handwerker gleichermaßen. 42 von den 126 Handwerksberufen sind auf dem Felde des Denkmalschutzes und der Denkmalpflege tätig. Es handelt sich nicht allein um die schon immer mit der Denkmalpflege eng verbundenen Handwerker, die Maurer und Zimmerer, die Maler und Stukkateure, Steinmetze, Stein- und Holzbildhauer, die Schmiede und Schlosser, die Tischler und Glaser. Gefragt sind z.B. auch die Leistungen der Wärme-, Kälte- und Schallschutzisolierer, der Gas- und Wasserinstallateure, der Elektroinstallateure und der Raumausstatter. Sie alle sind gerade auch auf dem Land vor Aufgaben gestellt, die weit über den Rahmen der traditionellen Denkmalpflege hinausgehen. Sie setzen den Umgang mit alten, schon fast vergessenen Handwerkstechniken ebenso voraus wie den Einsatz moderner Sanierungsververfahren.

Die Handwerker sind aufgerufen, sich mit allen Verantwortlichen und Betroffenen um das bauliche Erbe des ländlichen Raumes zu bemühen, seinen Reichtum an kulturellen Zeugnissen neu zu erschließen und den nachkommenden Generationen zu erhalten. Dabei ist »Fingerspitzengefühl« in höchstem Maße notwendig: Einerseits haben gerade im ländlichen Raum die Baudenkmäler – und auch die Bauernhäuser durch umwälzende gesellschaftliche, wirtschaftliche und soziale Strukturveränderungen ihre ursprüngliche Nutzung verloren. Andererseits sind viele Bauvorschriften der heutigen Zeit weder für Baudenkmäler gedacht, noch für Baudenkmäler gemacht: Ihre Anwendung bedeutet nur all zu häufig hohe Substanzverluste und krampfhafte Lösungen. Aber auch übersteigerte Perfektionsansprüche – im ästhetischen wie im technischen Bereich – können historische Bausubstanz bis zur Unkenntlichkeit verändern, wenn nicht sogar vernichten. Ungeeignete Materialien, Materialkombinationen, Ersatzmaterialien können ein Übriges tun.

Um so mehr sind das fachmännische Planen, das handwerkliche Wissen und Können gefragt. Genau diesem Ziel dient Evemarie Brändles Werk »Bauernhaussanierung«: Erhaltenswertes zu erhalten und fachgerecht zu sanieren. Mit seiner Fülle von praktischen Anleitungen und technischen Hinweisen sensibilisiert es Architekten, Bauherren, Handwerker, Ämter und Behörden. Und es weist Wege zu einer fruchtbaren, allen Beteiligten zugutekommenden Zusammenarbeit. Dieses Buch kommt zur richtigen Zeit. Es bildet einen wertvollen Beitrag zur Kampagne für den ländlichen Raum, die eine Kampagne für den Erhalt einer lebenswerten Umwelt ist.

Dipl.-Ing. Heribert Späth
Präsident des Zentralverbands des
deutschen Handwerks

Bauernhaussanierung - lohnt sie sich?

Ein Bauernhaus wird im Verständnis seiner Bewohner kein »schützenswertes Denkmal« sein. Es ist in erster Linie Behausung für die Menschen und für den landwirtschaftlichen Betrieb. Es ist aber auch das Zuhause, seit Generationen mit einem unverwechselbaren Gesicht. Und das sollte geschützt werden vor falschem Statusdenken und vor dem Irrtum, daß ein moderner Mensch in alten Häusern nur schlecht lebt. Das sollten auch jene bedenken, die aus der Stadt kommen und ein neues Heimatgefühl in alten Häusern suchen. Eine Sanierung muß man behutsam angehen, jeder größere Eingriff in die alte Baumasse nimmt dem Haus etwas von seiner gewachsenen Ursprünglichkeit.

Warum erhalten?

Die Bausubstanz alter Bauernhäuser stellt in ihrer Gesamtheit einen hohen kulturellen und auch wirtschaftlichen Wert dar. Bauernhäuser sind Zeugnisse der großen, künstlerisch-technischen Begabung unserer Vorfahren, die in jedem Gegenstand Zweck und Form in harmonischen Einklang bringen konnten. Sicher besitzen die Menschen der bäuerlichen Gesellschaft noch dieselben Talente, aber die eigene künstlerische Entwicklung wird - wie in anderen Gruppen auch - zugeschüttet von der Flut industriell vorgefertigter Massenware. Zugeschüttet wird auch unser Gespür für den Wert oder Unwert einer Form, für die Beziehung einer Form zum Gebrauchszweck. Wir dulden Schnörkel, wo keine hingehören, und finden uns mit der Formlosigkeit von Gebrauchsgegenständen ab, die früher nicht unverziert eine Werkstatt verlassen hätten.

Tragisch wird dieser Verlust des Gefühls für gute Form, wenn es ans Bauen geht, wenn Baumasse zerstört wird, die sowohl harmonisch in ihrer Form als auch im Bezug zu ihrer Umgebung war und die ersetzt wird durch eine Ansammlung industrieller Baueinzelteile.

Einen schönen, alten Schmuck wird man nicht wegwerfen, sondern tragen und sich daran freuen. Die alten Bauernhäuser sind der schönste Schmuck unserer Landschaft. Wer solchen Schmuck besitzt, sollte ihn lebendig erhalten: nicht als totes Museum, sondern als ein bewohntes, wie seit Jahrhunderten mit Leben erfülltes Haus.

Wie erhalten?

Keineswegs soll man ein altes Anwesen aushöhlen, so daß nur noch die Fassade stehenbleibt. Das alte, unverwechselbare Gesicht eines Hauses soll erhalten bleiben, nicht nur außen, sondern auch im Innern. Entfernen von Tragwänden, komplizierte Unterfangungen, massenweises Versetzen von Türen und was dergleichen Unsinn mehr ist, treiben Mühen und Kosten ganz unnötig in die Höhe. Mit etwas Phantasie sind trotzdem in jedem Haus eine helle, funktionstüchtige Küche, WC und Dusche im Erdgeschoß, im Obergeschoß ein Bad und, getrennt, ein WC unterzubringen. Eine gute Vorplanung hilft, kostengünstige, haustechnisch und formal befriedigende Lösungen zu finden. Das *Ziel einer Sanierung* muß gutes, praktisches, den heutigen Ansprüchen angepaßtes Wohnen sein, bei weitgehender Erhaltung der intakten Bausubstanz.

Umbau oder Anbau hat es bei alten Häusern schon immer gegeben, aber stets folgten sie den vorhandenen Baugesetzen und hielten den Maßstab. Auch heute ist es möglich, eine »Widerkehr« anzubauen, einen Erker unter abgeschlepptem Dach, oder das Haus in der Achse zu verlängern, wenn man »das Maß« hält und das neue Teil dem Alten einordnet.

Originale und für eine Gegend typische Bauteile wie Gewölbe in Flur und Küche, gemauerte Treppen, Kammerstiegen soll man zu erhalten versuchen. Auch sie gehören zum Gesicht eines Hauses.

Die Auswahl des Baumaterials war noch vor fünfzig Jahren recht bescheiden: Holz, Steine, Putz, Sichtmauerwerk aus kleinformatigen Ziegeln, Metall, wo es konstruktiv unbedingt nötig war. Daran soll man sich auch bei der Sanierung halten. Ein altes Haus ist kein Musterkoffer für einen Baustoffhändler.

»Rustikal« bezeichnet eine Mode, die mit der alten bäuerlichen Kultur überhaupt nichts zu tun hat. Nirgends soll man dieser Mode sorgfältiger aus dem Wege gehen als im ländlichen Bereich. Die zahllosen Geschmacklosigkeiten, von Rauhputz in Stuben über »urige« Möbel bis zum falschen Schmiedeeisen soll man sich fernhalten.

Was erhalten?

Grundsätzlich ist *jede intakte Bausubstanz* erhaltenswert. Oft genügen wenige Reparaturen oder kleine Umbauten, um mit geringen Mitteln vernachlässigte Räume oder Bauten wieder brauchbar zu machen. Bevor man abreißt, soll man den Bestand genau prüfen und über die Nutzung nachdenken.
Erhalten soll man *historische Bauten,* die ins vorige Jahrhundert und weiter zurückreichen und die unsere Herkunft sichtbar machen. Eine große Tradition steht hinter der Schönheit und Stattlichkeit alter Anwesen. Alte Bauernhäuser wollen wir abreißen oder bis zur Unkenntlichkeit vermodernisieren?
Wenn wir die Pflege unserer Tradition allein dem Staat überlassen, schicken wir sie automatisch ins Museum. Wenn sie in unserem Dasein wirksam werden soll, müssen wir sie in unser Leben einbeziehen, wir müssen unseren Blick dafür schärfen und über ihren Wert oder auch Unwert nachdenken. Dann werden wir lernen, neue Traditionen aus den alten zu entwickeln, wir werden unseren Kindern eine lebendige Überlieferung weitergeben.

Wirtschaftliche Überlegungen

Wirtschaftliche Überlegungen sind für die Erhaltung alter Bausubstanz mindestens so ausschlaggebend wie kulturelle. Beinahe alle Häuser, die abgebrochen werden sollen, weisen in ihrem Kern eine gute Rohbausubstanz auf. Das desolate Aussehen geht oft in erster Linie auf eine lange Vernachlässigung zurück. Bei genauer Inventur wird man feststellen, daß im Vergleich zu einem Neubau der größte Teil der Rohbaukosten, oft die Hälfte der Gesamtbaukosten, gespart werden kann. Meist ist weitaus mehr brauchbar, als auf den ersten Blick anzunehmen ist.
Die *Abbruchkosten* eines alten Hauses werden immer wieder unterschätzt. Die alten Mauern können sich plötzlich als sehr stabil erweisen, der Arbeitsaufwand für den Abbruch vergrößert sich damit unverhältnismäßig. Die Materialabfuhr wird mit steigenden Benzinpreisen teurer, dazu kommen oft sehr hohe Schuttabladegebühren.
Die *Baunebenkosten* für einen Neubau wie Baugrundausweisung, Anschlußkosten, Straßen- und Wegebau können bei der Sanierung zum großen Teil entfallen. Nicht entfallen können die Planungskosten! Gute Planung ist auch beim Sanieren außerordentlich wichtig.
Die für einen Neubau benötigte Grundfläche samt Zufahrt und Umgriff ist bei einer Kalkulation unbedingt mit zu berechnen. Auf der Fläche, die anstelle des abgebrochenen Hauses entsteht, wird ohne teure und tiefgreifende Planierungsarbeiten in den nächsten zehn Jahren kein brauchbares Gras wachsen, von einem Garten gar nicht zu reden. Ein neues Haus frißt, alles in allem, mindestens fünfhundert Quadratmeter gute Wiese. Bei einem Neubau sind genau vorgeschriebene Abstandsflächen einzuhalten, das heißt, daß man unter Umständen weiter von Nachbarbauten abrücken muß als vorgesehen, also noch mehr Grundfläche verbraucht.
Bei der *Finanzierung* einer Sanierung bieten sich mehrere Vorteile. Ein Neubau muß im Ganzen finanziert werden, in den meisten Fällen sind dazu Darlehen mit erheblicher Zinsbelastung nötig. Eine gut geplante Sanierung kann man abschnittsweise (nicht stückchenweise) durchführen, damit können die Darlehen mit ihren monatlichen Belastungen niedriger gehalten werden. Ein altes Haus verlangt auch bei der Sanierung nach den Materialien, aus denen es ursprünglich gebaut ist: Stein, Mörtel, Holz. Auf Beton mit teurem Baustahl kann man weitgehend verzichten, Holz vielleicht zum Selbstkostenpreis aus dem eigenen Wald beziehen.
Lassen Sie sich von den Millionenbeträgen, die bei Restaurierungen öffentlichen genannt werden, nicht schrecken. Hier handelt es sich um große Objekte, oft in sehr verwahrlostem Zustand. Neue, öffentliche Sanierungen verlangen die Einhaltung weitreichender Bauauflagen, die wieder komplizierte, teure Maßnahmen zur Folge haben. Im privaten Bereich liegen die Verhältnisse fast immer viel einfacher. Berechnungsbeispiele zeigen, daß vernünftiges Sanieren, auch mit Umbauten, fast immer billiger ist als ein vergleichbarer Neubau.
Die *Eigenleistung* kann gerade beim Sanieren sehr hoch angesetzt werden, je nach dem Geschick des Bauherrn und der zur Verfügung stehenden Zeit.
Der Immobilienwert eines gut sanierten alten Hauses liegt mit großem Abstand über dem eines Neubaus.

Das Buch möchte Laien und ihren Handwerkern helfen, die technischen Probleme an alten Häusern zu erkennen, es soll zur Lösung dieser Probleme beitragen und helfen, Fehler zu vermeiden. Es erhebt keinen Anspruch auf Vollständigkeit, es kann auch keine Patentrezepte geben. Aber es zeigt, daß die Problematik einer Hauserneuerung keinesfalls so groß ist, daß man vor ihr kapitulieren müßte, sondern, ganz im Gegenteil, daß sie sich lohnt.

Evemarie Brändle

Zeichenerklärung

In den bautechnischen Zeichnungen haben die verschiedenen Markierungen folgende Bedeutung:

 Gewachsener Boden

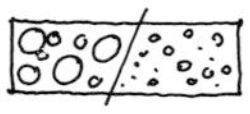 Kies/Sand/Untergrund allgemein

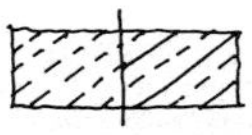 Beton/Stahlbeton (bewehrter Beton)

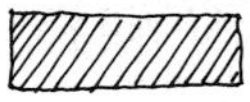 Mauer allgemein

 Natursteinmauer, unbehauen

 Natursteinmauer, behauen

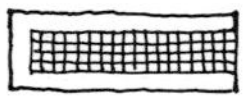 Natur-(Kunst-)Steinbauteile (z. B. Fensterbänke)

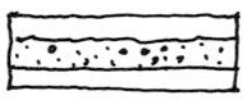 Mörtel, Putz

 Feuchtigkeitsdichtung (Dachpappe, Bitumenpappe, Folie)

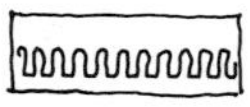 Wärmedämmung

 Bewehrungseisen (Ankereisen), Schnitt/Ansicht

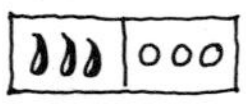 Wasser/Luft

 Holz, Schnitt/Ansicht

 Rundholz

 Schnittholz, Balken/Bretter

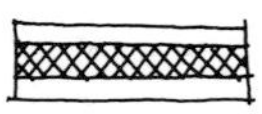 Gipsbauplatten

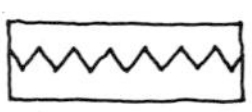 Baugeflecht/Putzträger

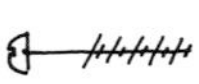 Schrauben

Planung und Zielsetzung

Wenn im Titel von Sanieren alter Bauernhäuser die Rede ist, wird damit in erster Linie ein *Gesundmachen der Bausubstanz* angesprochen. Bekämpfung von Mauerfeuchtigkeit, die Dacherneuerung, das Ausbessern der Holzteile, die Reparatur der Risse und vieles andere werden den Vorrang haben.
Die *Erneuerung* richtet sich im allgemeinen zuerst auf eine Verbesserung der Sanitär- und Elektroeinrichtungen, auf die Modernisierung im Küchen- und Hauswirtschaftsbereich. Ergänzen oder Erneuern von Türen gehören zu diesem Programmpunkt genauso wie die Erneuerung von Fußböden oder Maßnahmen zur Schall- und Wärmedämmung.
Eine *Umgestaltung* der Raumaufteilung, das heißt eine durchdachte Grundrißplanung, soll eine Verbesserung oder Erweiterung der Nutzung bringen.
Alle drei Maßnahmebündel müssen nach ihrer jeweiligen Zielsetzung getrennt betrachtet werden. Im Gesamtablauf der Planung und der praktischen Ausführung greifen sie aber eng ineinander. Man wird zum Beispiel keine Wand trockenlegen, wenn man sie doch herausreißen möchte; ein angemorschter Deckenbalken, auf den eine Zwischenwand zu stehen kommt, darf nicht nur repariert werden, sondern muß eine ausreichende Verstärkung erhalten.
Eine genaue Planung ist nicht nur für die Veränderung von Grundrissen wichtigen, sondern für den gesamten Bauablauf. Bevor man ein Werkzeug in die Hand nimmt, muß man sich genau darüber klar werden, was in welcher Reihenfolge zu tun ist. Sanierungspläne müssen frühzeitig gefaßt werden. Man kann nicht beim ersten Frühlingssonnenschein sagen: »Jetzt packen wir's, jetzt bauen wir um!« Hudeln ist schlecht und kommt teuer.
Wird ein Planer in einem frühen Planungsstadium zu Hilfe geholt, können eine Menge zeitraubender und teurer Irrwege gespart werden. Ein versierter Planer kann gleich die technisch richtigen, in den Kosten angemessenen Lösungen anraten. Die theoretischen Vorarbeiten sind unter seiner Anleitung leichter zu bewältigen. Er kennt erfahrene Handwerker oder kann weniger geübten Unternehmern die richtigen Verfahren empfehlen.
Planungskosten betrachten viele Bauherrn als überflüssige Ausgabe. In allen Bereichen läßt man sich vom Fachmann bereitwillig beraten, nur Bauen und Sanieren glaubt man, allein zu können.
Dabei ist die Berechnung von Planungsleistungen in der HOAI, das ist die Honorarordnung für Architekten und Ingenieure, festgelegt. Auf Anfrage wird ein guter Planer auch vorher sagen, was Beratung, Planung und Bauleitung im einzelnen etwa kosten. Der Bauherr sollte bedenken, daß Sanierungsplanung für den Baumeister oder Architekten eine äußerst zeitaufwendige Angelegenheit ist und daß Rabatte vom Honorar nicht unbedingt der Planung zugute kommen können.
Die notwendigen Maßnahmen für Sanierung, Erneuerung und Umbau unterscheiden sich natürlich von Haus zu Haus erheblich. Für den Ablauf der Vorarbeiten kann man aber ein Schema anwenden, dessen einzelne Punkte *vor Beginn* der praktischen Ausführung genau durchdacht und schriftlich festgelegt werden müssen.

Die Vorarbeiten umfassen folgende Abschnitte:
1. Bestandsaufnahme und Schadensfeststellung
2. Ermittlung der Schadensursachen
3. Maßnahmen zur Sanierung entscheiden
4. Grundrißplanung
5. Gesamtkostenschätzung
6. Finanzierungsplan
7. Leistungsverzeichnis (Leistungsbuch, LVZ) und Vergabe an die Handwerker
8. Zeitplan: Festlegung der Reihenfolge der Arbeiten
9. Bauvorschriften

1 Bestandsaufnahme und Schadensfeststellung

1.1 Allgemeine Ermittlungen zum Objekt

Umfeld: Die allgemeinen Ermittlungen sollen Auskunft geben über das Umfeld des Baus. Das sind Größe, Beschaffenheit und Lage des Grundstücks und Feststellung juristischer Auflagen. Ermittlungen zur Hausgeschichte können geführt werden.
Bauwerk: Allgemeine Auskünfte über das Bauwerk selbst sollen die Aussagen ergänzen. Dazu gehören das Umrißmaß, eine kurze Beschreibung des Baumaterials, Feststellung des Haustyps und besonders erhaltenswerte Einzelheiten wie zum Beispiel bemalte Holzbalken, Steingewände an den Fenstern und anderes.
Je genauer derartige Auskünfte zusammengetragen werden, desto besser kann eine Sanierung auf den Charakter des Hauses eingehen.
In den Listen 1 und 2 wurde versucht, ein Gerüst für diese Ermittlungen zu erarbeiten, wobei die Listen natürlich beliebig erweitert werden können.

Liste 1: Allgemeine Ermittlungen zum Objekt

Grundstücksbesitzer .... Adresse ....

Grundstück

Ort .... Straße .... Gemarkung .... Flur-Nr. ....

Länge .... Breite .... qm (ha) ....

Lage

Flach ☐ geneigt ☐ Hanglage ☐ freiliegend ☐ im Dorfverband ☐ Himmelsrichtung ....

Baugrund

Schotter ☐ Sand ☐ Lehm ☐ Fels ☐ gemischt ☐ Feuchtstellen ☐ Brunnen ☐ Bachlauf ☐

Bewuchs

Bäume ☐ Sträucher ☐ Wiese ☐ kahl ☐

Liegen Eintragungen auf Fremdrechte (Servitut) im Grundbuch vor?[1]

Wegerecht ☐ Nutzungsrecht ☐ Hypotheken ☐ Grundschulden ☐ sonstige Eintragungen ....

Liegt das Grundstück

im Wasserschutzgebiet ☐ Landschaftsschutzgebiet ☐ in einer archäologischen Schutzzone ☐

in anderen Schutzgebieten .... in Reservaten ....[2]

Sonstige Auflagen (z. B. Erbengemeinschaft)

1 beim Grundbuchamt zu erfragen

2 beim Landratsamt zu erfragen

Liste 2: Ermittlung zum Haus

Hausbesitzer .... Adresse ....

Alter des Hauses .... Ist etwas zur Hausgeschichte bekannt? ....

Steht das Haus unter Denkmalschutz? ja ☐ nein ☐ beantragt ☐ abgelehnt ☐ Ensembleschutz ☐

Lage des Hauses

Himmelsrichtung des Dachfirsts .... First parallel zum Hang ☐ First senkrecht zum Hang ☐

Hauskörper

Umrißmaße: Länge .... Breite .... Höhe im First .... Höhe an der Traufe ....

Steinbau ☐ Holzblockbau ☐ Fachwerkbau ☐ Ständerbohlenbau ☐ gemischte Bauweise ☐

Dach flach geneigt ☐ Steildach ☐ Satteldach ☐ Walmdach ☐ andere Formen ....

ortsüblich ☐ nicht landschaftsgemäß ☐

Hauseingang an der Giebelseite ☐ An der Traufseite ☐

Haustyp (z. B. Niederdeutsches Hallenhaus, ortsüblicher Grundriß)

Besondere Merkmale

Besonders erhaltenswerte Einzelheiten (z. B. alter Zierat, Malereien, Handwerksarbeit usw.)

Welche Hausteile sollen neu genutzt	☐ *anders genutzt*	☐ *werden*	Nutzung
Erdgeschoß	☐	☐	
Obergeschoß	☐	☐	
Dachraum	☐	☐	
Stall	☐	☐	
Scheune	☐	☐	
Sonstiges			

Erhaltenswerte Zubauten

Backofen ☐ Taubenhaus ☐ Flachshütte ☐ Badstube ☐ Getreidespeicher ☐ Feldkapelle ☐ Bildstock ☐

1.2 Bestandsaufnahme aller Maße und Massen am Bauwerk

Die genaue Bestandsaufnahme ermöglicht:

- ▷ Gesamtübersicht über alle Maße und Massen,
- ▷ Kenntnis über den Gesamtzustand des Objekts,
- ▷ Entscheidungsgrundlage für die Sanierungsmaßnahmen.

In der Bestandsaufnahme müssen alle Maße des ganzen Baus aufgelistet werden, gleichzeitig können die Schäden nach Art und Ausmaß erfaßt werden.
Die Liste 3 soll eine Hilfestellung für diese Ermittlungen geben. Je nach Objekt muß sie individuell erweitert oder abgeändert werden.
Je genauer die Bausubstanz erfaßt wird und je gründlicher die Schäden untersucht werden, desto genauer wird das Bild, das man sich vom Umfang der Sanierungsarbeiten machen kann, um so besser ist man auch vor späteren bösen Überraschungen geschützt. Loser Putz muß gründlich abgeschlagen werden, Risse sind auszukratzen, um ihre Tiefe feststellen zu können, der Umfang der Mauerfeuchtigkeit muß genau ermittelt werden. Besonders Holzbauteile sind sorgfältig auf Schädlingsbefall und Festigkeit zu prüfen. Abdeckungen und Verkleidungen muß man mindestens an kritischen Stellen entfernen, um verborgene Schäden aufzudecken. Ein übersehener Defekt kann mit seinen Auswirkungen den ganzen schönen Bau- und Finanzierungsplan über den Haufen werfen.
Wenn ein Planer oder Handwerker die Maßaufnahmen und Schadenfeststellungen durchführt, sollte man bei der Baubegehung anwesend sein. Dabei kann man auf versteckte Schäden hinweisen und darauf achten, daß alle Beobachtungen mit allen Maßen schriftlich festgehalten werden. Sanierungen kann man nicht aus dem Gedächtnis und über den Daumen durchführen.

1.3 Dokumentation

Eine Dokumentation soll für Bauten mit künstlerischer oder geschichtlicher Bedeutung erstellt werden. Bauten, die unter Denkmalschutz stehen, *müs-*

Liste 3: Schadensliste — aufgenommen von .... Datum ....

Anwesen .... Ort .... Straße + Hsnr. .... Tel. ....

Bezeichnung	Länge	b Breite h Höhe	Dicke	qm cbm	Material	Schadensbild	Schaden = Ausmaß qm/cbm	Mögliche Ursache
Keller								
Außenwände außen								
Außenwände innen								
Innenwände								
Boden								
Decken								
Erdgeschoß (ebenso für alle Geschosse, für den Dachstuhl mit Dachhaut sowie alle anderen Bauteile)								
Außenwände außen								
Außenwände innen								
Innenwände								
Boden								
Decken								

sen in einer Dokumentation erfaßt werden, die nur ein Fachmann mit einschlägiger Erfahrung erstellen kann. Bei denkmalgeschützten Häusern kann die Dokumentation von den Denkmalämtern vermittelt und bezuschußt werden.

2 Ermittlung der Schadensursachen

Es genügt nicht, die Schäden am Bau festzustellen. Vor allem müssen ihre Ursachen aufgedeckt werden. Nur wenn die *Ursachen* der Schäden *wirkungsvoll bekämpft* werden, kann eine Bausanierung auf Dauer erfolgreich sein. Auch hier ist eine schriftliche Auflistung hilfreich, etwa nach dem Muster:

▷ Schaden: feuchte Mauer, Südostecke.
▷ Merkmale: abgeplatzter Putz, sandige Mauerfugen.
▷ Ursachen: hoch angeschüttete Erde, ansteigendes Gelände.

Aus den bisherigen Erhebungen kann man den ungefähren Prozentsatz des Schadenumfangs im Verhältnis zur Baumasse ablesen. Die Schwerpunkte der Schäden können festgestellt werden.

Oben: Kaum mehr sichtbare Jahreszahl 1723 mit Initialen WSW in einer Malerei auf einem Stadeltor. Manchmal wurden solche Inschriften auch spiegelbildlich angebracht. *Links:* Jahreszahl 1777, ganz versteckt an einem Scheunenbalken

3 Maßnahmen zur Sanierung

3.1 Festlegung von Art und Umfang der Arbeiten

Schon während der oben beschriebenen Ermittlungen hat man sich Gedanken zur Behebung der Schäden gemacht. Jetzt muß eindeutig festgelegt werden, welche Arbeiten wo ausgeführt werden.

3.2 Entscheidung über die Reihenfolge der Arbeiten

Je nach Bauzustand, nach Jahreszeit, nach den persönlichen Verhältnissen müssen die Sanierungsarbeiten in unterschiedlicher Reihenfolge durchgeführt werden. Sicherungsarbeiten gehen Ausbrecharbeiten voraus, die Dachreparatur muß vor dem Innenausbau abgeschlossen sein.

3.3 Kostenschätzung

Eine grobe Kostenschätzung der Sanierungsarbeiten wird entweder mit den Handwerkern oder mit dem Planer aufgestellt. Ein Sicherheitszuschlag von 20–25 Prozent auf die errechnete Gesamtsumme muß einkalkuliert werden.

4 Grundrißplanung

Mit den Vorarbeiten zur Schadenermittlung hat man eine sehr genaue Kenntnis vom Bau und seinen technischen Besonderheiten gewonnen. Die Vorstellungen und Wünsche für eine Verbesserung des Wohnwerts oder für eine Veränderung der Nutzung (Werkstätten, Fremdenzimmer und so weiter) mit möglichst geringen Eingriffen in die Bausubstanz sind jetzt eher in die Wirklichkeit umzusetzen, die technischen Gegebenheiten des Altbaus können schon bei der Planung berücksichtigt werden.

Schwarzwaldhäuser

Für das Schwarzwaldhaus steht im allgemeinen Bewußtsein das Gutachtaler Haus. Aber gerade der Schwarzwald hat eine ganze Reihe von Haustypen aufzuweisen, mit regionalen Sonderausprägungen und Mischformen. Neben dem Gutachtaler Haus sind das Heidenhaus, das Hotzenhaus, das Kinzigtäler Haus und das Schauinslandhaus zu nennen.

Alle Schwarzwaldhäuser sind Einhäuser, das heißt, Wohnung, Stall und Hauptscheune sind unter einem Dach. Doch gab es auch Zubauten wie Kastenspeicher, Schweinestall, Wasch-Backhaus und sehr oft eine Mühle. Die Häuser können ein- und zweigeschossig sein, bei Hanglagen ist im gemauerten Untergeschoß auch der Stall eingebaut. Immer sind die Häuser gleichsam behütet von einem großen Voll- oder Krüppelwalmdach, teilweise mit weiten Dachüberständen, die ehemals strohgedeckt waren. Heute haben die meisten eine Ziegel- oder Schindeldeckung.

Holzbauten sind fast immer Ständerbohlenbauten, die aber später in den Gefachen auch ausgemauert sein können. Das vermittelt den Eindruck eines Fachwerks mit sehr weit gestellten Ständern.

Auch kleine Hausgrundrisse bieten genügend Raum für Wohnen mit modernen, technischen Ansprüchen.

29

Hohenloher Bauernhaus »Pfarrer-Mayer-Haus«

Pfarrer Mayer war in der zweiten Hälfte des 18. Jahrhunderts ein außerordentlich reger Aufklärer, der sich um die Entwicklung der Landwirtschaft im Raum Hohenlohe bemühte. In seinen Schriften hat er einen zu dieser Zeit schon bestehenden Haustyp verbessert aufgezeichnet und den Landwirten mit großem Erfolg als Grundlage bei Neubauten empfohlen.
In dem »aufgestelzten« Haus sind im gemauerten Erdgeschoß die Ställe untergebracht. Das Obergeschoß ist in Fachwerk ausgeführt und enthält die Wohn- und Schlafräume. Schon seit der Jahrhundertwende verschwinden diese großzügigen und ausgewogenen Bauten mehr und mehr. Wo sie noch zu finden sind, sollten sie erhalten werden.
Im gezeigten Beispiel wurde die Schmutzschleuse neben dem Eingang im Erdgeschoß eingebaut. Die alte Treppe wurde durch eine neue, gut gangbare ersetzt. Im Obergeschoß mußte außer einem Badeinbau und der Erneuerung der Kamine am vorhandenen Grundriß nichts verändert werden. Die Räume entsprechen in ihren Abmessungen auch heutigen Wohnansprüchen.
Das Haus war bei Übernahme durch den Besitzer in äußerst schlechtem Zustand. Mit viel Engagement, Eigenarbeit und Überredungskünsten an die Handwerker wurde es instand gesetzt und gibt jetzt auch der Umgebung ein neues Gepräge.

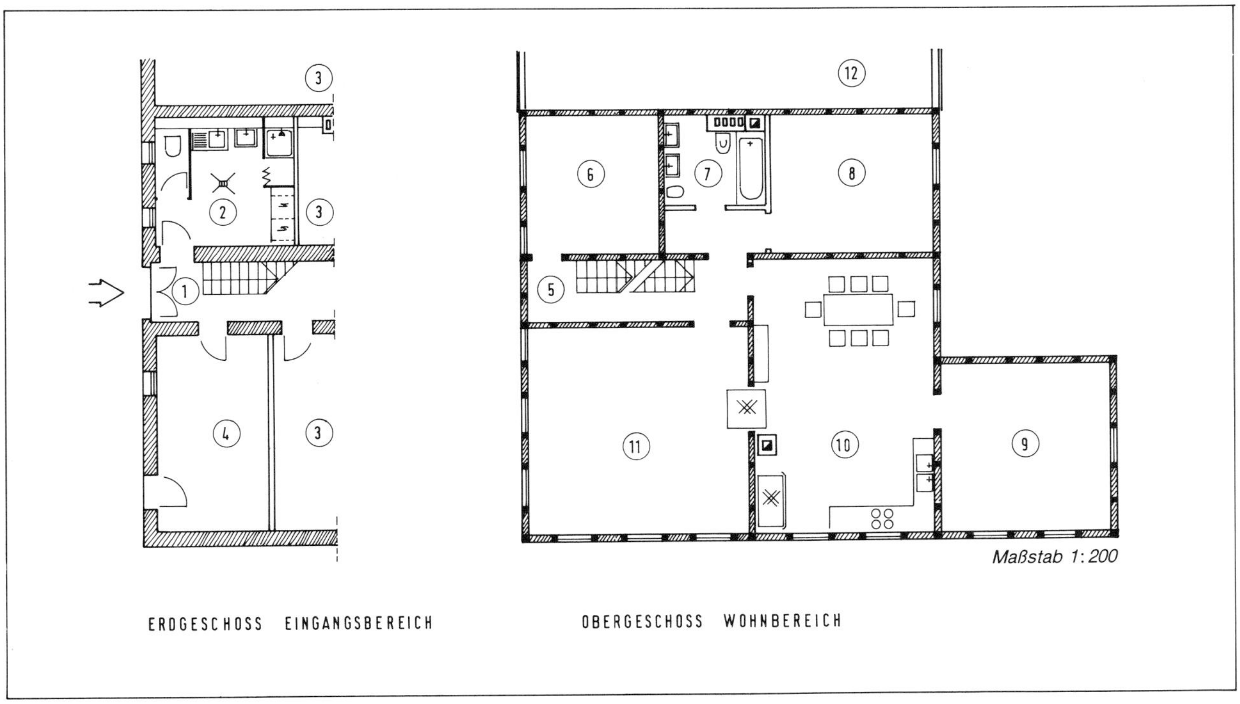

Erdgeschoß
(1) *Eingangsflur*
(2) *Schmutzschleuse mit Waschküche*
(3) *Keller, ehemals Stall*
(4) *Wirtschaftsraum*

Obergeschoß
(5) *Treppenflur*
(6) *Zimmer*
(7) *Bad (neu)*
(8) *Zimmer*
(9) *»Stüble« Näh- und Bügelraum*
(10) *Wohnküche*
(11) *Stube*
(12) *Scheune*

Planung und Baudurchführung: der Besitzer. Das Objekt wurde mit dem Peter-Haag-Preis ausgezeichnet.

4.1 Aufzeichnung des alten Grundrisses

4.1.1 Messen

Um einen möglichst genauen Grundrißplan zu erhalten, muß man noch einmal Maßstab, kariertes Papier und Bleistift zur Hand nehmen. Alle Räume werden mit Länge und Breite erfaßt, auch die Raumhöhe muß festgehalten werden. Eingemessen werden auch die genaue Lage von Fenstern und Türen, möglichst mit Angaben zur Höhe der Öffnungen und die Höhe der Fensterbänke vom Fußboden aus (siehe Zeichnung 1).

4.1.2 Zeichnen

Auf kariertem Papier sollen diese Maße möglichst im Maßstab 1 : 50 aufgetragen werden, das heißt, 1 m am Bau wird mit 2 cm im Plan dargestellt. In guten Schreibwarengeschäften gibt es dazu spezielle Lineale. Die gewonnenen Aufmaße werden sinngemäß im Gesamtgrundriß zusammengefaßt.

4.2 Raumprogramm

Jetzt muß man die Bedürfnisse und Gewohnheiten der Familie und den Betriebsablauf überdenken, auch die geplanten Neueinrichtungen und deren mögliche Ausbaufolgen (Fremdenzimmer - Fremdenbad, Handwerksbetrieb - Lärmschutz) sind zu überlegen. Das Raumprogramm muß sich nach dem wirtschaftlich vertretbaren Raumbedarf richten. Wenn eine Anzahl Fremdenzimmer mit den zugehörigen Sanitäreinheiten dreiviertel eines Jahres leer steht, ist das eine Vergeudung finanzieller Mittel, von Material und von Arbeitskraft. Besser wird für vermietbare Räume eine Dauernutzung gesucht, als Büro, als Einliegerwohnung, als Werkstatt, zum Beispiel für eine Näherin.

Grundsätzlich müssen an ein saniertes Haus die gleichen Anforderungen gestellt werden können wie an einen Neubau. Sanitäreinrichtungen, Haushaltstechnik, Heizung, funktionale Anordnung der Räume zueinander sind mit etwas Überlegung in jedem alten Haus einzurichten. Die alten Grundrisse sind meistens so einfach und praktisch, daß man ohne viel Brecharbeiten auch moderne Wohnbedürfnisse befriedigen kann.

Beispiel für ein Raumprogramm

Das nachfolgende Musterraumprogramm soll nur ein Gerüst sein, das jede Baufamilie ihren eigenen Ansprüchen zugrunde legen kann. Alle angegebenen Maße sind Mindestmaße. Sie richten sich nicht immer nach den Vorschriften der DIN, auch nicht nach städtischen Luxusansprüchen, sind aber für normale Wohnverhältnisse erprobt.

<u>Küche:</u> 2,40 × 3,50 m, 7 m Stellfläche, nur Kochküche
Alle notwendigen und *gewünschten* Geräte, auch wenn sie erst später angeschafft werden, muß man einplanen. Neben dem Elektro-(Gas-)herd muß mindestens ein Beistellherd für Holz und Kohlen Platz finden. Wenn eine zentrale Heizung über den Kü-

Zeichnung 1 Maßnehmen von Räumen

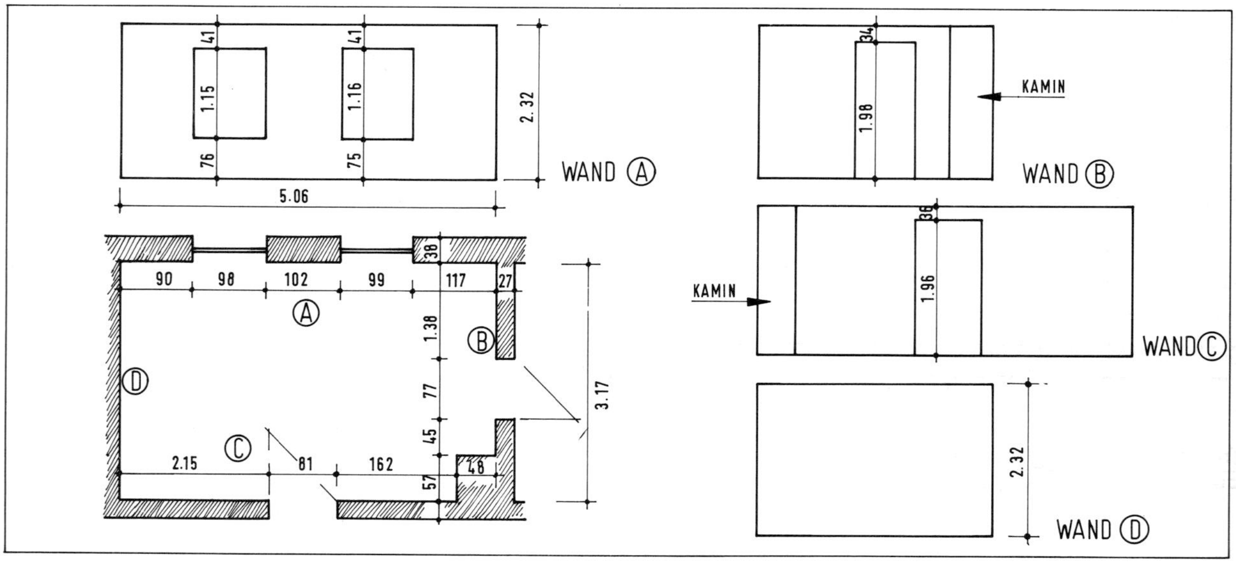

chenherd vorgesehen ist, muß die entsprechende Fläche eingeplant werden. Die notwendigen Kaminanschlüsse sind zu beachten.

Speisekammer: mindestens 4 qm
Sie muß mit einem Fenster zu belüften sein, wenigstens zwei Steckdosen und Platz für Tiefkühlgeräte und Regale haben. Sie dient nicht zur Lagerung von Obst, Gemüse und Kartoffeln.

Hauswirtschaftsraum
Das ist die Werkstatt der Hausfrau mit Waschmaschine und Doppelspülbecken. Man sollte hier auch bügeln und nähen können. Kombinationen wie Waschen - Trocknen - Ölzentralheizung oder Hausarbeit - Gästeküche und andere sind denkbar (siehe Küche und Hauswirtschaftsräume, Seite 219).

Schmutzschleuse: mindestens 8 qm
Sie ist mit Waschbecken, Umkleidebank und Kleiderhaken, vor allem aber mit einer Stiefelspüle ausgestattet. Ein Duscheinbau ist zweckmäßig, mindestens sollte er für einen Ausbau vorgesehen werden. Vom Hof oder über die Wirtschaftsräume zugänglich, ist sie ein echter Schmutzfilter für das Haus (siehe Sanitärbereich, Seite 211).

WC im Erdgeschoß
Es kann mit der Schmutzschleuse kombiniert werden, schon um eine Zusammenfassung der Installationen zu erreichen.

Stube
Sie ist fast immer der schönste Raum im Haus, aber im Winter als Aufenthaltsraum oft zu kalt. Eine Verbesserung der Heizung, vor allem im Bereich des Eßtisches, kann sie das ganze Jahr über bewohnbar machen. Zweckmäßig ist eine Verbindungstür zur Küche.

Windfang
Im Winter wäre ein Windfang wünschenswert, besonders in Gegenden mit harten Wintern. Im Sommer dagegen stört er. Manchmal genügt ein abnehmbarer Vorhang in einigem Abstand zur Haustür. Eine fest eingebaute Konstruktion muß leicht und weitgehend verglast sein, um eine ausreichende Belichtung zu sichern und die Raumwirkung der alten, oft sehr großzügigen Flure nicht zu stören. Auch ein Wintereingang über die Schmutzschleuse ist in Erwägung zu ziehen.

Treppe zum Obergeschoß
Eine Erneuerung mit bequemen Steigungen zur besseren Nutzung des Obergeschosses ist oft zu empfehlen. Eine Geschoßtreppe muß mindestens 80 cm, besser 90 cm breit sein, die Stufen dürfen nicht höher als 18,5 cm und müssen wenigstens 25 cm tief sein. Je nach Stockwerkshöhe und Stufenmaß benötigt ein Treppenlauf etwa 3,25-4 m Länge. Alte Treppen kann man als Nebentreppen zum Dachgeschoß oder für eine Galerie verwenden. Im allgemeinen sind Treppen in Bauernhäusern aus Holz gefertigt. In Gegenden, für die gemauerte Treppen typisch sind, sollte man sich an die alte Konstruktion halten, um den Charakter des Hauses zu bewahren.

Schlafzimmer: Elternschlafzimmer 16 qm, Kinderzimmer 10 qm.
Schlafzimmer finden meistens im Obergeschoß ausreichend Platz. Im Elternschlafzimmer sind neben Doppelbett und Kinderbett ausreichend Schränke vorzusehen. Für Kinder ist oft ein größeres Zimmer für zwei Kinder gleichen Alters vorteilhafter einzurichten als zwei kleine Zimmer.

Das Bad: 4 qm
Auf dieser Fläche ist eine Standardbadeinrichtung unterzubringen: Zwei Waschbecken, Wanne, Sitzwaschbecken oder eine gesonderte Dusche.

Das WC
Es kann im Obergeschoß vom Bad getrennt sein und möglichst ein großes Waschbecken als zusätzliche Waschgelegenheit enthalten. Bad und WC können *innenliegend*, das heißt ohne Fenster angeordnet werden, wenn sie über Luftschächte ausreichend entlüftet werden. Der Platz für alle Sanitäreinrichtungen muß von Anfang an eingeplant werden, auch wenn der Einbau zum Teil erst später erfolgen soll. In einem Installationsschacht können ohne große Kosten alle notwendigen Rohranschlüsse für Zu- und Abwasser montiert werden. Man spart damit nachträgliche Brecharbeiten (siehe Sanitärbereich, Seite 211). Alle Sanitäreinheiten sollten im Grundriß zusammengefaßt werden, um die Leitungen so kurz wie möglich zu halten.

Büro
Ein kleines Büro mit ausreichend Regalen für Ordner ist für jeden Betrieb sehr praktisch. Den größeren Kindern kann es auch als ungestörter Lernplatz dienen.

Altenteil
Ein sorgfältig geplantes Altenteil, im Alpenraum sagt man Austrag, kann helfen, eine Menge persönlicher Spannungen abzubauen. Eine kleine Küche mit Wohnschlafraum, besser eine Wohnküche mit Schlafraum, immer mit eigenem kleinen Bad/WC (Sitzbadewanne), mit ausreichender Heizung ist fast

überall einzubauen. Es sollte nach Möglichkeit im Erdgeschoß liegen, um älteren Leuten das Treppensteigen zu ersparen. Das Altenteil sollte man so planen, wie man es eines Tages auch für den eigenen Bedarf wünscht.

Keller
In den alten, kleinen Kellern findet man häufig das beste Klima zur Lagerung von Obst und Gemüse, das sollte man keinesfalls stören. Ein altes Haus nachträglich zu unterkellern ist ein Bauaufwand, der in keinem Verhältnis zum Nutzen steht. Fast immer lassen sich geeignete oberirdische Lagermöglichkeiten finden.

Fremdenzimmer
Fremdenzimmer gewinnen als Zuerwerbsquelle immer größere Bedeutung. Um sie gut und vor allem über die Hauptsaison hinaus vermieten zu können, sind einige Bedingungen zu erfüllen. Die Zimmer müssen mindestens eine kleine Duschkabine, besser ein abgetrenntes Duschbad haben. Ein Gäste-WC kann am Flur eingeplant werden. Bei Vermietung von Appartements genügt ein Duschbad mit WC für vier Betten. In den Appartements wird zweckmäßig eine Kochgelegenheit mit Spüle vorgesehen. Werden die Zimmer einzeln vermietet, empfiehlt sich die Einrichtung einer Gästeküche mit mehreren Kochstellen und ein Gästeaufenthaltsraum. Will die Hausfrau Pensionsgäste mit Verpflegung aufnehmen, muß das bei der Planung der eigenen Küche, der Wasch- und Bügelmöglichkeiten berücksichtigt werden. Alle Zimmer müssen an kühlen Tagen zu heizen sein. Fließend warmes Wasser an allen Wasserzapfstellen ist selbstverständlich.
Vor der Planung von Fremdenzimmern sollte man sich mit Nachbarn oder Bekannten mit einschlägigen Erfahrungen beraten oder bei den zuständigen Verkehrsämtern Informationen einholen.

4.3 Der Vorentwurf

Der Vorentwurf für die baulichen Veränderungen entsteht aus dem aufgezeichneten Grundriß des Ist-Zustands und den im Raumprogramm erarbeiteten Ansprüchen und Wünschen der Bauherrenfamilie.
Die Lichtpause oder Kopie des Vorentwurfs hängt man sich in die Stube und schaut sie täglich ein paarmal an. Auf einem großen Zettel daneben kann jeder Notizen machen, was anders, besser werden soll.

4.4 Der endgültige Plan

Der endgültige Plan kann jetzt gezeichnet werden. Als Grundlage dient der Grundriß des vorhandenen Baus, die Notizen von oben und gründliche Besprechungen mit dem Planer. Aus diesem Plan müssen alle Umbaumaßnahmen ablesbar sein. Ergänzt wird der Plan von Detailzeichnungen, das sind Zeichnungen in größerem Maßstab zu einzelnen Bauteilen, zum Beispiel Fenster oder zu besonders kritischen Punkten. Ein *Planungsraumbuch* kann für die Auflistung der geplanten Ausstattungen der einzelnen Räume angelegt werden.

Beispiel

▷ Wohnraum: Fußboden Eichenparkett neu auf Unterboden 26 qm.
▷ Schlafzimmer: Fußboden Föhrendielen auf Fußbodenlager 17 qm.

5 Gesamtkostenschätzung

5.1 Schätzung der Umbaukosten

Wenn man festgelegt hat, welche *Umbaumaßnahmen* erforderlich sind, kann man *mit dem Planer* und den Handwerkern die reinen Umbaukosten schätzen. Schätzen heißt nicht über den Daumen kalkuliert, sondern die Ermittlung von Kosten aus Erfahrungswerten an anderen Bauten.

5.2 Schätzung der Gesamtbaukosten

Zusammen mit der früher aufgestellten Schätzung der Sanierungskosten (siehe Seite 16) erhält man einen recht genauen Überblick über die geschätzten Gesamtbaukosten.

5.3 Sicherheitsbeträge

Sicherheitsbeträge muß man entweder bei den einzelnen Handwerksarbeiten oder bei der Gesamtsumme dazuzählen. Bei den einzelnen Handwerksarbeiten schwanken die Sicherheitszuschläge zwischen 10 und 20 Prozent, je nach Übersichtlichkeit oder Schwierigkeitsgrad der Arbeiten.
Einen Gesamtzuschlag kann man mit 20 Prozent der gesamten errechneten Bausumme ansetzen.

5.4 Baunebenkosten

Neben den Arbeits- und Materialkosten für den Bau, den reinen Baukosten, entstehen Kosten, die mit den Bauarbeiten in direktem oder auch nur in indirektem Zusammenhang stehen. Sie werden bei der Kalkulation gern übersehen, man will zunächst gar nichts davon wissen. In der Summe ergeben sie aber einen Betrag, der in einer exakten Finanzplanung aufgezeigt werden muß.

5.4.1 Planungskosten

Zu den Planungskosten zählen alle Honorare für die Planung, Ausschreibung und Bauüberwachung und das Honorar für den Statiker.
Die Planung von Heizungs-, Wasser-, Abwasser- und Elektroinstallation wird von den ausführenden Firmen erstellt und berechnet. Für die Einrichtung von Heizung und Wasserinstallation müssen bei der zuständigen Baubehörde Fachpläne eingereicht werden. Auch für neue Feuerungsanlagen und Kamine müssen Pläne eingereicht werden.
Die Genehmigungsgebühren von vorgelegten Plänen bei der Bauaufsichtsbehörde, das sind auf dem Land meistens die Kreisbauämter, werden mit einem Promillesatz der voraussichtlichen Baukosten berechnet, in Bayern zum Beispiel 4‰ der geschätzten Gesamtsumme.

5.4.2 Anschlußkosten und Abnahmekosten

Bei der Einrichtung neuer Stromzuleitungen, von Gas-, Wasser- und Abwasseranschlüssen werden Anschlußgebühren und nach Fertigstellung auch Abnahmegebühren erhoben. Auch die Kaminabnahme ist kostenpflichtig.

5.4.3 Außenanlagen

Auch die Kosten für Außenanlagen, das sind Wege und Zufahrten, Zäune und Einfriedungen, Pflanzungen von Bäumen, auch die Reparatur beschädigter Außenanlagen von Nachbarn, müssen in die Kalkulation einbezogen werden.

5.5 Eigenleistungen

Eigenleistungen kann man von den Kosten abziehen, aber man muß sie genau mit den Handwerkern absprechen (siehe Seite 27). Keinesfalls darf man sich überbewerten. Auch die zur Verfügung stehende Zeit muß richtig eingeschätzt werden. Viele kurze Eigeneinsätze bringen erheblich weniger Leistung als längere Arbeitsabschnitte. Laien sind zudem versucht, den Zeitaufwand für Arbeiten am Bau zu gering zu bewerten.

6 Finanzierungsplan

Mit der Gesamtkostenaufstellung

- ▷ Sanierungskosten
- ▷ Umbaukosten
- ▷ Baunebenkosten

geht man zur Bank, um sich einen Finanzierungsplan aufstellen zu lassen. Die Finanzierung wird sich aus einem bestimmten Anteil Eigenmitteln und verschiedenen Fremdmitteln zusammensetzen.

6.1 Eigenmittel

Das sind im allgemeinen Sparguthaben, Wertpapiere, der Sparbetrag aus Bausparverträgen (Bausparguthaben). Aber auch Lebensversicherungen und Rentenkapitalisierungen können ganz oder teilweise einbezogen werden.

6.2 Fremdmittel

6.2.1 Bank und Bausparkasse

Für die Darlehensaufnahme bei den Banken gibt es eine ganze Reihe von Möglichkeiten: kurzfristige und langfristige Darlehen, mit gleichbleibenden oder geringer werdenden Zins- und Tilgungsbeträgen. Die Bank muß Auskunft über die Vor- und Nachteile von Tilgungs- und Abzahlungshypotheken, von Festgeldhypotheken, Amortisationshypotheken und anderen Darlehensformen geben. Versicherungen geben eventuell Versicherungshypotheken. Auch hier muß man Vor- und Nachteile gegeneinander abwägen. Wieviel Zins muß monatlich bezahlt werden und wieviel Zinsen wurden am Ende im ganzen bezahlt, das heißt, wie teuer war das geliehene Geld?
Diese Fakten im einzelnen offenzulegen und die individuell beste Möglichkeit für den Kunden zu suchen, ist Aufgabe einer Bank. Wenn man kein befriedigendes Angebot bekommt, muß man die Bank wechseln. Das führt oft zu erstaunlichen Ergebnissen.

6.2.2 Zuschüsse und Fördermittel

Es lohnt sich, allen Hinweisen auf staatliche, kommunale und andere öffentliche Förderungen, Zuschüsse, zinsgünstige Darlehen, soziale Finanzierungshilfen und anderen nachzujagen. Kreisbehörden, Gemeinden, Sparkassen schreiben oft regionale, manchmal zeitlich begrenzte Förderungsmaßnahmen aus. In Nebenerwerbsbetrieben können angestellte Familienmitglieder Arbeitgeberdarlehen beantragen.
Maßnahmen zu Energieeinsparung, Maßnahmen im Rahmen des sozialen Wohnungsbaus, Maßnahmen zur Schaffung von Wohnraum sind nur einige, für die Zuschüsse oder Steuervergünstigungen beantragt werden können. Man darf bei Behörden nicht nur einen Sachbearbeiter fragen, man muß nachfassen, wer wo was wissen könnte. Bescheidenheit und Zurückhaltung sind hier unangebracht. Man kann fragen beim Bauernverband, Landwirtschaftsamt, bei der Kreisbehörde, den Gemeinden. Kinderreiche Familien oder Familien mit Behinderten oder Pflegebedürftigen fragen im Sozialamt, bei der Familienhilfe. Denkmalämter und Ortsplanungsstellen (in Bayern in den Regionalregierungen) kann man ansprechen. Ein Steuerberater, der auf Immobilien spezialisiert ist, kann umfassend Auskunft geben, manchmal auch ein erfahrener Planer. Fragen soll man auch Nachbarn und Bekannte. Es gibt hin und wieder *Präzedenzfälle,* Musterfälle, die man bei einer Behörde ins Feld führen kann.
Fördermaßnahmen sind allerdings meistens mit Auflagen und Bedingungen verknüpft. Es ist genau zu überlegen, ob man sich auf diese Bedingungen einlassen kann. Das *Kleingedruckte* ist auch hier manchmal von ausschlaggebender Bedeutung. Überfordert mit solchen Fragen sind viele kleine Bankfilialen und die Ortsvertreter von Bausparkassen.
Betrachtet man diese Suchaktion als eine Art Eigenleistung für den Bau, fallen einem die Fragen und Wege etwas leichter. Lohnen werden sie sich immer.

6.3 Eigene Belastbarkeit

Jetzt kann festgestellt werden, welche Zahlungen als Folge der geplanten Baumaßnahme das Konto monatlich oder jährlich belasten werden.

> Alle Zins- und Tilgungsraten zusammen müssen an der untersten Belastbarkeitsgrenze des Bauherrn liegen!

Natürlich ist diese Grenze für jede Familie eine andere, aber sie muß in jedem Fall genau errechnet werden (Berechnungsbeispiel siehe rechts).

6.4 Einsparungen am Bau

Oft genug fällt diese Rechnung für die hochfliegenden Baupläne recht deprimierend aus. Niemand sollte jetzt versuchen, vielleicht doch eine höhere Belastbarkeit herauszurechnen oder sich auf andere Art in die Tasche zu lügen.

6.4.1 Flexible Ausbaumöglichkeiten

Der einzig richtige Weg führt über Einsparungen am Bau. Es müssen bei gleicher Qualität kostengünstigere Lösungen für einzelne Problemstellen gefunden werden. Müssen zum Beispiel wirklich alle Fenster erneuert werden? Gibt es kostengünstigere Fußbodenbeläge? Wo kann man bei der Ausstattung sparen ohne Einbuße in der Qualität? Im Sanitärbereich gibt es enorme Preisunterschiede bei den Einrichtungsgegenständen. Jede Modeströmung muß man hier teuer bezahlen. Auch Dekorfliesen sind sehr viel teurer als einfarbige.
Welche Ausbauwünsche kann man auf später verschieben? Fußbodenbeläge zum Beispiel müssen nicht in allen Fällen sofort erneuert werden.

6.4.2 Abschnittsweise Sanierung

Eine Sanierung in wohlgeplanten Abschnitten kann die augenblickliche Belastung erheblich reduzieren. Die Darlehensverpflichtungen werden geringer, die Verschuldung wird überschaubar, man kann später auf veränderte Verhältnisse, wenn zum Beispiel Kinder aus dem Haus gehen oder die Einkommenslage sich verändert, flexibler reagieren. Ein Dachausbau kann vielleicht noch warten, ein geplanter Anbau wird eigentlich erst in ein paar Jahren gebraucht.

Berechnungsbeispiel

Gesamtausgaben (monatlich) in DM	
Laufende Betriebskosten	________
Löhne und Gehälter	....
Versicherungen	....
Unterhaltszahlungen	....
Laufende Kreditkosten	....
Sonstige Kosten	....
	....
Durchschnittliche Haushaltskosten	
Ehepaar (Richtwert)	1500.-
1. Kind	400.-
jedes weitere Kind	300.-
	....
	....
Schulgeld (Internat)	....
Sonstiges	....
Summe	....
Darauf Risikoaufschlag	10% + ...
Gesamtausgaben	....

Gesamteinnahmen (monatlich, in DM)	
Lohn/Gehalt	....
Mieteinnahmen	....
Einnahmen aus Kapital u. ä.	....
Sonstige Einnahmen	....
	....
	....
	....
Gesamteinnahmen	....
./. Gesamtausgaben	....
= Belastbarkeit für Zins und Tilgung	....

7 Leistungsverzeichnis (LVZ) und Vergabe an die Handwerker

Das Leistungsverzeichnis (Leistungsbeschreibung, Leistungsbuch) dient als Grundlage für das Auftragsangebot, die Auftragsvergabe und die Abrechnung.

7.1 Auflistung und Beschreibung

Das Leistungsverzeichnis ist eine genaue Auflistung und Beschreibung aller am Bau anfallenden Arbeiten mit Angabe sämtlicher Maße und Massen, in Deutschland auf der Grundlage der DIN und der VOB. DIN bezeichnet die *Norm* für *Material* und *Ausführung* der Arbeit. Die Angabe »Putzarbeiten nach DIN 18 350« zum Beispiel ist wichtig. Bei unsachgemäßer, das heißt nicht DIN-gerechter Ausführung hat man bei späteren Beanstandungen eher Aussicht auf Schadenersatz.

VOB ist die Verdingungsordnung für das Baugewerbe. In ihr sind die *Handwerksleistungen* rechtsgültig beschrieben. Die Arbeiten werden nach Gewerken, das heißt nach Handwerkssparten wie Maurerarbeiten, Zimmermannsarbeiten, Wasserinstallationsarbeiten (Flaschnerarbeiten) und so weiter zusammengestellt.

Beispiel: Maurerarbeiten

Position 8:	Ziegelmauerwerk aus Lochziegeln 36,5 cm stark in hydraulischem Mörtel der Mörtelgruppe II an der Südostecke des Erdgeschosses als Ersatz für ausgebrochene Holzwand
	4 m und 2 m lang, 3 m hoch 6,5 cbm
	Einheitspreis pro cbm. ......
	insgesamt. ......

7.2 Grundlage der Preisangebote (Auftragsangebot)

7.2.1 Angebot der Handwerker

Das ausgearbeitete LVZ wird zur Angebotsabgabe an die einzelnen Handwerker (Maurer, Zimmermann, Tischler) verschickt. Für einen Preisvergleich sollte man möglichst von je drei Firmen Angebote einholen. Gerade bei Sanierungen oder auf dem Land ist das manchmal nicht möglich. Trotzdem muß man auf einem genauen Angebot nach den einzelnen Positio-

nen bestehen. Etwa überhöhte Preise können dann festgestellt und mit dem Bieter, dem anbietenden Handwerker, ausgehandelt werden.
Die Preise, die der Auftragsbewerber im LVZ einsetzt, sind für die Dauer des Auftrags bindend. Dabei ist darauf zu achten, daß auch die *Einheitspreise* angegeben werden, das sind die Preise für 1 m, 1 qm, 1 cbm eines Baumaterials, dazu der Preis für 1 Arbeitsstunde (Facharbeiterstunde, Hilfsarbeiterstunde), 1 Maschinenstunde (Bagger, Mischer). Sie sind die verbindliche Berechnungsgrundlage für Nachträge und Regiearbeiten (siehe Seite 28). Regiearbeiten sind trotzdem erfahrungsgemäß teuer. Hier bewährt sich eine gute Planung, während der Bauzeit darf einem gar nichts Wesentliches mehr einfallen können. Auch *Abbrucharbeiten* müssen im LVZ genau beschrieben und kalkuliert werden.
Ein gutes Leistungsverzeichnis verhindert auf diese Weise erhebliche Kostenüberschreitungen. Zumindest werden sie auf ein Maß reduziert, das mit dem Sicherheitsbetrag abgefangen werden kann.

7.2.2 Zusätzliche Leistungen

Zusätzliche Leistungen, zum Beispiel 5 qm mehr Fliesenboden, werden nach den LVZ-Einheitspreisen abgerechnet. So können auch während der Bauzeit die Kosten zusätzlicher Leistungen schnell errechnet werden. Es empfiehlt sich, die Kosten der Extrawünsche immer gleich festzuhalten und dabei den Kostenrahmen genau im Auge zu behalten. Wünsche nach dem Motto: »Das ist schon noch drin« summieren sich lawinenartig zu ebenso niederschmetternden Beträgen.

7.2.3 Endabrechnung

Die Endabrechnung erfolgt nach den im LVZ angegebenen Preisen und dem tatsächlichen Leistungsumfang.

Beispiel: Abrechnung Fenster und Türen

Angeboten wurden 6 Fenster zum Preis von z. B. je DM 200,–.
Gefertigt wurden 4 Fenster.
Die Rechnungssumme ist 4 × DM 200,– = DM 800,–.

Angeboten wurden 5 Türen zum Preis von je DM 500,–.
Gefertigt wurden 8 Türen.
Die Rechnungssumme ist 8 × DM 500,– = DM 4000,–.

Man sollte sich nicht genieren, jede Rechnung auf die wirklich erbrachte Leistung und die Preisberechnung hin zu überprüfen.

7.3 Rechtsgrundlage

7.3.1 Qualität

Das Leistungsverzeichnis ist, zusammen mit den Bauzeichnungen und dem Zeitplan, die Rechtsgrundlage für die geforderte Qualität der Arbeit, der verwendeten Materialien und für die termingerechte Lieferung.
Beispiele: Wenn maßgefertigte Einzelfenster ausgeschrieben waren, kann der Schreiner nicht irgendwelche Fertigfenster einbauen. Wenn Dachziegel einer bestimmten Qualität beschrieben wurden, kann der Dachdecker nicht billigere oder Betondachsteine verlegen.
Wenn während der Bauzeit Änderungen für Material oder Leistung notwendig werden, müssen sie mit dem Planer *und* dem Bauherrn abgesprochen und schriftlich vereinbart werden. Es ist wichtig, daß solche Absprachen wirklich mit allen Betroffenen festgelegt werden. Es kommt zu schrecklichen Konfusionen am Bau, wenn Anweisungen von verschiedenen Seiten erfolgen, weil ein oder mehrere Beteiligte nicht informiert worden waren. Schließlich hat in unserer Zeit fast jeder ein Telefon.

7.3.2 Leistungsumfang

Das Leistungsverzeichnis ist auch Rechtsgrundlage für den Leistungsumfang. Ein Unternehmer wird erst dann bezahlt, wenn er die vereinbarte Leistung voll erbracht hat. Will er die Arbeit aus irgend einem Grund nicht fortführen, kann der Bauherr die Leistung auf Kosten des Auftragnehmers von einem anderen Handwerker beendigen lassen.
Andererseits kann der Handwerker bei erheblicher Auftragsreduzierung durch den Bauherrn einen angemessenen Preisaufschlag berechnen. Es ist ein Unterschied, ob ein Schreiner 20 Fenster oder letztendlich nur 3 Fenster liefern darf.

7.3.3 Nebenleistungen

Kostenlose und kostenpflichtige Nebenleistungen werden entweder durch die Vorbemerkung zum Leistungsverzeichnis geregelt oder sie müssen in besonderen Positionen beschrieben werden.
Nicht berechnet werden im allgemeinen der *An- und Abtransport* von benötigten Maschinen und Geräten,

von Material und die An- und Abfahrt der Arbeitskräfte, der Abtransport von Restmaterial, von Verpakkung und geringeren Mengen von Bauschutt. Bei größeren Baustellen oder umfangreichen Arbeiten kann im Angebot eine Position mit einer Pauschalsumme für »Baustelleneinrichtung« aufgeführt werden. Damit sind dann die oben angesprochenen Punkte abgegolten. Kostenfrei ist auch das *Sauberhalten der Baustelle,* das heißt, der Handwerker muß den von ihm verursachten Schmutz selbst beseitigen. Andernfalls kann der Bauherr nach vergeblicher Anmahnung eine Baureinigung auf Kosten des Unternehmers durchführen lassen.
Der Schutz vorhandener Bauteile gegen Beschädigung ist im Normalfall im Angebotspreis inbegriffen, sollte aber in den Vergabeunterlagen genau beschrieben werden. Zum Beispiel: Rutschfeste Abdeckung des Fußbodens im Erdgeschoß mit Schaltafeln. Komplizierte Sicherungsarbeiten etwa an wertvollen historischen Bauteilen, an Plastiken und Wandgemälden müssen gesondert ausgeschrieben und berechnet werden. Abdeckungen und Sicherungen müssen während der ganzen Bauzeit sorgfältig kontrolliert werden. Zu leicht ist ein Brett verschoben, eine Plane zerrissen und sind unnötige Beschädigungen entstanden. Bei schwierigen Anfahrtswegen und erheblichen Arbeitsbehinderungen an der Baustelle (zu enger Arbeitsraum, schwieriger Zugang und anderes) kann der Auftragnehmer eine Pauschalsumme als einmaligen Zuschlag berechnen. Strom- und Wasserverbrauch auf der Baustelle gehen zu Lasten des Bauherrn.

7.3.4 Spätere Beanstandungen

Zusammen mit den Bauplänen ist das Leistungsverzeichnis die Rechtsgrundlage für spätere Beanstandungen innerhalb der Gewährleistungsfrist (Garantiefrist, meistens 2 Jahre, in manchen Bereichen 5 Jahre). Je genauer die Leistungsbeschreibung ausgeführt wird, desto besser kann sie bei derartigen Beanstandungen als Verhandlungs- und Rechtsgrundlage dienen. Wenn man bei der Vergabe nicht unbedingt den billigsten, aber einen erfahrenen und empfohlenen Handwerker wählt, kann man das Risiko von Reklamationen weitgehend ausschalten. Ein guter Handwerker wird auch bestrebt sein, Fehler, die erst später sichtbar werden, schnell und gründlich zu beseitigen.

7.4 Eigenleistungen

7.4.1 Absprachen

Eigenleistungen müssen *vor* Auftragsvergabe mit den *Handwerkern abgesprochen* werden. Der Auftragnehmer muß den Umfang seiner Leistung kennen, er muß auch wissen, welche und wie viele Laienhelfer er anzuleiten und zu beaufsichtigen hat. Werden Arbeiten selbst durchgeführt, die die Arbeiten von Handwerkern ergänzen oder beendigen, kann bei Beanstandungen der *Handwerkerleistung* der Unternehmer Regreßansprüche ablehnen: Er hat ja nicht die gesamte Arbeit unter seiner Verantwortung durchgeführt.
Auch solche Punkte sollen *vor* Arbeitsbeginn im gegenseitigen Einvernehmen geklärt werden. Auch die Frage, wer ist wann und wie gut gegen Unfälle versichert, wer haftet für Schäden an Personen und Material, muß mit dem Unternehmer, besser auch mit einer Versicherung abgesprochen werden.

7.4.2 Einschätzung

Für den Einsatz der Eigenarbeit ist es wichtig, das eigene Geschick und die eigene Kraft richtig und selbstkritisch einzuschätzen. Welche Techniken beherrscht man, wo setzt man sich nur als Helfer ein? Welche anderen Helfer stehen zur Verfügung? Wie geschickt sind sie und wie leistungsfähig? Wenn die Bäuerin am Ende der Bauzeit wegen Überlastung Venenentzündung hat, ist ihre Hilfe am Bau zu teuer erkauft.
Kann man Materialtransporte selbst durchführen? Welche Möglichkeiten zur regensicheren, geschützten Lagerung sind vorhanden, kann Material langfristig gelagert werden? Welche Maschinen (Mörtelmischer, Aufzug und so weiter) stehen zur Verfügung, welche müssen geliehen werden?

7.4.3 Materiallieferung

Eigenleistung kann auch bestehen aus der Lieferung von Holz aus eigenen Waldbeständen, von brauchbarem Kies und Sand für Beton und Mörtel aus eigenen Gruben und aus der Säuberung und Bereitstellung von Baumaterial aus einem Abbruch. Der Handwerker muß vom Bauherrn geliefertes Material genau prüfen. Erscheint ihm die Qualität unzureichend, kann und soll er es zurückweisen. Auch Fahrdienste aller Art zählen zur Eigenleistung. Man sollte aber im Eifer der Arbeit einem Unternehmer nicht Fahrdienste abnehmen, die in seinem Angebotspreis enthalten sind.

7.4.4 Organisation

Auch die Eigenleistung muß an Hand des LVZ schriftlich aufgelistet werden. Nur so ist zu vermeiden, daß man sich hoffnungslos übernimmt. Besser man zahlt dem Handwerker ein paar hundert Mark mehr, als daß das Geld danach in die Apotheke wandert oder wichtige Arbeiten auf dem Hof vernachlässigt werden.

7.5 Hinweise für Angebot und Vergabe

7.5.1 Firmenangebote

Wenn eine kleinere Sanierung ohne Planer durchgeführt wird, müssen die beteiligten Firmen sehr detaillierte Angebote nach VOB mit verbindlichen Preisen erstellen. Die Einheitspreise (siehe Seite 26) müssen darin gesondert angegeben werden. Es ist wichtig, daß der Bauherr diese Angebote genau nach den angegebenen Maßen, Stückzahlen, Längen und so weiter prüft. In vielen derartigen Fällen ist nur ein Teil der Arbeiten im Kostenvoranschlag erfaßt. Der andere Teil, nämlich die Arbeiten, die zwangsläufig auf der Baustelle anfallen, erscheinen erst als böse Überraschung in der Rechnung.

7.5.2 Vergabe

Die Vergabe an eine Firma kann immer nur nach eingehender Leistungsbesprechung möglichst auf der Baustelle erfolgen. Zu jeder Besprechung sollte ein kurzes Protokoll erstellt werden, in dem Art und Umfang der Leistungen und die Liefer- beziehungsweise die Montagefristen festgelegt werden.

7.5.3 Anordnungen

Anordnungen dürfen auf der Baustelle nicht ohne schriftliche Fixierung getroffen werden, immer mit Durchschrift an den Unternehmer, mit Datum und Unterschrift versehen.

7.5.4 Regiearbeiten

Regiearbeiten, also alle zusätzlichen Arbeiten am Bau, die nach Einheitspreisen und Stunden abgerechnet werden, *müssen* mit dem Bauherrn *vor Beginn* der Arbeiten nach Art und Umfang schriftlich vereinbart werden. Regiestundenlisten müssen vom Unternehmer geführt werden und spätestens jeden zweiten Tag vom Bauherrn oder vom Bauleiter abgezeichnet werden. Eine entsprechende Vereinbarung sollte im Auftrag festgehalten werden.

7.5.5 Sicherungsarbeiten

Sicherungsarbeiten am Bau, also Sicherungen an Gerüsten, Geländer, unfallsichere Abdeckungen von Öffnungen und an Maschinen, die Sicherung von Stromleitungen und anderes mehr, sind Sache des *verantwortlichen Auftragnehmers.*

Bei Eigenleistungen ist der *Bauherr* für die Sicherungsarbeiten an der Baustelle verantwortlich. Er haftet für eigene Unfälle und für die Unfälle von Helfern. Es empfiehlt sich, *vor* Baubeginn mit der Haftpflichtversicherung zu sprechen, um eventuelle Schäden wenigstens teilweise abzudecken.

7.5.6 Rechnungen

Rechnungen werden erst bezahlt, wenn die Arbeiten auf der Baustelle *abgenommen* wurden. Abnahme heißt eingehende Prüfung der Bauleistungen durch den Planer (beauftragten Bauleiter) oder, wenn es keinen solchen gibt, durch den Bauherrn. Offensichtliche Beanstandungen müssen bei der Abnahme angemahnt und von der ausführenden Firma schnellstens kostenfrei behoben werden. Die Abnahme muß der *Auftragnehmer* beim *Bauherrn* oder Bauleiter *anmelden.* Schäden, die im Verlauf der durch die VOB geregelten Gewährleistungsfrist (Garantiefrist, im allgemeinen 2–5 Jahre) auftreten, müssen vom Auftragnehmer kostenlos behoben werden. Der Bauherr hat das Recht, bis zum Ablauf der Gewährleistungsfrist einen angemessenen Prozentsatz des Rechnungsbetrags (2–5 Prozent) einzubehalten. Auch dieser Punkt sollte schon bei der Vergabe schriftlich fixiert werden.

Ohne Vertrauen zwischen Bauherr, Planer und Handwerker ist kein Bau gedeihlich zu Ende zu führen. Trotzdem müssen alle Vereinbarungen im Interesse aller Beteiligten schriftlich abgesichert sein. Mündlich ist schnell eine Abmachung getroffen, genauso schnell ist sie vergessen. Schriftliche Vereinbarungen liegen auf dem Schreibtisch, und man wird bis zur Erledigung daran erinnert.

8 Zeitplan: Festlegung der Reihenfolge der Arbeiten

Auch die Reihenfolge der Arbeiten am Bau ist zu klären. Mit den Handwerkern muß abgesprochen werden, welchen Zeitaufwand sie für ihre Arbeit ansetzen und welche Vorarbeiten anderer Firmen für Ihren

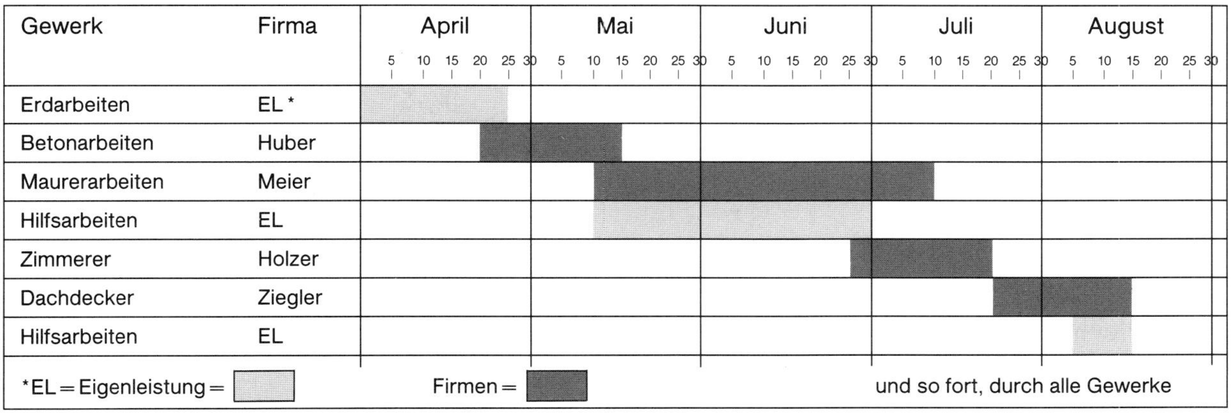

Zeichnung 2 Zeitplan

Einsatz am Bau fertiggestellt sein müssen. Die Aufstellung eines Zeitplans ist für den gesamten Arbeitsablauf sehr wichtig. Der Zeitplan dient

- ▷ der Disposition der Firmen,
- ▷ der eigenen Organisation,
- ▷ der zeitlichen Disziplinierung am Bau.

Der Zeitplan (Bauzeitplan, Netzplan) ist Bestandteil des Angebots.

8.1 Disposition der Firmen

Mit einem Zeitplan kennen die Firmen frühzeitig ihre Einsatztermine und können darauf festgelegt werden. Handwerker, die eine Vorfertigung zu liefern haben, wie Zimmerleute und Schreiner, können auch die Werkstattarbeit zielgerichtet planen. Bauteile mit langen Lieferzeiten können frühzeitig bestellt werden und treffen zur richtigen Zeit auf der Baustelle ein.

8.2 Eigene Organisation

Der Bauherr kann aus Leistungsverzeichnis und Zeitplan den Umfang und Zeitaufwand der Eigenarbeit ablesen. Er kann andere Arbeiten so erledigen, daß er für den Arbeitseinsatz am Bau voll zur Verfügung steht. Andererseits können die Arbeitseinsätze so gesteuert werden, daß besonders arbeitsintensive Zeiten am Hof, wie Frühjahrsbestellung und Erntezeiten, für den Bauherrn ausgespart bleiben. Bauhelfer können frühzeitig bestellt und mit ihren Aufgaben am Bau vertraut gemacht werden.

8.3 Zeitliche Disziplinierung am Bau

Ein Zeitplan und seine strikte Einhaltung ist auch Gewähr für einen disziplinierten Bauablauf. Niemand darf trödeln, zu keinem Zeitpunkt muß man sich gegenseitig im Wege stehen. Das Unternehmen Bau muß zu jeder Zeit überschaubar bleiben. Wenn man erst den Durchblick verloren hat, breitet sich auf der Baustelle schnell das absolute Chaos aus. Dann hilft nur, alles wegzulegen, Papier und Bleistift zur Hand zu nehmen und schriftlich Ordnung zu schaffen: Was ist erledigt, was muß noch getan werden, welche Arbeiten sind vorrangig, welche können warten? Der Zeitplan muß dabei kontrolliert, überarbeitet werden.
Es ist nicht möglich, einen genauen Musterzeitplan aufzustellen. Beim Sanieren sind die Gegebenheiten von Bau zu Bau verschieden. Das Schema oben soll eine Art der Darstellung zeigen. Zeitreserven müssen für jedes Gewerk eingeplant werden.
Ein vollständiges Leistungsverzeichnis, fachgerechte Vergabe und ein durchdachter, *realistischer* Zeitplan sichern einen zügigen und sparsamen Ablauf der Bauarbeiten. Eine gute Bauleitung bietet die Gewähr für handwerklich richtig ausgeführte Arbeiten, für den Einsatz der richtigen Kräfte am richtigen Platz und für ein absehbares Ende.

9 Bauvorschriften

Bauvorschriften sind in der Bundesbauordnung festgelegt. Bei Altbauten sind sie in manchen Fällen mit dem besten Willen nicht einzuhalten. Es liegt dann im Ermessen der Bauaufsichtsbehörde, Vorschriften weniger eng auszulegen oder Befreiungsgesuche wohlwollend zu behandeln.

9.1 Bauvoranfrage

Bauvoranfragen werden bei der zuständigen Gemeinde eingereicht. Beim Baureferat ist zu erfahren, welche Unterlagen dazu nötig sind. Eine Bauvoranfrage wird immer dann gestellt, wenn Zweifel darüber bestehen, ob das Bauvorhaben in der gedachten Form durchgeführt werden kann und um Überlegungen und Planungen gleich in die richtigen Bahnen zu leiten. Bei der Einrichtung von Werkstätten oder Dienstleistungsbetrieben oder beim Einbau neuer Wohnungen, Einliegerwohnungen und Fremdenzimmer kann eine Bauvoranfrage bei der zuständigen Gemeinde klären, ob das Bauvorhaben in der geplanten Art durchgeführt werden kann oder ob mit Auflagen zu rechnen ist.

9.2 Bauanzeige

Eine Bauanzeige muß gestellt werden bei Instandhaltungs- und Reparaturarbeiten und bei umfangreichen Erdarbeiten. Sie genügt, wenn Baumaßnahmen keinen Eingriff ins Konstruktionsgefüge darstellen oder das Ortsbild nicht berührt wird.

9.3 Bauantrag

Ein Bauantrag (Bauvorlage, Eingabeplan) mit Umbauplänen, Lageplan und Baubeschreibung muß bei der Gemeinde eingereicht werden bei baulichen Veränderungen, das sind zum Beispiel Anbauten, Dachausbauten, bei Eingriffen in das Konstruktionsgefüge, bei Nutzungsänderung und bei Neueinbau oder Austausch von Kaminen und Feuerungsanlagen.
Formulare für den Bauantrag sind gegen Gebühr bei der Gemeindeverwaltung oder in Schreibwarengeschäften zu bekommen.

9.4 Statische Berechnungen

Die Vorschriften für die Vorlage statischer Berechnungen sind in der Bundesrepublik regional verschieden. Auch hier geben die Gemeinden oder zuständigen Architektenkammern Auskunft.

9.5 Denkmalschutz

Gebäude, die unter Denkmalschutz oder Ensembleschutz stehen, unterliegen besonderen, örtlich unterschiedlichen Vorschriften, besonders für die äußere Gestaltung.

Im Zuge von Dorferneuerungs- und Ortssanierungsmaßnahmen können besondere Gestaltungsvorschriften erlassen werden.

9.6 Vorschriften, die das Umfeld betreffen

Abstandsflächen zu Nachbarbauten müssen bei der Neuplanung von Anbauten und Dachausbauten eingehalten werden.
Die zulässige *Geschoßflächenzahl* GFZ, das ist die Grundstücksfläche geteilt durch die Summe der Flächen aller Geschosse, ist örtlich verschieden festgelegt. Sie muß bei Vergrößerung der Wohnfläche nachgewiesen werden.
Vorschriften durch *Raumordnungsverfahren, Bebauungspläne, Wasser-, Landschafts-* und *Naturschutzgebiete* können bei Nutzungsänderungen Konsequenzen haben.
Abwassereinheiten sind in manchen Gemeinden stark begrenzt, auch hier ist es ratsam, vor Planungsüberlegungen Auskünfte einzuholen.

9.7 Brandschutz

Brandschutzverordnungen müssen mit den zuständigen Versicherungen abgeklärt werden.

Die Gemeinden und Kreisbehörden müssen über alle diese Fragen verbindliche Auskunft erteilen oder auf zuständige Behörden, Auskunftsstellen hinweisen.
Es wurde versucht, ein Planungsraster aufzuzeigen, das zur Ordnung der Bauvorstellungen und zum Aufbau der notwendigen Gedankengänge verhilft, den Bauablauf in eine überschaubare Bahn leitet.
Bauplanung wird in jedem Sanierungsfall anders ablaufen. Zu unterschiedlich sind die örtlichen Gegebenheiten: Art und Masse des vorgefundenen Bestands, Erwartungen des Bauherrn vom Ergebnis der Sanierung, das unterschiedliche Vorgehen von Baumeister und Architekt bei der Planung und vieles andere. Doch sollte die unabdingbare Notwendigkeit einer sorgfältigen Planung deutlich geworden sein.

Wenn man alle aufgezeigten Schritte je nach Umfang der Arbeiten mit einem erfahrenen Planer oder auch nur mit guten, versierten Handwerkern angeht, ist die größtmögliche Übersicht auf der Baustelle gesichert. Jede Stunde und jede Mark, die man in eine Planung investiert, werden beim endgültigen Umbau vielfachen Zeitgewinn und eine Einhaltung des Kostenrahmens bringen.

Mauersanierung: Baufeuchtigkeit

Feuchtigkeitsschäden kommen an alten Häusern am weitaus häufigsten vor. Ihre Bekämpfung gilt allgemein als schwierig und teuer, eine Meinung, die aus der Unkenntnis von Ursachen und Wirkungen der Feuchtigkeit in Bauwerken entstanden ist. Die Bauforschung der letzten zwanzig Jahre hat aber eine Reihe neuer Erkenntnisse gewonnen und daraus Methoden entwickelt, die zu sehr guten Austrocknungsergebnissen führen.
Die häufigsten Ursachen von Baufeuchtigkeit, ihre Wechselwirkungen und Möglichkeiten zur Behebung der Schäden sollen im folgenden aufgezeigt werden.

1 Baufeuchtigkeit durch Wasser, das von außen eindringt

1.1 Ursachen

1.1.1 Oberflächen- oder Tagwasser

Das ist die Bezeichnung für alles Wasser über, auf oder direkt unter der Geländeoberfläche.

Eindringender Schlagregen

Er kommt als ernsthafte Ursache für Durchfeuchtung nur bei rissigem Putz und rissigem oder ausgewaschenem Mauerwerk in Frage. Dabei sind Haarrisse, also »haarfeine« Risse, besonders gefährlich, weil sie das Wasser wie ein Schwamm aufsaugen. Geringfügig in einen guten Putz eindringender Schlagregen schadet nichts, das trocknet wieder, wenn die Poren groß genug sind, um eine Abdampfung zuzulassen. Gefährlicher sind defekte Dachrinnen, vermorschte Traufseiten, verrottete oder unsachgemäß ausgeführte Giebelanschlüsse. Die Blechanschlüsse an Kaminen sind schwer kontrollierbar, aber immer wieder Ursache von Undichtigkeiten am Dach. Der Regen dringt ungehindert ein und durchfeuchtet den Bau ständig von oben. Im Anfangsstadium sind diese Schäden ein Fall für den Spengler (Klempner).

Feucht- und Wasserstellen

Auch bei viel tiefer liegendem Grundwasser können Feucht- und Wasserstellen durch wasserundurchlässige Lehm- oder Tonschichten, verschüttete Quellen oder Brunnen auftreten. Hier muß man zuerst für einen ausreichenden Abfluß des Wassers sorgen, das das Feuchtgebiet verursacht. Quellen und alte Brunnen müssen sachgerecht gefaßt, Lehm- und Tonschichten durchbohrt werden, bis man auf durchlässige Schichten stößt. Probebohrungen sind vor der endgültigen Maßnahme mit einer Spezialfirma durchzuführen. Natürlich wird man Feuchtgebiete nur trokkenlegen, wenn sie eine unmittelbare Gefahr für das Bauwerk darstellen.

Hangwasser

Hangwasser läuft in Hanglagen sowohl auf dem Boden als auch unter der Oberfläche talwärts und trifft dabei auf bergwärts gelegene Kellermauern und Fundamente. Zusätzlich zu einer sorgfältigen Dränierung und Dichtung (siehe Seite 39 und 40/43) muß man oberhalb des Hauses in etwa zwei Meter Abstand eine Ablaufrinne wie beim Wegebau anlegen, um das Regenwasser vom Haus wegzuleiten (siehe Zeichnung 3). Bei starkem Wasseranfall empfiehlt sich eine mit Eisengeflecht (Baustahl) armierte Schutzwand aus 20 cm starkem Sperrbeton mit einem Abstand zur gefährdeten Wand von einem bis eineinhalb Me-

Zeichnung 3 Sicherung gegen Hangwasser

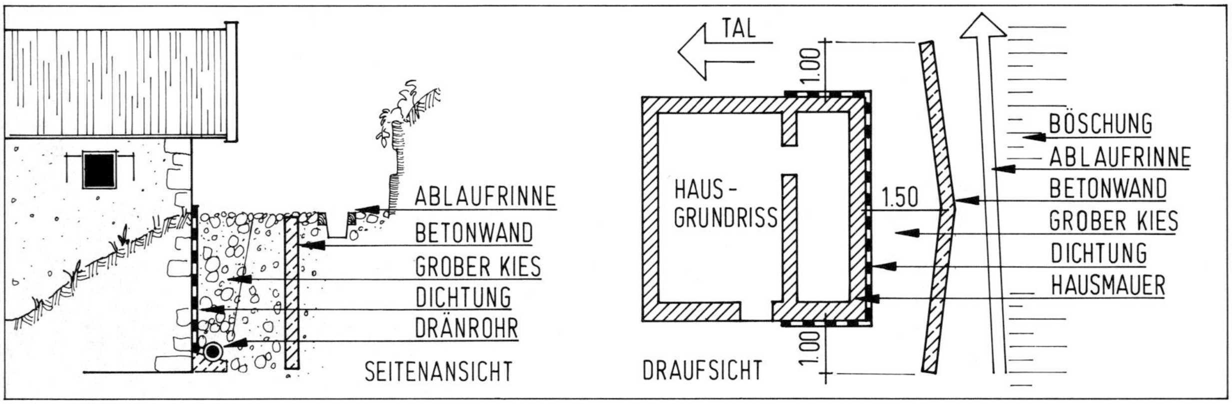

ter. Sie muß in der Mitte geknickt sein, um das Wasser nach beiden Seiten abzuführen. Auch hier darf die oberirdische Ablaufrinne nicht fehlen.

1.1.2 Grundwasser

Hat man es mit Wasser, das in den Keller eindringt, zu tun, soll man erst prüfen, ob es sich wirklich um Grundwasser handelt und andere Ursachen ausgeschlossen sind. Den örtlichen Grundwasserstand teilt das zuständige Wasserwirtschaftsamt mit, die Telefonnummer ist im Landratsamt zu erfragen. Sogenannte Grundwasserwannen sind auch in bestehende Keller einzubauen, aber sie sind teuer und nur mit einem erfahrenen Statiker durchzuführen. Es ist sehr zu überlegen, ob die Kosten im Verhältnis zum späteren Nutzen stehen.

1.1.3 Aufsteigende Erdfeuchtigkeit

Wassertransport

Erdfeuchtigkeit, aber auch Nässe, die sich auf zu dichtem Untergrund staut, und Oberflächenwasser, das nicht schnell genug abfließen kann, werden von den Fundamenten und den Kellermauern aufgesaugt. Über kleinste Hohlräume (Kapillaren), die jedes Mauerwerk einschließt, wird die Feuchtigkeit nach oben bis über die Oberfläche des umgebenden Erdreichs transportiert (siehe Zeichnung 4). Je feiner die Hohlräume sind, desto höher steigt das Wasser. An der obererdigen Wandfläche tritt die Nässe wieder aus.

Zeichnung 4 Aufsteigende Erdfeuchte und Salztransport

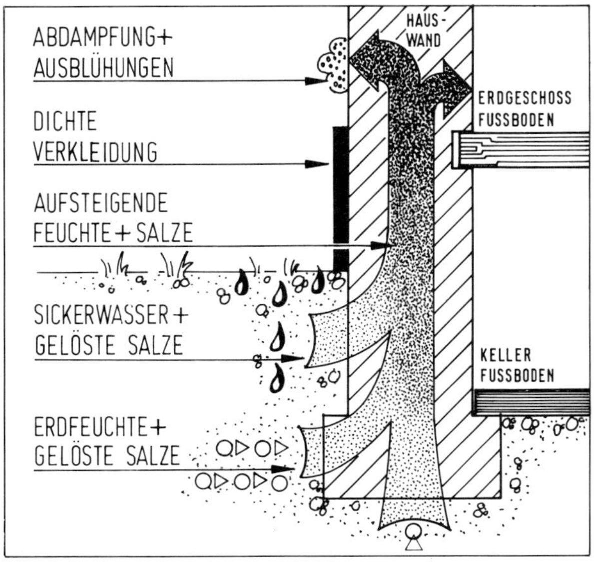

Salztransport

Die Erdfeuchtigkeit bringt mineralische Salze mit, die sie sowohl im Erdreich als auch in der Mauer (Mörtel, Naturstein) gelöst hat. Beim Verdunsten des Wassers kristallisieren die Salze, meist Sulfate, aus und bleiben als »Ausblühungen«, auch »Salpeter« genannt, an der Wandoberfläche zurück (siehe Zeichnung 4). Die Salzkristalle werden bei diesem Prozeß immer größer und sprengen dabei winzige Mauerteilchen und Putz ab (Kristallisationsdruck). Sprengwirkung durch Volumenvergrößerung heißt dieser Vorgang. Die Stein- und Putzabsprengungen führen zu einer ständig fortschreitenden Zerstörung des Mauerwerks. Welche Löcher dabei in den Wänden entstehen können, ist an feuchten, alten Bauten immer wieder zu beobachten.

»Wasserdichte« Außenputze, undurchlässige Anstriche (alte Dispersionsfarben), aufgeklebte Verkleidungen, unsachgemäß ausgeführte Sperrputze und andere »pflegeleichte Materialien« auf der Wandoberfläche verhindern eine Verdunstung der aufsteigenden Feuchtigkeit nach außen. Sie wird in der Wand so weit hochsteigen, bis sie, außen oder innen, eine Möglichkeit der Abdampfung findet (siehe Zeichnung 4). Ausblühungen treten dann in einem höher gelegenen Bereich auf, während die Sockelzone auf den ersten Blick trocken erscheint. Um einen genauen Befund einer Wanddurchfeuchtung zu geben, müssen Beläge in solchen Bereichen, wenigstens in Teilen, entfernt werden.

Die Mauerfeuchte kann im dicht verkleideten Sockel nicht abdampfen. Die Plattenverkleidung der Wand verhindert jede Kontrolle etwa auftretender Schäden.

Alpenländisches Flachdachhaus Typ Südostbayerisches Mittelflurhaus

Wohngebäude und Stall sind hier unter einem Dach vereint. Häuser dieses Typs sind mit regionalen Abwandlungen auch in Tirol im unteren Inntal mit seinen Seitentälern und in Teilen des Salzburger Landes verbreitet.
Die Wohnhäuser können in zwei Geschossen gemauert oder auf einem gemauerten Erdgeschoß in Blockbauweise ausgeführt sein. An sehr alten Bauten und in Tirol ist oft der ganze Bau gezimmert. Mauern bestehen fast immer aus Feldsteinen (Bachsteinen), was spätere Mauerdurchbrüche außerordentlich erschwert.
Der Wohnteil wird durch einen Mittelflur mit giebelseitigem Eingang erschlossen. Die Raumaufteilung mit vier bis sechs Räumen zu beiden Seiten des Flurs kann im allgemeinen voll erhalten bleiben, da die Zimmer großzügig angelegt sind.
Im aufgezeichneten Beispiel wurde vom Stall ein Streifen von 2,25 m abgeteilt und zu Schmutzschleuse, WC und Speisekammer ausgebaut. Der Obergeschoßgrundriß folgt in der Raumaufteilung dem Erdgeschoß. Hier kann über der Schmutzschleuse ein geräumiges Bad eingerichtet werden.

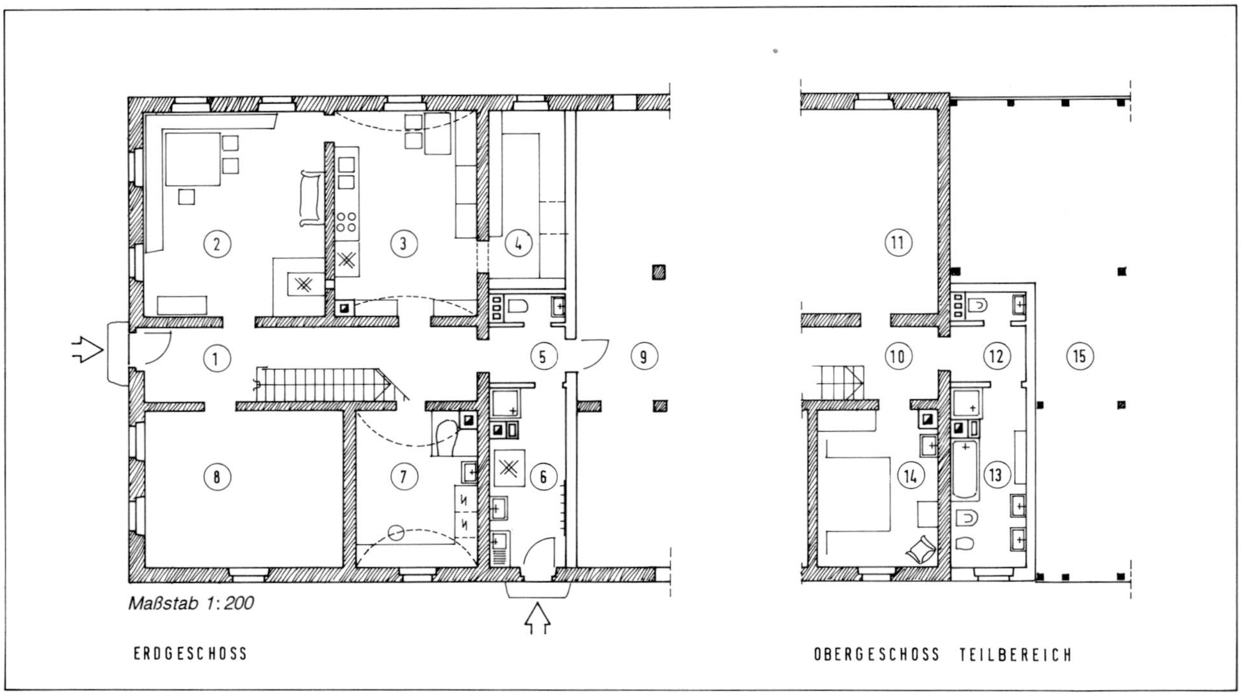

Erdgeschoß
- ① *Flur*
- ② *Stube*
- ③ *Küche*
- ④ *Speisekammer*
- ⑤ *Vorplatz und WC*
- ⑥ *Schmutzschleuse mit Heizkessel*
- ⑦ *Hauswirtschaftsraum mit altem Dörrofen*
- ⑧ *Zimmer*
- ⑨ *Stall*

Obergeschoß (Teilbereich)
- ⑩ *Oberer Flur*
- ⑪ *Zimmer*
- ⑫ *Vorplatz und WC*
- ⑬ *Bad*
- ⑭ *Gastzimmer*
- ⑮ *Tenne*

weil seine Hand mich treulich hält; Gott
Anne Elisabeth Bausneck
geb. Grote
1882

Salzanlagerung

Die Salze können sich aber auch im Mauerwerk ablagern. Dort entwickeln sie eine Aktivität besonderer Art: Sie »ziehen Wasser«, das heißt, sie verbinden sich mit der Feuchtigkeit aus der Umgebung in der Mauer (Hydration), dazu wird Luftfeuchtigkeit nachgezogen. Wenn die Aufnahmefähigkeit des Mauerwerks für die angesammelte Nässe erschöpft ist, steigt die Feuchtigkeit in der Wand weiter nach oben. Damit steigt auch der Durchsalzungsprozeß höher und höher. Wenn man noch zwei Meter und höher über dem Boden nasse Mauer antrifft, ist das fast immer die Folge eines langjährigen Salzangriffs. Auch die Hydration ist mit Volumenvergrößerung verbunden, die zusätzlich zu Zerstörungen im Mauerwerk führt. Auch Streusalz, das mit Spritzwasser an die Hauswände geschleudert wird, kann Mauerwerksversalzung und daraus resultierende Nässe hervorrufen.

Im Bereich alter, auch längst aufgelassener Güllegruben ist das Erdreich so stark mit Amoniaksalzen (Nitrate) angereichert, daß jeder Regen neue Salzlösungen an das Haus schwemmen kann. Über den Fundamentboden und die Kellerwände steigen sie in die Mauer auf. Eine Verminderung des Salzangriffs erreicht man nur, wenn die alte Grube tiefgründig, mindestens bis zur Fundamentunterkante, mit großem Umgriff ausgeschachtet und mit grobem, stark sickerfähigem Material aufgefüllt wird.

Durch Nässe und Salzaustritt schwer zerstörte Ziegelwand

Tore

1 Einfahrtstor an oberösterreichischem Dreiseithof. Die Torflügel sind nach alter Manier aufgedoppelt.

1	2
3	4
5	6

2 »Grotdör« an niederdeutschem Bauernhaus mit teilbarem Sommertorflügel. Der mittlere Anschlagpfosten, Düssel genannt, kann beim Einfahren der Ernte herausgenommen werden.

3 Vorbildliche neue Eingangssituation an einem niederdeutschen Bauernhaus.

4 Einfahrtstor mit reicher Bemalung an niederbayerischem Vierseithof.

5 Scheunentore an ostoberbayerischen Bundwerksta-
6 deln mit geschnitzter Torbekrönung und origineller Bemalung.

Durch Salzanlagerung bis ins erste Obergeschoß durchfeuchtete Mauer

1.1.4 Sonstige Durchfeuchtungsursachen

Defekte Dachrinnen

Defekte Dachrinnen und Regenfallrohre werden im Kapitel »Dachsanierung« ausführlich behandelt (siehe Seite 61).

Schwerer Nässeschaden in der Wand durch defektes Dachrinnenfallrohr

Defekte Installationen

Alte, desolate Wasser- und Abwasserrohre der Installation richten immer wieder schwere Schäden an. Es ist oft schwierig, Undichtigkeiten von Rohren im Wandverlauf aufzuspüren, und so werden notwendige Reparaturen hinausgeschoben. Hat sich der Schaden aber erst richtig ausgebreitet, steigen die Kosten zu seiner Beseitigung um ein Vielfaches.

Schwitzende Wasserrohre

Nicht isolierte, freiliegende Wasserrohre bringen durch Schwitzen, besonders im Sommer, erhebliche Feuchtigkeit ins Haus. Wenn sich die Nässe in unkontrollierten Ecken sammelt, kann sie sich im benachbarten Mauerwerk festsetzen und zu dauernden Schäden führen. Das Angebot an Isoliermaterial ist groß, mit wenig Mühe ist Abhilfe zu schaffen.

Schnee an Hauswänden

Schnee, der an der Hauswand aufgehäuft wird, kann beim Abtauen in Putz und Mauer eindringen. In nachfolgenden Kälteperioden entstehen dann Frostrisse, die neues Eindringen von Wasser erleichtern. Dazu kühlt die Wand im Bereich der Schneehaufen enorm ab, so daß sich an der Innenseite der Wände vermehrt Schwitzwasser (siehe Seite 46) bilden kann.

Zu hoch liegendes Gelände

Alte Häuser sind gelegentlich in den Boden »hineingewachsen«, sei es durch Geländeaufschüttungen, die vor allem in Dörfern entlang von Straßen immer wieder zu beobachten sind, sei es durch das natürliche Anwachsen von Humusboden im Bereich angrenzender gedüngter Wiesen und Gärten, sei es durch ein Absinken des ganzen Baus bei lockerem oder später ausgetrocknetem Untergrund. Häuser in starken Hanglagen sind oft zum Teil in das Gelände eingebaut (siehe Zeichnung 5). Hier muß man das Erdreich bis mindestens auf Erdgeschoßfußbodenhöhe abtragen. Jetzt kann man auch die Schäden an den Wänden genau beurteilen und notwendige Maßnahmen treffen. Der entstandene Graben soll möglichst breit sein und offengehalten werden. Besser ist eine großzügige Geländemulde um das Haus. Es muß dafür gesorgt sein, daß sich in dieser Geländeabsenkung kein Wasser sammelt oder gar staut. Dränierungen (siehe Seite 39) müssen in solchen Fällen ganz besonders sorgfältig überlegt und ausgeführt werden. Grundsätzlich soll das Gelände in einem leichten Gefälle vom Haus weg verlaufen.

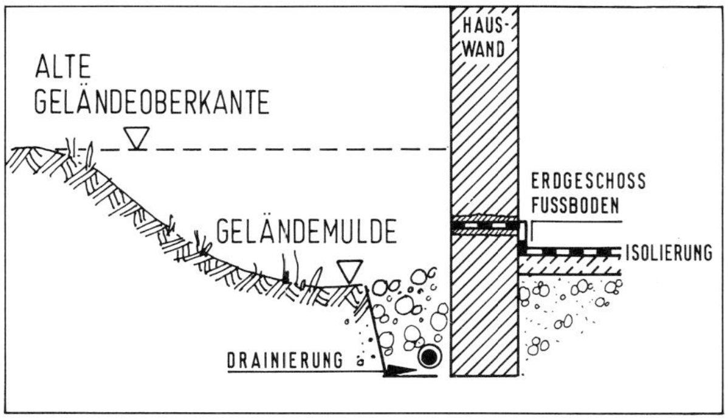

Zeichnung 5 Geländeabsenkung

1.2 Maßnahmen

Für eine wirkungsvolle Trockenlegung müssen die Ursachen der Mauerdurchfeuchtung ausgeschaltet werden. Alle Maßnahmen, die nicht die Ursachen erreichen, sind unnütz ausgegebenes Geld und bringen später nur Ärger. Unzureichend oder falsch durchgeführte Trockenlegungsarbeiten stellen zudem den Erfolg aller weiteren Sanierungsarbeiten in Frage. Maßnahmen zur Bauaustrocknung müssen sich sowohl in den verwendeten Mitteln, als auch in Art und Umfang der Arbeiten auf die spätere Nutzung der Räume ausrichten. Ein Wohnhaus verlangt andere Sanierungsmaßnahmen als ein Geräteschuppen. Das Heranziehen eines Fachmanns und einer Firma mit nachgewiesener Erfahrung (und Erfolg) sind dringendst anzuraten.
Ziel einer Trockenlegung muß sein,

- ▷ das Nachziehen von Feuchtigkeit in der Mauer zu verhindern,
- ▷ die bestehende Mauernässe auszutrocknen,
- ▷ gefährdete Standsicherheit wiederherzustellen.

Aus dieser Zielsetzung und dem unter »Ursachen« Gesagten wird klar, daß jede Sanierung bei den Fundamenten beginnen muß. Mindestens Probegrabungen bis zur Fundamentunterkante sind nötig, um einen genauen Befund über den Zustand der unterirdigen Bauteile zu erhalten.

1.2.1 Dränierung (Dränage)

Die Dränierung soll Wasserstau an den Grundmauern verhindern und nachfließendes Niederschlagswasser vom Bauwerk ableiten. Vorhandene alte Dränierungen erfüllen diesen Zweck oft nicht mehr: Die Rohre sind zugeschwemmt, Tonrohre zerbrochen, Sickergruben nicht mehr funktionstüchtig. In vielen Fällen fehlen Dränierungen an alten Bauten überhaupt.

Eine Dränierung setzt sich zusammen aus der Dränleitung, der Versickerungsanlage (Sickerschacht) und der Sickerschicht (siehe Zeichnung 6).

Dränleitung

Für die Dränleitung werden Vollsickerrohre aus unglasiertem Ton, Steinzeug, Beton oder Kunststoff verwendet mit einem lichten Durchmesser von 100 mm. Die Rohre müssen innen glattwandig sein, um einen guten Wasserablauf zu gewährleisten. Also keine innen gewellten Kunststoff- oder Tonrohre mit Brennrückständen verwenden! Rohre dürfen beim Einstampfen der Hinterfüllung nicht beschädigt werden. Der Hersteller muß Bruchfestigkeit garantieren. Die Dränleitung wird mit 1 bis 3 Prozent Gefälle entlang den Fundamenten in einem Magerbetonbett verlegt, um ein späteres Absacken zu vermeiden.

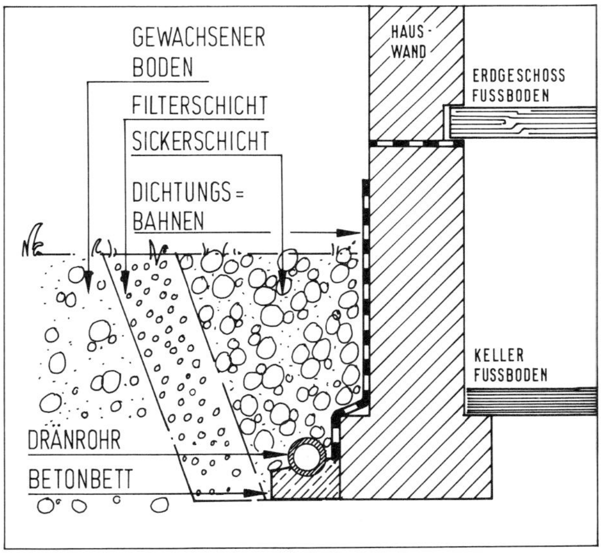

Zeichnung 6 Dränierung

Zeichnung 7 Versickerungsanlage

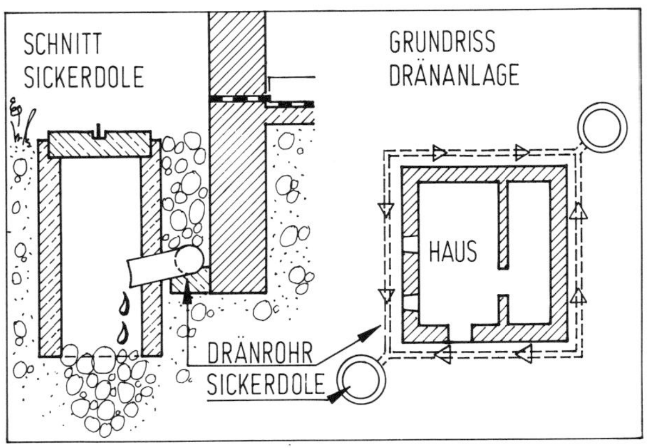

Versickerungsanlage

Ein Sickerschacht - je nach Größe des Bauwerks auch mehrere - muß das in der Dränleitung anfallende Wasser auffangen. An Knickpunkten von 90 Grad sollte zusätzlich jeweils ein Kontrollschacht von mindestens 50 cm Durchmesser angeordnet werden. Kontroll- und Sickerschacht dienen auch der regelmäßigen Überprüfung der Dränage, von hier können die Rohre nach Bedarf durchgespindelt oder durchgespült werden (siehe Zeichnung 7, Seite 39).

Sickerschicht

Als Sickerschicht um das Dränrohr genügt bei ausreichend festem Untergrund eine Packung von gewaschenem Kies von ringsum 20 cm. Bei sehr lockeren, sandigen oder tonigen Böden muß diese Sickerschicht mit einer Filtermatte gegen Zuschwemmen geschützt werden. Hat man Andrang von Oberflächenwasser oder in Hochwassergebieten gelegentlich starkes Grundwasser zu befürchten oder ist die Horizontaldichtung (siehe Seite 40) sehr hoch eingesetzt, empfiehlt es sich, eine Dränwand, zum Beispiel aus Sickerplatten, vor der Keller- und Fundamentwand anzuordnen (siehe Zeichnung 8).
Die Fundamentunterkanten dürfen beim Ausschachten des Dränbetts keinesfalls unterfahren werden, um die Standsicherheit der Mauer nicht zu gefährden.
Dränierungen dürfen nicht mit dem Dachrinnenauslauf, schon gar nicht mit der Kanalisation in Verbindung gebracht werden. Die Tiefbauämter der örtlichen Behörden können über die Bodenbeschaffenheit an der Baustelle Auskunft geben. Sie können auch seriöse Firmen empfehlen, die Dränierungen fachgerecht durchführen.

Technische Durchführung der Erdarbeiten

Bei tiefen Fundamenten oder Fundamenten an Böschungen kann nach dem Aufgraben für die Trockenlegung ein Erddruck von innen entstehen. Entweder legt man die Fundamentwände nur in Abschnitten von höchstens einem Meter frei oder man stützt das Mauerwerk ausreichend ab, um Rissebildung oder Nachstürzen (Grundbruch) zu verhindern. Dasselbe gilt bei Kellern, bei denen ein Gewölbeschub von innen auftreten kann (siehe Zeichnung 9). Bei abschnittsweisem Aufgraben ist sorgfältig auf eine gute Überlappung (30-50 cm) der anschließend eingebrachten horizontalen (siehe rechts) und vertikalen (siehe Seite 43) Dichtung zu achten.

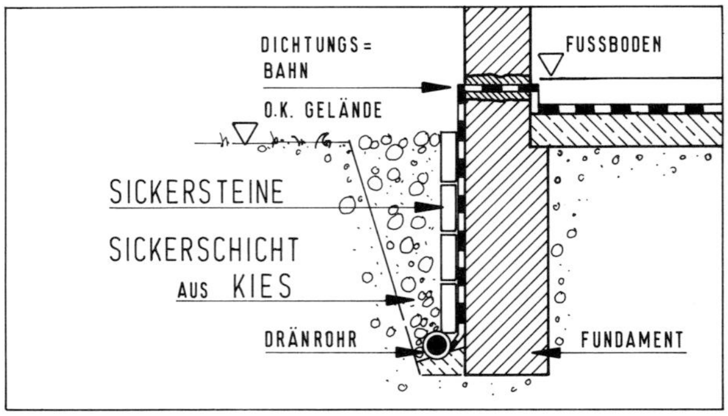

Zeichnung 8 Dränwand aus Sickersteinen

Ausschachtungsarbeiten im Fundamentbereich dürfen erst durchgeführt werden, wenn die nötigen Sicherungsarbeiten am Bauwerk erstellt sind, wie Sicherung gegen Schub und Absenkung, ausreichende Abstützungen (Unterfangungen) und anderes. Ausgewaschenes und rissiges Mauerwerk muß verfestigt werden (siehe Mauerrisse unter 2.4, Seite 57).
Ausschachtungsarbeiten sind bei der zuständigen Bauaufsichtsbehörde genehmigungspflichtig.

1.2.2 Horizontale Feuchtigkeitsdichtung

Horizontale Dichtungsschichten sollen das Aufsteigen von Feuchtigkeit in der Mauer unterbinden. Bei Neubauten werden sie selbstverständlich über den Banketten und über der Kellerdecke eingebracht. In Altbauten müssen sie mit einiger Mühe eingeschoben werden. Man wird sich deshalb bei Sanierungen eine Ebene suchen, die nach den örtlichen Gege-

Zeichnung 9 Fundamentabbruch und Abstützung

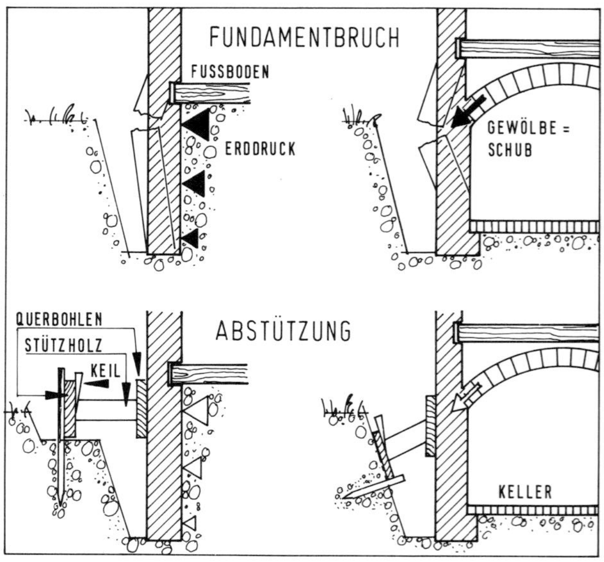

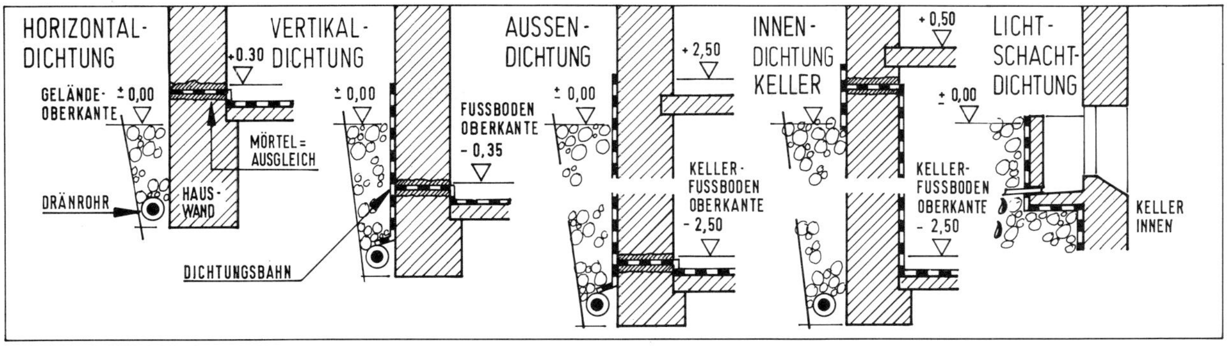

Zeichnung 10 Systemdarstellung zur Feuchtigkeitsdichtung

benheiten und für die spätere Nutzung die beste Wirkung verspricht (siehe Zeichnung 10).

Mechanische Verfahren

Horizontale Mauerschlitze werden in Abschnitten von Hand, eventuell auch mit Preßlufthämmern, mit einer Höhe von 20-30 cm aufgestemmt oder mit einer »Mauersäge« mit 1-2 cm Höhe ausgefräst. Die Schlitzabschnitte (50-100 cm) müssen genau geplant werden, um mögliche Schäden aus der Belastung des darüberliegenden Mauerwerks und aus Schubkräften von Gewölben zu vermeiden. Die Schlitze sind dann mit Preßluft oder scharfem Wasserstrahl sorgfältig von Staub und allen losen Mauerrückständen zu säubern. Eine Mörtelausgleichsschicht sorgt für eine glatte Auflage der Dichtungsbahnen (siehe Zeichnung 10). Wenn man dazu »Sperrmörtel« verwendet, erzielt man eine zusätzliche Feuchtigkeitssperre. Mörtelfertigprodukte sind in verschiedener Zusammensetzung im Handel.
Dichtungsbahnen gibt es in unterschiedlicher Ausführung:

- ▷ bitumengebundene Bahnen,
- ▷ kunststoff- oder bitumenkaschierte Metallfolien,
- ▷ Kunststoffbahnen.

Die Kosten der Dichtungsbahnen machen nur einen kleinen Teil der Gesamtkosten aus. Hier sparen zu wollen, ist fehl am Platz. Das beste, für den jeweiligen Fall geeignete Material ist gerade gut genug. Bei den schmalen Schlitzen der Mauerfräse ist eine Mörtelabgleichung nicht oder nur unzureichend möglich. Hier müssen entsprechend dicke, elastische Folien verwendet werden.
Bituminöse Dichtungsbahnen sind starrer und gleichen sich Unebenheiten und Abknickungen weniger gut an als Kunststoffbahnen, die aber verschweißt werden müssen. Das erfordert, je nach Wanddicke, einen Arbeitsraum von 20-30 cm Höhe. Immer ist auf eine ausreichende und sorgfältige Überlappung der Dichtungsbahnen zu achten. Metallfolien, auch kunststoffkaschierte, dürfen nicht mit Kalkmörtel in Berührung kommen. Kalk bewirkt chemische Zerstörungen der Metallfolie und würde die Horizontaldichtung auf Dauer unwirksam machen. Sowohl die Abgleichsschicht als auch die Ausfugungen und die Außenputzstreifen müssen im Bereich solcher Folien in Zementmörtel ausgeführt werden (siehe Zeichnung 10). Werden an einem Objekt mehrere Materialien verwendet, ist auf die gegenseitige Verträglichkeit zu achten, zum Beispiel darf man nur bitumenbeständige Kunststoffolien mit bituminösen Dichtungsbahnen zusammen verarbeiten.

Deutlich ist hier die eingebrachte Dämmfolie mit der darüber durchgehenden Ausmauerung sichtbar.

Gewellte Edelstahlbleche werden maschinell in die Mauerwerksfugen eingetrieben.

Hohe Schlitze werden nach dem Einbringen der Dichtungen ausgemauert und mit Stahlkeilen oder Keilsteinen geschlossen, dünne Schlitze mit Sperrmörtel (siehe Putz und Farbe unter 3.2.3, Seite 95) satt verstopft oder verpreßt. Nur wenn die Ausmauerung der ersten Schlitze genügend abgebunden hat und ausreichend tragfähig ist, kann man die stehengebliebenen Mauerstücke ausbrechen und die fehlenden Horizontaldichtungen einbringen. Dabei müssen sich die beiden Dichtungsabschnitte sehr gut überlappen.

Auch Zwischenwände im Keller und im Erdgeschoß müssen horizontal abgedichtet werden, wenn sie Durchfeuchtungserscheinungen aufweisen wie brökkelnder Putz oder Ausblühungen. Kellerzwischenwände sind wichtig für das statische Gefüge des Hauses.

Bei umfangreichen Schlitz- und Stemmarbeiten besteht immer die Gefahr der Rissebildung am Bau. Vor allem sollte eine Durchtrennung der Gewölbewiderlager vermieden werden (siehe Zeichnung 11). Weist der Bau schon vorher größere Risse auf oder hat man es an sich mit morschem Mauerwerk zu tun, sollte die Sanierung statischer Risse (siehe Mauerrisse unter 2.4.1, Seite 57) wenigstens an gefährdeten Teilen der Feuchtigkeitssanierung vorgezogen

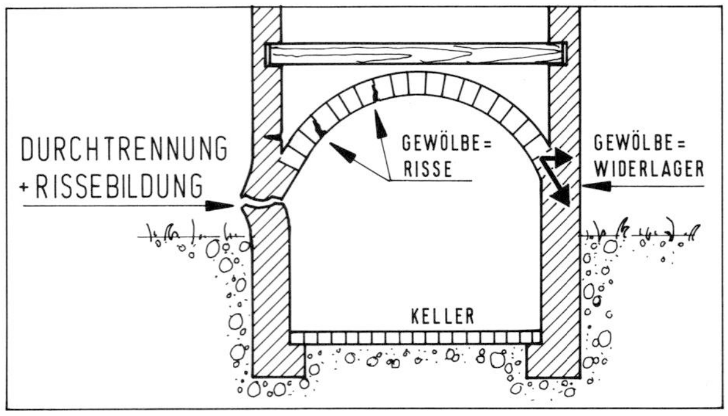

Zeichnung 11 Folgen der Zerstörung am Gewölbewiderlager

werden. Andernfalls ist für weitreichende Sicherungsmaßnahmen zu sorgen. Sicherungsmaßnahmen sind ein beträchtlicher Kostenfaktor, deshalb ist die Reihenfolge Rissesanierung - Feuchtigkeitssanierung in manchen Fällen vorzuziehen.

Ein relativ neues Verfahren zur Horizontaldichtung ist das maschinelle Eintreiben von Platten aus gewelltem, korrosionsgünstigem Edelstahlblech. Es ist mit gutem Erfolg vor allem bei durchgehenden, waagerechten Mauerfugen und bei feuchtem Tuffstein einzusetzen. Bei unregelmäßiger Bruchsteinmauer können Schwierigkeiten auftreten. Die Firmen sichern meist eine kostenlose erste Beratung zu.

Chemische Verfahren (Bohrlochverfahren)

Sie verlangen Spezialkenntnisse und müssen entsprechenden Firmen überlassen werden. Auf Baumessen wird das Verfahren immer wieder angepriesen. Verschwiegen wird dabei, daß es keinesfalls in allen Fällen mit Erfolg angewendet werden kann. Jeder derartigen Sanierung muß eine Untersuchung der Schäden, ihrer Ursachen und des Mauermaterials vorausgehen. Eine gründliche Beratung durch firmenunabhängige Fachleute, eventuell auch Probebohrungen an verschiedenen Mauerabschnitten sind unerläßlich, will man nicht das Risiko einer Fehlinvestition eingehen. Rat kann man auch bei den Denkmalschutzämtern einholen. Bei der Vergabe an eine Firma muß man auf einer mindestens zweijährigen Gewährleistungsfrist bestehen.

Bei diesem System werden durch Bohrlöcher chemische Mittel in die Wand eingespritzt, die die Wasserleitfähigkeit der Kapillaren stark vermindern oder aufheben (Hydrophobierung). Damit soll das weitere Aufsteigen von Feuchtigkeit in der Mauer verhindert werden (siehe Zeichnung 12). Die Flüssigkeiten sind auf der Basis von Silikaten und Silikonaten aufgebaut. Der Bohrlochabstand darf 8–12 cm nicht über-

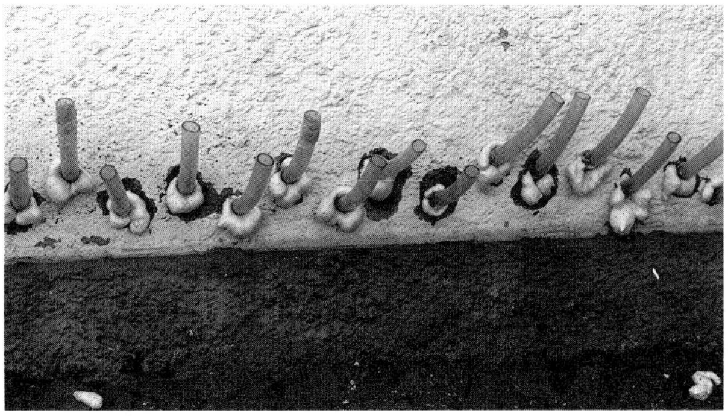

Die Bohrlöcher sind zum Einfüllen der Flüssigkeit zur Hydrophobierung mit Röhrchen versehen.

schreiten. Das Mauerwerk wird, je nach Dicke, auf zwei Drittel bis vier Fünftel seiner Stärke durchbohrt, je nach Anordnung der Bohrebenen auch von außen *und* innen. Bei den Bohrungen soll man auf Schlagbohren möglichst verzichten, um Schäden durch Erschütterung zu vermeiden. Zu schnell laufende Bohrer können durch starke Hitzeentwicklung zu Versinterung, also zur Verdichtung des Steins im Bohrloch, führen, sodaß das Einspritzmaterial nicht mehr in die Wand eindringen kann.

Saugfähiges Mauerwerk ohne große Hohlräume ist für dieses Verfahren geeignet. *Ungeeignet* sind stark rissige Mauern, Mauern mit großen Hohlräumen, dichte, nicht saugfähige Natursteine. Schalenmauerwerk bedarf einer besonderen Vorbehandlung. Sehr nasse Mauern nehmen die Flüssigkeit überhaupt nicht auf.

Zementhaltige Verpreßmassen (Zementsuspensionen) sind ganz ungeeignet. Sie würden das Mauerwerk verdichten, die Dampfdiffusion stören und Wärmebrücken bilden (siehe Seite 48).

Die in der Werbung aufgestellte Behauptung, nur durch Aufspritzen eines Mittels könne eine Wirkung in der ganzen Tiefe der Mauer erzielt werden, ist völlig unzutreffend.

Zeichnung 12 Bohrlochimprägnierung

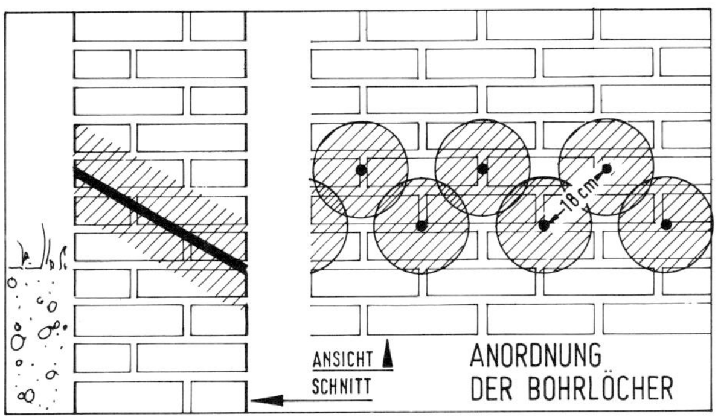

Eigenleistung kann man bei dieser Methode nur im Bereich der Erdarbeiten einsetzen. Man würde sich, auch bei nur geringen Fehlern, jeden Regreßanspruch an die ausführende Firma verscherzen.

Elektroosmose

Das Verfahren beruht auf der Erkenntnis, daß sich, vereinfacht gesagt, Wasser in einem elektrischen Feld zum Minuspol hin bewegt. Man kann diesen Minuspol an einen Punkt der Außenwand legen, an dem das Wasser ungehindert verdunsten kann. Aber alle Metallbauteile, Mauerversalzungen und vieles mehr stellen Störfaktoren dar, deren Wirkungen nur schwer oder überhaupt nicht auszuschalten sind. Was in der Denkmalpflege unter wissenschaftlicher Aufsicht Anwendung findet, ist für den hier angesprochenen allgemeinen Bereich nicht anzuraten.

1.2.3 Vertikale Feuchtigkeitsdichtung

Will man die nachziehende Erdfeuchtigkeit wirksam ausschalten, ist auch eine senkrechte Außenabdichtung der Kellerwände notwendig (siehe Zeichnung 10, Seite 41). Das kann man durch Anstriche, Bahnendichtungen und Sperrputze beziehungsweise Dichtungsschlämmen erreichen.

Vorbereitung der Außenflächen

Für die Außenabdichtung müssen die Wände entsprechend vorbereitet werden: Loser Putz, Mörtel und die lockere Oberfläche von Steinen sind abzuschlagen, Mörtelfugen tiefgründig bis zum festen Kern auszukratzen. Lockere Steine sollen herausgenommen, Risse saniert werden (siehe Mauerrisse unter 2.4, Seite 57). In extremen Fällen wird eine Verfestigung von einzelnen Wandteilen nötig (siehe Mauerrisse unter 2.3, Seite 56).

Die Grundmauern müssen wenigstens im äußeren Drittel trocken sein. Es ist ratsam, freigelegte Keller- und Fundamentwände, je nach Durchfeuchtungsgrad und Witterung, 1-3 Monate frei zu halten. Die Baugrube ist in dieser Zeit gegen Regen und kalte Nachtluft (Tauwasserbildung!) zu schützen, aber die Abdampfung der Mauerfeuchte muß in ausreichendem Maße gewährleistet sein. Also keine Plastikfolien vor die Wand hängen! Nach dem Säubern ist die Außenwand maurermäßig zu überarbeiten: Mörtelfehlstellen müssen sorgfältig und ohne Hohlräume geschlossen, tiefere Löcher ausgemauert oder mit mehreren Mörtellagen (Mörtelgruppe III) unter Verwendung von Baugeflecht ausgebessert werden (siehe Putz und Farbe unter 5.3.1, Seite 100). Darauf wird ein Ausgleichsputz, eventuell auf einem Spritzbewurf (siehe Putz und Farbe unter 4.5.1, Seite 97), aufgetragen. Kehlen und Ecken muß man ausrunden. Erst jetzt können die Dichtungsschichten aufgetragen werden.

Bitumenanstrich

Er wird heißflüssig in mindestens zwei Lagen, kaltflüssig in mindestens drei Lagen, Spachtelmasse heiß oder kalt in mindestens zwei Lagen mit Spachtel oder Kelle aufgebracht. Der Anstrich muß lückenlos aufgetragen werden und einen einwandfreien Anschluß an die Horizontaldichtung erhalten (siehe Zeichnung 10, Seite 41). Der Untergrund muß absolut trocken sein, da sich sonst Blasen bilden, die aufplatzen; damit entstehen undichte Stellen im Dichtungsfilm. Der Bitumenanstrich muß bis zum Einfüllen der Baugrube vor Sonne, Frost und Niederschlägen geschützt werden. Bitumenanstriche sind kein ausreichender Schutz gegen drückendes Wasser, also Grundwasser und starken Anfall von Oberflächenwasser.

Dichtungsbahnen

Das sind fabrikfertige Dichtungsträgerbahnen mit nicht verrottbaren Einlagen und bitumenbeständige Kunststoffolien. Sie werden auf einem Voranstrich aus bituminöser Lösung oder Emulsion mit Klebemasse in zwei Lagen auf die Wand aufgebracht. Die Bahnen sind als solche dicht. Schwachstellen sind die Quer- und Längsstöße, die deshalb besonders sorgfältig mit ausreichender Überlappung ausgeführt werden müssen. Nur eine vollflächige Verklebung der Bahnen ohne Blasen und Hohlräume garantiert eine einwandfreie Dichtung. Den Anschluß an die Horizontaldichtung sauber ausführen! Der Maueruntergrund muß trocken sein. Nach dem Verkleben müssen die Flächen gegen starke Sonneneinstrahlung geschützt werden, da die Kleber leicht erweichen und die Bahnen dadurch abrutschen. In zweilagiger Ausführung sind Dichtungsbahnen geeignet als Schutz gegen drückendes Wasser. Sie sind resistent gegen aggressive (salzhaltige) Wässer.
Um Fehler zu vermeiden, sind alle Vorschriften und Materialempfehlungen der Hersteller für Vorbehandlung, Kleber und Verarbeitungstechnik genau einzuhalten. Wenn keine Gebrauchsanleitung mitgeliefert wird, muß man sie bei der Firma anfordern.
Bitumenanstriche und Dichtungsbahnen sind *elastische* Dichtungsschichten.

Sperrputze

Sperrputze sind Zementputze mit porenverengenden (quellenden) Bestandteilen oder wasserabweisenden (hydrophobierenden) Zusätzen. Sie werden als fabrikfertige Mörtelmischungen im Handel angeboten. Die genaue Wasserzumischung an der Baustelle muß mit dem automatischen Rührgerät erfolgen. Der Auftrag in zwei Lagen zu je 1 cm auf gut vorgenäßtem Grund sollte von einem erfahrenen Maurer ausgeführt werden. Ein dichtes, gleichmäßiges Antragen der Putzmasse ist von ausschlaggebender Bedeutung für die spätere Dichtigkeit des Sperrputzes. Der Putzuntergrund muß rauh, rißfrei und auch in Zukunft rißsicher sein. Arbeitsfugen müssen vermieden werden, das heißt eine Fläche muß in *einem* Zug geputzt werden. Ist das nicht möglich, so müssen die Fugen der zweiten Lage um mindestens 15 cm versetzt werden (Überlappung). Der fertig aufgetragene Putz muß gegen zu schnelles Austrocknen vor Sonneneinstrahlung und Wind geschützt werden.
Die Anweisungen der Lieferfirmen sind auch hier genauestens einzuhalten. Fehlen solche Gebrauchsanleitungen oder sind sie ungenügend, läßt man sich Arbeitsunterlagen von der Firma kommen. Seriöse Hersteller werden sie umgehend und kostenlos zuschicken.

Dichtungsschlämmen

Dies sind ebenfalls fabrikfertig gemischte Fertigmörtel, denen an der Baustelle genau vorgeschriebene Wassermengen beigemischt werden müssen. Dichtungsschlämmen binden schnell ab, deshalb darf nicht zuviel Material angemacht werden. Der Auftrag muß schnell mit der Traufel oder dem Glätter erfolgen, nicht mit dem Quast. Die zweite Lage muß unmittelbar nach dem Anziehen der ersten Lage aufgetragen werden. Auch hier sollen große, zusammenhängende Flächen ohne Unterbrechung in einem Arbeitsgang fertiggestellt werden. »Brotzeitfugen« können sich auf die spätere Dichtigkeit sehr ungünstig auswirken. Auch hier gilt, daß Anweisungen von Lieferfirmen strikt eingehalten werden müssen.

> Dichtungsschlämmen reichen bei stauender Nässe und drückendem Wasser nicht aus.

Sperrputze und Dichtungsschlämmen sind sehr starre Dichtungen, die spätere Bewegungen eines Bauwerks – jeder alte Bau arbeitet – nur bedingt aufnehmen können. Sie neigen dann zu Rissebildung, was unter Umständen die ganze Außenabdichtung in Frage stellt. Welche Vertikalabdichtung für einen Bau gewählt wird, muß deshalb mit einem erfahrenen Fachmann für jedes Objekt neu entschieden werden. In schwierigen Fällen sollte man einen bauphysikalischen Berater zuziehen.

1.2.4 Hinterfüllung

Wenn man endlich die Grube wieder zuschüttet (mit einer Sickerschicht), muß man sorgfältig darauf achten, daß kein Wasserstau an der Mauer entsteht (siehe Seite 40), vor allem dürfen die mühsam aufgebrachten Dichtungsschichten nicht beschädigt werden. Schutz bieten bituminerte Wellplatten oder Filtermatten, vor der Wand angebracht. Natürlich darf man zur Befestigung keine Nägel und somit Löcher in die Abdichtung schlagen (siehe Zeichnung 13).

Sickerschicht

Die einzubringende Sickerschicht besteht aus grobem, lehmfreiem Kies, der in Lagen von 30 cm eingefüllt und gestampft wird. Bauschutt wie Ziegel- und Mörtelbrocken hat in einer Hinterfüllung nichts zu suchen. Die Brocken enthalten *hygroskopisches* Material, das heißt, sie *ziehen* Feuchtigkeit, was ja auf alle Fälle vermieden werden soll.

Filterschicht

Sie besteht aus feinkörnigem Kies *(nicht Sand!)* und soll das Zuschlämmen der Sickerschicht verhindern. In Gegenden mit Sandböden oder toniger Erde empfiehlt sich das Einlegen einer Filtermatte zwischen Sicker- und Filterschicht.

Abdeckung

Diese sinnvoll eingebrachten Schichten darf man nicht mit Beton oder Teer zudecken. Die im Erdreich nachziehende Feuchtigkeit kann durch die Sickerschicht an der Oberfläche abdampfen. Unter einer dichten Decke würde sie sich als Schwitzwasser sammeln, die Umgebung der Grundmauer durchnässen und schließlich an einem Schwachpunkt der Dichtung wieder in die Wand eindringen. Am Anschluß zur Mauer könnten sich Regen und Schnee stauen und durch die zwangsläufig hier entstehenden Risse entlang der Wand nach unten sickern (siehe Zeichnung 14). Noch mehr Wasser an dem mühsam getrockneten Fundament wäre die Folge. Das hält auf die Dauer die beste Dichtung nicht aus. Für den Normalfall wird man einen Kiesstreifen entlang des Hauses anlegen, der auch einen Teil des Regenspritzwassers aufhält. Einen Weg am Haus kann man mit Trittsteinen auslegen, für Terrassen verwendet man möglichst kleinteiliges Pflaster eines porösen Steins in Sandbettung mit deutlichen Fugen. Immer sollen die Außenanlagen ein Gefälle vom Haus weg erhalten.

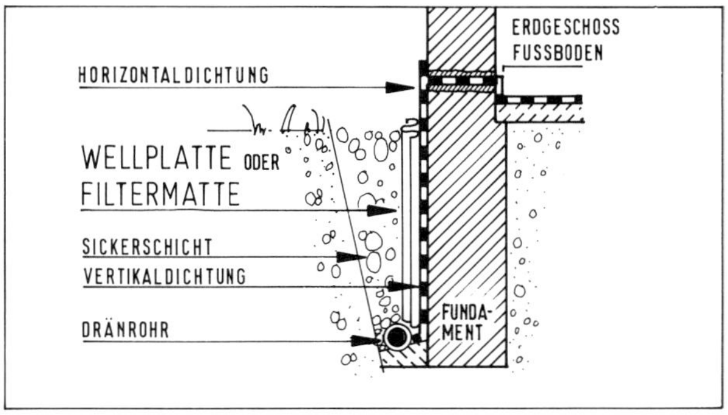

Zeichnung 13 Schützende Abdeckung der Dichtung

Fehlstellen

Beim Einbau neuer Zuleitungen für Wasser und Strom können vorhandene Dichtungen beschädigt werden. Nach Abschluß derartiger Montagearbeiten muß man einen mindestens 30 cm übergreifenden, zweifachen Dichtungsanstrich aufbringen. Feuchtflecken an Leitungszuführungen innen sind oft Zeichen solcher Fehlstellen.

Zeichnung 14 Dichter Außenbelag

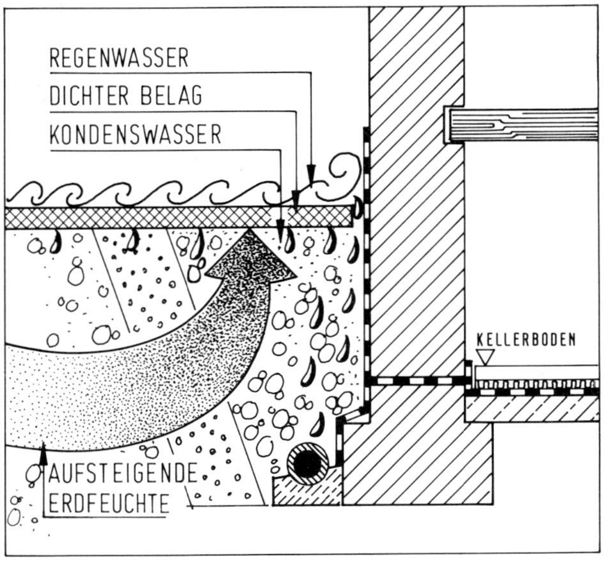

Maueraustausch, hier im Fundamentbereich. Die Austauschabschnitte sollten kürzer angelegt werden.

1.2.5 Sanierung von Salzschäden

Salzschäden in der Mauer sind nur schwer mit Auswaschungen unter Druck oder chemischer Behandlung zu bekämpfen. Eine horizontale Dichtungsschicht ist oft wirkungslos, weil die Wasseranreicherung in der Wand über die hygroskopische Eigenschaft der eingeschlossenen Salze erfolgt (siehe Seite 37). Hier bietet sich das Auswechseln der Wand als einfachste und gründlichste Sanierungsmethode an. Dabei kann man alle Horizontal- und Vertikaldichtungen sachgemäß ausführen. Maueraustausch ist nicht so schwierig und teuer, wie allgemein angenommen wird, doch sollte er nicht ohne die Beratung eines Statikers erfolgen. Schäden durch Lastverschiebungen, Senkungen und Risse können bei guter Beratung vermieden werden.
Werden beim Maueraustausch Fenster und Türen erneuert, muß man sehr darauf achten, daß Größe und Format der Öffnungen dem ursprünglichen Bestand entsprechen. Falsche und zu große Fenster zerstören die Harmonie einer alten Fassade (siehe Fenster und Türen, Seite 143).

1.2.6 Wo ist Trockenlegung zu vermeiden?

Alte Lagerkeller haben ein sehr ausgeglichenes Feuchteklima, das durch eine Trockenlegung so gestört würde, daß der Keller zur Lagerung von Obst, Kartoffeln oder Wein völlig unbrauchbar wird. Wenn für das Erdgeschoß eine Austrocknung unumgänglich notwendig ist, muß die Dämmschicht so hoch wie möglich über der Kellerdecke eingezogen werden.

Einseitige Trockenlegung von Gebäuden muß man unter allen Umständen vermeiden. Trockene Bauteile neigen in höherem Maß zu Setzungen. Das kann erhebliche Rissebildung nach sich ziehen.

1.2.7 Kosten

Bei den Kosten für Dichtungsarbeiten liegt der Hauptteil bei den Erdarbeiten. Hier kann man ohne Risiko die Eigenarbeit einsetzen, wenn man sich einer sachkundigen Anleitung bei den Ausschachtungs- und Abstützungsarbeiten versichert (siehe Planung, Seite 11).

2 Kondenswasserbildung (Schwitzwasser- oder Tauwasserbildung)

Schwitzwasser als Schadenursache bei Mauernässe wird viel zu wenig erkannt, weil das Wasser zunächst in unsichtbarer Form als Wasserdampf in der Luft auftritt und erst wahrgenommen wird, wenn es sich massiv an der Wand *niedergeschlagen* hat. Wasserdampf sind nicht nur die Schwaden in Küche und Bad, sondern auch die in der Luft verteilte Feuchtigkeit. Luft nimmt aber, je nach Temperatur, unterschiedlich viel Feuchte auf, das heißt, sie »trägt« um so weniger Wasser, je kälter sie ist.
Kondenswasserbildung, nicht beseitigt, verursacht:

▷ Durchfeuchtung
Die Niederschlagsnässe bleibt nicht an der Wandoberfläche. Je nach Wasseraufnahmefähigkeit der Baustoffe zieht sie mehr oder weniger tief in die Mauer ein. Nasses Mauerwerk leitet die Wärme stärker nach außen als trockenes. Ein allgemein feucht-kaltes, ungesundes Wohnklima entsteht.
Deshalb muß auf eine gründliche und dauerhafte Austrocknung der alten Bauten, die Wohnzwekken dienen sollen, größter Wert gelegt werden.

▷ Frostschäden
Durch Ausfrieren der Nässe im Winter entstehen Frostschäden an Putz und Mörtel bis hin zu Frostrissen *in* der Mauer.

▷ Schimmel
An den Wänden bildet sich Schimmel, der auch Möbel und gelagerte Güter befällt. Die Sporen der Schimmelpilze können eine Allergie der Atemwege verursachen.

▷ Statische Schäden
Holz und Eisenbauteile sind entweder durch die Nässe der umgebenden Mauer oder unmittelbar durch Schwitzwasserbildung gefährdet. Tragende Holzbauteile vermorschen und verlieren ihre statische Funktion. An eingebauten Eisenteilen bildet sich Rost, der den statisch wirksamen Querschnitt stark verringert. Rostbildung ist immer mit Volumenvergrößerung verbunden, die bei eingebauten Eisenteilen zu erheblicher Sprengwirkung führt.

2.1 Ursachen

2.1.1 Abkühlung der Luft

Wenn Raumluft so stark abgekühlt wird, daß sie die enthaltene Feuchte nicht mehr fassen kann, schlägt sich die Nässe nieder: auf der Oberfläche von Wänden, Decken und Böden, aber auch auf Möbeln und gelagerten Gütern.

2.1.2 Dampfkonzentration

Zwischen drinnen und draußen gibt es im allgemeinen bei Gebäuden einen Wasserdampfausgleich, hervorgerufen durch geringe Druckunterschiede innen und außen (osmotischer Druck). Der Dampf wandert durch die Mauer hindurch. Das nennt man *Dampfdiffusion.* Wenn aber dichtes Baumaterial (Beton, Klinker), dichte Mauerverkleidungen, alte Dispersionsfarbenanstriche, »wasserdichte« Putze und anderes die Feuchtigkeit nicht hinauslassen, konzentriert sie sich innen. Die Nässe kondensiert und schlägt sich zwangsläufig als Schwitzwasser an der Wand nieder.
Gerade in Feuchträumen, also in Räumen mit hoher Dampfentwicklung (zum Beispiel Küche, Bad, Futterküche, aber auch Schlafräume, besonders wenn sie mit mehr als zwei Personen belegt sind und schlecht oder gar nicht beheizt werden), entsteht eine hohe Feuchtigkeitskonzentration. Die Fenster beschlagen, und auch an den Wänden kondensiert der Dampf zu Wasser.

2.1.3 Luftausgleich durch Fugen

Auch Fenster- und Türfugen dienen dem Luftaustausch. Moderne Fenster mit absolut dichten Fugen behindern die Diffusion. Die Folge ist eine zu hohe Dampfkonzentration in den Räumen, die wieder Tauwasserbildung nach sich zieht.

2.1.4 Abkühlungsflächen

An Außenwänden und in Raumecken entsteht ein erhebliches Temperaturgefälle. Hier kühlt die Luft so stark ab, daß sie die normale Luftfeuchte nicht mehr »tragen« kann, sie kondensiert. Die Nässe schlägt sich an der Wand nieder.

Beispiel

In einem Zimmer herrscht bei 20 Grad eine normale relative Luftfeuchtigkeit von 60 Prozent, das sind 10,2 Gramm Wasserdampf pro Kubikmeter Raumluft. In der äußeren Raumecke herrscht eine Temperatur von 10 Grad. Auch bei 100 Prozent Luftfeuchte können hier nur 7 Gramm Wasserdampf pro cbm Luft aufgenommen werden. Der Rest von 3,2 Gramm schlägt sich als Tauwasser an der Wand nieder (siehe Zeichnung 15).

Auch im Sommer bildet sich bei warmer Witterung an kühlen Innenwänden Tauwasser. Die sehr warme Außenluft enthält eine Menge Feuchtigkeit, die sich bei Abkühlung an den Wänden niederschlägt. Deshalb sollen kühle Keller im Sommer so wenig wie möglich gelüftet werden. Man würde mit viel Feuchte beladene Luft hereinlassen, die bei der Abkühlung auf Wänden und an Lagergütern Niederschlag bildet.
Fenster sind die augenfälligsten Abkühlungsflächen mit deutlich sichtbarem Schwitzwasserniederschlag (siehe Fenster und Türen, Seite 143).
Mauerwerk, das durch aufsteigende Nässe oder durch Kondenswasserbildung durchfeuchtet ist, leitet die Wärme, je nach Nässegehalt, bis zu 60mal

Zeichnung 15 Temperaturgefälle im Zimmer

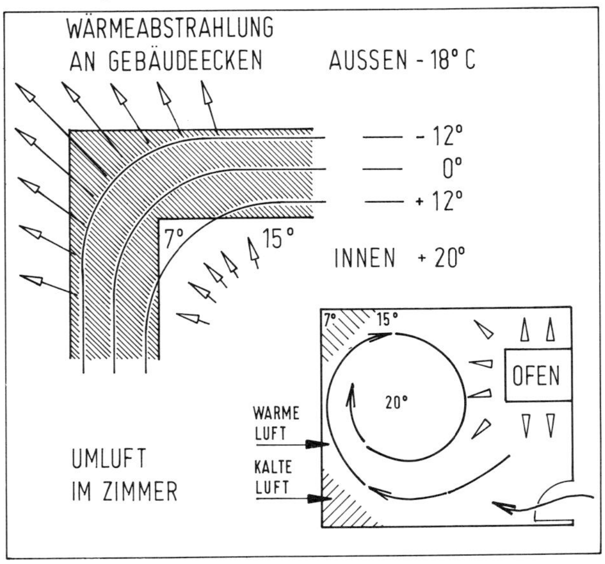

stärker nach außen als trockenes Mauerwerk. Dabei findet durch den schnellen und hohen Wärmeverlust eine enorme Abkühlung der Wand statt, die eine ständig stärker werdende Tauwasserbildung an und in der Wand nach sich zieht.

2.1.5 Wärmebrücken

Kondensfeuchtigkeit bildet sich vor allem auch an Wärmebrücken (Kältebrücken), das sind Bauteile mit größerer Wärmeleitfähigkeit (zum Beispiel Betonsturz, Fensteranschluß) als die umgebenden Baustoffe (siehe Zeichnung 16). Sie leiten die Wärme schneller nach außen und kühlen dadurch schneller ab. Damit steigt die Gefahr von Schwitzwasserbildung auf ihrer Oberfläche. Stein- und Betonstürze von Fenstern und Türen, Steinfensterbänke, Eisenteile (Maueranker), schlecht wärmegedämmte Fenster- und Türanschlüsse sind Wärmebrücken. Aber auch Mauerpfeiler, die eine große Masse darstellen, alte Außenkamine, bei Bruchsteinmauern große, ohne Fuge durchgehende Steine sind Beispiele für stark wärmeleitende Bauteile (siehe Zeichnung 17).

2.1.6 Luftstau

Schwitzwasser bildet sich auch überall dort, wo ein Luftstau entsteht: in schlecht beheizten und belüfteten Räumen, hinter Einbaumöbeln, auch hinter Möbeln an Außenwänden oder hinter falsch montierten Holzverkleidungen. Aber auch geschlossene Hohlräume mit unzureichender Dampfdiffusion und ohne

Zeichnung 16 Bildung von Kondensfeuchtigkeit an Wärmebrücken

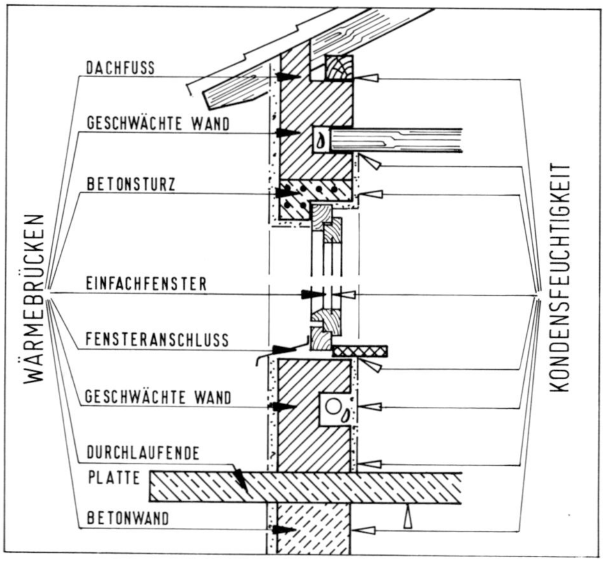

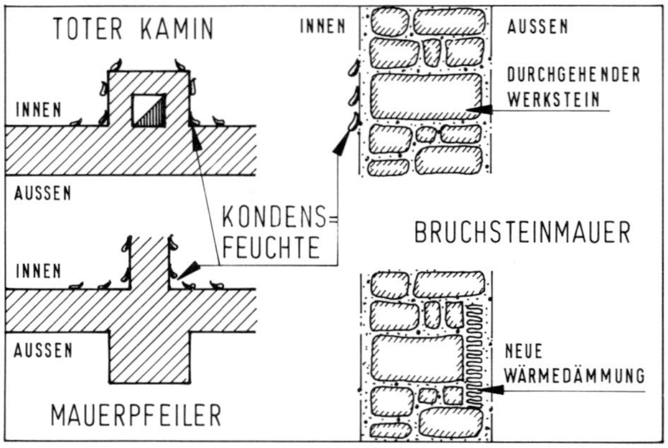

Zeichnung 17 Beispiele für Wärmebrücken

Lüftung, wie zum Beispiel schlecht ausgemörtelte Leitungsschlitze, alte Mauerhohlräume, Hohlräume an eingemauerten Balkenköpfen, sind durch Tauwasserniederschlag besonders gefährdet.

Hinter Fassadenverkleidungen mit geringer oder keiner Dampfdiffusion konzentriert sich die Luftfeuchtigkeit bis zum Niederschlag.

2.1.7 Kapillarkondensation

Wenn Wasserdampf in kaltes Mauerwerk eindringt, kann er sich in den kleinen und kleinsten Hohlräumen der Mauer (Kapillaren) niederschlagen und dort regelrechte Miniwassersäcke bilden (Kapillarkondensation). Je feiner die Kapillaren sind, desto eher kondensiert in ihnen das Wasser. Im Winter kann das zu Eisbildung *in* der Wand und in der Folge zu Frostrissen führen.

2.2 Maßnahmen

2.2.1 Lüften

Die erste und wichtigste Maßnahme ist Lüften, Lüften, Lüften, auch und gerade im Winter. Wichtig ist, daß sich die kalte Luft bei ausreichender Heizung schnell erwärmen kann.

Wohn- und Schlafräume werden bei kalter oder feuchter Witterung so lange gelüftet, wie für einen Luftaustausch nötig ist, je nach Raumgröße 5–15 Minuten. Zu ausgedehntes Lüften kühlt die Innenwände und auch die Möbel unnötig ab. Es dauert lange, bis sie wieder erwärmt sind, bis dahin wird sich Tauwasser auf den Oberflächen bilden. Auch Duschen und andere Feuchträume soll man kurz und gründlich lüften, eventuell unter Zuhilfenahme von Zugluft. Häufiges kurzes Lüften ist besser als einmal täglich lange. Im Winter sollen wenigstens alle gefährdeten Räume durchgeheizt werden. Das ist selbstverständlich, wenn man eine Dauernutzung für sie findet.

Beseitigung von Luftstau

Wenn Räume nicht bewohnt werden, müssen Türen, auch die von Schränken, offen bleiben. Möbel müssen von gefährdeten Wänden abgerückt werden, so daß die Luft dahinter vorbeistreichen kann, das heißt, man muß einen Luft- und Temperaturausgleich schaffen, besonders im Sommer.
In kalten Räumen, unbewohnten Kammern, in Hohlräumen ohne Lüftung (Gewölbe, Zwischenböden) kann man Dauerlüftungsöffnungen einbauen, zum Beispiel Lüftungssteine mit Insektengitter. Natürlich dürfen im Winter weder Flugschnee noch Schmelzwasser eindringen. Lichtschächte vor Kellerfenstern müssen breit und tief genug sein, um ausreichende Lüftung zu gewährleisten (siehe Zeichnung 18).

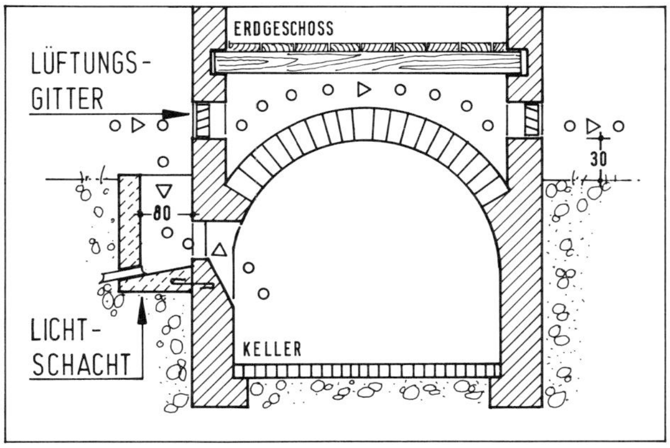

Zeichnung 18 Gewölbelüftung

2.2.2 Dampfdiffusion

Um Feuchtekonzentration zu vermeiden, müssen Außenwände mit zu geringer oder keiner Dampfdiffusion von den dampfsperrenden Schichten befreit werden. Oft sind das falsche Verkleidungen oder unsachgemäße und alte Anstriche. Nach entsprechender Austrocknungszeit kann die Oberfläche neu mit gut diffundierendem Material behandelt werden.
Verkleidungen, zum Beispiel Holzverschalungen, müssen so ausgeführt werden, daß zwischen Wand und Verkleidung eine funktionierende vertikale Hinterlüftung möglich ist (siehe Zeichnung 19).
Dampfdiffusionswerte für Baustoffe werden angegeben als Dampfdiffusionswiderstand μ (mü). Je kleiner dieser Wert, desto besser die Dampfdiffusion.

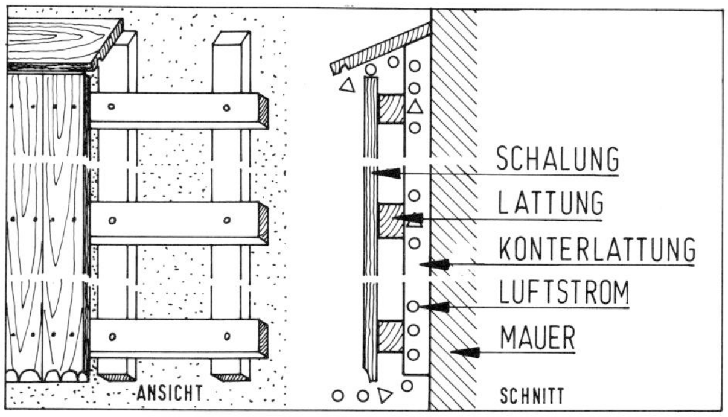

Zeichnung 19 Hinterlüftete Schalung

2.2.3 Wärmedämmung

Außenwände und Wärmebrücken, die trotz der beschriebenen Maßnahmen noch durch Schwitzwasser gefährdet sind, müssen eine überlegte und sorgfältige Wärmedämmung erhalten (siehe Wärmedämmung, Seite 198). *Wärmebrücken* zeigen sich durch besonders verschmutzte, dunkle Wandstellen, durch Feuchteflecken und vor allem durch Befall von Schimmel. Durch Abtasten bzw. exakte Wärmemessungen an der Wand an besonders kalten und feuchten Stellen kann man auch versteckte Wärmebrükken aufspüren. Hohlräume, die schwitzwasserverdächtig sind, müssen entweder mit Luftschlitzen versehen oder ausgemauert werden. Leitungsschlitze sind zweckmäßig mit geschlossenporigem Dämmmaterial auszufüllen. Beim Ausschäumen von Hohlräumen ist darauf zu achten, daß keine Luftblasen zwischen Schaumoberfläche und Wand entstehen (langsam von hinten nach vorne ausfüllen).

Ungelüfteter Keller, kalte Außenwand und schwitzende Wasserrohre: Viel mehr kann nicht falsch gemacht werden.

2.2.4 Heizung

Ausreichende Heizung ist eine große Hilfe bei der Bauaustrocknung, wenn sie für den jeweiligen Sanierungsfall sorgfältig geplant wird (siehe Heizung, Seite 157). Ungenügende oder falsche Heizung kann den ganzen Erfolg der Sanierungsarbeiten in Frage stellen. Wer hier sparen möchte, tut es mit Sicherheit am falschen Platz.

Es können hier nur Hinweise zum Thema Feuchtigkeitssanierung gegeben werden. Jeder Bau hat seine eigenen Probleme, die aber zusammen mit einem erfahrenen Fachmann fast immer lösbar sind. Auch eine bauphysikalische Beratung ist im Verhältnis zu den Gesamtkosten einer Sanierung nicht teuer. Es gilt der gleiche Satz wie für die Beratung durch einen Statiker:

Der Fachmann gibt gleich den richtigen Rat, Irrwege können vermieden, Zeit und Kosten gespart werden.

Mauersanierung: Mauerrisse

1 Ursachen

Mauerrisse entstehen durch Bewegungen eines Bauwerks, die die Folge von erheblichen Störungen der statischen Ausgangsbedingungen sind.

1.1 Bruch von tragenden Bauteilen

Bruch von Tragmauern und Tragbalken sind die augenfälligsten Ursachen von Rissen an einem Bau. Die über den Bruchstellen liegenden Baumassen finden keine Auflager mehr und drücken nach. Die Last verteilt sich auf benachbarte Bauteile, die dadurch überbelastet werden. Die Folgen sind eine Verschiebung der Kräfte und damit Risse am Bauwerk.

Beispiel

Wenn ein Balken in einer Decke durchbricht, müssen die Nachbarbalken die anfallenden Lasten aufnehmen. Sie biegen sich dadurch stärker durch, und an den Auflagern entstehen Risse (siehe Zeichnung 20). Bei anhaltender Überbelastung werden auch diese Balken durchbrechen.
Der Bruch von Stürzen und Tragbalken über Öffnungen, wie Fenster und Türen, weist ein ganz typisches Rissebild auf (siehe Zeichnung 20).
Aber auch Zerstörungen in Bereichen, die nicht so augenfällig sind, ziehen Gefügelockerungen nach sich, die das statische Gleichgewicht des Bauwerks nachhaltig beeinträchtigen.

1.2 Feuchtigkeitsschäden

Der dauernde Angriff von Feuchtigkeit führt nicht nur zur Zerstörung der Mauersteine, sondern auch des Mörtels. Alte Kalkmörtel sind nicht oder wenig »hydraulisch«, das heißt, die Kalkbestandteile sind wasserlöslich und werden durch aufsteigende Nässe oder Schlagregen aus den Fugen ausgewaschen. Was bleibt, ist der Sand, der ohne Bindefähigkeit für das Mauerwerk ist. Heute sind »hydraulische« oder »hochhydraulische« Kalke im Handel, die Zusätze wie Kieselsäure oder Tonerde enthalten, die sie wasserfest machen. Sie sind überall da einzusetzen, wo Mauern starker Feuchtigkeit ausgesetzt sind.
Ist die Mörtelfestigkeit durch die Auswaschung des Bindemittels erst zerstört, kann der Sand weiter ausgeschwemmt werden. Das Mauergefüge wird gelokkert und verliert an Tragfähigkeit, Setzungen und Risse am Bauwerk sind die Folge.

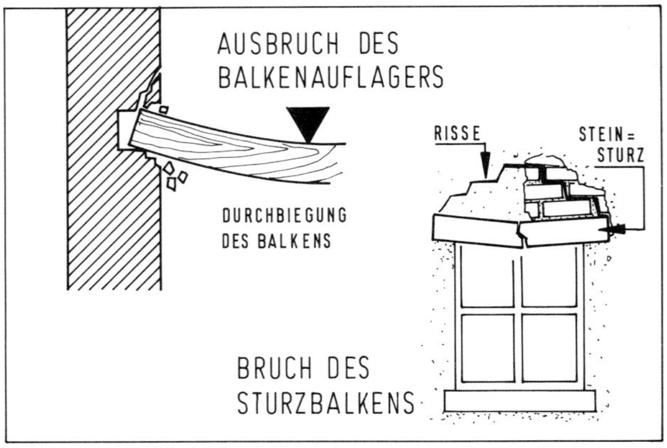

Zeichnung 20 Bruch von tragenden Bauteilen

Finden sich derart »morsche« Mauern unter den Auflagern von Tragkonstruktionen, wie Tragbalken oder Unterzügen oder an den Widerlagern von Gewölben, können sich Schäden, die anfänglich nur Mörtelschäden waren, bis zur akuten Einsturzgefahr steigern.

1.3 Chemisch und physikalisch bedingte Schäden

1.3.1 Risse durch Säuren

Chemische Zerstörung bringt das Regenwasser. Die in der Luft enthaltenen Gase sind allein kaum schädlich, in Wasser gelöst bilden sie jedoch äußerst ag-

Gravierender Riß im gewölbten Fenstersturz

gressive Säuren, die mit dem Regen, je nach Aufnahmefähigkeit der Baustoffe, zuerst in die Oberfläche, später in die Tiefe der Mauer eindringen und dort zu Zerstörungen von Stein und Mörtel führen. Das Gefüge wird gelockert, es kommt zu unterschiedlich großen Rissen in der Mauer.

1.3.2 Risse durch Rostbildung

Rost schwächt bei fortschreitender Korrosion den Querschnitt der Eisenteile und damit ihre Belastbarkeit. Hinzu kommt, daß Rostbildung immer mit einer Volumenvergrößerung verbunden ist, die einen starken Druck auf das umgebende Mauerwerk ausübt. Es kommt also nicht nur durch die verminderte Tragfähigkeit der Eisenteile, sondern auch durch den Rostvorgang selbst zu einer Rissebildung.
Wenn mit Säuren angereicherter Regen über kleinste Risse oder Poren in Beton eindringt, werden die alkalischen Eigenschaften des Betons, die auch einen Rostschutz bilden, aufgehoben. Die Bewehrungseisen rosten. Sichtbare Risse im Beton und eine fortschreitende Zerstörung der Armierungseisen und damit der Tragfähigkeit des Betonbauteils sind die Folge. Auch Tauwasserbildung im Beton oder in der Mauer (siehe Wärmedämmung. Seite 198) kann Rostbildung an eingebauten Eisenteilen auslösen.
Stahlbauteile, die aus Beton herausragen, z. B. Ankereisen, sind durch auftretende galvanische Einflüsse erhöhter Korrosionsgefahr ausgesetzt. Sie müssen, auch bei völlig intaktem Beton, regelmäßig überprüft werden.

1.3.3 Quellrisse

Durch Aufquellen von Baumaterial werden erhebliche Sprengkräfte entwickelt, die zu Rissen führen. Besonders bei Ausbesserungs- und Sanierungsarbeiten ist auf die Verwendung von *nicht quellendem Material,* besonders von nicht quellenden Mörtelzusätzen zu achten. Sperrbeton und Sperrputze sind quellende Materialien. Eine sachgerechte Anwendung und die Einhaltung aller Verarbeitungsvorschriften ist hier ganz besonders geboten. Auch zu dicht eingemauerte Holzteile quellen auf und verursachen Risse im Bereich der Balkenauflager (siehe Holzbausanierung, Seite 107).

1.3.4 Schwindrisse

Zum Schwinden von Mörtel und Beton führt in vielen Fällen zu schneller Wasserentzug während oder gleich nach der Verarbeitung. Es kommt zu Schwindrissen. Ausgiebiges Vornässen der Mauersteine und Feuchthalten während des Abbindevorgangs sind wichtig. Auch falsche Mischungsverhältnisse von Mörtel oder Beton können die Ursachen für das Schwinden oder Quellen sein.

1.4 Risse aus Bausetzungen

Verschiedene Ursachen können Bausetzungen auslösen. Der Fachmann kann oft schon aus dem Rissebild die Gründe für Setzungen ablesen. Auch bei Setzungsrissen muß man unbedingt die Ursachen erkennen und nach Möglichkeit ausschalten.

1.4.1 Schlechte Fundamente

Durch Regen und Nässe ausgewaschene Fundamente, durch Frost beschädigte oder zu gering bemessene Grundmauern verlieren ihre Tragfähigkeit. Es entstehen Setzungen am Bau. Da das Fundamentmauerwerk im äußeren, nassen Bereich stärker verrottet wie im trockenen, inneren Kern, kommt es zu ungleicher Tragfähigkeit und ungleichen Setzungen.

Mauerriß aus der Setzung des talseitigen Fundaments. Die alte Reparatur rechts unten hat nicht die Ursache erfaßt.

1.4.2 Unterschiedliche Austrocknung des Baugrunds

Einseitige oder teilweise zerstörte Dränierung, gepflasterte oder geteerte Einfahrten an *einer Hausseite* bewirken eine unterschiedliche Austrocknung des Baugrunds. Setzungsrisse können dann oft bis in die Giebelfelder beobachtet werden. Aber auch Nord-Südlagen, besonders an Hängen, oder einseitiger Baumbestand, der zu nahe ans Haus gepflanzt wurde, führen zu einseitiger Bodenaustrocknung (siehe Zeichnung 21).

1.4.3 Grundwasserabsenkung

Auch dabei trocknen die Böden ungleich aus. Wenn lehmigen Böden Wasser entzogen wird, kann ihr Volumen bis zu 3 Prozent schwinden.
Pfahlgründungen standen meist voll im nassen Boden. Eine Grundwasserabsenkung läßt Luft eindringen und bringt dadurch einen unaufhaltsamen Verrottungsprozeß des Holzes in Gang.

1.4.4 Ungleicher Baugrund

Setzungen treten auch im Bereich ungleicher Baugründe, zum Beispiel Fels und Kies oder Lehm und Sand, auf. Die unterschiedliche Tragfähigkeit solcher Baugründe kann durch eine Grundwasserabsenkung noch verstärkt werden.
Ungleiche Setzungen können in Geschoßdecken und im Dach einen Schub auslösen, der seinerseits wieder zu Rissen führt (siehe Zeichnung 21).

Zeichnung 21 Risse bei ungleichen Setzungen

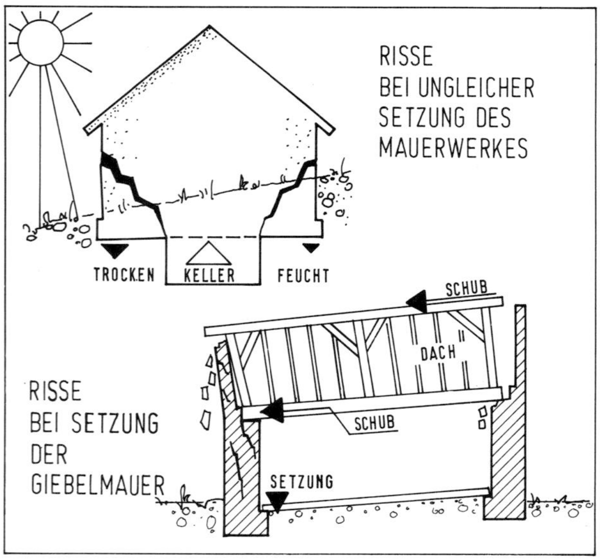

1.5 Risse durch veränderte Nutzung

1.5.1 Aufbauten und Ausbrüche

Die *Aufstockung* von Gebäuden oder von Gebäudeteilen kann zu einer Belastung der darunterliegenden Tragwerke führen, die dieser nicht gewachsen sind. Besonders wenn vor dem Aufstocken die alte Unterkonstruktion nicht genau auf ihre Tragfähigkeit geprüft wurde, können sowohl am alten als auch am neuen Bauteil schwere Schäden entstehen. Bei Umbauten ist eine genaue Untersuchung des Unterbaus auf Risse, Feuchtigkeit, chemische und physikalische Schäden und auf die Tragfähigkeit unabdingbar. Gegebenenfalls muß einer Aufstockung eine sachgemäße Sanierung des Unterbaus vorausgehen. Bei der Überbauung nur *eines* Hausteils kommen ungleiche Belastungen zustande, die auch bei intaktem Unterbau einseitige Setzungen und damit Schäden im Mauergefüge verursachen können. Anbauten müssen grundsätzlich mit einer Baufuge (Bewegungsfuge) vom Altbau getrennt werden, sonst kommt es in kürzester Zeit zu Rissen in Putz und Mauer zwischen Alt- und Neubau.
Große Ausbrüche verändern immer das statische Gefüge der alten Häuser, auch wenn die darüberliegenden Bauteile durch ausreichende Tragkonstruktionen abgefangen werden. An Holzkonstruktionen im Dach, in Fachwerkbauten und in Scheunen findet man oft abenteuerliche Ausbrüche, auch an wichtigen tragenden Bauteilen. Hier gilt es, zusammen mit dem Statiker die nötige Stabilität wieder herzustellen. Neue große Ausbrüche sollte man an alten Häusern vermeiden. Sie stören nicht nur seine Stabilität, sie verfälschen auch das Grundkonzept des Hauses.

1.5.2 Veränderte Lagerbedingungen

Veränderte Lagerbedingungen für Stroh, Heu und andere Güter des landwirtschaftlichen Bedarfs können in Tennen und Scheunen zu ganz anderen statischen Verhältnissen führen. Früher wurden Heu, Stroh und Getreide lose eingeschüttet, Tennenböden wurden damit gleichmäßig und viel geringer belastet. Heute werden fast alle Güter in Säcken gelagert, Stroh und teilweise auch Heu in Ballen. Dazu kommt die in unserer Zeit zusätzliche Lagerung von Kunstdünger, Kraftfutter und anderem in Säcken; Tennen werden zudem mit Traktoren befahren.
So wiegen zum Beispiel loses Heu 70 kg/cbm, in Ballen 170 kg/cbm; Kraftfutter in Säcken 600-800 kg/cbm; Kunstdünger 1200-2000 kg/cbm.

Aber nicht nur die größere Belastung verändert die statischen Verhältnisse. Die kompakte Packung erlaubt eine Stapelung auf geringer Grundfläche, also eine fast punktmäßige Belastung mit ganz ungleichmäßiger Beanspruchung der Lagerböden. Daraus entstehen Kraftverschiebungen und in der Folge Risse. Manchmal kann schon eine sinnvolle Umschichtung der Lagergüter das Gleichgewicht des Bauwerks wiederherstellen.

1.5.3 Risse aus Erschütterung

Bei der Einrichtung von Werkstätten in Altbauten ist die Punktbelastung durch schwere Maschinen und die beim Maschinenlauf auftretende Vibration zu bedenken. Mindestens eine erschütterungshemmende Lagerung der Maschinen muß angestrebt werden. Das kommt auch der Geräuschdämmung zugute. Diese Leistung sollte der Maschinenlieferant ohne Sonderkosten erbringen.

1.6 Risse aus Witterungseinflüssen

1.6.1 Windbelastung

Zu den Witterungseinflüssen, die eine statische Belastung des Bauwerks darstellen, zählt in erster Linie der Wind. Er kann nicht nur durch seine Stärke (bis zu 80 kg/qm), sondern auch durch Dauerwirkung die statischen Verhältnisse beeinträchtigen. In Sturmböen werden nicht nur *Druckkräfte,* sondern auch erhebliche *Sogkräfte* wirksam. Hohe Dächer und Giebel sind davon besonders betroffen.

1.6.2 Temperaturbelastung

Temperaturschwankungen, die an Flächen mit starker Sonneneinstrahlung bis zu 60 Grad Unterschied zwischen Tag und Nacht erreichen können, belasten die betroffenen Bauteile mit enormen Ausdehnungsspannungen, oft hörbar durch Knarzen und Krachen. Sie können jahreszeitlich bedingte, aber auch Dauerrisse verursachen. Die alten Bäume an den Wetterseiten mildern den Angriff von Wind und Schlagregen, ihr Schatten schützt vor extremen Temperaturbelastungen. Man sollte sie wieder häufiger pflanzen und dem Schutz des Hauses dienstbar machen.

1.6.3 Frostrisse

Sie treten immer bei durchfeuchteten Mauern auf, zuerst kaum sichtbar. Im Verlauf wiederkehrender Frostperioden erweitern sich die Risse schnell, jetzt kann auch von außen Nässe in die Mauer gelangen, die Frostsprengungen nehmen dann schnell ein erhebliches Ausmaß an.

1.7 Risse aus Erdbewegungen

1.7.1 Erdbeben

Risse nach Erdbeben sind in manchen Alpengebieten weit verbreitet. Wenn sie nicht zu Verschiebungen in Decken- oder Dachkonstruktionen geführt haben, werden sie möglichst kraftschlüssig repariert (siehe Statische Risse, Seite 57).

1.7.2 Erdabschiebungen

Auch das Abschieben steiler Hänge ist im Alpengebiet immer wieder anzutreffen. Hier bedarf es komplizierter Verbauungen im gefährdeten Gelände, um die Bewegungen zur Ruhe zu bringen.

1.7.3 Bodenerschütterungen aus Straßen- und Bahnverkehr

Damit muß man als Betroffener wohl leben. Die kleineren Schäden werden immer wieder ausgebessert, für die großen Schäden ist am ehesten ein Rechtsanwalt zuständig.

Die Ursachen für Risse an einem Bauwerk sind damit natürlich nur sehr summarisch besprochen. Zur genauen Feststellung und zur Entscheidung, welche wirkungsvollen Maßnahmen zur Behebung des Schadens im einzelnen angebracht sind, ist der Rat eines Fachmanns notwendig. Am besten ist das ein Statiker mit einschlägiger Erfahrung. Er wird meistens bereit sein, auf Anfrage vorher zu sagen, was sein Rat etwa kostet. Wenn man bedenkt, daß dann gleich das Richtige getan werden kann ohne Verschwendung von Zeit und Material und daß man auf längere Zeit von Reparaturen verschont bleibt, »rentiert« sich ein Statiker allemal. Neue Schäden, die durch unsachgemäße Sanierung entstehen, werden vermieden.

2 Maßnahmen

2.1 Feststellung der Schäden

2.1.1 Freilegen der Flächen

Zur Feststellung von Rissen muß erst einmal loser Putz außen und innen bis mindestens 20 cm in die festhaftende Umgebungsfläche hinein abgeschlagen werden. Verschalte und verdeckte Konstruktionen wie Tragbalken, Stützen, Balkenauflager und verschalte Zimmerdecken müssen freigelegt werden, um Beschädigungen an tragenden Konstruktionen feststellen zu können. Auch größere Hohlräume muß man aufspüren und öffnen. Sie können Schwachstellen in entscheidenden Wandabschnitten sein.

2.1.2 Vorbehandlung

Die vorgefundenen Risse werden so tief wie möglich ausgekratzt. Sehr tiefe Klaffungen muß man an den Rändern aufschlagen, um die ganze Tiefe feststellen zu können. »Gipsbrücken«, die man mit einer horizontalen Markierung über dem Riss anlegt, zeigen nach einiger Zeit, ob, wie stark und in welcher Richtung der Riss arbeitet. Spezialisierte Ingenieurbüros können in schwierigen Fällen Setzungsdehnungsmesser einsetzen. Schwer zugängliche Hohlräume kann man anbohren und mit dem Endoskop untersuchen. Erst nach diesen Feststellungen kann der Fachmann sagen, wo die Rissursachen liegen und welche Maßnahmen zur Sanierung nötig sind.

Öffnen und Säubern der Risse für spätere, »kraftschlüssige« Verpressung

2.2 Abstützung

Vor jeder weiteren Baumaßnahme muß man das Gebäude innen, wenn nötig auch von außen gründlich abstützen, vor allem, wenn man gebrochene oder geknickte Unterzüge oder Decken vorfindet oder Wände geneigt sind. Hohe Fassaden- und Giebelseiten müssen immer auch von außen abgestützt werden. Stützen müssen sich durch alle Stockwerke nach unten fortsetzen, sodaß eine Lastabtragung auf den gewachsenen Boden gewährleistet ist.

2.3 Fundamentsanierung

Werden desolate Fundamente als Ursache für Setzungen festgestellt, so muß man die ganze Länge der Grundmauern aufgraben. Das geschieht entweder in Abschnitten oder auf die ganze Länge mit den entsprechenden Abstützungen, um ein Nachstürzen morscher Mauern zu vermeiden.

2.3.1 Ausbessern der Oberflächen

Loser Putz wird tiefgründig ausgekratzt, lose Steine werden herausgenommen. Fehlstellen werden mit hydraulischem oder hochhydraulischem Mörtel ausgebessert oder ausgemauert, dabei müssen die Mauerfugen in der ganzen Tiefe ausgemörtelt werden.

2.3.2 Betonschale

Reichen diese Maßnahmen zur Sicherung der Standfestigkeit nicht aus, kann man eine Betonschale vor

Ingenieurmäßige Untersuchung von Hohlräumen mit dem Endoskop

das Fundament setzen (siehe Zeichnung 22). Der Beton muß dabei gut in die Hohlräume der alten Mauer eingerüttelt werden, um eine statisch wirksame Verbindung von alter Mauer und neuer Betonschale zu erzielen.
Ob sich an die Fundamentsanierung eine Feuchtigkeitsabdichtung anschließen muß, ist in jedem einzelnen Fall gesondert zu entscheiden.
Bei der Rissesanierung soll man nur erprobte und bewährte Methoden anwenden und traditionelles Material einsetzen. Verpreß- und Füllmassen, die als »ganz neu«, »sensationell« und vor allem als »universal« angepriesen werden, sind äußerst kritisch zu beurteilen.

2.4 Schließen der Risse

2.4.1 Statische Risse

Risse, die das statische Gefüge des Gebäudes beeinflussen, müssen unter sachkundiger Aufsicht »kraftschlüssig« verfüllt oder verpreßt werden. Das heißt, das Bauteil muß wieder voll tragfähig werden. Dazu sind spezielle Zementverpreßmassen (Zementsuspensionen) und Epoxydharze auf dem Markt, die mit oder ohne Druck in die Risse eingefüllt werden. Es dürfen im Innern der Mauer keine Hohlräume oder Luftblasen entstehen, das Material muß *schwindfrei abbinden* und eine gute Haftung am alten Mauerwerk haben. Es muß beständig gegen wasserlösliche, treibende Sulfate sein und es dürfen keine Quellkräfte auftreten. Auf eine gute Verträglichkeit mit den vorhandenen Baumaterialien ist genau zu achten (siehe Gips und Zement, Seite 59).
Die Verarbeitungsvorschriften der Lieferfirmen muß man sorgfältig einhalten: Das Mischungsverhältnis von Wasser zu Trockenmasse, Rührart und Rührzeit, Vermeiden von Absetzungen, Verarbeitungstemperatur und anderes sind von ausschlaggebender Bedeutung. Die Lieferfirmen dieser Spezialmassen führen zum Teil auf Anfrage chemische Voruntersuchungen des zu sanierenden Baukörpers durch.

2.4.2 Nichtstatische Risse

Risse, die keine Auswirkung auf die Standsicherheit haben, können nach fachgerechter Vorbehandlung und gründlichem Vornässen mit gutbindigem Material geschlossen werden. Zementsuspensionen, fasergebundene Verfüllmassen, Mörtel der Mörtelklasse II, Haarkalkmörtel sind je nach Untergrund und Rißgröße zu verwenden. Auch für sie müssen die

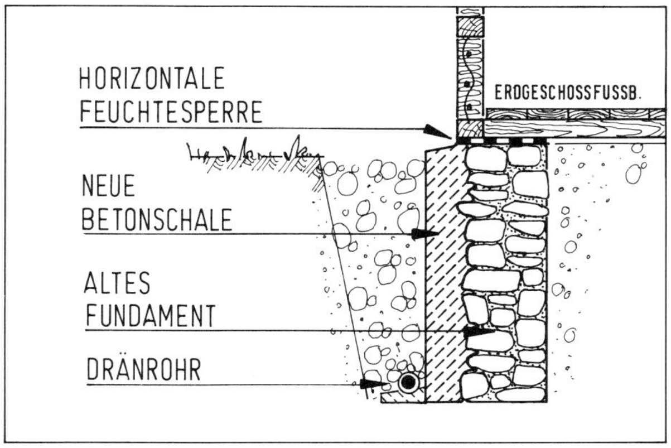

Zeichnung 22 Fundamentbefestigung

oben angeführten Eigenschaften gelten. Alle Hohlstellen sind sorgfältig zu verfüllen, um Schwitzwasserbildung *in* Mauerhohlräumen zu vermeiden. Tiefe Risse sind in *mehreren Lagen* (nach Abtrocknen der vorherigen Schicht) auszufüllen. Anderenfalls besteht die Gefahr, daß die Mörtelmasse innen schlecht abbindet oder absackt.
Große oder tiefe Klaffungen, die nicht kraftschlüssig behandelt werden müssen, kann man auch mit geschlossenporigen Kunststoffen ausschäumen. Offenporige Schäume würden Wasser saugen. Man vermeidet damit die Bildung von Wärmebrücken durch zu dichtes Zementmaterial.
Alle Risse müssen spätestens unter der ersten Putzschicht mit Kunststoff- oder rostfreien Metallgittern armiert werden (siehe Putz und Farbe unter 5.3.3, Seite 101).

2.4.3 Auspreßverfahren

Auch bei Auspreßverfahren müssen loser Putz und alles lose Gestein von der Oberfläche entfernt werden. Hohlräume werden mit dem Endoskop untersucht. Anschließend wird über 50 mm starke Bohrlöcher mit Spezialgeräten Zementmilch unter hohem Druck in das Mauerwerk gepreßt. Die Verpreßmassen verteilen sich dabei oft bis in abgelegene Wandschlitze. Man beginnt mit den Arbeiten im unteren Teil der Wand. Erst wenn die Einspritzmasse ausreichend abgebunden hat, wird im nächsthöheren Bereich weitergearbeitet.

2.4.4 Torkretverfahren

Stark schadhafte Oberflächen aus Bruchstein werden unter hohem Druck mit Zementmilch besprüht. Dabei dringt das Material in alle Fugen und Ritzen ein. So entsteht auf der Oberfläche eine Schale, die eine gute Verzahnung mit der alten Wand aufweist.

2.4.5 Ausbauchungen

Ausbauchungen am Mauerwerk zeigen, genau wie Risse, eine Verschiebung der Last- und Kraftverhältnisse an einem Bauwerk an. Zu dünne oder durch große Ausbrüche geschwächte Mauern können unter anderem die Ursache sein. Es ist falsch, mit Mauerankern die Bäuche wieder einziehen zu wollen. Maueranker sind notwendig, aber sie sollen nur die erreichte Verformung, die ja in sich stabil ist, festigen und weitere Ausbuchtungen vermeiden. Auch hier muß die Ursache der Deformation gefunden und ausgeschaltet werden. Zuganker dürfen nicht ein Bauteil überbeanspruchen. Sie müssen zum Beispiel mindestens quer über fünf Deckenbalken oder bis zur nächsten Außenwand reichen.

2.4.6 Giebelwände

Alte Giebel sind oft nur in schwachen Wandstärken aufgeführt, dazu Schubkräften aus dem Dachstuhl und erhöhtem Winddruck ausgesetzt. Mauerrisse treten in diesem Bereich verstärkt auf, manchmal verdeckt von einer intakten Putzschicht. Hier sollen genaue Untersuchungen angestellt werden. Schubkräfte aus dem Dachstuhl muß man durch eine Sanierung der Holzkonstruktion ausschalten (siehe Dachsanierung, Seite 61). Zu dünne Giebelwände kann man mit Pfeilern versteifen, die an der Innenwand vorgemauert werden.
Notwendige Reparaturen an den Giebelwänden muß man im frühen Stadium der Sanierungsarbeiten durchführen, um einer Verschlechterung des Zustands während der weiteren Bauarbeiten zu begegnen.

2.5 Einbau neuer Bauteile

2.5.1 Auswechseln von Bauteilen

Zu stark beschädigte Konstruktionen, die eine tragende Funktion hatten, wie Unterzüge, Deckenbalken, Tür- und Fensterstürze, müssen ausgewechselt werden. Sie sind ausreichend zu bemessen. Es kann sein, daß sie stärkere Querschnitte benötigen als die alten Bauteile, weil die alten von Anfang an zu schwach dimensioniert waren oder neue Nutzungen (Zwischenwände, Aufstellung von Maschinen) eine erhöhte Belastbarkeit fordern. Größere Tragfähigkeit bei kleineren Querschnitten erzielt man im Holzbau mit Brettschichtträgern (Leimholzträger), im Mauerbau mit Stahl- oder Stahlbetonträgern. Der Einbau von Stahl- und Stahlbetonträgern sollte aber auf zwingende Fälle beschränkt bleiben.
Neue Bauteile sollen grundsätzlich *nicht* wesentlich *schwerer oder leichter* sein als die alten. Das kann zu neuem Ungleichgewicht des Gesamtbauwerks, zu ungleichen Setzungen und neuen Rissen führen.

2.5.2 Auflager

Die Auflager für neue Tragbalken müssen sorgfältig vorbereitet werden: Sie müssen breit und lang genug sein, mindestens 15 cm an jedem Auflager bis ein zehntel der lichten Spannweite. Die Auflagerwand muß kompakt, rissefrei und wenigstens 24 cm stark sein. Besonders Kronenrisse, also Risse parallel zur Wandoberfläche und von außen kaum sichtbar, muß man aufspüren und kraftschlüssig reparieren.
Die Folgen starker Belastung über zu kleinen oder nicht ausreichend tragfähigen Auflagern sind neue Risse. Der Tragbalken gibt am Auflager nach und gefährdet die darüberliegende Konstruktion.
Neue Auflagerverstärkungen wie Wand- und Pfeilervorlagen, Holz- und Mauersäulen müssen eine Lastverteilung bis in die Fundamente erhalten. Unter Umständen müssen Fundamente verbreitert oder neu angelegt werden. Wandpfeiler für neue Balkenauflager müssen mit einer durchgehenden Fuge vor die alte Wand gemauert werden. Bei einer Verzahnung mit der alten Mauer würde das neue Wandteil durch die unterschiedliche Setzung von Alt und Neu abreißen (siehe Zeichnung 23). Auch desolate Gewölbewiderlager kann man durch Pfeilervormauerungen innen entlasten. Dazu muß sich aber im einzelnen Fall ein Statiker äußern.
Balkenköpfe sind gegen aufsteigende Feuchtigkeit zu schützen, an Außenwänden müssen sie mit einer Wärmedämmung versehen werden. Keinesfalls darf man sie in Dachpappe oder Folie *einwickeln.* Unter der Folie würde sich Schwitzwasser bilden, das schnell zur Fäulnis an den Balkenköpfen führt.

Zeichnung 23 Abstützung eines neuen Trägerbalkens

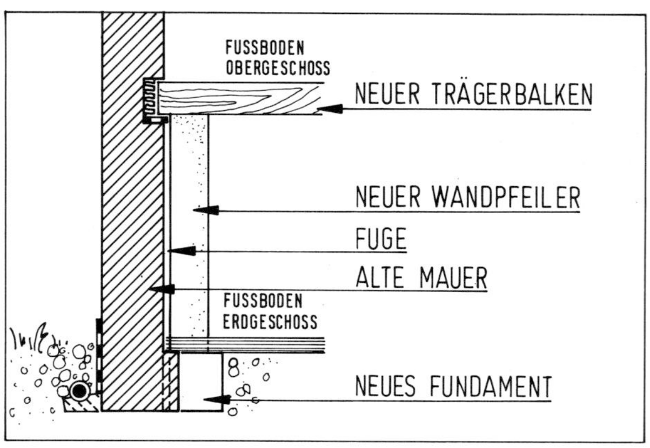

2.5.3 Neue Zwischenwände

Neue Zwischenwände, auch solche aus Leichtkonstruktion, muß man auf lastverteilenden Trägern oder Untergurten errichten. Wenn die Wände in den verschiedenen Geschossen direkt übereinander oder nur geringfügig versetzt angeordnet werden, ist eine Lastabtragung über die jeweils darunterliegende Wand zu erreichen (siehe Innenausbau, Seite 129).

2.5.4 Ausbrüche

Eine Schwächung der Wände durch umfangreiche Ausbrüche muß man bei der Sanierung alter Gebäude vermeiden. Sie sind immer eine Störung des statischen Gefüges. Auch scheinbar nichttragende Wände können wesentlich zur Aussteifung eines Gebäudes beitragen. Zudem sollen ja die alten Grundrisse in einem Haus ablesbar bleiben, sie gehören genauso zum Charakter eines Hauses wie seine Fassaden.

Elektroleitungen können in »Energieleisten« und »Energiesäulen« auf der Wand geführt werden, damit entfallen die Schlitze. Wenn Sanitär- und Naßräume im Grundriß neben- und übereinander liegen, können sie durch Installationsschächte *auf der Wand* versorgt werden. Die Wärme- und Schalldämmung der Leitungsrohre kann dabei verbessert ausgeführt werden, ein späterer Anschluß zusätzlicher Sanitäreinrichtungen ist problemlos auszuführen. Heizungsrohre, in Sockelleisten vor der Mauer geführt, können die Bildung von Kondensfeuchte in kalten Raumecken vermeiden helfen.

Wenn man auf diese Weise das aufwendige Brechen von Schlitzen umgehen kann, vermeidet man unnötige Erschütterungen durch Schlagbohrarbeiten und spart eine Menge Zeit und Geld.

2.5.5 Maueraustausch

Bei zu ausgedehnten Mauerschäden ist auch das Auswechseln größerer Mauerpartien vertretbar. Wenn man möglichst gleiches Material wie am Altbau verwendet, vermeidet man unterschiedliche Spannungen und unkontrollierbare chemisch-physikalische Reaktionen zwischen alten und neuen Baumaterialien. Auch Altbaumaterial kann dabei verwendet werden, wenn die Mauersteine keine Salzschäden aufweisen und Mörtelreste sauber abgeklopft werden.

2.6 Was man vermeiden sollte

2.6.1 Übersanierung

Vor einer Übersanierung sollte man sich hüten. Sinnlose Überdimensionierungen von Unterzügen, von Verstärkungen und dergleichen bringen nur unnötige Belastungen für den Bau. Es wäre auch falsch, ein Bauwerk völlig zu versteifen. Weniger Aufwand, dafür sinnvoll eingesetzt, kann bessere Sanierungsergebnisse erzielen. Der Rat eines Statikers mit einschlägiger Erfahrung kann billiger sein als die unnötig eingebauten Materialmassen.

2.6.2 Erschütterungen

Risse können bei Sanierungsarbeiten durch übermäßige Preßluft- und Schlagbohrarbeiten durch die langanhaltende Vibration verstärkt werden oder sogar neu entstehen. Ausbrüche an Gewölbewiderlagern führen zu Gewölberissen.

Auf die negative Auswirkung großer Mauerausbrüche wurde schon hingewiesen.

2.6.3 Gips und Zement

Die absolute Unverträglichkeit von Gips und Zement soll noch angesprochen werden. Gips, Zement und Wasser bilden Ettringit, auch »Zementbazillus« genannt. Ettringit nimmt im Endzustand das dreifache Volumen der Ausgangsmischung ein und entwickelt dabei enorme Sprengkräfte. Wenn Verdacht auf die frühere Verwendung von Gipsmörtel besteht, ist der Einsatz von zementhaltigen Bindemitteln nicht möglich.

Den Rat von Fachfirmen muß man bei der Sanierung rissegefährdeter Bauten unbedingt einholen. Sie sind über die Handwerkskammern zu erfragen. Kostenvoranschlag und Vereinbarungen über den Anteil der Eigenleistungen müssen Bestandteil der Auftragsvergabe sein.

Einen Bau ohne Risse gibt es nicht. Jeder Bau ist ständigen minimalen Bewegungen ausgesetzt und reagiert darauf mit Rissen in den starren Bauteilen wie Mauer und Putz. Wichtig ist es, daß ein Haus gepflegt wird, das heißt, daß Schäden, wenn sie erst einmal sichtbar geworden sind, schnell ausgebessert werden. Bei Schäden, die an einer Stelle immer wiederkehren, muß man die Ursache suchen und beheben.

Dachsanierung

Qualität und Zustand des Daches bestimmen weitgehend den Wohnwert eines Hauses, Schäden am Dach haben immer verheerende Folgen für den ganzen Bau. Das Dach ist von allen Teilen des Hauses den stärksten Beanspruchungen durch Regen, Schnee und Wind ausgesetzt, es hat Temperaturschwankungen zwischen Tag und Nacht von 60 Grad und mehr auszuhalten. Das ist auch die Ursache für die Art der Schäden am Dach und seiner Schadenanfälligkeit. Dachschäden führen sehr schnell zu Durchfeuchtung und damit zu einer fortschreitenden Zerstörung der übrigen Baumasse.
Die Dachsanierung muß deshalb vor allen anderen Arbeiten Vorrang haben. Aber auch ein intaktes Dach muß genau kontrolliert werden und bedarf der regelmäßigen Pflege.
Nicht jeder Zimmermann ist für Sanierungen zu gewinnen. Mangelnde Kenntnis der traditionellen Techniken lassen es vielfach einfacher erscheinen, gleich einen neuen Dachstuhl aufzusetzen. Der Arbeitsaufwand für das Ausbessern von Balken, für das Anschiften und Ergänzen alter Holzteile wird aus dieser Unkenntnis überschätzt und zu teuer veranschlagt. Die Verfahren zur Holzergänzung mit Epoxydharzen sind zu wenig bekannt oder werden oft zu Unrecht abgelehnt. Firmen mit Sanierungserfahrung kann man bei den Handwerkskammern, an den Landesdenkmalämtern oder bei einschlägigen Planern erfragen.

Zeichnung 24 Dachformen

1 Warum einen alten Dachstuhl erhalten?

1.1 Holzqualität

Die alten Hölzer sind oft von hervorragender Qualität. Die Verwendung engwüchsiger Kernholzbalken bei altverbauten Hölzern gewährleistet große Festigkeit, Schwind- und Verwerfungsprozesse sind so weit wie möglich abgeschlossen. Die Abmessungen der Konstruktionshölzer sind meist so reichlich, daß Festigkeitsminderungen durch Schädlingsbefall im Randbereich fast immer in Kauf genommen werden können.

1.2 Einsparungen

Durch die weitgehende Verwendung der vorhandenen Konstruktion können trotz der arbeitsintensiven Ausbesserungen erhebliche Einsparungen allein schon bei den Materialkosten erzielt werden. Aber auch der Arbeitsaufwand ist für Ausbesserungen fast immer geringer als für eine gesamte Dachstuhlerneuerung.

1.3 Gebäudeschutz

Das Haus steht zu keinem Zeitpunkt ungeschützt. Auch bei defekter Dachhaut kann über einem vorhandenen Dachstuhl eine provisorische Abdeckung Schutz für das Gebäude bieten. Bei Abbruch des Dachstuhls verstreichen auch bei bester Bauorganisation zwischen Abreißen und Aufstellen mit Eindekken mindestens ein bis zwei Wochen, in denen der Bau Regen und Wind preisgegeben ist.

1.4 Handwerksarbeit

Ein alter Dachstuhl ist fast immer schöne, gediegene Handwerksarbeit, die nicht ohne Not auf den Schutthaufen wandern soll.

2 Feststellung und Ursachen der Schäden

Ein geneigtes Dach, und nur solche sollen hier behandelt werden, besteht in aller Regel aus dem Dachtragwerk (Dachstuhl, Stuhl) und der Dachhaut (Ziegel-, Stroh-, Reet-, Schindeldeckung auf Latten oder Brettern).

Die Ermittlung der Schäden ist nur zusammen mit einem erfahrenen Zimmermann durchzuführen, der *alte Konstruktionen* und ihre Schäden *realistisch* beurteilen kann. Bei komplizierten Dächern, wie mehrgeschossigen oder liegenden Stühlen oder Sprengwerken, muß ein Statiker mit *einschlägiger Erfahrung* zugezogen werden.

Die gängigsten Konstruktionsprinzipien von Dachstühlen sind das Kehlbalkendach (Sparrendach mit Kehlbalken), das Pfettendach mit stehendem Stuhl, das Pfettendach mit Sprengwerk und das Pfettendach mit liegendem Stuhl (siehe Zeichnung 25). Beim Kehlbalkendach (Sparrendach) wird *jedes* Sparrenpaar unter dem Giebel mit einem Balken (Kehlbalken, Hahnenbalken) oder einer Doppelzange verbunden. Die Dachlast wird über jedes Sparrendreieck auf den horizontalen Deckenbalken und auf das Mauerauflager (Mauerkrone) abgeleitet.
Das Pfettendach mit stehendem Stuhl verteilt die Dachlast über die Säulen (Ständer, Stützen, Stäbe) auch auf den mittleren Bereich des Deckenbalkens und auf die darunter liegenden Tragmauern.
Das Sprengwerk und der liegende Stuhl leiten die Dachlast ganz auf die Fußpunkte der Konstruktion und die darunter liegenden Außenwände ab, die dadurch hohen Belastungen ausgesetzt sind.

Diese Trägerkonstruktionen, die Binder, werden bei Pfettendächern alle 3-5 m angeordnet. Dazwischen liegen die Dachsparren auf den längsgespannten Pfetten auf (siehe Zeichnung 26). Die *Längsaussteifung* müssen Windrispen (Windlatten) übernehmen. Sie dürfen bei der Sanierung nicht entfernt werden, ohne daß statisch voll wirksamer Ersatz geschaffen wird. Besonders bei der Neuanlage von Dachgauben müssen etwa unterbrochene Windlatten über der Gaube und den anschließenden Sparrenfeldern sinngemäß wieder angebracht werden. Aus den Grundprinzipien dieser Konstruktionen leiten sich eine Reihe von Varianten und Kombinationen ab, die auch auf bestimmte Gegenden beschränkt sein können. Der Fachmann muß die statischen Kräfte, die in einem System wirksam werden, erfassen und danach die notwendigen Sanierungen von Trägerbalken, Konstruktionsknoten und Auflagerpunkten ausrichten.
Zur Schadensfeststellung muß der Dachboden freigeräumt werden. In Gerümpel und Schutt sammelt sich unbemerkt Feuchtigkeit, die zu Holzzerstörung besonders im schwer zugänglichen Bereich des Dachfußes führt.

Zeichnung 26 Systemdarstellung eines Pfettendachstuhls

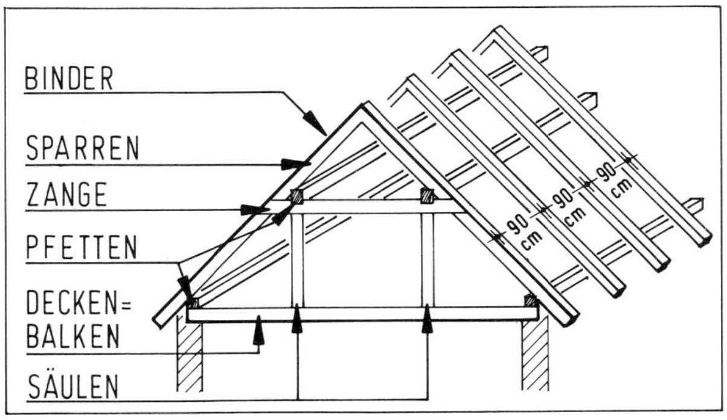

Zeichnung 25 Dachstuhlsysteme

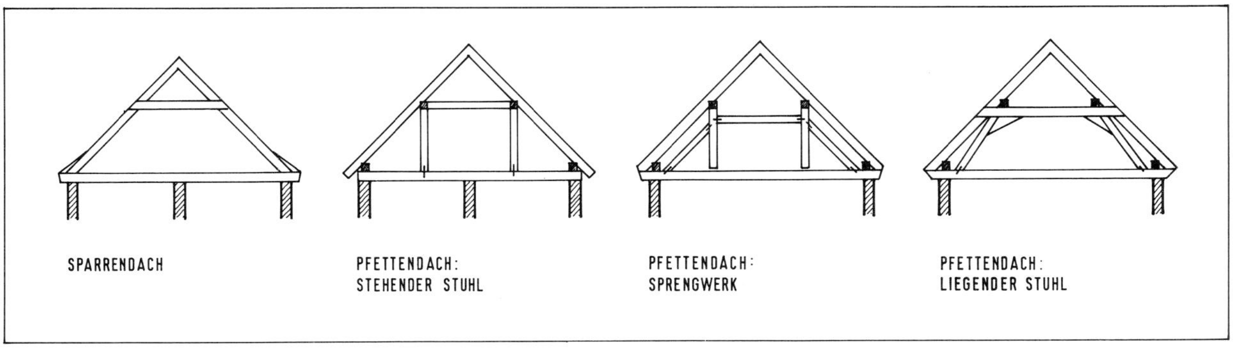

2.1 Schwächung des Tragwerks

Eine Schwächung des Tragwerks zeigt sich in starken Durchbiegungen einzelner Dachbalken, sowohl an den Bindern als auch bei Pfetten und Sparren. Zapfen und Holzverbindungen (Konstruktionsknoten) werden durch zu starke Lastverschiebungen auseinandergezogen und unwirksam.

2.1.1 Konstruktionsfehler

Konstruktionsfehler können schon bei der ersten Aufstellung eines Dachstuhls entstanden sein. Zu schwach bemessene Hölzer, zu große Zapfen oder zu starke Verblattungen bedeuten Schwächungen der Holzstärken, sodaß die spätere Dachlast über längere Zeit nicht ohne Schädigung aufgenommen werden kann. Auch Überbelastungen der Lagerböden, besonders in mehrgeschossigen Dächern, führen zu ausgedehnten Schäden, wenn nicht rechtzeitig an wirksame Hilfskonstruktionen gedacht wurde.

2.1.2 Qualitätsfehler

Auch Qualitätsfehler können schon beim Ersteinbau von Hölzern auftreten. Drehwüchsigkeit, schlecht ausgetrocknetes Holz, stark harzgalliges Holz, die Verwendung von Balken mit hohem Splintholzanteil (siehe Holzbausanierung, Seite 107) beeinträchtigen die normale Festigkeit. Starke Durchbiegungen und Verwindungen sind die Folge.

2.1.3 Spätere Eingriffe

Spätere, unsachgemäß oder mit schlechten Hölzern durchgeführte Eingriffe in die Dachkonstruktion und oft sehr provisorische Reparaturen führen zu Kräfteverschiebungen und hohen Ungleichbelastungen.
Es sind abenteuerliche Dachausbauten und brutale Eingriffe in die Tragkonstruktion zu finden. Ausgeschnittene Balken in den Bindern, ausgerissene Tragsäulen, bei nachträglichen Treppeneinbauten herausgenommene, tragende Deckenbalken sind nur einige Beispiele. Die Folge kann die Verschiebung des ganzen Dachstuhls sowohl nach einer Traufseite als auch in Firstrichtung sein, besonders wenn noch eine einseitig stärkere Windbeanspruchung auftritt. Vor allem werden verbliebene Tragglieder wie Pfetten, Säulen und Sparren im Dachstuhl überlastet und sind Durchbiegungen bis zum Bruch ausgesetzt.
Auch alte Zwischenwände im Dach haben oft eine aussteifende Wirkung. Sie dürfen nicht abgerissen werden ohne einen statisch voll wirksamen Ersatz.

2.1.4 Schädlingsbefall

Schädlingsbefall ist sicher die häufigste Ursache für Schäden am Dach. Tierische und pflanzliche Schädlinge (siehe Holzschädlinge, Seite 134) schwächen mindestens die Holzquerschnitte erheblich, wenn nicht gleich ganze Holzteile zerstört werden. Vor allem im Bereich der Dachtraufen und der Giebel, an Kaminen und Dachgauben, überall, wo Regen und Schnee das Holz erreichen, kann sich Pilzbefall und Fäulnis ausbreiten. Eine Untersuchung des Dachs auf Schädlinge und Vermorschung kann gar nicht sorgfältig genug durchgeführt werden. Alle verborgenen Schwachstellen müssen aufgespürt werden, um einerseits statisch wirksame Punkte zu sanieren, andererseits durch Ersatz aller befallenen Holzteile eine weitere Ausbreitung des Schädlingsbefalls zu verhindern.
Die Schadensbilder des Schädlingsbefalls werden im Kapitel »Holzschädlinge« (siehe Seite 134) beschrieben. Die Auswirkungen sind die gleichen wie unter 2.1, 2.2 und 2.3 dargestellt: Durchbiegung von Hölzern, Verformung des Tragwerks durch statische Lastverschiebungen, Bruch von Tragwerksteilen.

Durch Fäulnis zerstörte Fußpfette: Bruch der Balken am Sparrenansatz, Nachrutschen der ganzen Dachkonstruktion

2.2 Verformung der Konstruktion oder von Konstruktionsteilen

2.2.1 Durchbiegung

Durchbiegung ist die augenfälligste Veränderung an Konstruktionshölzern. Sie kann ihre Ursache in den unter 2.1.1–2.1.4 beschriebenen Fakten haben.
Aber auch Konstruktionsfehler wie zu große Spannweiten bringen eine Überbelastung und damit Durchbiegung des tragenden Bauteils. Besonders Pfetten, Sparren und die Deckenbalken des obersten Geschosses sind durch zu starke Durchbiegung gefährdet.
Neue Nutzungen, schwerere Lagergüter, wie Heu in Ballen oder Kraftfutter in Säcken und ähnliches (siehe Mauerrisse unter 1.5.2, Seite 54), bei mehrgeschossigen Dächern die Überlastung von Zwischenböden verursachen Durchbiegungen. Aber auch schwerere Dachdeckungen, zum Beispiel Ziegel statt Schindeln oder doppelt statt wie früher einfach gedeckte Ziegel- oder Plattendächer und außergewöhnliche Schnee- und Windlasten können zu Durchbiegungen auch an den senkrechten Säulen führen (Knickgefahr).

2.2.2 Verwinden der Konstruktion oder einzelner Bauteile

Die Verwindung von Dachhölzern führt zu einer Drehung des Querschnitts und damit zu statischen Veränderungen an Auflager- und Konstruktionspunkten. Holzverzapfungen, Kopfbügen und Streben können aus ihren Verbindungen gezogen werden. Die Lasten werden auf andere Tragwerksteile abgeleitet, es kommt zu gefährlichen Lastverschiebungen.

2.2.3 Schwinden und Quellen

Schwinden und Quellen sind Vorgänge, die durch Wasserentzug beziehungsweise Wasserzufuhr am Holz eintreten. Das Schwinden kann vor allem zu einer Lockerung der Holzverbindungen führen. Holznägel können ausfallen und damit die Stabilität beeinträchtigen. Durch Längenschwund der Balken kann eine Verkleinerung der Mauerauflager eintreten. Die Ursache für starke Schwindprozesse kann in einer übermäßigen Bauaustrocknung oder im Einbau umfangreicher Heizanlagen liegen. Auch zu kurz oder schlecht gelagerte Hölzer können erheblich schwinden.
Quellen von Holz bewirkt eine Volumenvergrößerung des Holzteils. Die dabei auftretenden Kräfte können Holzverbindungen aussprengen. Das Quellen zu eng eingemauerter Balkenköpfe verursacht Mauerrisse und Absprengungen am Auflager. Durch die mit dem Quellen verbundene Wasseraufnahme rosten eiserne Bolzen und Klammern und verlieren ihre Wirksamkeit. Zudem wird durch die Feuchtigkeit der Schädlingsbefall gefördert.

2.2.4 Ungleiche Belastung durch Klimaeinflüsse

Ungleiche Belastungen durch einseitigen Wind- und Schneeanfall, durch hohes Temperaturgefälle zwischen Tag und Nacht oder zwischen Nord- und Südseite des Dachs (siehe Mauerrisse unter 1.6.2, Seite 55) erzeugen große Spannungen im Tragwerk, die ganz unterschiedliche Verformungen zur Folge haben können.

2.3 Bruch

2.3.1 Ursachen von Bruch im Tragwerk

Aus den oben beschriebenen einzelnen Schäden oder aus einer Summierung der verschiedensten Schadenursachen kommt es meist zum Bruch von Tragwerksteilen im Dach. Wenn zum Beispiel eine schwache Konstruktion von Fäulnis befallen wird, kann das sehr schnell zum Bruch von Balken führen. Überzogene Durchbiegung oder ständige Überbelastung führen auf Dauer immer zu Bruch im Tragwerk.

2.3.2 Folgen von Bruch

Ein Bruch im Dachtragwerk hat noch weit erheblichere Störungen im statischen Gefüge zur Folge als nur die Schwächung oder Verformung der Hölzer. Die Lastverschiebung, die sich aus gebrochenen Bauteilen ergeben, können zu hohen Überbelastungen von Nachbarbauteilen wie Geschoßdecken und Mauerkronen und sogar zum Einsturz anderer Bauteile führen.

3 Maßnahmen

Um zu entscheiden, welche Sanierungsmaßnahmen zu treffen sind, ist eine Schadenfeststellung und eine Schadensliste erforderlich. Das muß zusammen mit einem Zimmermann durchgeführt werden, der *Erfahrung* in *Dachsanierung* hat und auch die nötigen statischen Kenntnisse besitzt, um die richtigen Ansatzpunkte für die Reparatur festlegen zu können. Auch ein Statiker muß *einschlägige Erfahrungen* haben, denn Normen und DIN-Vorschriften sind bei alten Konstruktionen oft nicht anwendbar.

Vor einer *Übersanierung,* womöglich unter Verwendung von Beton und viel Stahl, muß eingehend gewarnt werden. Eine erneuerte Konstruktion darf das Gewicht des alten Dachstuhls nicht erheblich überschreiten. Daraus würden unnötige Folgelasten für den übrigen Bau entstehen. Auch eine absolute Aussteifung des Dachstuhls darf nicht Zweck der Sanierung sein. Sie würde hohe Spannungen im Gefüge mit sich bringen. Ein alter Holzbau muß *arbeiten* können, ohne an seiner Stabilität Schaden zu leiden.

Das *Umfeld,* also Mauerkronen, Tragmauern innen und außen, Anschlußmauern von Nachbarbauten, Giebelwände, Schornsteine (Kamine) und anderes, muß genau untersucht werden. Rissige oder morsche Giebelmauern müssen saniert, Mauerkronen sorgfältig ausgebessert werden (siehe Mauerrisse unter 2.4.6, Seite 58). In schwierigen Fällen kann man die Einbringung eines betonierten Ringankers als oberen Mauerabschluß in Betracht ziehen. *Schornsteinsanierungen* werden fast immer notwendig, der Einbau *neuer* Schornsteine muß mit der Gesamtplanung abgestimmt werden (siehe Heizung und Warmwasser unter 5, Seite 172).

3.1 Schwaches Tragwerk

Zu schwaches Tragwerk kann durch *zu berechnende* Verstärkung an der richtigen Stelle voll funktionsfähig werden. Dabei können auch moderne Konstruktionsmittel wie Stahldübel, Stahlschuhe, Nagelblech- und Nagelbrettverbindungen eingesetzt werden. Zu schwache Hölzer erhalten beidseitig aufgenagelte oder aufgeschraubte Bohlen über die ganze Länge. Damit können auch neue Belastungen aufgenommen werden (siehe Zeichnung 27).

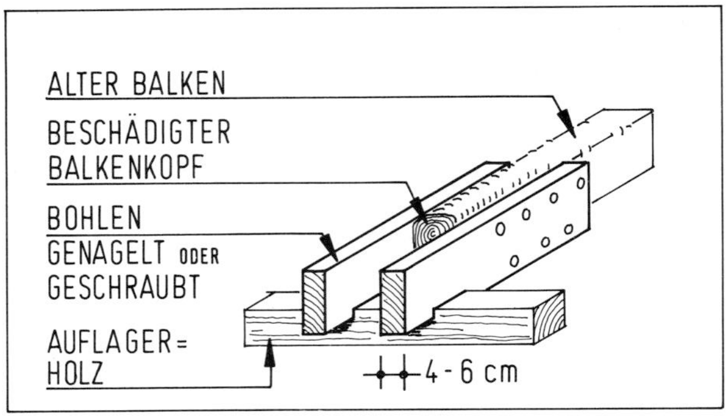

Zeichnung 27 Verstärken und Ergänzen beschädigter Balken

3.1.1 Konstruktionsfehler

Alte Konstruktionsfehler können durch sinnvolle Hilfskonstruktionen behoben werden (siehe Zeichnung 28). Sind die Sparrenabstände zu groß, werden Hilfssparren eingezogen, Deckenbalken werden durch beigenagelte Bohlen oder durch zusätzlich eingebrachte Balken für größere Belastung tauglich. Werden neue Unterstützungen eingebaut, muß die Ableitung der Belastung über ausreichend tragfähige Mauern oder Stützen bis in die Fundamente gewährleistet sein. Überbelastungen müssen in alten Dachgeschossen auf alle Fälle vermieden werden.

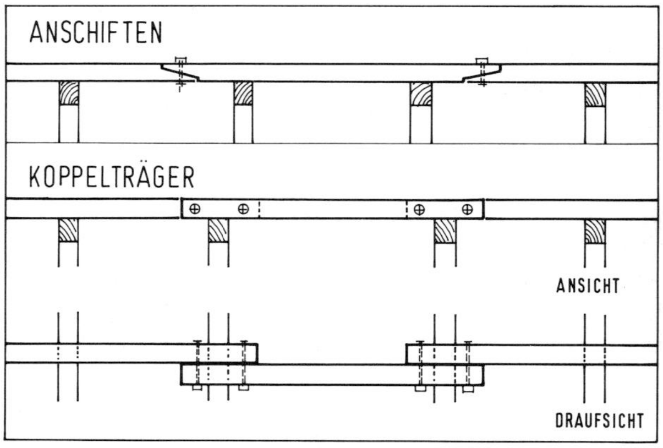

Zeichnung 28 Beispiele für Hilfskonstruktionen

3.1.2 Qualitätsfehler

Qualitativ schlechte Hölzer müssen ausgewechselt werden (siehe dazu unter 3.1.4, Seite 67).

3.1.3 Spätere Eingriffe

Ist das statische Gefüge des Dachstuhls durch spätere Eingriffe gestört, muß entweder die alte Konstruktion wiederhergestellt oder durch Einbau neuer Bauteile das Kräfteverhältnis ausgeglichen werden.

Epoxydharz-Ergänzung von Holzteilen: Abbeilen des vermorschten Dachfußes bis auf den gesunden Kern, Einbohren der Glasfiberstäbe, Ausgießen mit Harzmasse zur fertigen Form

Verschiebungen im Gefüge nach einer Trauf- oder Giebelseite müssen durch Anheben und Ausrichten mit der Zimmermannswinde *vor* der Sanierung in die richtige Lage gebracht werden. Die Ursache der Verschiebung ist gleichzeitig auszuschalten.

3.1.4 Schädlingsbefall

Hölzer mit Schädlingsbefall müssen sorgfältig abgebeilt werden, Insektenfraßgänge sind mit der Stahlbürste zu reinigen. Um eine Infektion gesunder Hölzer zu vermeiden, müssen alle Abfälle sofort verbrannt werden (siehe Holzschädlinge, Seite 134).
Unbrauchbar gewordene Hölzer werden entweder im Ganzen ausgewechselt oder in Teilen ergänzt. Wichtig ist, daß von Schädlingen befallene Holzteile bis 1 m in das gesunde Holz hinein entfernt werden.
Am häufigsten betroffen sind Balkenenden (Balkenköpfe), weil Hirnholz Feuchtigkeit stärker aufnimmt und deshalb besonders anfällig für Schädlingsbefall ist. Hier können neue Balkenteile angeschiftet werden (siehe Zeichnung 29) oder es werden Bohlenbretter beidseitig aufgenagelt, um die Funktion des alten Balkenkopfes zu übernehmen. Desolate Konstruktionspunkte können durch Nagelbretter oder Nagelbleche versteift, Balkenauflager durch Stahlschuhe ergänzt werden (siehe Zeichnung 30).
Die Wahl der Ansatzpunkte neuer Holzteile ist aber nicht nur vom Ausmaß der Schäden, sondern auch von statischen Erwägungen abhängig (siehe Zeichnung 32, Seite 74). Ein Balken sollte also nicht in der Mitte seiner Spannweite, aber auch nicht über seinem Auflager angeschiftet werden.

Zeichnung 29 Holzverbindungen für Anschiftung

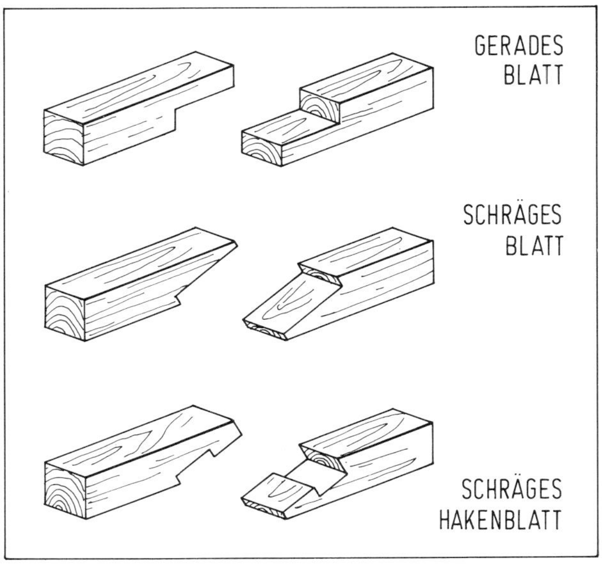

Oberösterreichische Bauernhöfe Typ Mühlviertler Dreiseithof

Das Mühlviertel, die Landschaft nördlich der Donau zwischen Passau und Ybbs, ist die Heimat der Mühlviertler Dreiseithöfe. Doch sind sie mit regionalen Besonderheiten auch in Landstrichen südlich der Donau und im angrenzenden Waldviertel zu finden.

An das gemauerte Wohnhaus schließt sich der Stall in gleicher Flucht an. Quer dazu steht der Stadel und im Winkel, etwa parallel zum Wohnhaus, die »Wagenhütte«. Den Hofabschluß bildet die Tormauer. Charakteristisch ist innen der große, durchgehende Flur mit der gemauerten Treppe.

Im Beispiel war der Flur durch den späteren Einbau von Bad, WC, einer winzigen Speisekammer und einer zweiläufigen Treppe verstellt. Durch einige Ausbrüche konnte der großzügige Flur mit einer gut gangbaren Treppe wiederhergestellt werden. Die Speisekammer ist jetzt geräumig, die Anbindung an den Wirtschaftsteil befriedigend. Hier sind anschließend die Schmutzschleuse und der Hauswirtschaftsraum untergebracht. Das Bad wurde in den Schlafbereich im Obergeschoß verlegt.

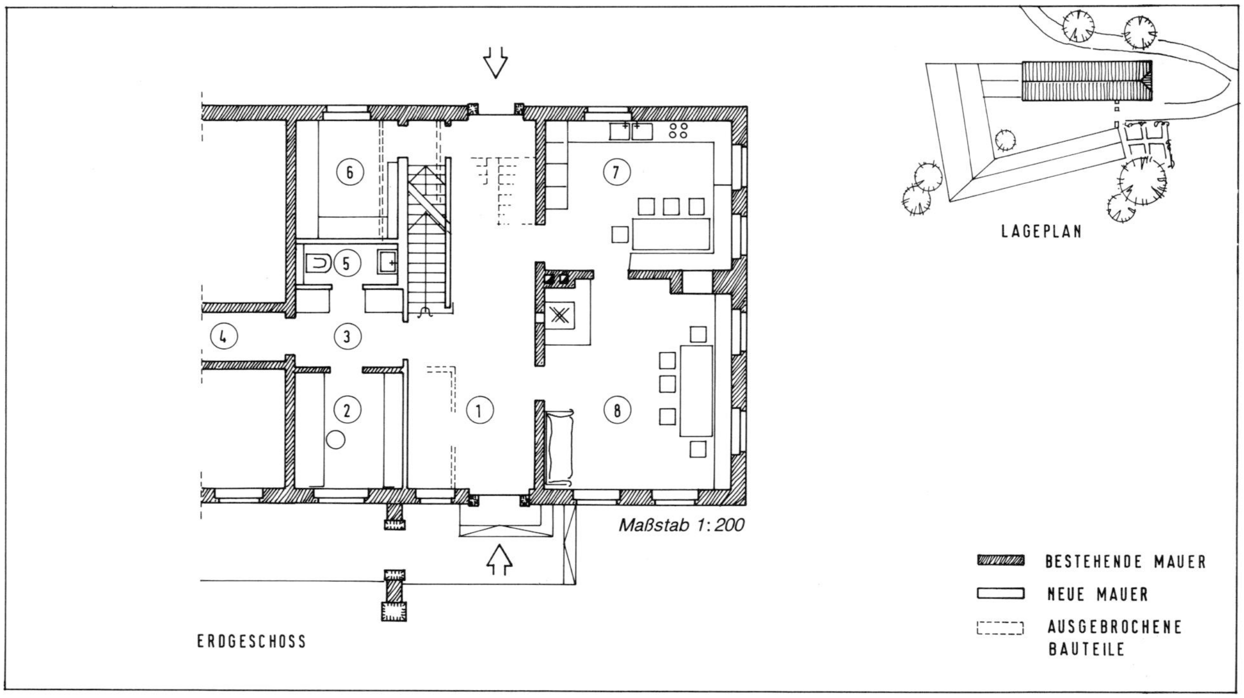

Erdgeschoß
① *Großer Flur*
② *Büro*
③ *Garderobe*
④ *Wirtschaftsflur*
⑤ *WC*
⑥ *Speisekammer*
⑦ *Küche*
⑧ *Stube*

Der Obergeschoßgrundriß folgt in der Anordnung dem Erdgeschoßgrundriß.
Planung und Bauaufsicht: Dipl.-Ing. Franz Riepl, Architekt, München

Gehöft an der Unterweser
Das Backhaus

Das Backhaus gehört zu einer Hofanlage im Unterwesergebiet, in der außer dem alten Wohnstallhaus eine Reihe weiterer Zubauten wie Scheune, Schafstall und so weiter erhalten sind. Weil das 300jährige, denkmalgeschützte Bauwerk einem Straßenbau im Wege stand, wurde es um ca. 100 m an seinen jetzigen Standort versetzt. In vielen dieser alten Backhäuser stand früher der Hauswebstuhl.

Am Haus sind zum großen Teil das originale Eichenfachwerk und eine Backsteinausfachung erhalten. Der Backofen war in einem eigenen, aus Feldsteinen gemauerten Anbau untergebracht. Aus der Sanierung des Baubestandes und dem Einbau eines Bades sowie einer neuen Treppe entstand eine geräumige Wohnung für zwei Personen mit etwa 70 qm Wohnfläche. Die Küche wurde im Steingehäuse des ehemaligen Backofens untergebracht. Sie wird durch die Verglasung des kleinen Giebels belichtet. Die Kamine wurden ganz erneuert. Eßdiele und Wohnraum im Dachgeschoß können durch Einzelöfen geheizt werden, es wäre aber auch der Einbau einer Warmluftheizung denkbar.

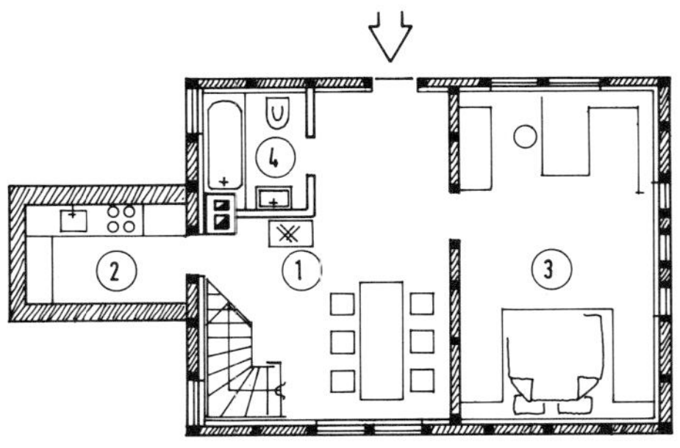

Maßstab 1:200

ERDGESCHOSS

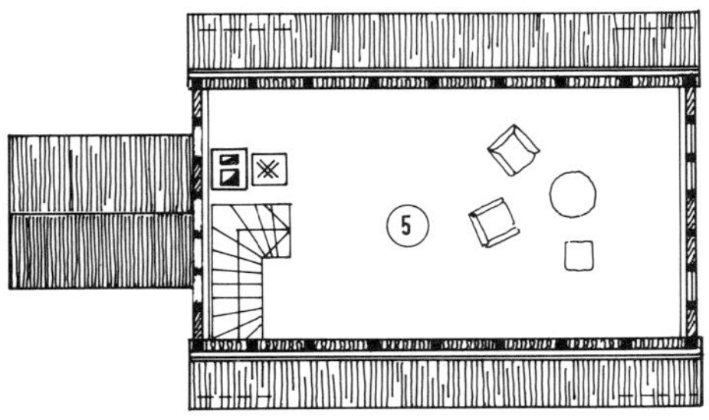

DACHGESCHOSS

Erdgeschoß
① *Eßdiele*
② *Küche*
③ *Schlafzimmer mit Arbeitsplatz*
④ *Neues Bad*

Dachgeschoß
⑤ *Wohnraum*

Planung, Translozierung und Baudurchführung:
Heinz Riepshoff, 2818 Syke

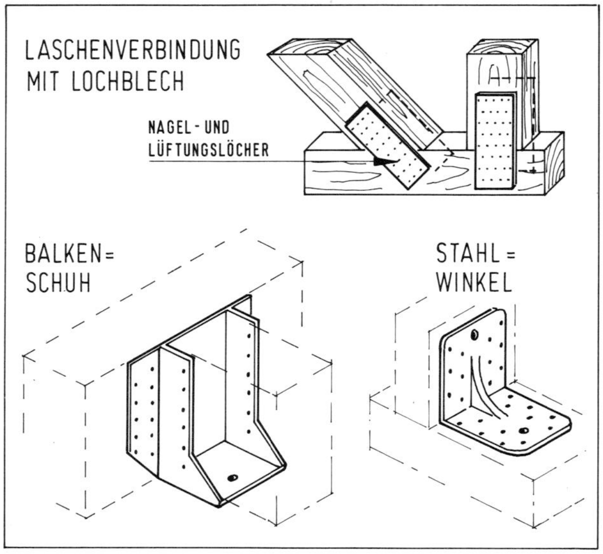

Zeichnung 30 Stahlblechverbindungen

Mit modernen Kunstharzverfahren (BETA-Verfahren) lassen sich auch größere Kunstharzteile in der Abmessung der alten Balken an die vorhandene Konstruktion angießen. Glasfiberstäbe verbinden das alte Holz mit dem Epoxydharzguß. Das neue Teil *und* die Verbindung sind statisch hoch belastbar. Auch zwei Holzteile können auf diese Art *verklebt* werden (siehe Zeichnung 31). Das Verfahren muß von lizensierten Spezialfirmen ausgeführt werden, die meistens eine kostenlose Voruntersuchung durchführen und die statische Berechnung übernehmen.

3.2 Verformung der Konstruktion

Will man den Verformungen begegnen, müssen zuerst die Ursachen ausgeschaltet werden.

3.2.1 Durchbiegung

Bei Durchbiegungen müssen die Konstruktionsteile zunächst von jeder Belastung befreit werden. Unterstützungen, die je nach den Umständen provisorisch oder als bleibendes Bauteil ausgeführt werden, müssen die Lasten aufnehmen. Verkeilungen unter neuen Stützen müssen nachstellbar sein.

Zeichnung 31 Kunstharzverfahren mit Glasfiberstäben

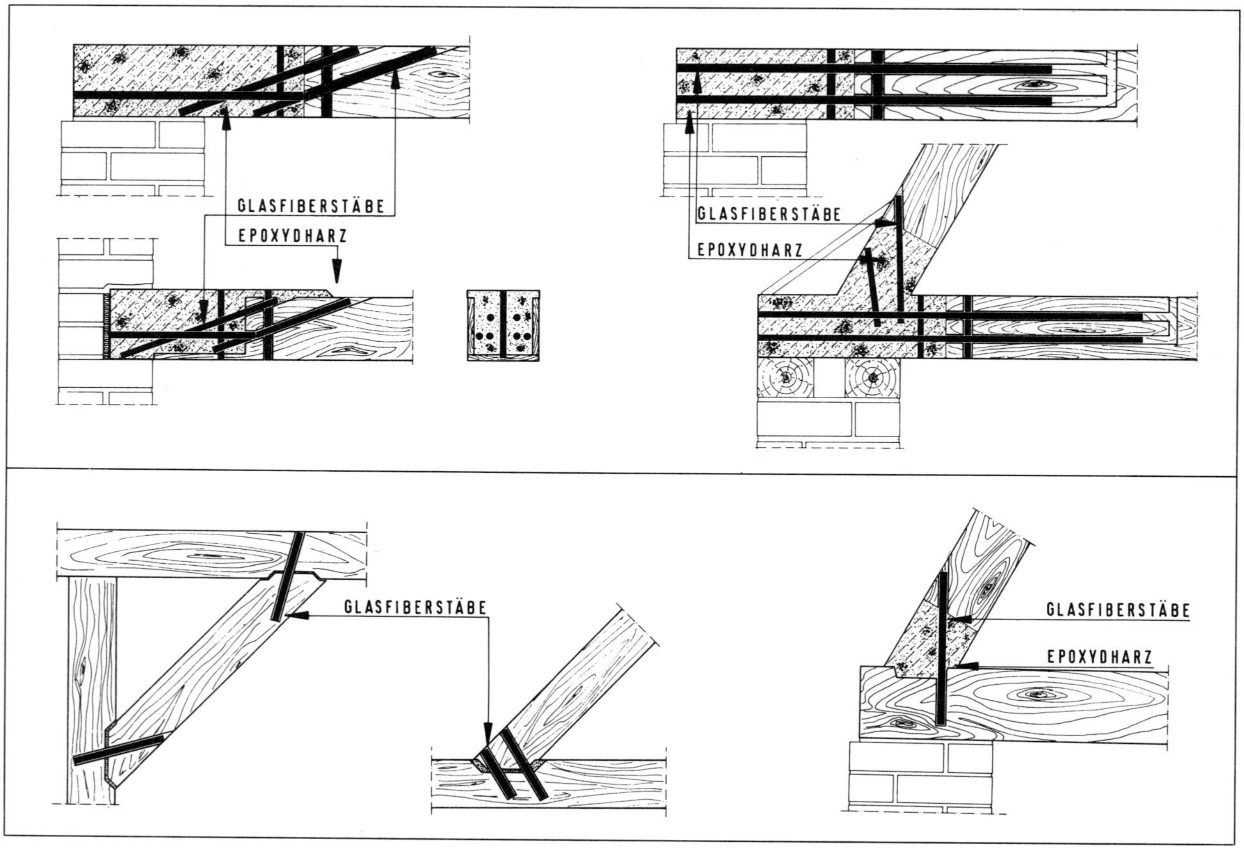

Zu großen Spannweiten von Balken, Zangen, Sparren, die zu Durchbiegungen führen, kann durch Einbau neuer Stützen oder durch eine statisch wirksame Verstärkung oder Versteifung der durchgebogenen Hölzer begegnet werden.
Neue Nutzungen, die größere oder andere Arten von Belastungen mit sich bringen (Punktlasten), müssen die Belastbarkeit der Konstruktion berücksichtigen. Andernfalls werden neue Hilfskonstruktionen nötig. Es ist jedoch vorher genau zu überlegen, ob die entstehenden Kosten im Verhältnis zum erzielten Nutzen liegen. Überlastungen durch die Dachdeckungen sind durch das Einziehen von Hilfssparren auszugleichen. Die Belastbarkeit von Pfetten und Bindern muß aber vorher geprüft werden.

3.2.2 Verwinden

Wenn bei der Verwindung einzelner Hölzer Konstruktionsknoten beschädigt sind, können neue Dübel- oder Laschenverbindungen, manchmal auch Keile, den notwendigen Kraftschluß wieder herstellen. Bei der Verwindung ganzer Konstruktionen können über einen längeren Zeitraum angesetzte Winden und Zwingen die Verformung bis zu einem gewissen Grad korrigieren.

3.2.3 Schwinden und Quellen

Durch Schwund beeinträchtigte Holzverbindungen werden gleichfalls durch Holz- oder Stahllaschen, Dübel und Keile wieder voll funktionsfähig. Verkürzungen an Auflagern müssen durch Beinageln von Bohlen ausgeglichen werden (siehe Zeichnung 27, Seite 66). Gequollene Hölzer müssen austrocknen, das heißt, die Ursache der Nässe muß beseitigt werden. Nasse Holzteile müssen zudem immer auf Pilzbefall untersucht werden. Ausgesprengte Holzverbindungen oder Mauerrisse müssen repariert werden.

3.2.4 Ungleiche Belastungen

Ungleichen Belastungen, die zu Verformungen in der Konstruktion geführt haben, muß durch zusätzliche Abstützungen oder Verstärkungen begegnet werden. Überwiegend einseitige Windbelastungen und/oder Schnee- und Eislasten auf Norddächern können derart einseitige Belastungen hervorrufen. Für neue Stützen und Streben müssen im darunterliegenden Geschoß eindeutig belastbare Mauern oder Tragbalken als Auflager vorhanden sein. Auf die Gefahr ungleicher Belastung mit Lagergütern wurde im Kapitel »Mauerrisse« (siehe Seite 54) hingewiesen.

3.3 Bruch im Tragwerk

3.3.1 Ersatz gebrochener Hölzer

Gebrochene Hölzer müssen nicht nur an der Bruchstelle, sondern auch im weiteren Bereich der Bruchstelle durch neue ersetzt werden. Trägerbalken, zum Beispiel Pfetten oder Sparren, über drei und mehr Auflager können in Teilen ersetzt werden, so daß ein Koppelträger entsteht (siehe Zeichnung 28, Seite 66). Auflager von anderen Balken oder Sparren müssen dann unter Umständen aufgefüttert werden. Bei der Reparatur von gebrochenen Hölzern kann auch das BETA-Verfahren Anwendung finden (siehe Seite 72).

3.3.2 Folgen von Bruch im Tragwerk

Die Folgen aus gebrochenen Bauteilen im Dachstuhl können Schäden an Deckenbalken durch Überbelastung, Beschädigungen durch Wassereinbruch im Dach, Verschiebungen und Verformungen an der übrigen Konstruktion und anderes mehr sein. Diese Folgeschäden müssen genau untersucht und saniert werden. Auf die Reparatur von Mauerkronen und Tragmauern und die Sanierung von Giebelwänden wurde schon hingewiesen (siehe Mauerrisse unter 2.4.6, Seite 58).
Die neuen Holzteile in der Konstruktion können ruhig sichtbar bleiben. Nur bei denkmalgeschützten Fassaden ist die genaue Angleichung neuer Hölzer an Farbe und Form vorhandener Bauteile anzustreben.

3.3.3 Einbau alter Hölzer aus Abbruch

Die Verwendung von Althölzern aus einem Abbruch hat einige Vorteile: Das Holz ist ausgetrocknet, Schwindprozesse sind weitgehend abgeschlossen und es ist meist von engwüchsiger Qualität. Mit dem Beil bearbeitete (gebeilte) Kernholzbalken, vor allem aus Eiche, im Gebirge auch Lärchen- oder Zirbenhölzer, sind hochwertiges Baumaterial, das oft sogar billig zu haben ist. Allerdings muß das Holz *garantiert frei von Schädlingsbefall* sein (siehe Holzschutz, Seite 136). Zimmerleute und Schreiner verarbeiten Althölzer ungern, weil sie mit zahllosen versteckten Nägeln durchsetzt sein können und ihr Werkzeug dadurch beschädigt wird. Die sorgfältige Reinigung und das Ausziehen der Nägel kann aber eine rentable Eigenarbeit sein.

4 Dachausbau

4.1 Dachklima

Die Dachböden bäuerlicher Wohnhäuser waren bis in jüngste Zeit nur zur luftigen Aufbewahrung von Erntegut bestimmt. Als solche stellen sie eine *klimatische Pufferzone* über den Wohngeschoß dar. Dächer mußten nur dem Schutz gegen Regen und Wind dienen.
Heute bieten die großen, oft stützenfreien Dachräume großzügige Wohnmöglichkeiten, die auch gewinnbringend vermietet werden können.
Damit werden ganz andere Ansprüche an den Dachraum gestellt. Winddichtigkeit, hohe Wärmedämmung, Heizmöglichkeiten für gleichbleibende Wohntemperaturen, dazu die hohe Dampfentwicklung in bewohnten Räumen verändern das Dachklima grundlegend. Die gesamte Dachkonstruktion wird mit hohen Temperaturspannungen zwischen innen und außen belastet.

4.2 Wie ausbauen?

4.2.1 Belüftung des Dachs

Beim Dachausbau muß die Belüftung aller Holzteile gewährleistet sein. *Eingepackte* Hölzer, solche mit falscher Wärmedämmung, abgeschlossene Hohlräume und Wärmebrücken sind anfällig für Schwitzwasser (siehe Baufeuchtigkeit unter 2, Seite 46). Alle Holzteile sind damit Fäulnisprozessen ausgeliefert. Neue Deckungen mit Industrieziegeln sind sehr viel luftdichter als alte handgezogene Dachplatten. Der Luftaustausch wird behindert und muß durch einen sinnvollen Konstruktionsaufbau wieder hergestellt werden.

Zeichnung 32 Beispiel für einen Dachausbau

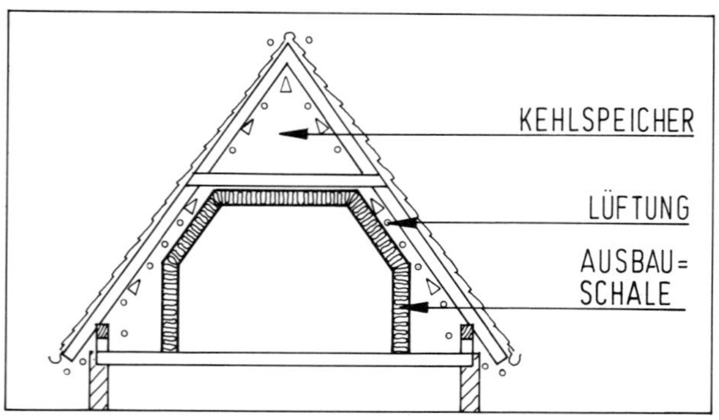

Das für die Dachraumbelüftung wirkungsvollste System des Ausbaus ist eine *Wohnschale* (Ausbauschale) im Dachraum. Dabei bleiben Dachfuß und oberer Dachraum (Kehlspeicher, Spitzboden) frei. Über die freien Felder zwischen den Dachsparren kann ein ausreichender Luftaustausch stattfinden (siehe Zeichnung 32). Die Wärmedämmschicht liegt *unter* den Sparren, die damit als Wärmebrücken ausgeschaltet werden. Eine Kontrolle des Dachraums und des Traufbereichs ist ungehindert möglich. Über Luken oder Lüftungsziegel muß eine *Dauerbelüftung* des Kehlspeichers vorgesehen werden.
Der Wandaufbau muß sich nach der Klimazone des Landstrichs und nach der vorgesehenen Nutzung richten, wobei die Vorschriften der Wärmeschutzverordnung einzuhalten sind.
Wird der Dachausbau bis unter den First geführt, müssen die Lüftungskanäle zwischen den Sparren ausreichend hoch sein. *Breite* Schlitze in der Dachschalung müssen *unter* dem First für einen guten Luftaustausch sorgen (siehe Zeichnung 33). Auch bei dieser Konstruktion muß ein mindestens bekriechbarer Kontrollraum im Traufbereich freibleiben.
Vielfach wird ein Ausschäumen der Dachplattenstöße angeboten. Da damit die Diffusionsfähigkeit der Dachhaut erheblich behindert wird, ist ganz entschieden davon abzuraten.
Eine Schalung unter den Dachlatten ist nicht unbedingt erforderlich, wenn dazu das ganze Dach abgedeckt werden müßte. Sollen alle Dachlatten erneuert, das heißt, das ganze Dach umgedeckt werden, kann man im Zug dieser Arbeiten auch eine Dachschalung einbringen.

4.2.2 Ausbau des Dachs

Als Wärmedämmung dürfen nur sehr gut *diffusionsfähige* Dämmstoffe verwendet werden. Grobporiges Material ist in der Lage, aufgenommene Kondensfeuchte bei guter Belüftung schnell wieder abzugeben. Geeignet sind Holzwolleleichtbauplatten und mineralische Faserdämmplatten. Nicht geeignet sind offenporige Schäume. Sie nehmen Kondensfeuchte wie ein Schwamm auf, ohne sie wieder abzugeben.
Für die Innenverkleidung sind alle Trockenbauweisen mit hohen Diffusionswerten, zum Beispiel Gipskarton, den Ausmauerungen vorzuziehen, die zuviel Nässe in den Dachraum bringen. Tapeten und Farben auf Plattenwänden müssen ebenfalls gut dampfdurchlässig sein, sie dürfen keine plastifizierenden

Schöne, alte, stehende Gaube. Sie kann mit Doppelfenster und Wärmedämmung versehen werden.

Zwerchgiebel: Er kann mit einem Fenster versehen werden. Bei der Ergänzung alter Dacheindeckungen muß auf eine Angleichung der Ziegelformen geachtet werden.

So bitte nicht!

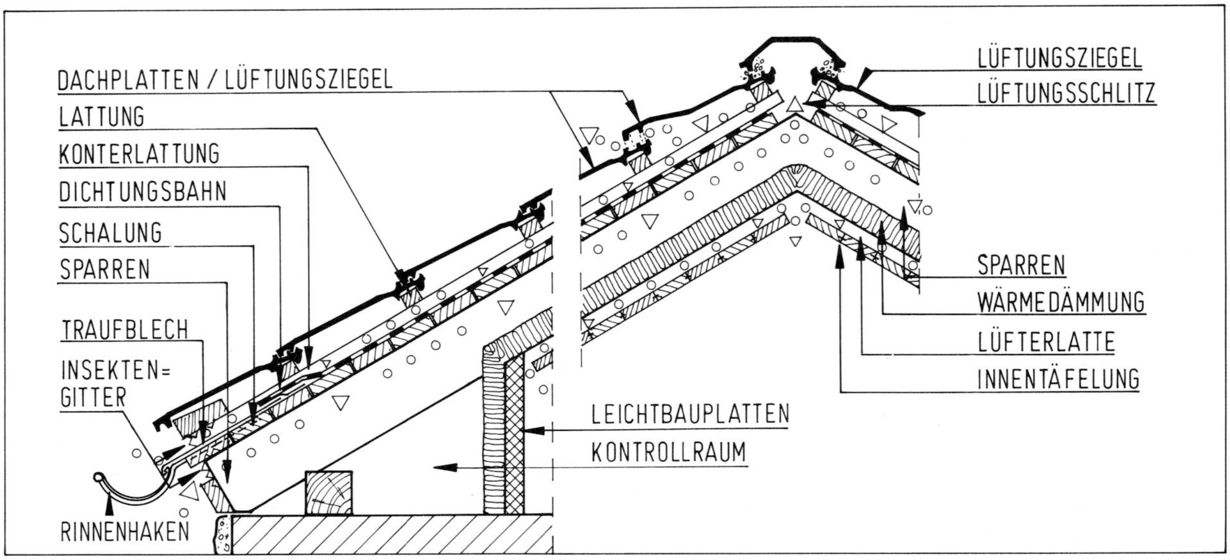

Zeichnung 33 *Belüftete Dachschale*

Zusätze enthalten. Holzverkleidungen innen müssen hinterlüftet werden (siehe Zeichnung 19, Seite 49). Wärmedämmung im Dachraum ist nicht nur ein Schutz gegen Kälte im Winter, sondern auch gegen die Sommerhitze unter dem Dach.

Bei den Ausbauarbeiten im Dach müssen auch die *Giebelwände* in die Wärmedämmung *mit einbezogen* werden.

Die *Feuchtigkeitssperre* (Dampfsperre, Dampfbremse) auf der *Innenseite* der Ausbauschale wird bei vielen Handwerkern und Planern für unerläßlich gehalten. Eine Dampfsperre im Wohnbereich muß aber zu hoher Feuchtigkeitskonzentration und damit zu einem ungesunden Wohnklima führen. Die Folge wird Schimmelbefall an unvermeidbaren Wärmebrücken sein. Bei Verwendung von gut diffundierendem Material und einer funktionierenden und *kontrollierbaren,* reichlichen Hinterlüftung des Wandaufbaus darf keine dampfbremsende oder dampfsperrende Folie innen nötig sein.

Die Ausnahme bilden ausgesprochene Feuchträume wie Küche und Bad, die unter den Fliesen mit dampfsperrenden Schichten versehen werden. Eine automatische Lüftung im Bad (siehe Sanitärbereich, Seite 217) und eine Dunstabzugshaube in der Küche müssen für den nötigen Klimaausgleich sorgen.

Windpapier ohne dampfbremsende Wirkung, das auf der äußeren Seite der Wärmedämmung aufgebracht wird, kann einen Schutz gegen Flugschnee und Wind bieten.

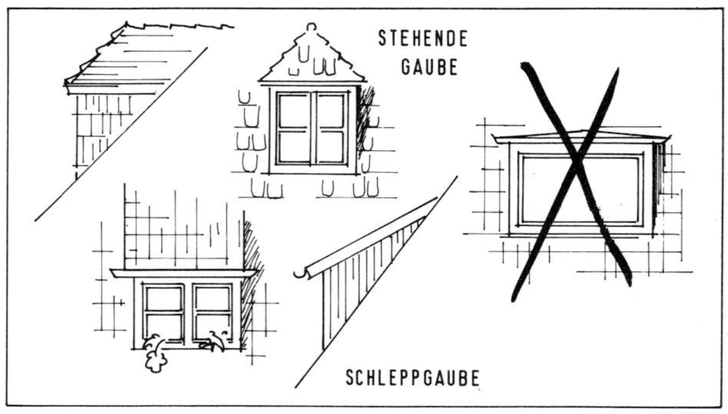

Zeichnung 34 *Beispiele für Gauben*

Zeichnung 35 *Einbau eines Gaubenfensters mit Hinterlüftung*

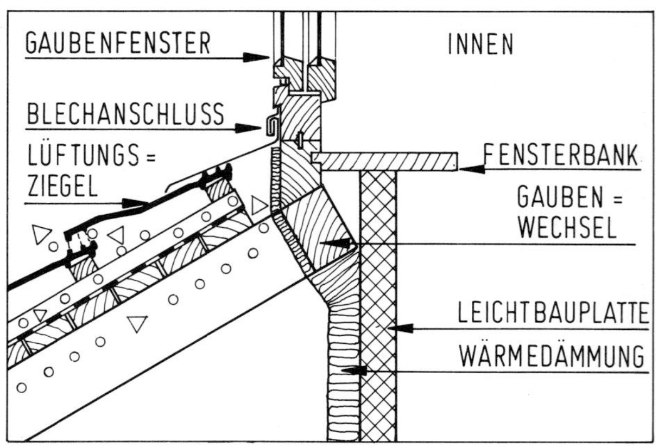

4.2.3 Erhaltung der Dachkonstruktion

Die alte Dach*konstruktion* muß bei einer neuen Nutzung erhalten bleiben. Alle Kopfbügen, Streben, Zangen, Windrispen (Windlatten) und andere sind für das statische Gefüge des Daches wichtig und dürfen weder unterbrochen noch entfernt werden (siehe Seite 63). Alte Bausünden, wie Ausbrüche im Tragwerk und falsche Dachfenster, können im Zuge des Dachausbaus beseitigt werden. Neue Zwischenwände, auch leichte Wände, sollten immer in Binderebene angeordnet werden. Schwere Einrichtungsgegenstände, zum Beispiel elektrische Speicheröfen, Akten- und Bücherregale, können auf lastverteilenden Podesten aufgestellt werden, sodaß mehrere Dekkenbalken über den darunterliegenden Räumen gleichmäßig beansprucht werden.

4.2.4 Belichtung

Die Belichtung der neuen Wohnräume sollte über Fenster in der Giebelwand möglich sein. Ist ein neues Fenster unbedingt nötig, muß es sich in Form und Maß ganz der Fassade einpassen. Wo alte, kleine Gauben vorhanden sind, muß man auch diese für die Belichtung nutzen. Neue Gauben müssen dieselbe Größe wie die vorhandenen erhalten. Wenn man die Fensterrahmen in kleinen Gauben soweit wie möglich nach innen setzt, sie zudem im Ton des Holzwerks streicht, fügen sich alle Gauben unauffällig in das gesamte Erscheinungsbild.
Gaubenformen sind so vielfältig und so traditionsreich wie die Hausformen. Zu große Gauben oder falsche Formen können das ganze ausgewogene Bild eines alten Hauses zunichte machen. Die *Dachfassade* ist genauso empfindlich gegen maßstäblich und formal falsche Eingriffe wie das ganze übrige Haus. In manchen Gegenden bieten traufseitige Zwerchgiebel eine ausgezeichnete Möglichkeit der Dachraumbelichtung.
Auch neue Gauben brauchen Dächer und nicht nur Blechdeckel (siehe Zeichnung 34). *Dachflächenfenster* sollten in schönen alten Dächern nur äußerste Notbehelfe sein und zwar an Flächen, die kaum eingesehen werden können. Dahin gehören auch die Fernsehantennen.
Beim Einbau alter, aus einem Abbruch stammender Gauben oder neuer Gauben muß sorgfältig darauf geachtet werden, daß die *Hinterlüftung von Wandaufbau und Dachhaut sinngemäß auch im Gaubenbereich fortgeführt wird* (siehe Zeichnung 35).

5 Dachhaut

Dachhaut ist die Bezeichnung für die Dacheindekkung mit der für die Verlegung nötigen Unterkonstruktion. Zur Dachhaut gehören auch alle Blechanschlüsse an Gauben, Giebeln, Kaminen und an Anschlußmauern.

5.1 Deckungsmaterial und Dachneigung

Das *Deckungsmaterial* war früher regional verschieden: Reet (Schilf, Rohr) in den nördlichen Küstenbereichen, Stroh in Getreideanbaugebieten, Holzschindeln in waldreichen Gebieten mit engwüchsigem Nadelholz (Lärche, Fichte). Diese Dächer führen die Bezeichnung *Weichdächer.*
In den geschlossenen Ortschaften der Ackerbürgersiedlungen Mitteldeutschlands sind Ziegel- oder Steinplatten (Schiefer) als Deckungsmaterial schon seit dem Mittelalter vorgeschrieben. Im beginnenden 19. Jahrhundert wurden Verordnungen für die Dachdeckung mit Ziegelplatten auch überall auf dem Land erlassen, um der Brandgefahr zu begegnen. Ziegel- und Steinplattendächer sind *Hartdächer.*
Die Dachformen der Hauslandschaften sind weitgehend vom Deckungsmaterial und vom Klima geprägt.

5.1.1 Reet- und Strohdächer

Reet- und Strohdächer verlangen steile, großflächige Dächer mit einer Mindestdachneigung von 48 Grad, die vielfach als Walmdächer mit landschaftlich unterschiedlich ausladenden Dachüberständen angelegt sind. Das dicke Material ist ungeeignet für den Ausbau vieler Gauben. Nur wenige kleine »Fledermausgauben« durchbrechen manchmal die großzügigen Dachflächen, die ein Gefühl von Schutz vermitteln.

5.1.2 Schindeldächer

Die *Legschindeldächer* in weiten Teilen des Alpenraums sind zwangsläufig flach mit einer Dachneigung von 18 Grad bis höchstens 27 Grad. Die Schindeln werden in mehreren Schichten aufgelegt und mit Stangen und Steinen auf der Oberfläche beschwert. Gauben fehlen generell, das Deckungsmaterial würde keine technisch befriedigende Lösung zulassen.
Die weiten Dachüberstände bis zu 1.80 m an Traufe und Giebelseite dienten dem Schutz der Trockenstangen, an denen infolge der kurzen Sommer Getreide und Gartenfrüchte zum Austrocknen und

Nachreifen aufgehängt werden mußten. Die behördlich verfügte Umdeckung von Schindeldächern mit Biberschwanzziegeln mit 40 Grad Neigung in der zweiten Hälfte des vorigen Jahrhunderts hatte in weiten Teilen Südbayerns eine Aufsteilung der Dächer zur Folge. Erst die Erfindung der Falzziegel (Ludovici-Platten) erlaubte die Hartdachdeckung auch in der alten Schindelneigung.
Nagelschindeln (Scharschindeln) sind der kleinteiligen Schuppendeckung zuzurechnen und wurden im Alpenraum für Steildacheindeckungen (Kirchen, Herren- und Klosterbauten) und für die Deckung der äußerst formenreichen Barockkirchtürme verwendet.

5.1.3 Ziegel- und Plattendächer

Ziegel und Platten sind kleinteilige Materialien, die schuppenförmig das Dach überziehen. Sie passen sich bei der Eindeckung den vielfältigen Formen von Gauben und Nebengiebeln leichter an. Die Giebel von alten Plattendächern sind in aller Regel gerade hochgezogen, entweder gemauert oder in Fachwerk. Nur selten ragen die Dächer weiter über die Giebelflucht vor, aber der traufseitige Eingangsbereich wird durch mäßige Dachüberstände geschützt.
Schieferdächer müssen eine Mindestdachneigung von 28 Grad (Schieferdoppeldach) bis 30 Grad (Einfachdeckung) haben.

Reetdecker bei der Neueindeckung und Ausbesserung. Dieses Handwerk erfährt zur Zeit einen großen Aufschwung.

Biberschwanzdächer (Flachpfannen) benötigen eine Neigung von mindestens 40 Grad, Falzziegel und Falzpfannen können auf Dachneigungen von mindestens 18–20 Grad, je nach Form und Fabrikat, verlegt werden.

5.1.4 Steinplattendächer (Legschiefer)

Eine Sonderstellung nehmen die Steinplattendächer im Altmühltal, an der Weser und in der südlichen Schweiz ein. Die Steinplatten werden in drei bis fünf Lagen mit einer Dachneigung von höchstens 30 Grad ohne Nagelung auf Rund- oder Halbrundhölzer gelegt. Die Dächer sind enorm schwer und brauchen einen entsprechend robusten Unterbau. Weite Dachüberstände und große Gauben verbieten sich wegen des Gewichts und der mangelnden Flexibilität des Deckungsmaterials. Die Lebensdauer von Steinplattendächern ist bei entsprechender Kontrolle des Holzunterbaus hoch.

5.2 Erneuerung der Dacheindeckung

5.2.1 Erneuerung von Reet- und Strohdächern

Die Erneuerung der Dächer mit Naturmaterial kommt wieder mehr in Gebrauch. Es gibt auch wieder Handwerker, die Reetdächer decken können, doch ist gerade hier, nach dem enormen Rückgang unserer Feuchtgebiete, die Materialbeschaffung schwierig und von teuren Importen abhängig. Für Strohdächer muß langhalmiges Roggenstroh aus naturgedüngtem Anbau beschafft werden. Auch hier weicht man meistens auf Schilfdeckung aus.
Schäden treten durch die Verrottung des Schilfs auf. Einmal beschädigte Dachflächen sind schnell nachfolgenden Sturmschäden ausgesetzt. Einbrüche in der Dachkonstruktion oder vermorschte Dachlatten (Querlatten) ziehen auch Einbrüche der Reetdecke nach sich. Zuerst muß deshalb die Unterkonstruktion durchgreifend repariert werden, bevor man die Sanierung der Dachhaut angehen kann.
An Reet- und Strohdächern dürfen Kaminanschlüsse, Gauben- und Giebelanschlüsse *nicht in Blech* ausgeführt werden. Bei der Verwitterung des Dekkungsmaterials werden organische Säuren gebildet, die die Bleche angreifen würden. Kamine müssen so gemauert sein, daß sie über das Dach weit genug auskragen, um ein ausreichendes Unterschieben der Reetgebinde zu ermöglichen. Gauben werden als Fledermausgauben in die Dachdeckung einbezogen. Dachrinnen, wenn solche wirklich nötig sind, müssen aus Holz sein.

Für eine neue Reetdeckung muß man wirklich gute Fachkräfte suchen. Im nächstgelegenen Freilichtmuseum sind sie sicher zu erfragen. Dort können auch Ratschläge für Materialbeschaffung, Unterbau und Art der Verarbeitung eingeholt werden. Die Neueindeckung eines Reetdaches ist letztlich eine Kostenfrage. Muß ein vorhandenes Reetdach nur ausgebessert werden, so sind auch diese Kosten *vorher* genau und vollständig zu ermitteln. Reparaturen an Reetdächern fallen 15-20 Jahre nach der Neueindeckung an. Reetdächer bedürfen ausreichender Besonnung und Durchlüftung, um Moos- und Pilzbildung und damit vorzeitiges Verrotten zu vermeiden. Der Einbau von Wärmedämmung kann sehr sparsam ausfallen.

Werden alte Schilfdächer mit Ziegelplatten eingedeckt, müssen Platten mit möglichst ruhiger Flächenstruktur gewählt werden und in einer Farbe, die sich der Farbgebung des Hauses und der Umgebung anpaßt. Eine ruhige Dachflächenansicht kann am ehesten mit einer dunkel getönten Biberschwanzeindeckung erreicht werden. Naturrote Ziegel sind für die großen Flächen ungeeignet.

5.2.2 Erneuerung von Schindeldächern

Schäden an Legschindeldächern entstehen durch Verrottung der Schindeln bei mangelnder Pflege; das gelockerte Gefüge zieht schnell Sturm- und Schneeschäden nach sich.

Die 1 m bis 1,20 m langen, gespaltenen Legschindeln sind nicht mehr zu bekommen. In einigen Alpentälern verstehen die Bauern noch das Schindelhacken, betreiben es aber nur zur Deckung des Eigenbedarfs. Gesägte Langschindeln (Brettschindeln) sind für eine dauerhafte Wohnhausdeckung ungeeignet. Man muß also für ein Schindeldach auf die genagelte Kurzschindel zurückgreifen, die auch im Handel ist. Es dürfen nur Spaltschindeln verwendet werden, die senkrecht zu den Jahresringen gehackt wurden. Gesägte Kurzschindeln sind abzulehnen, bei ihrer Verwendung sind in kürzester Zeit Dachschäden vorprogrammiert. Das billigere Material kann dann sehr teuer werden. Auch für die Verlegung von Schindeldächern soll man sich erfahrene Fachhandwerker suchen, die auch in der Lage sind, alle Giebel- und Traufgesimse handwerksgerecht auszuführen.

Unter einem Schindeldach muß bei ausgebautem Dachgeschoß eine ausreichende Wärmedämmung eingebaut werden.

Auch Schindeldächer sind relativ teuer. In Gebieten, in denen Schindeleindeckung vorgeschrieben oder dringend erwünscht ist, können bei kommunalen Behörden (Denkmalamt, Kreisverwaltung und andere) Anträge auf Kostenzuschuß gestellt werden.

Sollen alte Schindeldächer neu mit Ziegeln eingedeckt werden, müssen zwangsläufig für flache Neigungen geeignete Falzpfannen verlegt werden. Auch hier muß man getönte Dachziegel mit möglichst ruhiger Flächenstruktur wählen. Die großen Dachüberstände der alpenländischen Häuser sind oft arg verstümmelt, weil von Fäulnis befallene Balken- und Sparrenköpfe einfach abgeschnitten und nicht mehr angeschiftet wurden. Bei einer Dacherneuerung können solche ehemaligen Vernachlässigungen korrigiert und Sparren und Giebelbalken wieder auf ihr ursprüngliches Maß verlängert werden. Gerade im rauhen Bergklima ist ein weiter Dachüberstand der beste Schutz für Haus und Fassade.

Die *Brandversicherungen* machen bei der Reparatur und Neueindeckung von Weichdächern strenge Auflagen. Es ist ratsam, *vor* der Dachsanierung mit der zuständigen Brandversicherungskammer und nicht nur mit dem Bezirksvertreter Verbindung aufzunehmen und sich beraten zu lassen. Auch das Landesdenkmalamt kann eingeschaltet werden.

5.2.3 Erneuerung von Ziegel- und Plattendächern

Schäden an Plattendächern zeigen sich zunächst als gebrochene und ausgefallene Platten. Hagelschlag und Frost zerschlagen und sprengen Dachplatten, Sturmschäden reißen die Dachflächen auf. Ausgemörtelte Firstziegel können rissig werden, nachfolgende Fröste sprengen sie auf und lassen Nässe eindringen. Vor allem vermorschte und eingebrochene *Dachlatten,* also die beschädigte Unterkonstruktion, führt zu ausgedehnten Dachschäden. Auf die verheerenden Folgen, die eingedrungenes Wasser in einem Bauwerk anrichten kann, wurde schon im Kapitel »Baufeuchtigkeit« (Seite 31) hingewiesen.

Bei der Schadenfeststellung an der Dachhaut ist deshalb auch die gesamte Dachlattung zu untersuchen, besonders an Stellen, die durch Feuchtigkeit gefährdet sein können. Dazu gehören alle Anschlußstellen von Kaminen, Giebel- und Anschlußmauern und dem First- und Traufbereich. Dachlatten wurden vielfach aus minderem Holz (Splintholz) hergestellt, zu schwach bemessen oder über zu große Sparrenabstände verlegt.

Die Dacherneuerung muß also bei der Unterkonstruktion beginnen.

Stark beschädigte Dachfläche durch eingebrochene Dachlatten und Dachsparren. Ein großer Teil der alten Ziegel kann wiederverwendet werden.

Kehleindeckung mit Naturschiefer

Die Dachlatten dienen der Aufhängung der Dachplatten. Die Normalabmessung ist 3 × 5 cm, bei Sparrenabständen über 90 cm 4 × 6 cm. Zur Verbesserung der Tragfähigkeit können sie auch hochkant verlegt werden. Man sollte immer auf gute Holzqualität achten. Es ist besser, ein paar Dachlatten mehr auszuwechseln als eine vermorschte zu wenig. Der Erfolg der ganzen Dacherneuerung ist davon abhängig.

Bei Sparrenabständen über 1,10 m sollte man Hilfssparren einziehen. Besonders in schneereichen Gegenden muß die Unterkonstruktion eine hohe Tragfähigkeit aufweisen (die Schneelast beträgt je nach Dachneigung und Schneemenge 40–75 kg/qm).

Soll im Zuge einer völligen Umdeckung des Dachs eine Bretterverschalung über den Sparren angebracht werden, so muß unter der Querlattung (Trägerelement der Dachplatten) eine senkrechte *Konterlattung,* 3/5 cm hochkant oder 4/6 cm liegend, aufgenagelt werden, um eine *ausreichende Hinterlüftung* der äußeren Dachhaut zu sichern (siehe Zeichnung 33, Seite 76). Für den oberen Luftabzug müssen spezielle *Lüfterziegel* eingebaut werden. Die alten Dachplatten sind in sehr vielen Fällen zu einem großen Teil noch brauchbar und bei der Neueindekkung oder Umdeckung zu verwenden. Neben erheblicher Materialersparnis kann man mit den alten handgezogenen Ziegeln eine sehr viel lebendigere Dachfläche gestalten als mit ausschließlich industriell gefertigten Pfannen. Für Ergänzungen müssen Fabrikate gesucht werden, die sich in *Form und Farbe* dem vorhandenen Material möglichst angleichen. Auch aus dem Abbruch anderer Altbauten sind gelegentlich preisgünstig passende alte Dachplatten zu bekommen. Meist muß man sie aber selbst abdekken und abtransportieren.

Die alte Form des Mönch- und Nonnendachs kommt nur noch in seltenen Fällen auf denkmalgeschützten, historischen Bauten zur Anwendung. Dabei wird die Oberpfanne (Mönch) auf der Unterpfanne (Nonne) mit Mörtel verlegt. Derartige Dächer sind erheblich schwerer als mit normalen Ziegeln eingedeckte und in den Mörtelfugen anfällig für Risse.
Naturschieferplatten für eine ganze Neuverlegung des Dachs sind teuer, als Ausbesserung an einem intakten Schieferdach aber vertretbar. Die Entscheidung für das Ausbessern mit Naturplatten oder das völlige Neueindecken mit Industriematerial muß mit dem Rechenstift nach den zur Verfügung stehenden Mitteln gefällt werden. Bei Naturschieferdächern können nur *einzelne Platten* ausgewechselt werden, ein Umdecken der Fläche wie beim Ziegeldach ist nicht möglich.
Gute Schieferdeckung, besonders die Ausarbeitung von Kehlen und die Eindeckung von Gauben, auch landschaftlich verschieden ausgeprägte Deckungsarten, erfordert solides handwerkliches Können und muß dem Fachmann überlassen bleiben. Eigenarbeit kann nur als Hilfsarbeit eingesetzt werden.
Ein Ersatz für Schieferdeckung wird als dunkelgrau eingefärbte Faserzementplatten in der Ausformung von Schieferplatten angeboten. Technisch lassen sich damit einwandfreie Lösungen erzielen, die optisch lebendige Flächenwirkung des Naturschieferdachs wird aber nicht annähernd erreicht. Eine Wirkung, die der von Naturplatten nahe kommt, läßt sich mit den teureren Kunststeinschieferplatten erzielen. Auch schieferfarbene Dachplatten sind auf dem Markt. Sie erlauben keine Kehleindeckung oder weiche Einbeziehung von Gauben in die Dachfläche. Alle Anschlüsse müssen wie bei jedem anderen Ziegeldach in Blech ausgeführt werden. Vom Erscheinungsbild des Schieferdachs bleibt bei dieser Eindeckung nur noch die Farbe.

5.3 Schäden im Umfeld

Eine Reihe von Schäden am Dach hat ihre Ursache im Umfeld der eigentlichen Eindeckung: Blechanschlüsse sind verrostet oder abgerissen, Rinnen und Fallrohre sind schadhaft oder oft nur verstopft, Gesimse vermorscht oder durch Wind beschädigt. An allen diesen Punkten dringt Wasser unter die Dachdeckung, Dachlatten oder Schalungen vermorschen, in der Folge leiden auch das Dachtragwerk und die Geschoßdecken. Schadhafte Dachrinnen sind auch die Ursache für ausgedehnte Mauerdurchfeuchtung.

5.3.1 Blechanschlüsse

Alle verrotteten, verrosteten und früher schon schlampig oder unsachgemäß montierten Bleche müssen entfernt und durch neue ersetzt werden.
Eine *Korrosion durch galvanische Ströme* muß dabei ausgeschlossen werden: Durch das abwärtsfließende Regenwasser entstehen in gleicher Richtung zwischen verschiedenen Metallen galvanische (elektrische) Ströme, die zur Korrosion desjenigen Metalls führen, das in der Spannungsreihe niedriger liegt. Werden verschiedene Bleche am Bau verwendet, muß diese Spannungsreihe eingehalten werden. Es gilt die Anordnung von oben nach unten: Aluminium, Zink, Eisen, Blei, Kupfer.
Ein Fallrohr aus Zinkblech unter einer Kupferdachrinne würde in kurzer Zeit Korrosionsschäden aufweisen. Blanke Eisennägel in Zinkblech oder verzinkte Eisenhaken zusammen mit Aluminium hätten denselben Effekt. Beim Einbau neuer Dachrinnen in vorhandene Rinnenhaken muß Art und Beschaffenheit des bestehenden Materials geprüft werden.
Ist eine Verbindung ungleicher Metalle nicht zu umgehen, so müssen isolierende Trennschichten dazwischen gelegt werden. Trennfolien müssen garantiert beständig gegen UV-Strahlen und andere am Bau verwendete Materialien sein (z.B. Bitumenpappe) und eine zeitlich festgelegte garantierte Lebensdauer haben.

Fast alle Metalle werden von *Säuren angegriffen* und sind deshalb empfindlich vor allem gegen frischen Beton und Mörtel. Blechteile können durch einen dichten Filmanstrich geschützt oder mit einer Folie fugendicht überklebt werden. Erst *nach Abschluß der Bauarbeiten* dürfen diese Schutzfilme entfernt werden.
Die Verwendung von blankem Eisenblech verbietet sich wegen der hohen Rostanfälligkeit. Nur korrosionsgeschützte Stahlbleche dürfen verarbeitet werden.
Zinkbleche und verzinkte Stahlbleche brauchen einen Anstrich, der je nach Klima und Beanspruchung alle 5-10 Jahre erneuert werden muß.
Blechanschlüsse müssen an Kaminen, an Anschlußmauern, in Kehlen und an Gauben angebracht werden, das heißt überall da, wo die Dachdeckung technisch keine dichte Fugenausbildung zuläßt. Sie kann bei Kaminen mit Blechstreifen ausgeführt werden, für längere Anschlüsse an Nachbar- oder Brandmauern sind wegen der größeren Beweglichkeit Nockenbleche (kurze Blechteile) vorzuziehen. Blechabdeckungen müssen an den Anschlüssen so hoch gezogen

werden, daß sie auch noch Schutz gegen Spritzwasser und aufgehäuften Schnee bieten.
Blech, Mauerwerk und Holz haben sehr unterschiedliche Temperaturausdehnungen. Deshalb dürfen Abdeckbleche *nie* auf Mauern *fest aufgenagelt* werden, sie müssen vielmehr mit Blechhaften oder Überhangstreifen beweglich befestigt werden. Andernfalls gibt es Blechaufwölbungen oder Abrisse an der Mauer.

5.3.2 Dachrinnen und Traufbleche (Scharblech)

Auf Dachrinnen wurde früher bei ländlichen Bauten weitgehend verzichtet. Wenn das Dachwasser aber in Rinnen und alle 15 bis 20 m in einem ordentlichen Standrohr gesammelt und in eine Sickergrube geleitet wird, bedeutet das einen wesentlichen Schutz für das Gebäude. Sickergruben sollen einen Mindestabstand von 2 m vom Haus haben.
Dachrinnen und Fallrohre müssen ausreichend groß bemessen werden. Der Richtwert ist 1 cm Rinnen- oder Rohrquerschnitt pro 1 qm zu entwässernde Dachfläche, dazu müssen Klima, Wetterseite und Dachform berücksichtigt werden. Schmale, hohe Dächer benötigen größere Rinnenquerschnitte, kurze Rinnen kommen mit kleineren Abmessungen aus. Die Dachrinnen müssen mit Gefälle (0,3-0,5 cm auf 1 m) verlegt werden und über dem Fallrohreinlauf ein Laubsieb erhalten.
Dachrinnen müssen im äußeren Rand eine Verstärkung erhalten: Zinkblechrinnen eine Einlage aus verzinktem Rundstahl, Aluminiumrinnen ein Rundaluminium, Kupferrinnen müssen mit Kupferdraht verstärkt werden. Rundeisen würden rosten (siehe Seite 81) und die teure Kupferrinne bis zur Unbrauchbarkeit deformieren.
Die Dachrinne wird an jedem Sparren, mindestens aber alle 80-90 cm, in die Rinnenhaken eingehängt und mit Federn gehalten (siehe Zeichnung 33, Seite 76). Auch bei den Rinnenhaken ist die oben angesprochene Verträglichkeit der Metalle zu beachten. Vor dem Einbau von Kunststoffrinnen und -fallrohren müssen die Materialeigenschaften in bezug auf Frostfestigkeit, Ausdehnung und Stabilität bei Hitze, Lebensdauer und Verträglichkeit mit anderen Baustoffen erfragt und berücksichtigt werden.
Ein fachgerecht angebrachtes *Traufblech* muß einen Wasserüberlauf aus der Rinne zur Fassade verhindern und ist Schutz für die Balkenköpfe am Dachfuß. Trotzdem muß ausreichend *Raum für die Zuluft* zur Hinterlüftung der Dachhaut und Sparren bleiben (siehe Zeichnung 33, Seite 76).

5.3.3 Traufe und Ortgang

Die Traufe, also der Dachabschluß an der Traufseite, kann die unterschiedlichsten Ausbildungen erfahren, abhängig von der Dachkonstruktion, von örtlichen Baugewohnheiten oder von »Modeerscheinungen« der Erbauungszeit. Pfetten- und Sparrendach erlauben verschiedene Dachüberstände mit sichtbaren Sparrenköpfen oder mit verschalten Gesimsen.
Traufseiten sind der Verrottung durch Nässe besonders ausgesetzt, ihre Sanierung muß meistens bei der Reparatur der Sparrenköpfe, der Fußpfetten und schadhaften Dachschalungen beginnen. Auch hier kann man frühere Bausünden, die das traditionelle Gesicht des Daches verändert haben, bei der Erneuerung ausgleichen. Werden neue Kastengesimse angebracht, ist darauf zu achten, daß trotz der Verschalung die Hinterlüftung von Dachhaut und Sparrenzwischenräumen gesichert ist. Dachrinnen müssen soviel Abstand von der Verbretterung haben, daß kein Niederschlagswasser in das Gesimse laufen kann. Auch die Hinterlüftung eines Kastengesimses muß funktionieren. Weite Dachüberstände müssen unter der Dachhaut verschalt werden, um Windschäden zu vermeiden.
Spatzenbalken (Auslagholz) sind eine sinnvolle Konstruktion zur Unterstützung der weit ausladenden Traufdächer Südostoberbayerns.
Mit *Ortgang* (Ort) bezeichnet man den giebelseitigen Dachabschluß. An überstehenden Dächern ist er oft reich ausgebildet mit geschnitzten und bemalten Pfettenköpfen, im alpenländischen Bereich auch mit reich bemalten Untersichten der Dachschalung. *Windbretter* (Windborde), also der vordere Brettabschluß der Dachhaut, können ausgesägt, bemalt oder mehrfach aufgedoppelt sein. Bevor man hier Reparaturen durchführt, sollte man sich umsehen, welche handwerklichen Besonderheiten in der Gegend üblich waren. Handwerkliche Traditionen können auch fortgeführt werden, ohne daß man einer modischen Übertreibung der alten Formensprache verfällt.
Die Windbrettkonstruktion dient dazu, das Eindringen von Schlagregen und Flugschnee unter die Dachhaut zu verhindern. Auch hier müssen größere Dachüberstände gegen Windschaden in der Untersicht verschalt werden.
Mauergiebel ohne Dachüberstand, die zusammen mit der Dachfläche mit Ziegeln eingedeckt werden, müssen sehr sorgfältig gemauert sein. Die Ziegelauflage wird mit den äußersten beiden Pfannen leicht angehoben, damit das Regenwasser zum Dach und

Mauergiebel (ohne Dachüberstand) mit aufgemörtelten Ortgangpfannen und weit überstehendem Traufgesims (Gred) zum Schutz des Eingangs

nicht über die Giebelfassade abläuft (siehe Zeichnung 36). An der Mauerkrone müssen hydraulische (wasserabweisende) Mörtel mit Faserzusatz (früher Haarkalkmörtel) verwendet werden. Sogenannte Ortgangplatten, also speziell für den giebelseitigen Dachabschluß hergestellte, über die Mauer greifende Dachplatten sind besonders für derartige Giebel nicht zu empfehlen. Der breite sichtbare Giebelstreifen stört den glatten Fassadenabschluß.

Hochgezogene Giebelwände, die über die Dachfläche aufragen (siehe Zeichnung 36), waren in der späten Barockzeit beliebt, auch als Schmuck für Zwerch- und Nebengiebel. Hier muß die Mauerkrone eine möglichst unauffällige Blechabdeckung erhalten. Der Anschluß zwischen Wand und Dachhaut wird mit Blechanschluß (siehe Seite 81), aber möglichst mit einer Ortgangrinne, ausgeführt. Dasselbe gilt auch, dann aber nach zwei Seiten, für die Blechverwahrung an überstehenden Brandmauern zwischen Wohn- und Stallhaus. Derartige *Brandmauern* werden von den Versicherungen zum Teil zwingend vorgeschrieben.

Zeichnung 36 Beispiele für einen Dachanschluß an der Giebelseite (Ortgang)

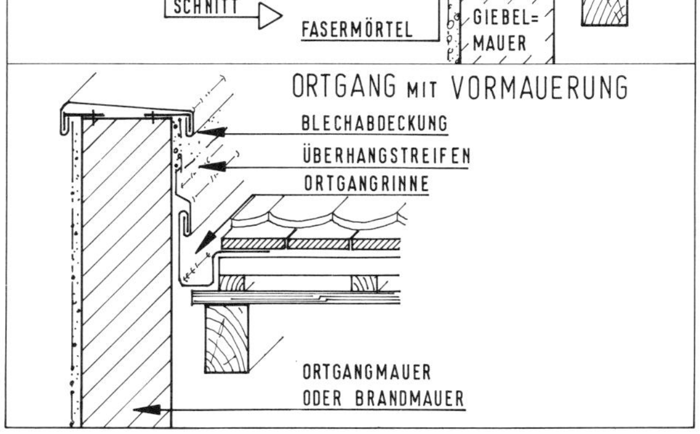

5.3.4 Dachschalung

Dachschalungen wurden meistens im Zuge von Dachausbauten montiert, vielfach in Unkenntnis der feuchtigkeitstechnischen Zusammenhänge. Dabei wurde nicht an die notwendige Hinterlüftung gedacht, so daß sich oft schon nach kurzer Zeit gravierende Fäulnisschäden durch Schwitzwasser ausbreiten konnten. Schadhafte Dachschalungen müssen gründlich entfernt werden, *alle Bretter* sind abzuklopfen, da sich Pilzbefall auch unter einer scheinbar intakten Oberfläche ausbreitet (siehe Holzschädlinge, Seite 134). Beim Einbau einer neuen Schalung ist auf ausreichende Hinterlüftung zu achten. Die Schalung unter der Lattung darf nur mit stumpfen Stößen montiert werden, *ohne* Nut und Feder. Die Fugen verbessern die Dampfdurchlässigkeit.

Eine Dichtungsschicht *auf* der Schalung aus Dachpappe oder dichter Folie ist unter einer fachgerechten Eindeckung vor allem mit Falzpfannen eigentlich überflüssig. Besser wird luftdurchlässiges, bedingt nässehemmendes Windpapier oder Vlies verwendet, unter dem sich mit Sicherheit kein Schwitzwasser bilden kann. Alle Schalungen müssen mindestens von einer Seite voll belüftet werden (siehe Zeichnung 33, Seite 76). Auch ohne Dichtungsbahn muß über einer Schalung eine Konterlattung (senkrecht) und darüber erst die Querlattung für die Dachplatten genagelt werden. Lüfterziegel unter dem First müssen in ausreichender Zahl in die Dachhaut eingedeckt werden. Südseitige Dächer benötigen wegen des auftretenden Hitzestaus mehr Lüfterziegel als Dächer an Windseiten. Für Lüfterziegel ist eine Form zu wählen, die weitgehend sicher *gegen das Eindringen von Flugschnee* ist. Immer muß für ausreichende Zuluftschlitze gesorgt werden. Luftschlitze werden mit Insektengittern überspannt, die auch das Einwehen von Laub und groben Staubteilen in die Hohlräume verhindern.

Klempnerarbeit (Spenglerarbeit), also die Ausführung aller Blecharbeiten am Bau, ist anspruchsvolle Handwerksarbeit, die eine gute Ausstattung mit Spezialwerkzeug erfordert. Sie sollte geübten Fachkräften überlassen werden. Die Eigenarbeit kann sich auf Vorarbeiten, zum Beispiel Entfernen alter Blechverwahrungen, und Hilfsarbeiten konzentrieren.

6 Sicherheit

Alle Arbeiten am Dach erfordern für die Beteiligten strenge Sicherheitsmaßnahmen, die unbedingt eingehalten werden müssen. Vor allem, wenn der Bauherr Laienhelfer beschäftigt, müssen Sicherheitsgeräte wie Brust- und Sitzgurt und sachgerechte Anseiltechnik auch wirklich *benützt* werden. Schadendeckende Versicherungen müssen *vorher* abgeschlossen werden. Schadenersatzansprüche können sonst die Baukosten um ein Vielfaches übersteigen.

Putz und Farbe

1 Anforderungen an den Verputz

1.1 Fassadenschutz

Der Verputz ist die äußere Haut eines Hauses. Er muß die Angriffe von Regen und Wind auf das Mauerwerk abwehren, er muß in heutiger Zeit auch chemische Angriffe durch Luft- und Regenverschmutzung vom Mauerwerk fernhalten. Dazu ist er den Belastungen durch Temperaturspannungen und, besonders im Sockelbereich, gelegentlich auch Stößen ausgesetzt. Der Verputz muß elastisch genug sein, um Bauwerksbewegungen ohne große Risse zu überstehen, und porös genug, um eine ungehinderte Dampfdiffusion (siehe Baufeuchtigkeit unter 2.1.2, Seite 47) zuzulassen. Die Beanspruchung eines Außenputzes ist je nach Klima, Lage und Bauweise verschieden. Häuser in exponierten Lagen sind gefährdeter als solche im Dorfverband, weit vorstehende Dächer schützen eine Fassade besser als knappe Dachüberstände. Die kurze Aufzählung macht klar, daß Verputzarbeiten mit äußerster Sorgfalt durchzuführen sind. Materialwahl und Technik müssen sich den Umständen, dem vorhandenen Mauerwerk und dem altverarbeiteten Putz anpassen.

1.2 Fassadengestaltung

1.2.1 Putzverzierungen

Der Mauerverputz war aber auch Mittel zur Fassadengestaltung. Fenster- und Türumrahmungen, Gesimse, Eckquader und lisenenartige Wandgliederungen wurden in Nachahmung höfischer Bauweise mit großem handwerklichen Geschick in Putz ausgeführt. Wo sie in Resten vorhanden sind, soll man sie erneuern und ergänzen, vielleicht in vereinfachter Form, aber ihr Wert für die Gestaltung einer Fassade ist unersetzlich.

1.2.2 Farbgestaltung

Der Verputz war und ist auch Untergrund und Träger für die Farbe an einem Bau. Putz und Farbe müssen in ihrem Material eine Einheit bilden, um eine gleichmäßige und haltbare Farbigkeit der Fassade zu gewährleisten.

Schönes Beispiel für «Putzarchitektur»

Balkone

Balkone brauchen Dächer. Unter den weit ausladenden Dachüberständen der alpenländischen und der Schwarzwaldhäuser und den überstehenden Traufen fränkischer Weinbauernhäuser sind sie zu finden. Balkone bestimmen in hohem Maß das Bild einer Fassade; aber sie werden eine Hausfront nie erdrücken, wie es die weit vorgezogenen Betonplatten moderner Terrassenbalkone tun. Sie sind auf die auskragenden Balken der Deckenkonstruktion aufgesetzt, nur in sehr baufälligem Zustand brauchen sie Stützen von unten. Auch der reichste Zierat mit gedrechselten Balustradensäulchen, oft bunt bemalt, oder mit kunstvoll ausgeschnittenen Brüstungsbrettern ordnet sich dem Maß des Ganzen unter. Balkonsanierung braucht viel Gefühl für Maß und gute Form.

Jetendorf, Landkreis Landshut	*Ernstling, Landkreis Passau*
Oberham, Landkreis Passau	

Die Farbigkeit eines Baus muß sich nach seiner Umgebung richten. Nie sollen grelle oder modische Farbtöne gewählt werden. Im Dorfverband stören sie das ganze Straßenbild, bei einzelnen, von Grün umgebenen Häusern stehen sie in Mißklang zur Natur.

1.2.3 Wandmalereien

Wandmalereien waren in allen Gegenden mit verputzten Bauten zu allen Zeiten zu finden, nicht erst, seit Franz Seraph Zwink in Oberbayern die *Lüftlmalerei* verbreitet hat. Wandmalereien waren Statussymbol für Wohlhabenheit, aber auch einfach Freude am Schmuck, auch unbewußte Überbleibsel aus Zeiten, da aufgemalte magische Zeichen noch Schutz und Abwehr gegen Not oder auch Segen für Haus und Familie bedeuteten.
Wo man Reste von Wandmalereien findet oder unter neueren Farbschichten vermutet, sollte man unbedingt einen Restaurator zuziehen (Denkmalamt fragen). Reinigen und verfestigen der Oberfläche, eventuell auch das Freilegen erfordern genaue Erfahrung in Freskosanierung. Die ungefähren Kosten können vorher erfragt werden. Die früheren Besitzer haben sich die Kunst am Bau auch eine Menge Geld kosten lassen, und die Sparsamkeit bei der Sanierung sollte nicht gerade bei der Erhaltung der Schönheiten eines Bauwerks einsetzen.

1.2.4 Sgraffito

Sgraffito oder *Kratzputz* ist eine Technik, bei der mehrere Lagen von verschiedenfarbigem Putz übereinander angetragen werden. Bilder und Muster werden dann, je nach Farbgebung, mehr oder weniger tief ausgekratzt. Bei den bäuerlichen Sgraffiti wird meistens ein Muster nur in die oberste Putzlage eingekratzt und farbig ausgelegt. Berühmt sind die Sgraffiti an den Engadiner Bauernhäusern, die teilweise durch reiche Fassadenmalerei ergänzt werden. Aber ihre Verbreitung reicht viel weiter. In Unterfranken sind Sgraffiti aus dem 18. Jahrhundert belegt. Heute sind sie oft unter vielen Schichten von Kalkfarbe verschwunden. Wenn auf einer Fassade

Sgraffito an einem oberösterreichischen Vierkanthof

Doppelgeschossiges Speicherhaus, Schafstall und Kotten

Zum Bild einer Hofanlage Niederdeutschlands gehört außer dem großen Einhaus, in dem Rinderstall und Wohnung aneinandergereiht waren, auch eine Reihe kleiner Zubauten. Das Speichergebäude für das Korn und andere wertvolle Vorräte stand ebenso gesondert vom Haus wie Scheunen, Schaf- und Schweineställe. Auch das Backhaus gehört zu diesen Zubauten.
Kotten hießen die Taglöhner- und Landarbeiterhäuser. Sie waren im ähnlichen Schema gebaut wie die großen Bauernhäuser. Ihre sehr viel kleineren Grundrisse sind aber immer noch größer als diejenigen unserer landläufigen Einfamilienhäuser.
Der gezeigte Kotten ist mit Reetdach und Lehmausfachung zwischen den Eichenbalken vorbildlich saniert. Wer möchte hier nicht wohnen?

Doppelgeschossiges Speicherhaus	*Schafstall*
Kotten	

Unebenheiten zu finden sind, die sich bei näherem Hinsehen zu einem Ornament fügen, sollten alle Farbschichten vorsichtig abgekratzt werden. Auch wenn nur Teile solch alter Verzierung vorhanden sind, wäre ihre Erhaltung zu wünschen. Sie können Hinweise auf Baudaten und Stilepochen geben.

1.2.5 Putzstrukturen

Moderne Putzkunststücke, wie der immer noch beliebte *Nockerlputz* oder *künstliche Strukturen* mit Kelle und Reibe, entstanden aus dem Gefühl, eine zuerst mit Putzleiste und -latte totgeputzte Fassade wieder zum Leben zu erwecken. Von Hand angetragene, nicht eben abgezogene Putze beziehen ihre lebendige Erscheinung aus der unterschiedlichen Lichtbrechung an nur ganz minimal geneigten Flächen. Im Streiflicht wird der Effekt auch dem ungeübten Auge sichtbar. Noch so wilde Oberflächenbehandlungen können diese Wirkung nicht erreichen. Im engen Dorfverband ist also auch mit der Putzstruktur das historische Ortsbild zu berücksichtigen.

2 Schadensbilder und Schadensursachen

Risse im Putz können ihre Ursache in der Putzzusammensetzung, in falschem Putzantrag und in seinem Verhalten zum Putzuntergrund haben. Sie können aber auch die Folge von Rissen *im* Bauwerk sein (konstruktive Risse) und damit größere Bauschäden anzeigen. Es ist deshalb immer ratsam, Putzrisse bis in den Putzgrund zu untersuchen.

2.1 Netzartige Risse auf der Putzoberfläche, Streurisse

Die Risse sind meistens auf Fehler beim Putzantrag oder in der Putzmischung zurückzuführen:
Der Putzgrund war zu trocken, bei Mischmauerwerk wurde keine ausreichende Vorbehandlung durchgeführt, der Putz wurde in ungleicher Dicke angetragen, das heißt, Mauerunebenheiten sollten durch verschieden dicke Putzschichten ausgeglichen werden, die Putzoberfläche ist zu schnell abgetrocknet, die Putzoberfläche war zu Bindemittel-haltig, der Putz war zu hart (hohe Zementbeimischung).
Auch schlechte Dampfdiffusion (siehe Baufeuchtigkeit unter 2.2.2, Seite 49), hohe Temperaturschwankungen, Auswaschungen der Putzoberfläche durch Regen können die Ursache von netzartigen Rissen auf der Putzoberfläche sein.

◁ *Von Hand angetragener Glattputz mit schöner, lebendiger Oberfläche*

▽ *Schreckliche Bemühungen, toten Putz wieder lebendig zu machen*

2.2 Abplatzen mehr oder weniger großer Putzflächen

Wasser ist zwischen Mauer und Putz gedrungen und gefroren, es gab die typischen Frostabsprengungen.
Versalzung von Putz oder/und Mauer führt beim Abtrocknen des salzhaltigen Wassers zu Kristallisationsdruck und Absprengungen im salzanfälligen Bereich. Der Prozeß kann sich zuerst durch Ausblühungen (Salpeter) auf der Putzoberfläche anzeigen (siehe Baufeuchtigkeit unter 1.1.3, Seite 33).
Mangelhafte Dampfdurchlässigkeit durch zu dichte Oberschicht oder Farbe kann zu großflächigen Abplatzungen führen.
Quellende Bestandteile in der Putzmasse, wie ungelöschte Kalkteile (Kalkspatzen), lehmige Beimengungen im Sand und andere Beimengungen verursachen Abplatzungen.
Auf *nicht saugendem,* schlecht haftfähigem Untergrund findet der Putzmörtel nur geringen Halt und platzt großflächig ab. Dichte, glatte Natursteinmauern oder Klinker mit versinterter Oberfläche sind ohne Vorbehandlung für Verputz nicht geeignet.
Sandender, nicht gereinigter, nicht vorgenäßter Putzgrund ist bei Neuputzen die Ursache für Abplatzen.
Putzantrag auf *gefrorenem Mauerwerk* führt unweigerlich zu Abplatzungen.

2.3 Der Putz sandet ab, wird mürbe, zerfällt

Das Bindemittel, Kalk, Gips, Zement, wird durch Wasser ausgeschwemmt, der Sand bleibt locker und ungebunden zurück. Schadhafte Dachrinnen, defekte Wasserführung an Gesimsen und Fensterblechen, aber auch der Angriff saurer Niederschläge besonders an Wetterseiten können die Ursache sein. Alte Kalkputze sind *stark wasserziehend* und vermorschen mit der Zeit. Besonders an lange vernachlässigten Bauten treten diese Schäden auf und verursachen ihr desolates, heruntergekommenes Aussehen.
Aber auch bei neuen Putzen kann durch zu schnellen oder zu starken Wasserentzug gleich nach dem Putzantrag oder durch falsche Putzzusammensetzung ein Absanden eintreten.

Putzrisse bei überputztem Fachwerk, beginnend an den Fugen zwischen Holz und Ausmauerung

2.4 Feuchteflecken und Abbröckeln des Putzes

Alle Ursachen von Mauernässe, von aufsteigender Erdfeuchte bis zu defekten Dachrinnen, können Feuchteflecken hervorrufen (siehe Baufeuchtigkeit, Seite 31).

2.5 Beschädigung von Putz im Sockelbereich

Wassersaugende alte Kalkputze, die mit dem Boden Berührung hatten, werden durch Auswaschungen mürbe und brechen beim geringsten Stoß oder durch Frosteinwirkung aus.
Zwischen zu spröden, harten Sockelputzen und alter Mauer treten Spannungen auf, die den Putz abreißen lassen (Spannungsabscherung).

Zu harter Putz auf weichem Mauerwerk bricht in großen Flächen ab

2.6 Risse und Abplatzungen am Übergang zu anderen Baumaterialien

Jedes Baumaterial - Naturstein, Ziegel, Mörtel, Holz - entwickelt unter dem Einfluß von Temperaturunterschieden, Feuchtigkeit, Alterung ein anderes Verhalten, es kommt zu unterschiedlichen Spannungen im Baugefüge. Besonders schwierig und abrissgefährdet sind Putzanschlüsse an Holz und Metall. Putze in diesen Bereichen müssen besonders elastisch sein. Das wird durch ein sorgfältiges Mischungsverhältnis von Bindemittel, gutem Sand, Wasser und einem Faserzusatz (früher Kälberhaare) erreicht.
Fugen zwischen Holz und Putz sollen möglichst mit *Deckleisten* abgedichtet werden.
Sogenannte dauerelastische Fugendichtungsmittel müssen spätestens nach fünf Jahren kontrolliert und gegebenenfalls erneuert werden (siehe Fenster, Seite 143).

2.7 Klaffende und tiefe Risse

Sie entstehen, wenn ganz *unterschiedliches Baumaterial* bei Ausbesserungsarbeiten eingebracht wurde (Naturstein, Ziegel, Beton, Stahl). Der Putz reißt im Bereich des Materialwechsels bis zum Grund.
Konstruktive Schäden am Bauwerk verursachen Risse in der Mauer, die sich im Putz fortsetzen (siehe Mauerrisse, Seite 51).

Alle genannten Schäden an Putzflächen können auch kombiniert auftreten oder als Folge anfänglich geringer Schäden. Haar- und Netzrisse zum Beispiel saugen Wasser wie ein Schwamm auf, die Wand wird durchfeuchtet, in der Folge treten nach dem Winter große Frostabplatzungen auf, oder der Mörtel wird ausgewaschen.
Alterungserscheinungen treten je nach Güte des Materials und der Qualität der Arbeitsweise an allen Putzflächen früher oder später auf. Es ist deshalb wichtig, die Fassaden durch richtigen Anstrich zu pflegen und Schäden im Anfangsstadium zu beheben.

3 Putzmaterial

3.1 Zusammensetzung

Der Putzmörtel setzt sich zusammen aus Bindemittel (Zement, Kalk, Gips), Zuschlagstoff (Sand, Bims, Schlacke) und Wasser. Je nach Putzuntergrund und Anforderungen an den Putz können verschiedene Zusatzmittel beigemischt werden. Seine Festigkeit erhält der Putz aus der Art des Bindemittels sowie aus dem Mischungsverhältnis von Bindemittel und Zuschlagstoff. Je nach Härte unterscheidet man drei Mörtelgruppen. Die Dauerhaftigkeit des Putzes hängt weitgehend von der richtigen Mörtelzusammenset-

Tabelle für die Mischungsverhältnisse von Putz- und Mauermörteln

Mörtelgruppe (Härteklasse)	Mörtelbezeichnung	Kalkanteil	Zementanteil	Sandanteil
I a	Wasserkalkmörtel Luftkalkmörtel	1 RT Kalkhydrat oder Kalkteig	-	3-3,5 RT Sand
b	Hydraulischer Kalkmörtel	1 RT Hydraulischer Kalk	-	3 RT Sand
II	Hochhydraulischer Kalkmörtel	1 RT Romankalk (hochhydraulischer Kalk)	-	3 RT Sand
	Kalkzementmörtel	2 RT Kalkhydrat	1 RT Zement	9 RT Sand
III	Zementmörtel	-	1 RT Zement	3 RT Sand

RT = Raumteil, z.B. 1 Eimer oder 1 Schaufel

zung in bezug auf das vorgefundene Mauerwerk, von der richtigen Behandlung des Putzgrundes und vom handwerklich richtigen Putzantrag (Anwurf) ab.

3.1.1 Bindemittel

Kalk

Kalk ist das klassische Bindemittel für Mauerputzmörtel. Ausgangsmaterial ist Kalkstein ($CaCO_3$) aus natürlichen Vorkommen. Er wird bei 1000 Grad gebrannt. Dabei entweicht Kohlendioxid (CO_2). Zurück bleibt Stückkalk (Branntkalk) (CaO). Die Stücke können in Gruben mit Wasser abgelöscht werden (Sumpfkalk) oder fabrikmäßig gemahlen und soweit benetzt werden, daß alle Feinkornteile gelöscht sind. Als Sackkalk (Kalkhydrat) ist er im Handel.
Gelöschter Kalk, mit Sand und Wasser gemischt, ergibt den Mauer- und Putzmörtel. Beim Abtrocknen an der Luft (Abbinden) gibt das Kalkhydrat seine Wasserbestandteile (H_2O) an die Luft ab und nimmt dafür wieder Kohlendioxid (CO_2) auf. Im erhärteten Zustand entsteht wieder Kalkstein ($CaCO_3$). Durch den zugesetzten Sand ist dieser elastischer, weniger hart und spröde als der ursprüngliche Stein.
Stückkalk zum Selbsteinsumpfen ist in kleinen Mengen nur noch über wenige kleine Kalkbrennereien zu beziehen. Ungelöschter gemahlener Kalk ist als Feinkalk (Weiß-, Dolomit-, Wasserfeinkalk) im Handel und zum Einsumpfen geeignet.
Kalkstücke müssen so lange mit Wasser eingesumpft bleiben, bis alle Kalkbrocken *auch im Kern* abgelöscht sind (2–12 Monate). Feinkalk muß mindestens vier Tage mit Wasser stehen, bis alle Kornteile gesättigt sind. Vorsicht! Der Kalkbrei ist in diesem Stadium äußerst aggressiv, bei Berührung mit der Haut kann es zu schweren Verätzungen kommen. Einem Rest der Aggressivität, verdankt der Kalkanstrich seine hohe Desinfektionskraft.
Mörtel mit reinem Kalk als Bindemittel sind zäh-elastisch, deshalb weniger anfällig für Risse, sie ermöglichen gute Dampfdiffusion; Feuchtigkeit aus Mauerwerk und Niederschlag wird durch die hohe Kapillarität (Masse kleinster Hohlräume) leicht an die Oberfläche transportiert und abgedampft. Im erdberührenden Bereich wird aber gerade dadurch übermäßig Feuchtigkeit aufgesogen: *Kalkputz zieht Wasser.* In der Sockelzone muß man deshalb auf geeigneteres Material ausweichen.

Zement

Zement ist ein Bindemittel für sehr harte, dichte Mörtel, die nur gering Feuchtigkeit aufnehmen, aber auch nur gering Dampfdiffusion zulassen. Sie sind durch ihre Sprödigkeit anfälliger für Rissebildung. Zementmörtel erhärten auch unter Wasser.
Als Bindemittel für Putzmörtel findet Zement meistens nur als Zusatz zu Kalkzementmörtel und im Sockelbereich Verwendung.

Gips

Gips ist schwefelsaurer Kalk, dem durch Brennen bei 200 Grad Kristallwasser entzogen wird.
Beim Anmachen nimmt er das Wasser wieder auf und erhärtet anschließend aus dem verformbaren Gipsbrei zu Gipsstein. Baugips ist als feinkörniges Pulver in Säcken im Handel. Gips hat eine hohe Feuchtigkeitsaufnahme und -abgabefähigkeit, das heißt, er ist ein guter Feuchtigkeitsregler. Unter dauernden oder starken Feuchtigkeitsangriffen, wie aufsteigender Mauerfeuchtigkeit oder Schlagregen, wird Gips zerstört. Er eignet sich deshalb nicht für Außenputz und Mauermörtel.

PVC und PVA

Das sind Kunststoffputze (Spachtelmassen) auf Azetylenbasis. PVC ist wasserbeständig, PVA quillt und weicht mit Wasser auf. Sie werden als Zusatz zu Mörtel und Beton als zähelastische Kleber angeboten, auch als Bindemittel für Anstriche. Für Sanierungsarbeiten an Altbauten sind sie wegen der schwer vorhersehbaren Reaktion mit den altverarbeiteten Materialien und der verminderten Diffusionsfähigkeit abzulehnen.

3.1.2 Zuschlagstoffe

Zuschlagstoffe sind Sand oder sandähnliche Materialien (gemahlener Bims, Schlacke), die dem Kalk, Zement und Gips als Füllstoffe zugemischt werden, um dem Bindemittel eine verarbeitbare Konsistenz zu geben. Sie gewährleisten die Elastizität des Mörtels auch nach dem Erhärten.
Sande sollen rundkörnig sein (Fluß- und Grubensand), frei von organischen Beimengungen, lehmfrei und frei von treibenden Bestandteilen (Kalkkörner, Verschmutzungen). Schlackensande dürfen keine schwefeligen oder Kohleteilchen enthalten. Quetschsand (scharfer Sand) verdichtet schlecht, die Oberfläche wird beim Zureiben aufgerissen.

Sand für Putzmörtel muß eine ausgewogene Körnung aufweisen, das heißt, der Anteil an Feinsand soll 10–25 Gewichtsprozent betragen. Größe und Anteil des Grobkorns richtet sich nach Art und Dicke des Putzes, die dickste Korngröße sollte etwa ein Drittel der vorgesehenen Putzschichtdicke sein. Für eine Putzschicht von 1 cm ist die größte Korngröße 3–3,5 mm.

3.1.3 Wasser

Wasser macht die Bindemittel-Zuschlagstoffmischung erst verarbeitbar. Es kommt heute fast überall sauber aus der Leitung. Wasser aus Tümpeln und Bächen darf wegen seiner unkontrollierbaren Verunreinigung, auch durch saure Niederschläge, nicht verwendet werden.

3.1.4 Zusatzmittel

Zusatzmittel werden heute in verwirrender Anzahl und mit den unterschiedlichsten Eigenschaften angeboten. An einer relativ kleinen Baustelle ist es schwierig, die Zusätze bei jedem Mischvorgang ganz gleichmäßig einzubringen. Kleine Unterschiede beim Einarbeiten bringen aber schon Qualitätsunterschiede und erhöhte Schadensanfälligkeit beim Putz. Für besondere Anforderungen an den Putz ist es deshalb besser, auf fabrikmäßig gemischte Werksmörtel zurückzugreifen.

Hydraulische Zusatzmittel

Dazu gehören Trassand oder Trassmehl, Ziegelmehl, Bims, Schlacke. Sie sind wasserbindend und führen nach dem Abbinden des Mörtels zu höherer Festigkeit (Härte) des Putzes. Sie vermindern die Wasseraufnahmefähigkeit, ohne die Diffusionsfähigkeit zu beeinträchtigen. Sie sind einer Reihe von handelsüblichen Sackkalken schon werkseitig zugemischt (Angaben auf den Säcken beachten!).
Mit hydraulischen Zusätzen versehener Mörtel erhärtet nach kurzer Abbindezeit an der Luft (2–5 Tage) auch unter Wasser weiter.

Für Kalktuffmauern darf nach alter Regel nur reiner Kalkmörtel verwendet werden!

Traditionelle Zusätze

Das waren früher Häcksel, Stroh und Kälberhaare, heute verwendet man Kunststoffasern für Putzstellen, die abrißgefährdet sind. Das sind alle Beiputzstellen an Giebeln, an Holzbauteilen, an Stoßstellen von unterschiedlichen Mauersteinen und andere.
Ein Zusatz von Leinöl/Standöl macht Kalkputze und Kalkschlämmen geschmeidiger zur Verarbeitung und wischfest.
Zusätze von Quark (Topfen) oder Magermilch bewirken eine größere Putzhärte, was beim Aufbau der Putzlagen zu beachten ist (3 Liter Magermilch oder 500 Gramm Quark auf 100 Liter Sumpfkalkmörtel). Die Magermilch kann dem Mörtel mit dem Wasser zugemischt werden. Für die Quarkbeimischung werden 20 Teile Quark mit zwei Teilen Weißkalk zu flüssigem Kasein gelöst und gesiebt dem Mörtel zugerührt. Die wasserabweisende Eigenschaft des Putzes soll durch diese Milcheiweißzusätze verbessert werden. Der Putz muß während der Verarbeitung kräftig gerührt werden, da die eiweißhaltigen Teile aufschwimmen und der Sand ausgemagert auf dem Wannengrund zurückbleibt.
Ein Problem stellt das Abdecken verrußter Flächen dar, besonders bei der Renovierung alter Rauchküchen. Von Tiroler Bauern wurde mehrfach glaubhaft versichert, daß ein Zusatz von frischem *Kuhdung* zum Kalkputz oder ein Grundanstrich von verdünntem Kuhdung eine einwandfreie und dauerhafte Isolierung verrußter Wandflächen ergibt. Es ist möglich, daß die Rußschicht durch die Einwirkung von Amoniak entsäuert wird.
Kunststoffzusätze: Alle plastifizierenden Zusätze und alle Zusätze, die auch nur im geringsten die Dampfdurchlässigkeit beeinträchtigen, sind strikt abzulehnen.

3.2 Werktrockenmörtel und Sonderputze

Werktrockenmörtel ist die Bezeichnung für fabrikmäßig hergestellte Bindemittel-Sand-Mischungen, denen auf der Baustelle nur noch Wasser zugegeben werden muß.
Schwieriger Mauergrund, extreme klimatische Lagen, besondere Ansprüche an das Gebäude stellen oft ungewöhnliche Anforderungen an den Außenputz. Eine Vielzahl von Sonderputzen sind auf dem Markt, die mit ihren Anpreisungen den Verbraucher eher verwirren als aufklären. Die Wirkungsweise verschiedener Fertigputze kann hier nur in groben Zügen erläutert werden.

3.2.1 Kalkmörtel

Sofern es sich um reine Kalkmörtel handelt, können sie auf der Baustelle mit viel Eigenarbeit oder sehr viel Ausbesserungsarbeit ohne große Bedenken ein-

gesetzt werden. Sie können schnell nur in der gerade erforderlichen Menge angemacht werden und gewährleisten trotzdem eine gleichbleibende Mörtelqualität.
Werktrockenmörtel können bis zu 10 Prozent hydraulische Zusätze enthalten und sind dadurch härter als reiner Weißkalkmörtel. Sie sind teilweise mit Quetschsand (scharfer Sand) aufgemischt.
Werktrockenmörtel für Kalkputz müssen das *Baukalk-Gütezeichen* als Sackaufdruck tragen.
Die aufgedruckte oder werkseitig garantierte Zusammensetzung, die Verarbeitungsvorschriften und die Lager- und Haltbarkeitsdaten sind vom Verbraucher genau zu beachten und zu kontrollieren.

3.2.2 Sanierputz

Mit Sanierputz bezeichnet man Werktrockenmörtel gemäß DIN 18557 zur Herstellung von hochporösen und dampfdurchlässigen Putzen. Die Leitfähigkeit der Kapillaren (kleinste Hohlräume) ist dabei erheblich herabgesetzt.
Die Wirkung des Sanierputzes beruht auf der mangelnden Feuchtigkeitsleitfähigkeit. Das salztragende Wasser aus dem Mauerwerk kann durch die mangelnde Leitfähigkeit des Putzes nicht an die Oberfläche gelangen. Es verdunstet am Putzgrund und dampft durch die Poren ab. Die gelösten Salze kristallisieren aus und bleiben im Porenraum der Putzschicht zurück (siehe Zeichnung 37). Je nach Versalzungsgrad der Mauer und Wirksamkeit der Abdampfung füllen sich die Poren mehr oder weniger schnell mit Salzen, bis eine Erneuerung des Putzes notwendig wird.
Der Vorteil der Sanierputze liegt einmal in der bewirkten Entsalzung mindestens der Maueroberfläche und in einer längeren Haltbarkeit als bei normalen Putzen. Diese würden durch die ständigen Ausblühungen in kurzer Zeit zerstört.

Zeichnung 37 Wirkungsweise von Sanierputz

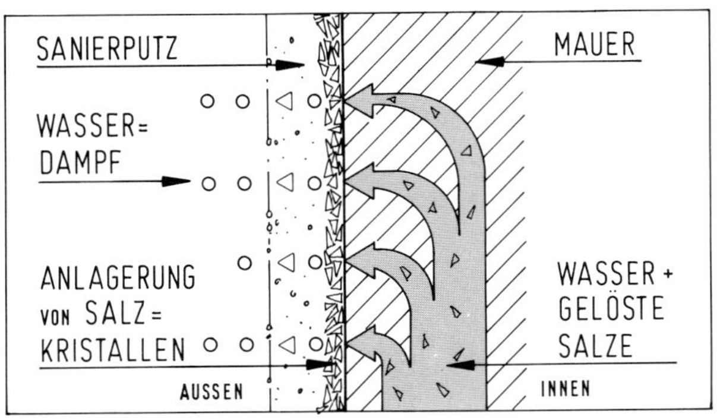

Sanierputze sind vom Hersteller nach werkseigenen Rezepturen gemischte Trockenmassen, die Bindemittel, Zuschlagstoff und Zusatzmittel in gleichbleibender, geprüfter Menge enthalten.
Sanierputze ergeben meistens ziemlich harte Mörtel. Bei weichem Mauerwerk (niedrig gebrannte Ziegel) müssen beim Herstellerwerk entsprechend *weiche Produkte* erfragt werden. Man kann sich hier *nicht* auf die Auskünfte der *Baustoffhändler* verlassen.
Als Deckschicht muß immer ein normaler Oberputz aufgebracht werden!
Farbanstriche auf Sanierputzen müssen mindestens dieselbe hohe Dampfdurchlässigkeit wie der Putz aufweisen (Diffusionswerte vom Hersteller erfragen), da sonst Abplatzungen unvermeidlich sind. Sie müssen zudem wasserabweisend ausgerüstet sein. Kalkfarben und Kalk-Weißzementfarben haben sich bisher bewährt, Zweikomponenten-Silikatfarben sind nur mit nachfolgender Hydrophobierung zu verwenden.

Mauersanierungen können niemals nur mit Sanierputz erreicht werden. Immer muß die Ursache des Schadens gesucht und ausgeschaltet werden (siehe Baufeuchtigkeit, Seite 31). Sanierputze können nur als *flankierende Maßnahme* nach ausführlicher Beratung an Ort und Stelle durch einen Fachmann eingesetzt werden.

3.2.3 Sperrputz

Sperrputz wird oft irreführend als Sanierputz oder Isolierputz angeboten. Sperrputze sind aber nur eine *wassersperrende* Schicht, die keine Feuchtigkeit von außen einläßt, aber auch keine oder nur sehr geringe Dampfdiffusion nach außen ermöglicht. Sperrputze sind harte, spröde Zementputze, die bei Bauwerkssetzungen zu Rissen neigen. Risse stellen aber die Wirksamkeit der Sperrschicht in Frage.
Werden Sperrputze auf Mauern aufgebracht, die durch Feuchtigkeit gefährdet sind, wird die Abdampfung der Nässe unterbunden, die Feuchtigkeit steigt weiter nach oben, eine Verschlechterung der Schadensituation ist die Folge (siehe Baufeuchtigkeit unter 1.1.3, Seite 33).
Sperrputze können als *flankierende Maßnahmen* bei Trockenlegungen im unterirdischen und vielleicht noch im Sockelbereich eingesetzt werden.

3.2.4 Dämmputz

Mineralputze mit wärmedämmenden Zusätzen wie Perlit (durch Erhitzen geblähter Sand), Blähton, Bimssand, Schlacke, die aber frei von quellenden Teilchen sein muß, können die Wärmedämmwerte von Außenwänden verbessern, wenn sie in entsprechender *Dicke* (bis 6 cm!) aufgetragen werden.
Expandierter Polystyrol-Schaum (EPS) als wärmedämmender Putzzusatz ist nicht UV-strahlenbeständig und braucht einen Spezialoberputz.
Das Aufbringen der sehr dicken Mörtelschichten muß speziell geschulten Fachleuten überlassen werden, die auch über die vom Hersteller empfohlenen Mischpumpen und Sondergeräte verfügen.
Dunkle Anstriche dürfen auf Dämmputze *nicht* aufgebracht werden. Der Dämmputz erlaubt keine Ableitung der Wärme aus Sonneneinstrahlung in das Mauerwerk. Dadurch entstehen hohe Temperaturspannungen, die die Putzschicht zum Abplatzen bringen.
Bauernhäuser mit meist reichlich dicken Wänden haben Wärmedämmwerte, die einen Dämmputz überflüssig machen.
Für Fachwerkhäuser mit dünnen Außenwänden sind andere, wirkungsvollere Dämmaßnahmen erforderlich (siehe Wärmedämmung, Seite 198). Im ländlichen Bereich ist deshalb die Anwendung von Dämmputzen und seine Notwendigkeit sehr genau abzuwägen.

3.2.5 Edelputz

Edelputz ist die Bezeichnung für ebenfalls fabrikmäßig gemischtes Putzmaterial, das je nach Firmenrezept unterschiedliche Zusätze zur Wasserabweisung, zur Haftfähigkeit auf problematischem Putzgrund, oft auch schon Farbstoff und andere Beimengungen enthält. Edelputz kann in Pulverform und verarbeitungsfertig geliefert werden. Bei den meisten Fabrikaten ist ein Voranstrich mit einem auf den Putz abgestimmten Fixativ, einer Wasserglasverbindung, gefordert.
Die Bezeichnung »Edelputz« und die Anpreisungen für problemlose Verarbeitung verleiten den sanierenden Bauherrn leicht, sich für eines dieser Produkte zu entscheiden. Aber auch beim Putz muß auf möglichste *Materialgleichheit mit dem vorhandenen Bestand* geachtet werden. Einfache Kalkputze sind deshalb in den meisten Fällen allen anderen Angeboten vorzuziehen.

3.2.6 Lehmputz

Reiner Lehmverstrich ist als Außenputz ungeeignet. Lehmausfachungen an Fachwerkhäusern wurden auch früher schon mit einer Kalkschlämme geschützt. Wo die Kalkschicht abwittert oder durch sauren Regen zerstört wird, liegt der Lehm frei und verwittert in kurzer Zeit. Bei der Erneuerung von Lehmgefachen muß beidseitig eine Schicht von 6 mm Kalkputz aufgebracht werden.
Als Innenputz findet sich eine Lehmschlämme mit Kalkzusatz im alpenländischen Holzbau direkt auf der Blockwand. Sie wurde immer wieder mit Kalk geweißt, wenn sie nicht als Malgrund für äußerst originelle Wandmalereien diente (Oberbayerisches Freilichtmuseum auf der Glentleiten bei Murnau). Dieser Lehm-Kalkverstrich hat mit seinen guten bauphysikalischen Eigenschaften (hohe Dampfdurchlässigkeit, wasserabweisend, hochelastisch und desinfizierend) auch zur Erhaltung des Holzes beigetragen.

4 Putztechnik

4.1 Allgemeine Grundsätze

Alle Flächen müssen unmittelbar vor jedem Putzantrag immer gut vorgenäßt werden!

Anders würde dem Putz zu schnell Wasser entzogen, und der langsame Abbindevorgang würde beeinträchtigt (Schalenbildung, Abplatzen). Der Putz könnte die vorgesehene Festigkeit nicht erreichen.
Nicht geputzt werden darf auf Mauerwerk, das von *innen* her naß ist (in solchen Fällen muß die Mauer erst austrocknen), wenn Frosteinbrüche zu erwarten sind oder wenn der Untergrund gefroren ist.
Bei heißem, sonnigem oder windigem Wetter muß die geputzte Fläche mit *luftdurchlässigem Rupfen* gegen zu schnelles Austrocknen verhängt werden. Eventuell sind die Flächen einige Tage nachzunässen. Plastikfolien sind ungeeignet, da sich dahinter ein feuchtwarmes, kondenswasserreiches Klima bildet.
Frische Putzflächen dürfen nicht zu schnell dem Schlagregen ausgesetzt werden, um eine Auswaschung von Bindemittel zu verhüten.
Die Putzlagen müssen naß in naß aufgebracht werden, eine Putzlage darf *höchstens 12 Stunden* stehen, bis die nächste Lage aufgebracht wird (Ausnahme Spritzputz, siehe Seite 97).

Große Flächen müssen von einer Mannschaft geputzt werden, damit Anschlüsse von Putzflächen noch ganz frisch ineinander verrieben werden können. Arbeitsbedingte Fugen sollen an Stellen gelegt werden, wo sie nicht stören. Wetterseiten müssen in einem Zug geputzt werden, um mögliche Risse an Arbeitsfugen zu vermeiden. Die Putzfelder von Unterputz und Oberputz sind gegeneinander zu versetzen, damit keine durchgehenden Stöße auftreten. Eventuell muß man im Interesse einer zügigen Arbeit an einem Putzertag die Brotzeit (Vesper, Jause, Pause) etwas verkürzen.

4.2 Mischen

Das sorgfältige Mischen von Bindemitteln, Sand und Wasser trägt sehr zur Haltbarkeit eines Putzes bei. Es empfiehlt sich, erst einen Teil des Sandes mit dem ganzen Wasser zu mischen, dann das Bindemittel und zum Schluß den Rest des Sandes zuzugeben. *Gipspulver immer in Wasser einstreuen,* nie Wasser an Gips gießen, sonst klumpt er.
Zum Mischen sind Zwangsmischmaschinen den Freifallmaschinen vorzuziehen. Gleichmäßig genau eingehaltene Mischungsverhältnisse ergeben gleichmäßige Putzqualität (siehe Tabelle Mischungsverhältnisse von Putz- und Mauermörteln, Seite 92).
Für Werktrockenmörtel sind die Mischungsanweisungen der Hersteller genau zu beachten.
Es darf immer nur soviel Mörtel angemacht werden, wie in absehbar kurzer Zeit verarbeitet werden kann. Mörtel, der steif zu werden beginnt (toter Mörtel), ist nicht mehr brauchbar.

4.3 Putzträger

Zu glatte Flächen (Beton, Stahl, Holz) müssen mit einem Putzträger aus verzinktem Streckmetall, Ziegeldrahtgitter oder Kunststoffgitter überspannt werden. Der Putzträger muß mindestens 10 cm in die anschließende Fläche übergreifen und so befestigt werden, daß ein Durchhängen ausgeschaltet wird. Der Putzträger muß vor allem auch am *umgebenden* Mauerwerk befestigt werden, da sonst Risse an der Stelle des Materialwechsels auftreten. Die erste Putzschicht muß gut durch das Trägergitter gedrückt werden (siehe Zeichnung 38).
An Nahtstellen zwischen Altbau und Neubau werden zweckmäßig Putzfugen wie Baufugen an Neubauten mit Fugenband und elastischem Kitt ausgeführt. Sie müssen später regelmäßig kontrolliert werden.

4.4 Putzantrag

Der Verputz an alten Mauern muß kräftig mit der Kelle von Hand *angeworfen* werden, damit sich der Mörtel gut mit dem Untergrund verbindet. Hohlstellen und Luftblasen werden dabei vermieden. Das Aufziehen von Putzmörtel mit dem Brett ist für alte Mauern ungeeignet. Daß Putzlehren (Putzleisten) und Putzlatten an einem alten Haus nichts zu suchen haben, sollte sich inzwischen herumgesprochen haben.
Der Verputz folgt in gleichmäßiger Dicke den Wandunebenheiten. Ungleich dicke Putzschichten härten ungleich aus (Fleckenbildung) und zu dicke Putzschichten rutschen ab (Putzbäuche, Wolkenbildung).

4.5 Schichtaufbau

Wandputz wird in zwei Lagen als Unterputz und Oberputz mit etwa je 1 cm Dicke aufgebracht.
Das Putzmaterial muß sich in seiner Härte dem Mauerwerk anpassen. Eine weiche Mauer verlangt weiche Putzzusammensetzungen ohne oder nur mit geringen hydraulischen Zusätzen.
Der Schichtaufbau muß von unten nach oben weicher werden, um einen Ausgleich für die an der Oberfläche auftretenden Spannungen (Temperatur, Feuchtigkeit) zu schaffen. Auch die Dampfdurchlässigkeit und die kapillare Leitfähigkeit müssen zur Oberfläche hin zunehmen.

4.5.1 Spritzbewurf

Ein Spritzbewurf (*Spritzputz,* Spritzer) wird zunächst als ziemlich harter Putzgrund je nach Mauerbeschaffenheit volldeckend oder nicht volldeckend (mindestens 70 Prozent der Wandfläche) aufgetragen. Sein Mischungsverhältnis ist 2 Raumteile Kalk, 1 Raumteil Zement, 9–11 Raumteile Sand mit 50 Prozent Grobkornanteil (5–7 mm).

Zeichnung 38 Anbringen von Putzträgern

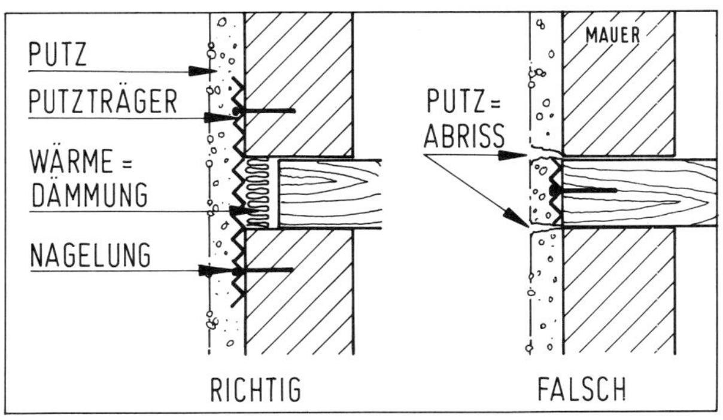

Der Spritzbewurf muß so lange auf der Wand stehen, bis er rissig wird und damit seine Entspannung anzeigt, aber nie weniger als 24 Stunden. Damit werden Abrisse vermieden, und das Spannungsverhältnis zwischen Mauern und Putzlagen wird ausgeglichen. Die Diffusionsfähigkeit ist durch die Rissigkeit in jedem Fall gewährleistet.
Spritzbewurf wird gebietsweise unterschiedlich als reguläre Putzlage oder nur als vorbereitende Maßnahme gewertet.
Aufgabe des Spritzputzes ist es, eine gute Haftschicht für den Unterputz herzustellen und die ungleichmäßige Oberflächenstruktur alter Mauern zu überbrücken. Er wirkt einer übermäßigen Saugkraft des Mauerwerks entgegen und verhütet damit ein *Verdursten* der Putzschichten. Die unterschiedliche Wasseraufnahmefähigkeit von Mischmauern wird ausgeglichen. Nur auf solchem Putzgrund findet der Unterputz gleichmäßige Bedingungen für rißfreie Haftung und rißfreies Abbinden.

4.5.2 Unterputz

Der Unterputz ist die erste volldeckende Putzschicht, sie sollte an Altbauten aus reinem Kalkmörtel im Mischungsverhältnis 1 Teil Kalk oder Hydraulkalk und 3 Teile Sand bestehen. Auch bei unebenem Mauerwerk sollte der angeworfene Putz nicht dicker als höchstens 1,5 cm und nicht dünner als 1 cm sein. Der Putz wird mit dem Putzhobel nur grob zugestoßen. Ungleich dicke Putzschichten härten unterschiedlich aus, das führt zu ungleichen Spannungen und Rissebildung. Eine nicht völlig plan abgezogene Oberfläche macht den Reiz alter Putzfassaden aus.

Die Wirkung hydrophobierender Oberflächenbehandlung

Die Oberfläche dieser ersten Putzlage wird nach kurzem Antrocknen mit dem Nagelbrett oder Sägblatt aufgerauht, um der nächsten Schicht ausreichend Halt zu geben.

4.5.3 Oberputz

Der Oberputz wird im Mischungsverhältnis 1 Teil Kalk und 3,5 Teile Sand hergestellt und angeworfen. Für Glattputz wird er nach kurzem Stehen mit dem Mörtelbrett (Putzbrett, Putzhobel) unter Druck glatt verrieben. Es darf *nicht mit der Kelle geglättet werden,* um die Bildung einer Sinterhaut auf der Oberfläche zu vermeiden. Sie würde den Abbindevorgang *im* Putz behindern und durch die starke Bindemittelanreicherung zu Rissebildung neigen.
Landschaftlich unterschiedlich wird die Oberfläche auch als *Rauhputz* mit verschieden großem Grobkornanteil oder als *Kratzputz* mit mittlerer bis grober Struktur ausgeführt. Putzkunststücke mit allen Arten von Kelleneindrücken oder absichtlich ungleich dick aufgetragenen Schichten sind handwerklich schlecht und deshalb auch häßlich.
Den Putzschichten dürfen keine durchgehend hydrophobierenden (wasserabweisenden) Zusätze beigegeben werden. Sie würden die *kapillare Leitfähigkeit* im Putz verhindern. Das heißt, Wasser, das aus der Mauer nach außen zieht, könnte in den Poren des Putzes durch die wasserabweisende Behandlung nicht weitersteigen. Es muß sich zwischen Putz und Wand sammeln, bis es abdampfen kann. Da diese Auflösung in Dampf, besonders in feuchtem Klima und in kühlen Jahreszeiten, sehr viel langsamer stattfindet als die Zufuhr von Feuchtigkeit, kann sich in den unteren Putzschichten Nässe stauen mit den bekannten Folgen für Putzzerstörung.
Ist an extrem beanspruchten Wetterseiten eine Hydrophobierung der Wandoberfläche unbedingt erforderlich, darf sie nur die oberste Schicht erfassen.
Durch *wasserabweisende Putzoberflächen* wird die Haftfähigkeit wasserlöslicher Farbanstriche stark beeinträchtigt. Für die farbige Gestaltung müssen spezielle Silikatfarben gewählt werden.

4.5.4 Sockelputz

Sockelputze *müssen wasserabweisend sein* und sollen keine kapillare Leitfähigkeit aufweisen. Hier ist der Wasserangriff von außen nach innen gefährlicher als der von innen nach außen. Hochhydraulische oder Kalk-Zementputze sind dafür geeignet. Sie sollen nur im erdberührenden und im Spritzwasserbereich, also 30 cm über Gelände, aufgebracht werden.

4.5.5 Putzschlämme

Putzschlämme kann auf intaktem Ziegelmauerwerk (nicht auf Klinker) aufgebracht werden. Die Mauerstruktur bleibt je nach Dicke der Schlämme mehr oder weniger stark sichtbar. Der dünne Kalkbrei wird soweit mit feinem Sand versetzt, daß er mit der Bürste aufzutragen ist. Schlämme muß mindestens zweimal naß in naß aufgetragen werden.

4.6 Putzverzierungen

Die historischen Putze hatten nicht nur glatte Oberflächen. Auch im ländlichen Bereich wurden mit verschieden rauhen und glatten Putzoberflächen städtische Architekturverzierungen nachgeahmt, vorzugsweise Fenster- und Türumrahmungen, um Steingewände vorzutäuschen, genauso Ecklisenen und Sokkelbossen. Einfache Gewändeprofile wurden mit der Kelle freihändig angetragen, für kompliziertere Muster wurden Schablonen verwendet.

Schönes, altes Putzgesimse, das dringend der Pflege bedarf

Geputzte Gesimse an Ortgang und Traufseite haben meistens eine Vormauerung als Unterkonstruktion. Die Putzgesimse werden mit einer Putzleere, einem Brett mit negativ ausgeschnittenem Gesimsprofil, über dieser Vormauerung abgezogen. Für das Nacharbeiten derartiger Putzverzierungen muß man sich einen sehr geschickten Maurer suchen. Keinesfalls darf für solche Profile besonders harter Mörtel wegen der leichteren Verarbeitbarkeit verwendet werden, er würde vom weicheren Untergrund abscheren.

4.7 Gerüste

Gerüste für Putzarbeiten müssen so weit von der Fassade abgesetzt werden (mindestens 30 cm), daß darunter durchgeputzt werden kann und keine umfangreichen Nacharbeiten an den Putzflächen nötig werden.

4.8 Innenputz

Für Innenputze gilt sinngemäß alles bisher Gesagte. Innenputze sind geringeren Beanspruchungen durch Hitze und Niederschläge ausgesetzt, dafür aber erhöhten Belastungen aus Kondensfeuchte. Sie müssen hohe Wasseraufnahme- und Abgabefähigkeit besitzen und voll dampfdiffundierend sein. Kalkmörtel und Kalkfarben wirken durch ihre hohe Desinfektionskraft der Schimmelbildung an Innenwänden entgegen.

Bei Innenputzen genügt eine Gesamtschichtdicke von 1,5 cm. Bei der Anwendung von Gipsputz und Stuck ist äußerste Vorsicht geboten. Der Untergrund muß absolut zementfrei sein. Muß auf einer Mauerfläche ein Spritzputz aus Kalk-Zementmörtel aufgebracht werden, so ist er mit einer voll deckenden Unterputzschicht aus reinem Kalkmörtel abzudecken. Dieser Unterputz muß vor dem Aufbringen des Gipsputzes weitestgehend trocken sein, um ein Durchschlagen des Gipsoberputzes zur zementgebundenen Schicht auszuschließen. Die geringste Feuchtigkeit kann bei Berührung von Gips und Zement Ettringitbildung auslösen und zu erheblichen Treiberscheinungen führen.

Auch auf alten Gipsputzen darf nicht mit neuen Kalkzementputzen gearbeitet werden, wenn man nicht Treiberscheinungen riskieren will. Alle Fertigmörtel sind wegen der mehr oder weniger starken Beimengung von Zement im Zusammenhang mit Gipsverarbeitung ungeeignet.

Aus diesem Grund dürfen auch Fliesen nicht mit zementhaltigen Klebern oder Mörteln verlegt werden. Schon die Zementausfugung auf gipshaltigem Untergrund genügt, um vor allem in Feuchträumen und bei Berührung mit Spritzwasser Absprengungen und Zerstörungen der Fliesen hervorzurufen.

5 Maßnahmen

5.1 Spurensicherung

Auch für den Bauherrn ist es sicher von Interesse, wenn er allen Spuren nachgeht, die in die Vergangenheit seines Hauses führen. Baudaten, Stilepochen, Handwerkszeichen, der soziale Status früherer Bewohner und vieles andere kann aus Wandmalereien und Verzierungen, und seien sie noch so bruchstückhaft, abgelesen werden. Mindestens eine frühere Farbgebung kann man an irgendeiner Ecke ausmachen, die die Grundlage für eine neue Farbgestaltung am Haus werden kann.
Auch alte, ursprüngliche Oberflächenstrukturen lassen sich bei dieser Gelegenheit feststellen und können vielleicht wieder zur Anwendung kommen. Eventuelle Befunde müssen dokumentiert, das heißt mindestens fotografiert und gemessen, möglichst auch maßstäblich gezeichnet werden. Das Putzabschlagen zur Schadenfeststellung sollte deshalb mit einiger Vorsicht und mit Gespür angegangen werden.

5.2 Fassadenreinigung

5.2.1 Putzabschlagen

Schadhafter Putz muß aber trotzdem gründlich abgeschlagen werden, auch scheinbar intakte Zonen sind genau auf Hohlstellen und tiefere Risse zu untersuchen. Schäden an Innenwänden, wie Schimmelbefall und Risse, können auf noch unsichtbare Schadstellen außen hinweisen. Der Putz ist mindestens 10 cm über die schadhafte Zone hinaus abzuschlagen.
Mauerschäden müssen in ihren Ursachen saniert werden (siehe Baufeuchtigkeit, Seite 31, und Mauerrisse, Seite 51).

5.2.2 Entfernen von Salzen

Eine oberflächliche Versalzung von Mauerwerk kann mit einer Stahlbürste oder einem Stahlbesen abgebürstet werden. Auch versalzene Mauerfugen sind tiefgründig bis zu 10 cm auszukratzen und zu reinigen. Der stark salzhaltige Abkehrschutt muß gründlich und umweltschonend beseitigt werden. Unter Umständen können neutralisierende Fluatierungen (Kompressen oder Abwaschungen mit salzbindenden Fluaten) an den betroffenen Mauerpartien als flankierende Maßnahmen durchgeführt werden.
Keinesfalls darf man Salzausblühungen mit Wasser behandeln! Die Salze würden sich lösen und sofort wieder in die Mauer einziehen.

5.2.3 Reinigen von losen Teilen und Staub

Versandeter und loser Mörtel ist aus allen Fugen sauber auszukratzen, lose Steine müssen herausgenommen und neu vermauert werden.
Die Fassade wird dann gründlich abgekehrt, gegebenenfalls werden die entstandenen Löcher mit *Druckluft* ausgeblasen. *Druckwasser* bindet die feinen Staubschichten, ohne sie von der Wand zu entfernen. Dieser *Staubfilm* beeinträchtigt die Haftfähigkeit des nachfolgenden Neuputzes.

5.2.4 Reinigen von Ruß und Entfernen von Dispersionsfarbe

Mit Dampfstrahl können verrußte Fassaden gereinigt und zum Teil alte Dispersionsanstriche abgelöst werden. Sehr fest sitzende Dispersionsfarbflächen müssen mit Spezialabbeizen entfernt werden. Vorsicht! Die Mittel sind hochgiftig! Man muß mit Haut- und Atemschutz arbeiten; ein Versickern der Flüssigkeit in den Boden kann Grundwasserschäden verursachen.

5.3 Putzgrund

Ein sauberer, von innen trockener Putzgrund ist Voraussetzung für einen dauerhaften und haltbaren Neuputz.

5.3.1 Löcher

Tiefe Mauerlöcher werden mit Steinen geschlossen und vermörtelt. Beides muß dem ursprünglichen Baumaterial möglichst ähnlich sein, um unterschiedliche Materialspannungen zu vermeiden. Wenn Löcher und Mulden nur mit fettem Zementgemisch zugeschmiert werden, sind baldige Schwindrisse vorprogrammiert. Finden sich derartige alte Reparaturen, sollen sie ausgeschlagen und sachgerecht ausgebessert werden.

5.3.2 Mulden

Tiefere Mulden werden mit einem gut befestigten Putzträger überspannt und mit mehreren dünnen Mörtellagen (höchstens 2 cm) ausgeglichen. Der Mörtel muß gut durch das Trägergewebe durchgedrückt werden, um eine gute Bindung ohne Hohlräume an den Untergrund zu gewährleisten.

5.3.3 Fugen und Risse

Fugen und Risse sind sehr gut auszumörteln, tiefe Klaffungen können vorher mit mineralischem Dämmmaterial (Steinwolle) verstopft werden. Risse, die mehr als 0,5 cm klaffen, werden unter dem Putz mit Putzträger überspannt (siehe Zeichnung 39). Risse sind immer Hinweise auf Bauwerksbewegungen und dürfen deshalb nicht mit starrem Material (Zement) geschlossen werden.

Sogenannte dauerelastische Fugendichtungsmittel aus Kunststoffmasse beginnen nach fünf Jahren zu verspröden, neue Putzrisse sind unvermeidlich.

Alle Mauerstellen müssen vor dem Aufbringen von Mörtel immer gut vorgenäßt werden!

5.3.4 Absandende Flächen

Verbliebene Putzteile müssen von Industrieverschmutzung gereinigt werden, absandende Flächen können mit einer Lösung aus Kaliwasserglas und Wasser 1 : 1 oder mit handelsüblichem Fixativ gefestigt werden.

Achtung: Die Verträglichkeit mit dem vorgesehenen Farbsystem muß gewährleistet sein.

5.4 Putzausbesserung und Neuverputz

Auf einer derart vorbereiteten Fassade können neuer Putz und Ausbesserungen wie an einem Neubau aufgetragen werden, wenn man die bisher ausgeführten Grundsätze und Regeln beachtet.

Putzausbesserungen sind noch wirtschaftlich, wenn nur 50 Prozent des Altputzes stehen bleiben.

5.5 Vermeidung von Putzschäden

Es gibt eine Reihe konstruktiver Fehler, die immer wieder zu Schäden am Putz führen. Grundsätzlich muß alles Wasser, das sich an irgendeiner Stelle des Hauses sammelt, soweit wie möglich vom Haus abgeleitet werden.

5.5.1 Dachrinnen

Dachrinnenabläufe (Rinnenkessel), die undicht sind, die zu gering bemessen sind und deshalb überschwappen, Rinnen mit zu kleinen Querschnitten oder ohne ausreichendes Gefälle, fehlende oder falsch montierte Traufbleche (siehe Dachsanierung

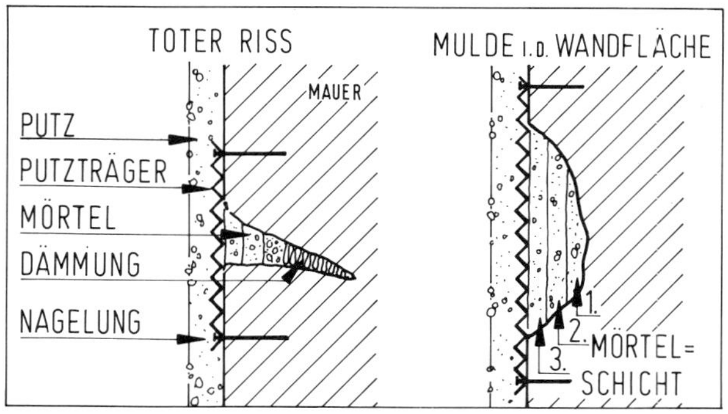

Zeichnung 39 Ausbessern von Rissen und Mulden

unter 5.3, Seite 81), mangelhafte Blechanschlüsse an Giebeln, kurz: Alle Fehlstellen der Ableitung des Regenwassers können in nur einem Sommer eine frische Fassade völlig ruinieren.

5.5.2 Gesimsabdeckung

Fehlerhafte Abdeckung von Gesimsen oder überstehenden Sockeln ist eine verbreitete Schadensquelle.

Blechabdeckungen sind beweglich in Blechhaften zu befestigen (siehe Zeichnung 40). Die Abdeckstreifen müssen in kürzeren Abschnitten mit Stegen montiert werden, um ein Aufwölben und Verformen der Bleche durch Temperaturspannungen zu vermeiden. Es müssen ausreichend überstehende, umgebörtelte Wassernasen am Blech vorgesehen werden.

Die Bleche dürfen nicht eingeputzt werden!

Ziegelplatten (Biberschwanzplatten) können in wassersperrendem Zementmörtel als Gesimsabdeckung verlegt werden mit ausreichend weitem Überstand als Wassernase. Dabei muß die Neigung der Abdekkung gewährleisten, daß kein Wasser nach der Wand hinläuft oder sich dort staut. Derartige Abdeckungen aus Ziegel- oder Natursteinplatten müssen beobachtet und gepflegt werden, Schäden sind sofort zu beheben.

Zeichnung 40 Gesimsabdeckungen

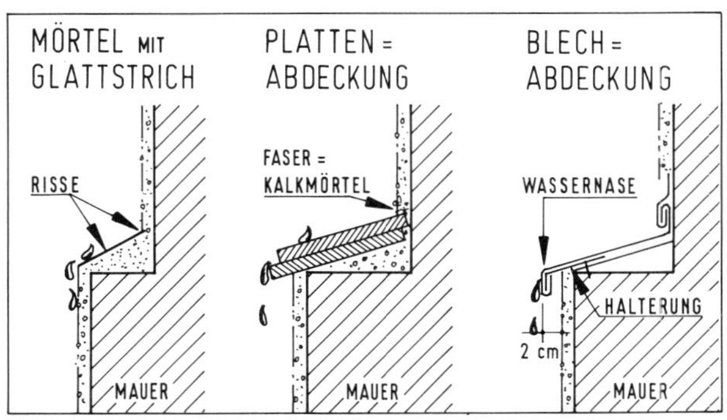

5.5.3 Fensterbleche

Fensterbleche müssen seitlich mindestens 1,5 cm aufgekantet sein und soviel Wandüberstand haben, daß Tropfwasser frei abfließen kann. Schmutzfahnen, die abwärts von Fensterblechen an der Wand auftreten, sind ein Zeichen für falsche Fensterblechkonstruktion (siehe Zeichnung 60, Seite 150).

5.5.4 Rißstellen an Anschlüssen

Potentielle Rißstellen am Putz müssen vermieden werden. Das sind vor allem alle Anschlüsse von Putz an Holz oder Metall. Noch so sorgfältig angeputzte Fenster- und Türstöcke werden nach kurzer Zeit Putzrisse an der Übergangsstelle aufweisen, in die Feuchtigkeit eindringen kann. Die leider ganz in Vergessenheit geratenen Deckleisten bieten eine viel bessere Anschlußmöglichkeit von Holz zu Putz (siehe Zeichnung 62, Seite 151). Der Behelf mit sogenannten dauerelastischen Kitten an möglichen Rißstellen ist eigentlich nur ein Selbstbetrug. Schon nach fünf Jahren können derartige Kitte ihre Elastizität und Haftfähigkeit einbüßen. Die Chance einer guten konstruktiven Lösung ist dann meist vertan, man kann die Risse weiter nur auf kurze Zeit reparieren. Durchdachte Konstruktionen, auch wenn sie in der Anschaffung etwas teurer sind, bieten auf Dauer immer den besten Schutz für eine Fassade.

Durchfeuchtung von Putz mit nachfolgender Abplatzung aus schlecht konstruiertem Fensterblech

6 Farben

6.1 Aufgaben

Die Aufgabe von Deckanstrichen bestand schon immer in der Schutzfunktion sowohl für den Putz als auch in anderen Bereichen für Holz und Metall.
Die Beimengung von Farbe in den Deckanstrich war zu allen Zeiten gebräuchlich: aus Lust am Schmuck, als magische Abwehr und als Statussymbol.

6.2 Wirkung

Die biologische Wirkung von Farben ist kaum erforscht. Die blauen Fensterumrahmungen in Kreta sollen zum Beispiel gegen Fliegen schützen, grüner Anstrich soll eine konservierende Wirkung auf Holz ausüben.
Weiße und sehr helle Anstriche wirken durch ihre Reflexion gegen Sonnenhitze (Mittelmeerraum), dunkle Farben speichern die Wärme. Ein Beispiel sind die unverputzten Backsteinfassaden im Norden.
Farben wirken aber auch in und auf ihre Umgebung. Es ist nicht nur Geschmackssache des Einzelnen, wie er sein Haus streicht. Ein Haus muß sich sowohl als Einzelbau in der Natur als auch im Verband mit anderen Häusern der Umgebung anpassen, um wirklich Harmonie auszustrahlen. Die Farbhersteller verschicken dazu gern Informationen.
Vor der Entscheidung für die farbige Gestaltung einer Fassade müssen ausführliche und verschiedene Muster an verschiedenen Stellen am Bau angesetzt werden. Die beauftragte Firma kann zur kostenlosen Erstellung solcher Muster verpflichtet werden (Leistungsverzeichnis).
In manchen Gemeinden und Landkreisen sind neue Farbgestaltungen genehmigungspflichtig.

6.3 Farbenmaterial

Farben und Farbschlämmen werden in einer Vielzahl von Fabrikaten angeboten, als Pulver und als streichfertige, breiartige Massen. Immer noch sind darunter auch Dispersionsfarben mit geringer Diffusionsfähigkeit und Farben mit umweltschädlichen, giftigen Lösungsmitteln. Abzulehnen sind alle »Universal«-Farben für innen und außen. Sie können unmöglich den jeweils spezifischen Ansprüchen genügen.
Man muß einen empfohlenen, seriösen Farbhersteller suchen und einen *Fachberater* (nicht Vertreter)

anfordern. Der Farbhändler und auch der örtliche Malermeister sind mit einer grundsätzlichen Farbberatung an einem Altbau in den allermeisten Fällen überfordert.
Auch eine Nachfrage über Arbeitsweise, Material, Firmen, Erfolg und Mißerfolg bei den landauf landab getätigten Kirchenrenovierungen kann hilfreich sein.
Farben müssen dieselben Eigenschaften aufweisen wie der Putz, der als Untergrund dient: hohe Dampfdurchlässigkeit und gleiche Ausdehnungsfähigkeit, sonst gibt es Spannungen und Abrisse, und eine relativ hohe Elastizität.
Kalkfarben auf Kalkputz erfüllen diese Forderung in hohem Maße.

6.3.1 Kalkfarben

Für Kalkfarben brauchen dem Kalk nur geringe Mengen geeigneter Farbstoffe (Pigmente) zugesetzt werden. Sollen sattere Bunttöne erzielt werden, ist ein Zusatz von Kasein (Quark) oder anderen geeigneten Bindemitteln notwendig. Ein guter Untergrund für Kalkfarben ist frischer Kalkputz oder gut haftender alter reiner Kalkfarbenanstrich. Kalkfarben sind anfällig gegen die schwefelsauren Verbindungen der Luftverschmutzung. Sie müssen durch wasserabweisende Anstriche (Silikon) geschützt werden.

6.3.2 Mineralfarben

Mineralfarben (Silikatfarben) *verkieseln* mit dem Putzuntergrund, das heißt, das Bindemittel Kaliwasserglas der Mineralfarben geht mit dem mineralischen Untergrund eine chemisch unlösbare Verbindung ein. Silikatfarben haften auch auf wasserabweisend ausgerüstetem Untergrund, wenn die Vorbehandlung auf Wasserglasbasis erfolgt ist.
Silikatfarben sind widerstandsfähig gegen saure Niederschläge. Durch die Verkieselung werden sie aber spröde, dadurch ist die Gefahr der Rissebildung gegeben, der Anstrich muß entsprechend öfter erneuert werden.

6.3.3 Andere synthetische Farben

Andere synthetische Farbsysteme erreichen eine Haftung auf dem Untergrund durch Filmbildung und durch Kleber, die die Dampfdiffusion erheblich beeinträchtigen können.

6.3.4 Biologische Farben

Biologische- oder Naturfarben bestehen aus Zusammensetzungen verschiedener natürlicher Bindemittel, Füllmittel und Farbstoffe. Auch hier ist eine genaue Untersuchung des Untergrunds Vorbedingung für die Anwendung, um die Verträglichkeit von Farbe und Farbgrund zu sichern. Anstriche mit biologischen Farben müssen unter Umständen in kürzeren Zeitabständen erneuert werden.

6.4 Wasserabweisende Ausrüstung (Hydrophobierung)

Wasserabweisende Zusätze werden schon für den Putz angeboten, müssen da aber in den meisten Fällen abgelehnt werden, weil sie den Wassertransport (kapillare Leitfähigkeit) behindern. Als Zusatz zur Oberflächenbehandlung, also auch zum Farbanstrich oder als gesonderter Schutzanstrich, können sie, besonders an Wetterseiten, durchaus hilfreich zur Minderung der Schlagregenbelastung sein. Wasserabweisende Anstriche sollen, je nach Beanspruchung, alle 3–5 Jahre erneuert werden, um ihre Wirkung zu erhalten.

6.5 Schäden an Anstrichen

6.5.1 Schadensbilder und Schadensursachen

Die hauptsächlichen Schadensbilder von Anstrichen sind großflächige Ablösungen, kleinere Abplatzungen, die auch die Putzoberfläche mitnehmen, Absanden, Haarrisse, filmbildende Anstriche, die mürbe werden und reißen.
Die meisten Schäden an den Farbschichten haben ihre Ursache entweder schon in einem falschen Putzaufbau oder in Unverträglichkeit von Putz und Untergrund, sind also Putzschäden. Aber auch die Unverträglichkeit von Putz und Farbsystem kann die Schadenursache sein. Gerade bei Anstrichen auf alten Putz- und Farbschichten ist die richtige Materialwahl wichtig. Einige Farbhersteller machen auch Farbgrundanalysen zu passablen Preisen.
Auch Anstriche auf schlecht oder gar nicht gereinigten Fassaden, auf sandenden, nicht verfestigten Putzoberflächen sind in ihrer Haltbarkeit beeinträchtigt. Eine Kombination verschiedener Schadenquellen kann zu ganz untypischen Schadenbildern führen. Hier muß jede Schadenursache für sich bekämpft werden.

6.5.2 Maßnahmen

Früher wurden die Häuser etwa alle 3 Jahre frisch mit Kalkmilch oder Kalkschlämme gestrichen. In der Oberfläche auftretende Haarrisse wurden beim Auftrag des Anstrichs mit der Bürste regelrecht zugeschmiert. Fehlstellen in der Fassade wurden im selben Arbeitsgang ausgebessert. Derartig gepflegte Außenflächen hatten auch an exponierten Bauteilen eine hohe Lebensdauer. Die Mühe der Pflege sollte man auch heute auf sich nehmen. Die Unterhaltungskosten für einen Bau sind bei laufender Pflege geringer, als wenn alle zehn bis fünfzehn Jahre ein großes Reparaturprogramm durchgeführt werden muß.

7 Sichtmauerwerk

Die alten Backsteinbauten waren weder verputzt noch gestrichen, manchmal mit Schlämme überzogen, doch es fragt sich, ob dies nicht einer Mode des vorigen Jahrhunderts entsprang.

7.1 Schäden

Durch den Angriff saurer Niederschläge sind auch an den oft sehr hart gebrannten Ziegeln, vor allem an den Mauerwerksfugen durch Auswaschung des Kalkmörtels erhebliche Schäden entstanden. Diese Fugenschäden ziehen durch eindringendes Wasser und seine Folgen weitere Ausschwemmungen, Frostschäden, Durchfeuchten der Mauer bis auf die Innenseite, Fäulnis von Holzteilen und andere schwere Defekte nach sich.
Hier ist eine genaue Untersuchung und Feststellung von Art und Umfang der Schäden notwendig.

7.2 Maßnahmen

7.2.1 Reinigen

Eine Reinigung der Fassade kann mit milden Reinigungslösungen (Seifenlösung, phosphatfreie Reinigungsmittel) oder mit Dampfstrahl erfolgen. Sandstrahler rauhen die Oberflächen auf und machen sie empfindlicher gegen chemische Angriffe als vorher.

7.2.2 Ausbessern

An allen Fugen müssen die angegriffenen Mörtelschichten so tief wie möglich ausgekratzt werden. Auch scheinbar intakte Wandpartien müssen untersucht werden. Oft ist die Verrottung unter einer intakten Oberschicht verborgen.
Die Fugen müssen anschließend mit dem gleichen Mörtel wie im altverbauten Mauerwerk sorgfältig ohne Hohlräume und Luftblasen bis auf Vorderkante Mauersteine geschlossen werden und mit einem rauhen Holzspachtel, *nicht* mit der Stahlkelle (Bildung von Sinterhaut), geglättet werden.

7.2.3 Wasserabweisende Ausrüstung (Hydrophobierung)

Wasserabweisende (hydrophobierende), farblose Anstriche, die mindestens zweimal wiederholt werden müssen, machen die Fassade widerstandsfähiger, weil weniger benetzbar, gegen die Umwelteinflüsse. Die Anstriche, Silikate oder Silikone, dürfen allerdings keinen dichten Film auf der Oberfläche bilden, um die Dampfdurchlässigkeit der Mauer zu erhalten.
Hydrophobierende Anstriche müssen, je nach Umweltbelastung, alle 3–5 Jahre wiederholt werden, wenn ihre Wirkung andauern soll.
Auch hier muß man sich eine Fachberatung holen.

Hydrophobieren einer Ziegelwand durch Aufspritzen von Fluaten

8 Natursteinfassaden

Fast alle Natursteine, mit Ausnahme von Basalten, sind der Zerstörung durch Umwelteinflüsse und Verschmutzungen mehr ausgesetzt als jedes andere Baumaterial. Schützende Putzschichten wurden zum Teil aus Unkenntnis entfernt oder aus Nachlässigkeit nicht erneuert.

8.1 Reinigung von Fassaden

Die Reinigung von Natursteinfassaden muß mit besonderer Sorgfalt vorbereitet und durchgeführt werden. Es gibt verschiedene Techniken.

8.1.1 Wasserreinigung

Drucklose Kaltwasserreinigung und Druckwasserreinigung kalt (8-15 Grad) oder heiß (60-90 Grad) können bei weichen Steinen zu einem mehr oder weniger starken Substanzverlust an der Oberfläche führen, bei porösen Steinen auch eine starke Baudurchfeuchtung nach sich ziehen.
Dampfstrahlreinigung bringt Substanzverlust nur bei weichen Oberflächen. Sie ist für alle Gesteinsarten und Oberflächenstrukturen geeignet.
Der Vorteil der Wasserreinigung liegt in der verhältnismäßig problemlosen Anwendung ohne chemische Umwandlungsprozesse im Stein und in ihrer guten Umweltverträglichkeit.

8.1.2 Mechanische Verfahren

Das früher angewendete steinmetzmäßige Überarbeiten der Steinflächen ist arbeitsintensiv und mit hohem Substanzverlust verbunden. An plastischen Verzierungen können erhebliche Zerstörungen entstehen.
Das Sandstrahlen naß und trocken ist in seinem Erfolg sehr stark abhängig von der richtigen Einstellung des Geräts, der richtigen Sandwahl und dem richtigen Abstand des Strahlers zum Objekt. Falsch eingestellt können hohe Substanzverluste und Schäden entstehen. Tiefer in den Stein eingedrungene Verschmutzungen werden nicht entfernt.

Schwere Steinzerstörung durch saure Niederschläge

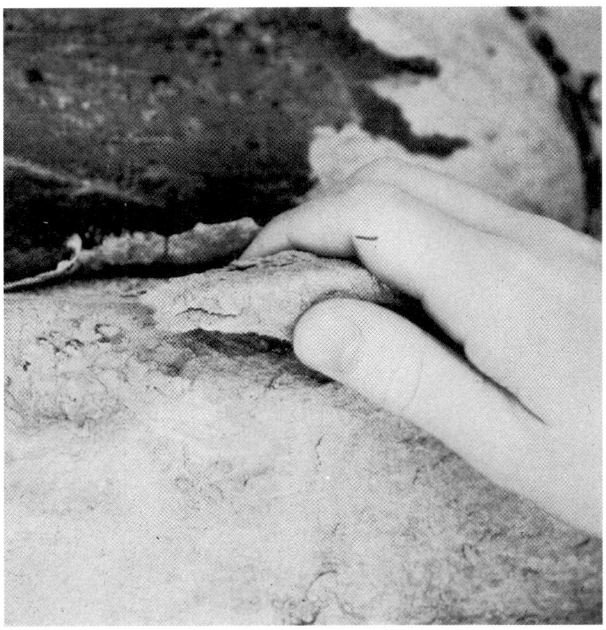

8.1.3 Chemische Verfahren

Die Reinigung mit Seifenkonzentrat (Pasten) ist eine schonende und in vielen Fällen auch erfolgreiche Methode. Durch das ausgiebige Nachspülen wird die Mauer starker Nässe ausgesetzt. Bei ungenügendem Nachwaschen kann es zu grauen Ausblühungen kommen.
Eine chemische Reinigung mit Laugen (fünf Arbeitsgänge) und Säuren (drei Arbeitsgänge) ist für das Arbeitspersonal mit erheblichen Gefahren verbunden (Schutzkleidung tragen). Die Steinsubstanz wird angegriffen, durch chemische Reaktion kann eine Versalzung des Steins eintreten oder es werden schädliche Salze frei (Umwelt!).
Diese Verfahren können, wenn überhaupt, nur unter sehr sachkundiger Aufsicht mit größter Sorgfalt angewendet werden.
Waschaktive Substanzen werden als Zusätze zu anderen Reinigungsmitteln zur Bekämpfung öliger Verschmutzungen eingesetzt.
Reinigungspasten sind besonders geeignet zur Säuberung von plastischen Verzierungen. Die Pasten werden lagenweise aufgetragen und nach dem Abtrocknen zusammen mit der Schmutzschicht abgezogen.

8.2 Verfestigung

In vielen Fällen muß nach der Reinigung erst das Natursteinmaterial verfestigt (stabilisiert) werden. Es gibt dazu verschiedene chemische Systeme auf Silikat- und Silikonbasis. Die Wahl der Mittel muß sich exakt nach der Steinzusammensetzung richten.
Erst nach dieser Stabilisierung des Natursteins kann ein neuer Putz aufgebracht werden. Steinsichtflächen können mit einem auf den Stein abgestimmten Wasserabweisungsmittel geschützt werden.

Bei der Vielfalt von verbauten Natursteinen kann in diesem Rahmen nicht ausführlicher auf alle Sanierungssysteme eingegangen werden. Die Denkmalämter können zuverlässige und sachkundige Firmen nennen.

Holzbausanierung

Das Holz gewinnt im Wohnungsbau wegen seiner ausgezeichneten bauphysikalischen Eigenschaften immer mehr Anhänger.
Im trockenen Zustand ist es ein außerordentlich widerstandsfähiger, alterungsbeständiger Baustoff mit hohem Wärmedämmwert. Holz kann in beträchtlichem Maß Luftfeuchtigkeit speichern und bei Trokkenheit wieder abgeben. Dadurch entsteht ein gleichmäßiges, angenehmes Raumklima.
Gute Tragfähigkeit bei geringem Gewicht und die leichte Bearbeitung haben von jeher dem Holz eine bevorzugte Stelle unter den Baumaterialien eingeräumt.
Dazu konnte es bis in jüngste Zeit aus eigenem Waldbestand oder als Deputatholz fast kostenlos bezogen werden.
Wer ein altes Holzhaus besitzt, sollte diesen Schatz pflegen, zumal Schäden an Holzbauten fast immer problemloser zu reparieren sind als an Mauerbauten. Die Kosten liegen in den meisten Fällen unter denen eines konventionellen, vergleichbaren Neubaus. Holz aus dem eigenen Wald und Eigenleistung können weiter zur Kostensenkung beitragen.

1 Das Material Holz

Holz ist natürlich gewachsenes Material von großem Sortenreichtum. Entsprechend vielfältig sind seine Haltbarkeit, seine Belastbarkeit und die Möglichkeiten zur Bearbeitung. Bei der Sanierung bestehender Holzbauten soll als Ersatz defekter Hölzer und zur Ergänzung zu schwacher Bauteile nur Holz derselben Art wie das altverbaute Material Verwendung finden.
Unterschiedliche Hölzer haben verschiedenes Schwind- und Quellverhalten. Zusammen mit der sehr verschiedenen Belastbarkeit kann es zu unkontrollierten Kräfteverschiebungen am Bauwerk kommen.
Noch bis vor 50 Jahren wurden für Holzbauten ausschließlich einheimische Hölzer verwendet.

1.1 Holzarten

Für den Blockbau kamen vorzugsweise langfasrige, weiche Hölzer wie Fichte, seltener Föhre und Tanne, als Grundschwelle über dem Fundament wenn möglich die sehr dauerhafte Lärche, zum Einsatz. Im Fachwerkbau wurde wegen der hohen statischen Belastbarkeit und der außerordentlichen Haltbarkeit vorzugsweise Eichenholz verwendet, aber auch Fichtenholz vor allem bei geringer beanspruchten Bauteilen.

1.1.1 Eiche

Eichenholz ist ein kurzfasriges, sehr hartes und schweres Holz. In frischem Zustand kann es mit normalem Werkzeug abgebunden werden, nach längerer Lagerung wird es außerordentlich fest und ist schwer zu bearbeiten. Es ist sowohl für Durchbiegung als auch in der Knickebene bei Stützen und Ständern hochbelastbar. Der starke Gerbsäuregehalt zusammen mit der Härte macht Eichenholz in trockenem Zustand sehr widerstandsfähig gegen Schädlinge. Unter dem Angriff dauernder Nässe ist allerdings auch Eichenholz der Verrottung preisgegeben.

1.1.2 Fichte

Fichtenholz ist ein Weichholz. Im Vergleich zu Eichenholz ist es leichter und besser zu bearbeiten, aber weitaus geringer belastbar. In trockenem Zustand kann Fichte ein hohes Alter erreichen, unter dauernder Feuchte können auch alte, feinjährige Hölzer in kurzer Zeit vermorschen.

1.1.3 Tanne

Tannenholz hat bei geringerem Harzgehalt ähnliche Holzeigenschaften wie Fichte, wurde aber als Bauholz im Außenbereich in vielen Gegenden abgelehnt. Dagegen wurden Fußböden und Möbel wegen des hellen Holztons gern aus Tannenholz hergestellt.

1.1.4 Föhre

Föhrenholz ist an sich wegen seines hohen Harzgehalts ein sehr haltbares Holz. Es ist aber auch noch im verbauten Zustand starken Verwindungen ausgesetzt. Trotzdem wurde es in einigen Gebieten der Alpenregion auch zum Bau von Dachstühlen verwendet. In Gegenden mit überwiegendem Föhrenbestand wurde es auch in Blockhäusern verbaut. Für Stubenvertäfelungen nahm man gerne Föhrenholz wegen seiner lebhaften Maserung.

1.1.5 Lärche

Lärche war zu allen Zeiten ein kostbares Holz, der Einschlag von Lärchenbäumen schon früh von Landesherrn kontingentiert. Trotzdem wurde Lärchenholz im Blockbau vor allem an besonders beanspruchten oder der Nässe ausgesetzten Stellen

(Grundschwelle) bevorzugt verwendet. Es ist ein harzreiches, sehr feinjähriges und außerordentlich gerade gewachsenes Holz. Die statische Belastbarkeit reicht fast an diejenige von Eichenholz heran.

1.1.6 Buche

Buchenholz ist zwar hart, aber wenig widerstandsfähig gegen Bruch, es schwindet stark und ist damit auch starken Verwindungen ausgesetzt. Als Bauholz ist es ungeeignet.

1.2 Holzbeschaffenheit

1.2.1 Wachstum und Einschnitt

Auch die Dichte der Jahresringe (Feinjährigkeit), der Stammausschnitt (Kernholz, Halbholz, Viertelholz), der Anteil an Splintholz ist für Haltbarkeit und statische Festigkeit eines Holzbalkens oder eines Brettes wichtig (siehe Zeichnung 41). Langsam gewachsenes, feinjähriges Holz, also solches mit engen Jahrringen, ist fester und widerstandsfähiger als Holz mit groben, weiten Jahresringen.

Splintholz ist weich und hat einen hohen Wasseranteil. Der zulässige Splintholzanteil ist für Bauholz in der Güteklasse festgelegt (siehe Seite 110).

Kernholz ist fest und schwindet gleichmäßig, Risse gehen nicht durch den ganzen Querschnitt. Im Blockbau wurde für Außenwände Kernholz, sogenannte Kernstämme (Ganzholz), verwendet.

Halb- und Viertelstämme (Halbholz, Viertelholz) schwinden ungleichmäßiger, Risse können den ganzen Balkenquerschnitt durchdringen. Als Innenwände fanden sie im Blockbau, im Fachwerk- und Ständerbohlenbau an untergeordneten oder billig errichteten Bauten trotzdem Verwendung. Bretter und Bohlen mit stehenden Jahresringen haben eine höhere Biegefestigkeit als solche mit liegenden Ringen. Sie neigen weniger zu Verwindungen (siehe Zeichnung 41).

1.2.2 Formänderung durch Schwinden und Quellen

Das Schwindverhalten von Holz hängt von seiner Zellstruktur, von seinem Wachstum und von seinem Wassergehalt ab. Schnellgewachsenes Holz mit wei-

Zeichnung 41 Holzeinschnitt und Schwindverhalten

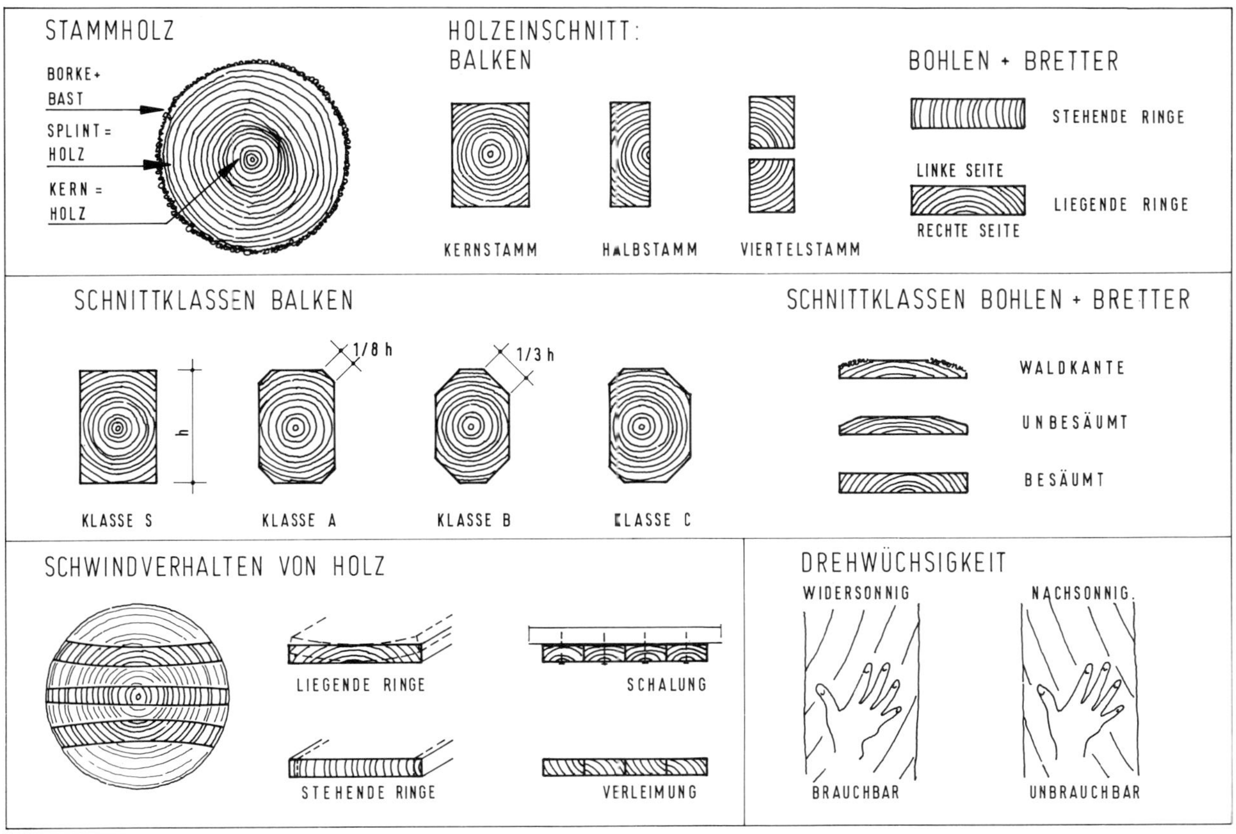

ten Jahresringen enthält mehr Wasser und ist deshalb beim Austrocknen einem größeren Schwindprozeß ausgesetzt. Holz mit engen Jahresringen enthält weniger Feuchtigkeit und schwindet deshalb geringer. Schwindvorgänge können sich über lange Zeit hinziehen.
Schwinden bedeutet beim Holz immer auch eine *Formänderung.* Zapfen und Holzverbindungen werden dünner und damit locker. Kernholzstämme schwinden in den Randzonen, die in das Splintholz reichen, stärker als im Kern, Bretter und Bohlen mit vorwiegend liegenden Jahresringen schwinden an der Außenseite (linke Seite) stärker als an der Kernseite (rechte Seite) (siehe Zeichnung 41, Seite 109).
Auch *Verwindungen* infolge von Schwinden führen zur Lockerung oder zum Ausreißen von Holzverbindungen.

1.2.3 Wuchsfehler

Sehr astreiches Holz, vor allem mit großen Ästen, ist in seiner Festigkeit gemindert. Kernrissiges Holz, Balken mit hohem Splintholzanteil sollen nicht verbaut werden. Drehwüchsigkeit ist am besten am geschälten Stamm als links- oder rechtsgedrehter Wuchs zu erkennen. Linksgedrehter Wuchs (nachsonnig) neigt sehr stark zu Verwerfungen und ist unbrauchbar. Rechtsgedrehtes Holz (widersonnig) kann nach Zimmermannsüberlieferung als Bauholz, vor allem im Blockbau eingesetzt werden (siehe Zeichnung 41, Seite 109).

1.2.4 Bauholzqualität

Die Bauholzqualität wird in *Güteklassen* nach DIN 4070 festgelegt.
Die *Schnittklassen* bezeichnen den Holzeinschnitt (siehe Zeichnung 41, Seite 109):

- ▷ Schnittklasse S: scharfkantiges Bauholz ohne jede Baumkante
- ▷ Schnittklasse A: vollkantiges Bauholz
- ▷ Schnittklasse B: fehlkantiges Bauholz
- ▷ Schnittklasse C: sägegestreiftes Bauholz

Altholz aus Abbrüchen ist für Ausbesserungsarbeiten sehr gut geeignet. Es schwindet und quillt nur noch geringfügig und paßt sich in der Farbe dem alten Bestand an. Meistens ist es von guter, feinjähriger Qualität. Altholz muß aber absolut frei von Schädlingsbefall sein. Das Reinigen der Hölzer und das Aufspüren und Ausziehen der oft zahllosen Nägel ist eine lohnende Eigenarbeit.

Kann man Holz aus eigenem Bestand schlagen, muß rechtzeitig mit dem Zimmermann eine Holzliste erarbeitet werden, um nicht zuviel, aber auch nicht zu wenig zu schlagen. Muß Holz zugekauft werden, soll auch das frühzeitig bestellt werden, um möglichst ähnliche Holzqualität zu bekommen. Eine Lagerzeit von mindestens einem Jahr, besser zwei Jahren sollte angestrebt werden. Bauholz muß luftig und fachgerecht geschichtet gelagert werden. Es darf keinesfalls mit Plastikplanen zugehängt werden. Sie lassen keine ausreichende Abdampfung zu und bilden zusätzlich Schwitzwasser. Bauholz wird im Winter von November bis Februar geschlagen.

1.3 Schäden am verbauten Holz

1.3.1 Schaden durch Vermorschen

Angemorschte bis verrottete Holzbauteile stellen den Hauptanteil der Schäden an Holzbauten. Dabei verliert das Holz von der Oberfläche her seine Festigkeit, es wird bräunlich und ist in Spänen oder würfeligen Brocken abzulösen.
Ursache ist ein Befall von *pflanzlichen Schädlingen, von Fäulnispilzen* im Holz.
Tierische Schädlinge (Holzwurm) zerstören das Holz zunächst unter der Oberfläche mit ausgedehnten Fraßgängen. Beim Abklopfen des Holzes sind derartige Hohlräume am Klang festzustellen (siehe Holzschädlinge, Seite 134).
Fäulnispilze breiten sich meistens schneller aus, und die Zerstörung ist eher sichtbar. Tierische Schädlinge greifen im allgemeinen weniger schnell um sich. Weil der Schaden aber unter der Holzoberfläche bleibt, wird ein Befall oft erst erkannt, wenn er schon größere Ausmaße erreicht hat.
Von Schädlingen befallenes Holz büßt mindestens einen Teil seiner Tragfähigkeit ein, dadurch kommt es zu Durchbiegung der Balken, in extremen Fällen zum Bruch tragender Bauglieder.
Ursache des Schädlingsbefalls, der zur Vermorschung führt, ist *immer Feuchtigkeit,* die nicht schnell genug abtrocknen kann. Aufsteigende Erdfeuchte aus Fundamenten, Erdaufschüttungen oder Erdberührung des Holzes in Hanglagen sind Gefahrenpunkte. Auch Feuchtigkeit von schadhaften Dächern und Dachrinnen, von unsachgemäßen Zu- und Ableitungen von Wasser und Abwasser führen zu Vermorschung des Holzes. Ausgehend von Stellen, an denen Wasser stehen bleibt (Balkone, vorstehende Balkenköpfe), von Fugen, in die Wasser eindringt (Fehler an Fenstern und Türen), von schlecht zu-

gänglichen Stellen (mangelnde Kontrolle) oder von solchen ohne ausreichenden Luftzutritt wird sich Fäulnis ausbreiten.
In Räumen mit hoher Dampfentwicklung (Ställe, Feuchträume), unter dicken Putzschichten auf Holz oder außenseitigen Vormauerungen, hinter luftdichten Verkleidungen wie plastikbeschichteten Platten oder Dachpappe, unter dichten Farbanstrichen, Fußbodenbelägen aus PVC und Gummi bildet sich Schwitzwasser. Die Schäden, die es verursacht, werden meistens erst in sehr fortgeschrittenem Zustand wahrgenommen.
Widerstandsfähiger gegen Verrottung sind Eichenholz wegen seines hohen Gerbsäuregehalts, harzreiches Zirben- und Lärchenholz, feinjähriges Föhrenholz, ganz allgemein Kernholz. Geflößtes Holz soll sehr widerstandsfähig gegen Schädlinge sein. Es ist möglich, daß durch die lange Wässerung alle für Schädlinge lebensnotwendigen Nährstoffe ausgeschwemmt werden. Sehr altes Holz ist widerstandsfähiger mindestens gegen tierische Schädlinge. Bei Dauernässe ist aber *jedes* Holz, auch sehr alter, gesunder Bestand, schnell zum Verfaulen verurteilt.
Splintholz ist weiches, nährstoff- und wasserhaltiges Holz, das von Schädlingen besonders bedroht ist (siehe Holzschädlinge, Holzschutz, Seite 133).
Die Folge von vermorschtem Holz ist eine Verschlechterung der statischen Verhältnisse am Bau bis zur Gefährdung der Standsicherheit.

1.3.2 Schwächung der Konstruktion

Durch unsachgemäße Ausbrüche von Wänden, von Tragwerksteilen oder an Tragwerksknoten kann das Baugefüge nachhaltig gestört werden. Der Laie sieht nur die tragende Funktion einer Wand. Ebenso wichtig ist aber ihre Aufgabe als Queraussteifung des Bauwerks. Besonders im Holzbau haben die Konstruktionen der Zwischenwände auch eine Art Zangeneffekt, das heißt, gegenüberliegende Außenwände werden von den Innenwänden zusammengespannt. Nachträgliche große Ausbrüche, auch an Blockbauwänden, stören deshalb immer das statische Gefüge des Hauses.

1.4 Schäden an Fundamenten

Schadhafte Fundamente führen durch Setzungen, aufsteigende Feuchtigkeit und ungenügende Lastaufnahme zwangsläufig zu Schäden an den Holzbauteilen. An Häusern, bei denen das Erdgeschoß gemauert und nur das Obergeschoß in Holzbauweise aufgeführt ist, leiden vor allem die unteren Schwellenbalken unter Vermorschung durch aufsteigende Mauerfeuchte, besonders im Stallbereich.
Das Bild schadhafter Fundamente unter Holzbauten ist das gleiche wie bei Mauerbauten: durch Regen und Erdfeuchtigkeit ausgeschwemmter und versandeter Mörtel, lockere, teilweise ausgebrochene Steine. Zudem wurden Fundamente unter Holzhäusern wegen des geringen Baugewichts und der großen Eigentragfähigkeit der Konstruktionen sehr sorglos mit geringer Bautiefe und unter sparsamster Verwendung von Kalkmörtel ausgeführt. Blockhäuser stehen oft nur auf einer geringen Schicht aus grobem Kies. Dränierungen zur Wasserableitung fehlen fast immer. Dazu kommen Geländeverschiebungen und Bodensetzung, besonders in den Hanglagen der Gebirgssiedlungen, als Ursache für Fundamentschäden.
Die Folgen solch desolater Fundamente sind ungleiche Verschiebungen im Baugefüge und Überbeanspruchung einzelner Bauteile. Holzverbindungen, wie Zapfen und Schwalbenschwanzverkämmungen, werden ausgezogen oder abgerissen. Die Vermorschung der Hölzer im Bereich der Fundamente ist ohne Gegenmaßnahmen nicht aufzuhalten.

Die beschriebenen Schäden können an allen Holzbauten auftreten, einzeln oder kombiniert, mehr oder weniger ausgeprägt. Es ist wichtig, die Schwachstellen schon in den Anfängen zu erkennen und die Ursachen festzustellen, um eine schnelle Bekämpfung einzuleiten. Je früher ein Schaden behoben wird, desto kleiner sind die Kosten. Je gründlicher er beseitigt wird, desto geringer ist die Wertminderung des Bauwerks.

An den verschiedenartigen Holzbauten treten aber auch spezifische Probleme auf, die im folgenden gesondert dargelegt werden sollen.

2 Holzblockbau

Häuser, Ställe und Scheunen in Holzblockbauweise haben ihr Verbreitungsgebiet in den waldreichen Landschaften der Alpen und des Schwarzwaldes, gelegentlich auch in der Lausitz. Man findet sie im ganzen skandinavischen Raum und bis tief hinein in die slawischen Siedlungsgebiete Osteuropas.
Holzblockbauten sind warme, widerstandsfähige Behausungen, die überall, wo es die passenden Bäume gab, schnell und problemlos zu errichten waren.

2.1 Konstruktionsmerkmale

Mehr oder weniger stark behauene Baumstämme werden waagrecht aufgeschichtet, die Hölzer gegeneinander mit kräftigen Holznägeln fixiert.
Die Ecken werden miteinander verkämmt, das heißt, eine Verzahnung der Balken sorgt für ausreichende Stabilität der Konstruktion.
Eine ähnliche Verkämmung der Innen- mit den Außenwänden bewirkt die nötige Queraussteifung. Die Wandverkämmungen (regional auch Schrot, Zierschrot, Malschrot, Gehrsatz, Gehrfraß, Vorstoß genannt) wurden früher zum Teil äußerst kunstreich ausgeführt als liebenswürdiger Schmuck eines Hauses, gelegentlich mit zusätzlicher Bemalung.
Die Grundschwellen, die untersten Balken des Wandaufbaus, gehen unter allen Türöffnungen durch als untere Verankerung, die jedes Ausbauchen einer Wand verhütet.
Öffnungen in der Blockwand, Türen, Tore und Fenster, werden seitlich senkrecht mit einem Wechsel fixiert. Der Wechselbalken greift mit einer Gabelung sowohl in den Sturzbalken als auch über die Grundschwelle. Damit wird ein Ausbuchten der Wand in der Senkrechten verhindert (siehe Zeichnung 42).
Dachstuhlkonstruktionen können bei Blockbauten entfallen, wenn die Querwände bis zum First hochgezogen werden. Die Dachpfetten liegen dann einfach auf den Blockwänden auf und bewirken eine zusätzliche *Längsaussteifung* des Baus (siehe Zeichnung 43).

2.2 Spezielle Schäden

Die oben beschriebenen Schäden durch Verrottung können sich an Blockwänden flächig ausbreiten und ganze Wandpartien unbrauchbar machen. Unter Putzflächen, die im vorigen Jahrhundert modern wurden, und unter späteren Brett- und Schindelverkleidungen breiten sich derartige Schäden aus. Das Ausmaß der Zerstörung wird erst nach Entfernen der Oberschicht sichtbar.
Großflächige Öffnungen in Blockwänden wurden nach Bedarf bedenkenlos ausgesägt. Blockwände machen Eingriffe in das Gefüge zunächst ohne sichtbare Störung mit, doch wirken sich im Lauf der Zeit Kräfteverschiebungen auf das ganze Bauwerk aus.
Bauwerkssetzungen und Verschiebungen sind an Blockbauten in oft abenteuerlichen Ausmaßen zu beobachten. Gerade weil das Gefüge bis zu einem gewissen Grad beweglich ist und das Holz ein sehr

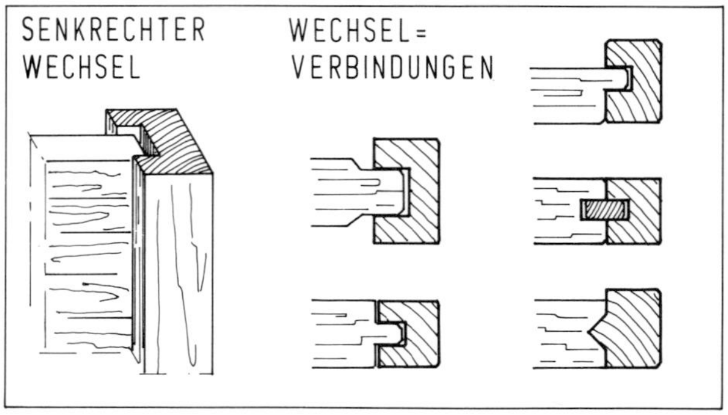

Zeichnung 42 Senkrechte Wechsel im Blockbau

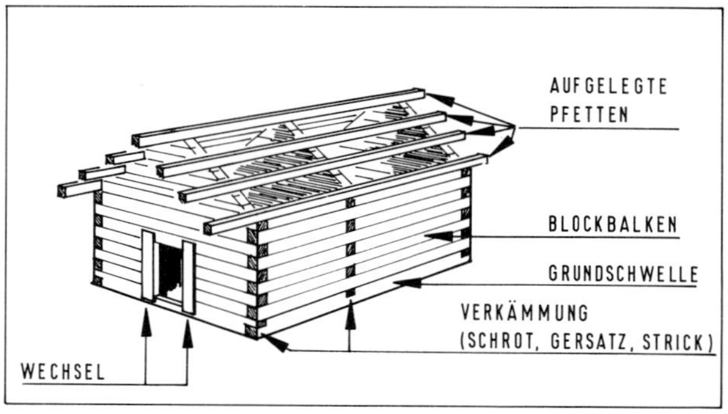

Zeichnung 43 Blockhaus

zähes Material darstellt, können Blockhäuser Bauwerksbewegungen mitmachen, unter denen ein Steinbau längst geborsten wäre.
Anbauten wurden oft sorglos ohne ausreichendes Fundament und feste Verbindung an den vorhandenen Bau angestellt. An den Nahtstellen kann es zu weit klaffenden Fugen kommen.

2.3 Maßnahmen

An alten Holzhäusern findet sich oft eine Kombination mehrerer Grundursachen für Schäden, zum Beispiel schlechte Fundamente, aufsteigende Feuchtigkeit, Geländeverschiebungen, falsche Ausbrüche. Die Sanierungsmaßnahmen müssen deshalb besonders genau überlegt und in ihrem Ablauf geplant werden.

2.3.1 Schadensfeststellung

Eine sorgfältige, genaue Feststellung und Auflistung des Baubestands und aller Schäden muß am Anfang aller Überlegungen stehen.
Alte Verputze müssen abgeschlagen und Verkleidungen abgenommen werden, um etwa darunter verborgene Schäden offenzulegen. Stubenvertäfelungen

sollen bei Verdacht auf Holzschäden wenigstens an kritischen Stellen vorsichtig geöffnet werden. Auch unter dicken Anstrichen können sich Schäden ausgebreitet haben.

Angemorschte Balken müssen bis auf den gesunden Kern abgebeilt werden, um den noch tragfähigen Querschnitt zu ermitteln. Wurmlöcher sind mindestens in Stichproben auf noch lebenden Befall zu untersuchen, eventuell kann mit Probebohrungen der Zustand im Innern der Balken festgestellt werden.

Defekte Wandbalken sind nach dem originalen Balkenquerschnitt und der Länge der Beschädigung aufzulisten.

Von Schädlingen befallene Hölzer müssen 50–100 cm in das gesunde Holz hinein gründlich gereinigt werden. Die Abfälle müssen sofort verbrannt werden, um eine Infektion gesunder Hölzer auszuschließen. Eine Lagerung im Holzschuppen als Brennholz für den nächsten Winter wäre falsche Sparsamkeit mit möglicherweise verheerenden Folgen.

Die Holzart der altverbauten Balken muß festgestellt werden.

Konstruktionsschäden: Art und Ausmaß von Neigungen und Ausbuchtungen von Blockwänden, Verwindungen, Durchbiegungen und Brüche von Balken müssen aufgelistet und vor allem die Ursachen der Verformung gesucht werden. Konstruktive Schäden im Dachstuhl wurden im entsprechenden Kapitel behandelt.

Fundamentschäden und Mängel (zu schmal, zu niedrig, feucht, locker) sind genauso zu erfassen wie zum Beispiel Erdaufschüttungen, Setzungen, Geländeabrutsch.

Alle Schadensursachen müssen in ihrem Ausmaß aufgelistet werden, so daß später der Arbeitsablauf folgerichtig geplant werden kann. Es hat zum Beispiel wenig Sinn, mit einigem Aufwand eine geneigte Holzwand aufzurichten, wenn nicht gleichzeitig die fehlende Queraussteifung ergänzt wird.

2.3.2 Bausicherung

Die Bausicherung wird gerade bei Eigenarbeit immer wieder grob vernachlässigt. Der Bauherr ist *verantwortlich und haftbar für Unfälle,* die er und seine Helfer am Bau erleiden. Auch Bausicherungen müssen überlegt und geplant werden.

Baugerüste müssen auf dem gewachsenen Boden stehen, mindestens muß eine sichere Lastabtragung auf das Erdreich gewährleistet sein. Gerüste müssen rutschfest verkeilt werden. Einsturzgefährdete Decken und Wände müssen sicher abgestützt werden. Holzbauten verleiten mehr als andere zum unkontrollierten Klettern, die Einsturzgefahren werden unterschätzt, Sicherungen allzuleicht außer Acht gelassen. Deshalb müssen Gerüste und Arbeitsabläufe immer wieder überprüft werden.

2.3.3 Instandsetzen der Fundamente

Fundamente, die zu niedrig sind oder deren Gefüge sehr stark gelockert ist, werden am besten voll erneuert. Ein Holzhaus kann leichter als jeder Steinbau unterfangen und mit LKW-Hebern, Futterhölzern und Keilen regelrecht aufgebockt werden.

Die Fundamentsohle sollte bei dieser Gelegenheit tiefer, das heißt mindestens annähernd auf Frosttiefe gelegt werden. Betonschalsteine sind arbeitssparend und ermöglichen eine größere Flexibilität, um dem oft recht ungeraden Verlauf der Holzwand zu folgen. Betonschalsteine müssen, besonders in Hanglagen, mit Eisen armiert werden.

Geschalte Betonfundamente müssen unbedingt lange genug abgebunden haben (mindestens 14 Tage) und voll belastbar sein, bevor der Holzbau aufgesetzt wird.

Die Fundamentvorderkante muß im verputzten Zustand mindestens bündig mit der Außenkante der Balkenwand sein, besser einen Rücksprung aufweisen. Jede Möglichkeit, daß Niederschlagswasser auf einer Fundamentkante stehen bleibt, muß ausgeschaltet werden (siehe Zeichnung 55, Seite 126).

Das Fundament erhält einen abdeckenden Zementglattstrich. Darüber und unter dem ersten Balken wird eine geeignete Feuchtigkeitshorizontalsperre eingebracht. Sie kann aus zwei Lagen rauher Bitumenpappe bestehen. Dichtungsfolien sind in Verbindung mit Holz abzulehnen.

Aufbocken eines Blockhauses mit einfachen Hebegeräten

Vorbildlich instandgesetztes Fundament unter einem Blockhaus

Außen wird das Fundament mit einer vertikalen Feuchtigkeitssperre versehen (siehe Baufeuchtigkeit unter 1.2.3, Seite 43). Auch bei intakten Fundamenten muß eine Dränierung gelegt werden (siehe Baufeuchtigkeit unter 1.2.1, Seite 39).
Vor Festlegung der Fundamentoberkante müssen die Konstruktion, der Aufbau und der Anschluß des Hausfußbodens genau überlegt und in die Konstruktion einbezogen werden (siehe Zeichnung 44).

2.3.4 Ersatz von Blockwänden durch Mauern

Balkenwände, die auch nach der Sanierung noch mit Erdreich Berührung hätten, sollten durch Mauern ersetzt werden. Der beste Holzschutz könnte Fäulnis in diesen Bereichen nicht aufhalten. Auch im Feuerungsbereich, hinter Kachelöfen, um Kohle- und Gasherde ist eine Aufmauerung dringend anzuraten. Andernfalls müssen feuerhemmende Wandverkleidungen mit schweren Gipsplatten angebracht werden.

Zeichnung 44 Instandsetzen von Fundament und Fußboden

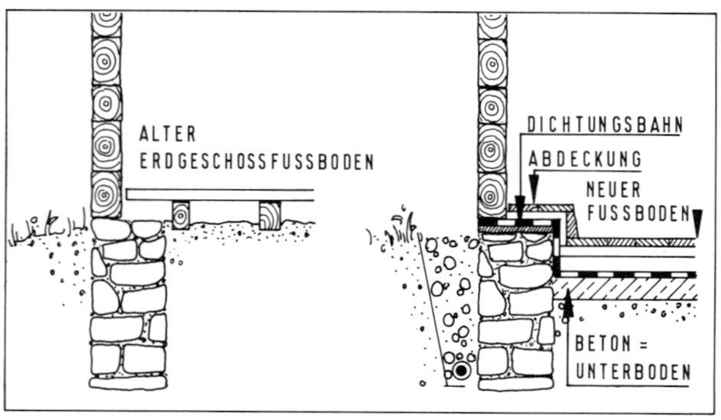

2.3.5 Auswechseln defekter Holzteile

Das Auswechseln defekter Holzteile ist Zimmermannsarbeit. Zur Verwendung kommen Kernstämme oder Halbstämme. Tragende Deckenbalken oder auskragende Balken (Balkon) müssen immer aus Kernstämmen gezimmert werden. Auf den Einbau alter Abbruchhölzer bei Ausbesserungsarbeiten wurde hingewiesen (siehe Seite 110).
Balkenteile, die im Wandgefüge ausgewechselt werden, müssen mit dem alten Holz verblattet und verdübelt (genagelt) werden (siehe Zeichnung 29, Seite 67). Müssen ganze Wandteile ergänzt werden, ist besonders auf eine fachgerechte Ausbildung der Eckverbindungen zu achten. Zierschrot ist selten in gleicher Weise neu herzustellen, doch sollten alte Formen möglichst erhalten und Spuren von Bemalung konserviert werden.
Beim Auswechseln von hohen Wandteilen muß die Setzung von neuem Holz in den ersten Jahren einkalkuliert werden. Je nach Holzart, Holzqualität und Belastung der Wand kann die Setzung 2–3 Prozent der Wandhöhe betragen. Für starre Leitungen wie Wasser- und Heizungsinstallationen empfiehlt sich eine wandunabhängige Montage in Installationskanälen (siehe Sanitärbereich, Seite 211). Bei Verkämmung alter und neuer Holzwände muß dieser Setzungsfaktor mit ausreichend Luft in den Verbindungen berücksichtigt werden, desgleichen bei Tür- und Fensterstürzen.
Eckverbände können auch mit verbolzten Vierkanthölzern innen, notfalls auch außen, gesichert werden. Die Holzzerstörung darf nicht zu weit fortgeschritten sein und es darf kein Schädlingsbefall mehr festgestellt werden (siehe Zeichnung 45).
Sehr stark ausgewitterte und zerklüftete Hirnhölzer (Vorstoß) sollten nach sorgfältiger Reinigung tief mit Epoxydharz ausgespritzt werden, um weiterer Ver-

Zeichnung 45 Eckverstärkung im Blockbau

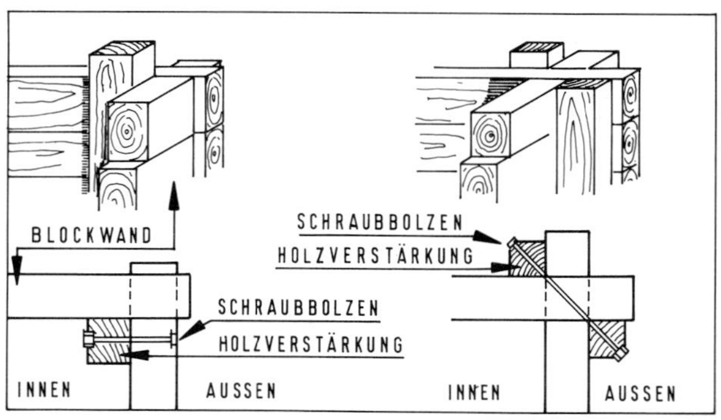

Auswechseln und Ergänzen von Blockwänden

witterung und weiterem Schädlingsbefall vorzubeugen. Das Holz muß für diese Behandlung auch in den tiefen Spalten trocken sein. Notfalls kann man der Austrocknung mit dem Haarföhn nachhelfen.

Die Lagerfugen werden heute mit einfachen oder doppelten Nut- und Federverbindungen ausgeführt, um einem Ausweichen der Wand in der horizontalen Ebene zu begegnen. Das ungleiche Schwindverhalten im mittleren und im Kantenbereich des Balkens (Splintholz) führt zu mehr oder weniger starken Klaffungen und Wärmebrücken zwischen den Balken. Alle möglichen »dauerelastischen« Dichtungsmittel sollen den Schaden ausgleichen. Besser war die alte Methode, bei der der Druck auf das weichere Splintholz zur Ausbildung einer absolut dichten Fuge herangezogen wurde. Die senkrechte Fixierung der Balken übernahmen Holznägel oder durchgehende Holzbolzen.

Mit einer entsprechenden Profilausbildung könnte dieser alte Trick auch für moderne Blockbauten Anwendung finden (siehe Zeichnung 46). Die Lagerfugen werden mit einer zunächst lockeren Fugendichtung aus *rein organischem Material* versehen. Geeignet sind Werg, Kokosfaser, Kork, geteerter Hanfstrick, *keinesfalls Kunststoffmaterial oder Folien.*

Von außen verstopfte Fugen gibt es im Lechtal, in Kärnten, im Riesengebirge und in slawischen Gegenden. Beim Verbau von wenig behauenen Hölzern, also billigen, dünnen Stämmen, entstanden Wandstellen mit geringer Dicke, die mit Moos, mit einer Lehm-Häckselmischung oder mit Kalk-Häckselbrei gedichtet wurden. Das gab den Häusern ein ungewohnt quergestreiftes Aussehen.

Alte Klaffungen in sonst intakten Balken werden ausgespänt. Ein passender Span wird mit wetterfestem Leim nur an einer Seite der Klaffung angeleimt. Alte Ausbesserungen mit Zement und Mörtel müssen ausgekratzt und durch Holzteile ersetzt werden. Herkömmliche Allzweckfugendichtungen sind abzulehnen.

Sind Balkenquerschnitte durch Schädlinge stark gemindert, können Bohlenverstärkungen die alte Tragfähigkeit wieder herstellen. Die Bohlen werden ein- oder beidseitig mit dem vorhandenen Balkenrest verbolzt oder vernagelt.

Bohlen sollen nie weniger als 4 cm stark sein. Dünnere Bretter würden sich verwerfen, Wasser könnte hinter die Verbretterung dringen, eine weitere Holz-

Zeichnung 46 Verbindungen der Blockhölzer

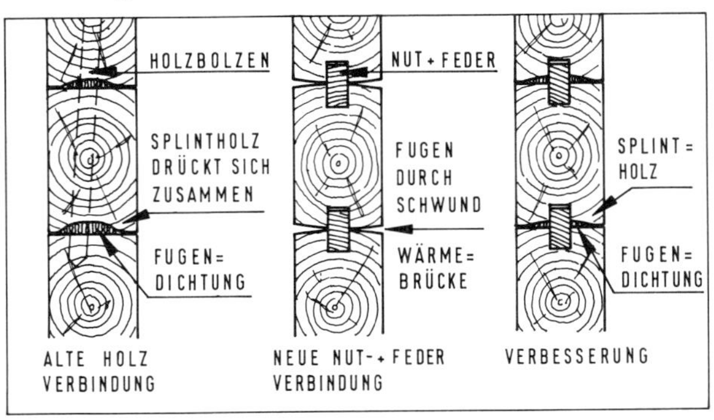

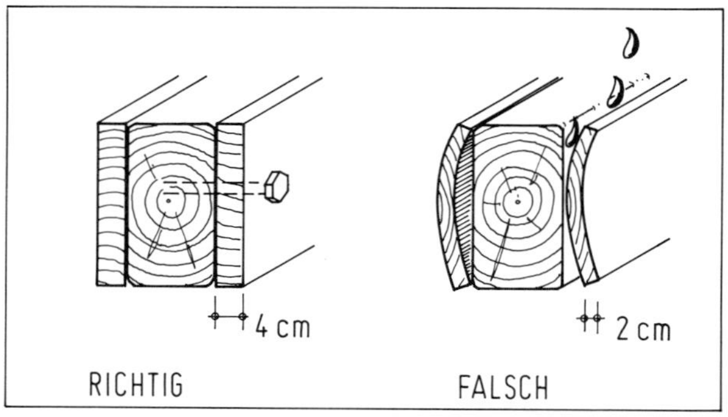

Zeichnung 47 Ergänzung der Balken durch Bohlen

zerstörung wäre vorprogrammiert (siehe Zeichnung 47).
Die Oberflächen neuer Holzteile sollen geglättet, gehobelt oder gebeilt sein, um dem Schlagregen weniger Angriffsfläche zu bieten.
Ein *künstliches Altmachen*, ob mit Farbe oder Oberflächenstruktur, ist abzulehnen, ebenso Verschalungen aus alten Brettern auf neuen Blockbauten oder gar auf Mauer, um ein altes Haus vorzutäuschen.
Die natürliche Alterung des Holzes, die die tief rotbraunen Farben an der Sonnenseite und die silbergrauen Oberflächen an der Wetterseite bringt, muß geduldig abgewartet werden.

2.3.6 Anheben und Einrichten von geneigten Blockwänden

Geringfügige Neigungen und Setzungen sind so zu sichern, daß keine zusätzlichen neuen Verschiebungen eintreten können. Fundamente müssen saniert, zu schwache tragende Hölzer durch Beilagen oder neue Tragbalken verstärkt werden. Der Einbau von Zangen und Wechseln kann die vorhandene Situation stabilisieren. Im Giebel wurden schon immer Zangen zur Sicherung der Blockwand eingesetzt (siehe Zeichnung 48).

Zeichnung 48 Versteifung von Blockwänden

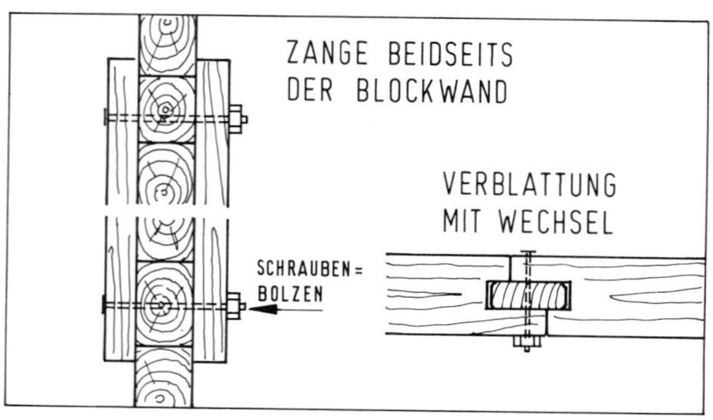

Das Anheben und Einrichten stärker geneigter Wände muß mit Zimmermannswinde, mit Hebegeräten (LKW-Heber, Hubwinde), nachstellbaren Unterfangungen und Keilen über einen längeren Zeitraum durchgeführt werden. Die Kräfte dürfen *nie punktweise,* zum Beispiel mit einem Seil, angesetzt werden. Beigelegte Bohlen und doppelte bis dreifache Schaltafeln müssen für *eine breite Verteilung der wirksamen Kräfte* sorgen. Nach dem Ausrichten sind alle alten Holzverbindungen sorgfältig zu kontrollieren. Gelockerte Verbindungen müssen durch Keile, Paßstücke oder genagelte Laschen ihre alte Kraftschlüssigkeit wiedergewinnen.
Die Auflager von Deckenbalken müssen untersucht werden. Ungenügende Auflager können mit beigenagelten Bohlen, mit Stahlschuhen oder Stahlwinkeln neu gesichert werden (siehe Zeichnung 30, Seite 72). Auch die Nuten alter Einschubbohlendecken sind zu überprüfen. Keilbretter, die zum Nachziehen der Bohlendecke dienten, sind, wenn noch vorhanden, *vor* dem Einrichten des Bauwerks herauszunehmen, mindestens stark zu lockern. Damit wird ein möglicher Widerstand gegen das Ausrichten aus dem Bohlenboden vermieden.
Große Ausbrüche werden mit Wechseln versteift (siehe Zeichnung 42, Seite 112). Es ist jedoch besser, sie so zu schließen, daß die Wände ihre aussteifende Wirkung wieder erlangen.
Alte Blockhäuser überstehen auch schlimme Formänderungen meist relativ unbeschadet. Mit etwas Sorgfalt sind sie wieder in eine normale Lage zu bringen. Ein einfallsreicher Zimmermann mit Gespür und Liebe für eine alte Konstruktion sollte dem Unternehmen hilfreich zur Seite stehen.

2.4 Neue Fenster und Türen

Neue Fenster- und Türöffnungen können im Blockbau einfach ausgesägt werden. Aber für alle Öffnungen sind Maß und Verhältnis der Gesamtfassade ausschlaggebend. Wenn die Belichtung eines Raums durch die vorhandenen Fenster wirklich nicht ausreicht, was selten vorkommt, sind besser zwei kleine Fenster anzuordnen als ein großes Loch. Auch die hübschen alten Zwillingsfenster sind zu Unrecht aus der Mode gekommen. Türausschnitte innen sollen auf das notwendige Maß und die notwendige Anzahl beschränkt bleiben, um das Wandgefüge nicht unnötig zu schwächen.
Ein Wechsel muß zur senkrechten Fixierung der Blockwand, unabhängig von Fenster- und Türstock, eingebaut werden (siehe Zeichnung 42, Seite 112).

Türen und einfache Tore wurden früher zwar am Wechselbalken angeschlagen, doch ist der Einbau eines Türstocks für die heutigen Ansprüche an die Fugendichte und bessere Schließfähigkeit notwendig.
Fehlen Wechsel an vorhandenen Öffnungen als Folge früherer, unsachgemäßer Veränderungen, müssen sie nachträglich eingefügt werden.
Sind neue Innenwandausbrüche unbedingt erforderlich, muß darauf geachtet werden, die Queraussteifung trotzdem zu erhalten.

2.5 Balkone

Balkone sind eine liebenswürdige und praktische Zutat an alten Bauernhäusern. Als Abkömmlinge der Trockengerüste unter den weitausladenden Dächern der Gebirgshäuser sind sie schmal und leicht gebaut. Kleine Balkönchen unter dem Giebel, einseitig als Schutz über dem Eingang, als stolze Zier der Frontseite oder umlaufend um drei Seiten des Hauses scheinen sie oft nur dem Zweck zu dienen, einen überwältigenden Blumenschmuck zu tragen. In Wirklichkeit sind sie immer noch Trockenraum, Bergeraum, Abstelle für Gerät und vieles mehr. Nur zum Draußensitzen sind sie eigentlich nicht gedacht, dafür gibt es vielzuviel Platz rund um das Haus. Doch für den Liegestuhl oder ein Frühstückstischchen für Sommergäste reicht es allemal.
Die Tragkonstruktion bilden die *auskragenden Dekkenbalken.* Das Geländer wird von den Balkonsäulen gestützt, die ihrerseits an den Dachpfetten oder an auskragenden Balken über dem Obergeschoß *aufgehängt* sind. Alte Balkonbrüstungen waren einfach verbrettert. Später wurden Zierformen in die Bretter geschnitten, im Barock kamen prächtige, teure Balustraden in Mode. Sie waren nicht nur Freude an der

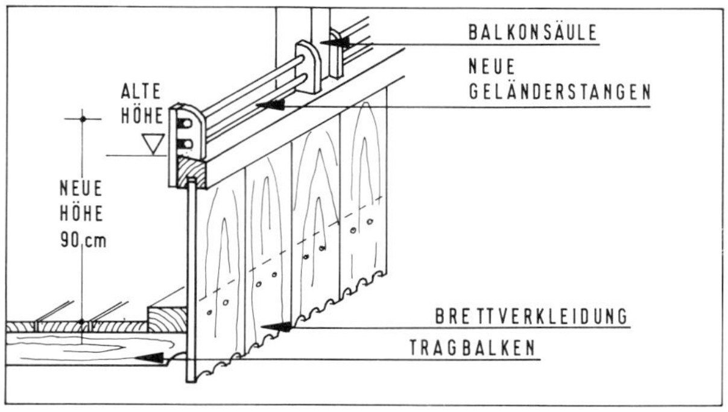

Zeichnung 49 Balkonbrüstung mit Ergänzung auf neue Höhe

großen Zier, sondern auch Statussymbol für Wohlhabenheit.
Bei der Sanierung von Balkonen muß man sich eng an den vorhandenen Bestand halten. Das gilt für die Abmessungen wie für den Zierat an Geländer und Balkonsäulen. Zu breite Balkone erdrücken das Erdgeschoß, zu viele und falsche Verzierungen bringen die behäbig ruhigen Linien eines alten Hauses völlig aus dem Gleichgewicht. Vielleicht kann man sogar an Hand alter Fotos Bausünden der letzten fünfzig bis achtzig Jahre korrigieren. Die ursprünglichen senkrechten Bretterverschalungen bieten den besten Wetterschutz (siehe Zeichnung 49). Ausgeschnittene Bretter und gedrechselte Baluster sollte man sehr behutsam da anwenden, wo man sich auf alte Muster berufen kann. Alle alten Balkongeländer sind für unsere Bauvorschriften zu niedrig. Fest montierte Blumenkästen oder horizontale Rundholzstangen, an den Balkonsäulen befestigt, können Abhilfe schaffen (siehe Zeichnung 49). Die Brettverschalung muß so weit nach unten reichen, daß der Balkon vor Schlagregen und eingewehtem Schnee, die Balkenköpfe der Traghölzer vor Feuchtigkeit geschützt sind.

Trockenharfe an einem Tiroler Bauernhaus

Einfach verbretterter Balkon im Zillertal

Stolze, zweigeschossige Balkonanlage bei Passau

3 Fachwerk

Die Sanierung von Fachwerkbauten hat in den letzten Jahren einen enormen Aufschwung genommen. Das Verständnis, das dem historischen Wert und der hohen Handwerkskunst dieser liebenswürdigen Häuser entgegengebracht wird, bewahrt heute viele vor dem Abbruch. Die Zahl der Planer und Handwerker, die sich sachkundig mit Fachwerksanierung befassen, wächst langsam, aber stetig. Auch eine Reihe von Büchern und Aufsätzen, die sich ausführlich mit dem Thema auseinandersetzen, sind zu haben. In diesem Buch können nur die Hauptpunkte einer Instandsetzung angesprochen werden.
Bevor die Sanierung eines Hauses in Angriff genommen wird, soll sich der Bauherr genau orientieren über Grundfragen und Techniken von Reparatur und Wiederherstellung. Er muß auf die Suche gehen nach kompetenten Planern und Handwerkern. Gelungene Sanierungsbeispiele können dabei Wegweiser sein, Gemeindeverwaltungen, Denkmalämter, Handwerkskammern können befragt werden.

3.1 Entwicklung des Fachwerks

Für die Sanierung eines Fachwerkhauses ist die Kenntnis seines Konstruktionsprinzips wichtig. Es wird immer noch unterschieden nach niedersächsischem, fränkischem und alemannisch-schwäbischem Fachwerk, obwohl sich gerade in den jüngeren Bauepochen die Systeme überschneiden und vermischen oder gebietsweise ausgeprägte Sonderformen entwickelt wurden.
Fachwerkbauten bestehen im Gegensatz zum massiven Steinbau und zum Blockhaus aus einem Ständergerüst aus Holz mit Ausfachungen aus Lehm oder Ziegeln, in selteneren Fällen aus Bruchstein, stellen also eine Mischbauweise dar. Das Gerüst ist zwar in den einzelnen Baugliedern verstrebt und damit stabil, aber nicht als Ganzes starr.
Entwickelt hat sich das Fachwerk aus den vor- und frühgeschichtlichen Pfostenbauten, bei denen Rundstämme bis zu 80 cm in Erdreich gesetzt und mit Steinen verkeilt oder mit Erde festgestampft wurden. Darauf wurden unmittelbar oder auf einer Art Pfette die Rofen oder Sparren für das Dach befestigt. Der-

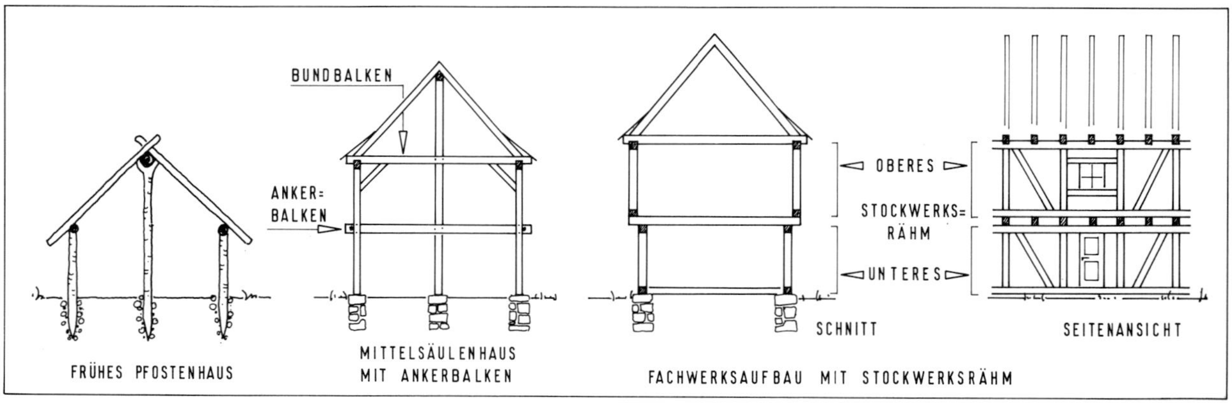

Zeichnung 50 Entwicklung des fränkisch-alemannischen Fachwerkhauses

Zeichnung 51 Bezeichnungen im alemannischen Fachwerk

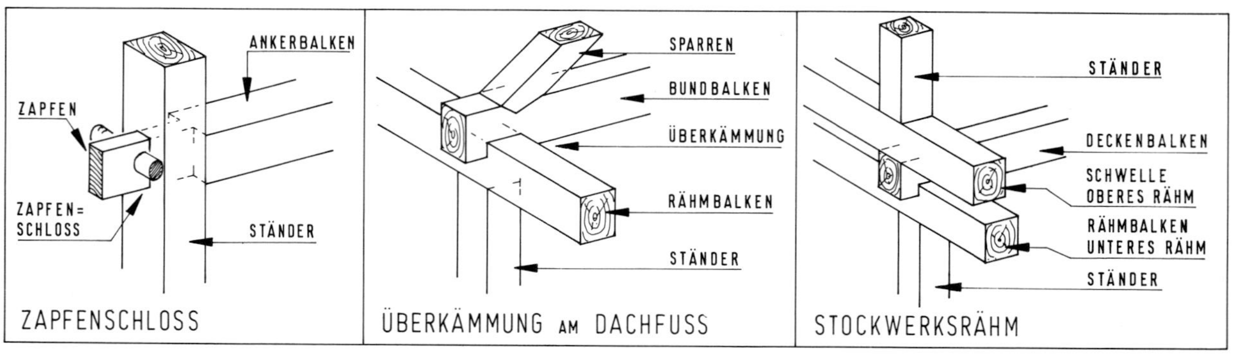

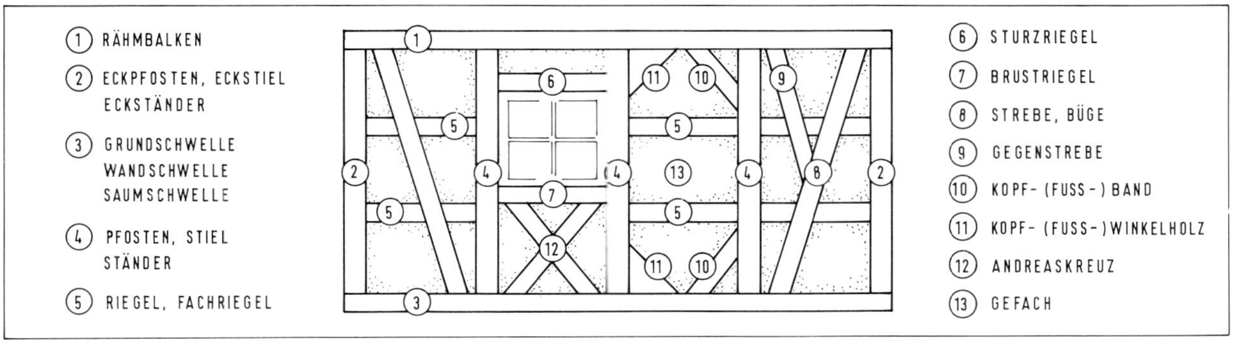

Zeichnung 52 Traditionelle Holzverbindungen im Fachwerkbau

artige eingespannte Ständer bedurften keiner Queraussteifung (siehe Zeichnung 50).
Mit dem Herausheben der Pfosten auf ein Fundament, um der Fäulnis des Holzes im Boden zu begegnen, wird der Pfostenbau zum Ständerbau. Die statisch wirksame Einspannung im Boden entfällt. Knaggen, Schrägstreben, verkeilte Querriegel müssen die Quer- und Längsaussteifung bewerkstelligen.

3.1.1 Fränkisches Fachwerk

Im mittel- und oberdeutschen Raum geht die weitere Entwicklung vom Firstsäulenhaus aus. Die Eck- und Mittelsäulen (Ständer, Bundständer, Stützen, Hochstud) werden über die Höhe *aller* Geschosse aufgerichtet. Die Queraussteifung über dem Erdgeschoß übernimmt ein Ankerbalken, der mit einem langen Zapfen durch die Außensäule gesteckt und mit einem Holzkeil festgezogen wird (Zapfenschloß) (siehe Zeichnung 50 und Zeichnung 51). Die Aussteifung über dem Obergeschoß übernehmen die untersten Dachbalken, die aufgekämmt werden (siehe Zeichnung 50). Die tragenden Säulen stehen unmittelbar auf dem Fundament, erst später werden alle Ständer auf einen durchgehenden Schwellenkranz gesetzt (siehe Zeichnung 53). Im fränkisch-hessischen Raum wurden noch bis in das 16. Jahrhundert Fachwerkhäuser mit Ständern und Firstsäulen gebaut, die über mehrere Geschosse durchgehen. Seit etwa 1550 bildete sich eine enge Angleichung und Durchdringung mit den Bauformen des alemannischen Fachwerks heraus.

3.1.2 Alemannisch-schwäbisches Fachwerk

Im alemannisch-schwäbischen Bereich setzt sich früh das *Stockwerksrähm* durch. Für jedes Geschoß wird die ganze Wandkonstruktion in Stockwerkshöhe aufgeschlagen (abgebunden, gebunden), jede Wand wird in sich mit Schrägstreben und Querriegeln stabilisiert. Die Zahl der Ständerfelder richtet sich nach der gewünschten Hauslänge. Die Queraussteifung des früheren Ankerbalkens übernehmen die Deckenbalken, die auf dem obersten Rähmbalken des Wandelements aufgekämmt werden (siehe Zeichnung 50, Zeichnung 51, Seite 118, und Zeichnung 52). Immer noch können die Eckständer unmittelbar auf dem Steinfundament stehen, doch wird im Bereich der Stockwerksrähmkonstruktion der umlaufende Schwellenkranz gebräuchlich (siehe Zeichnung 53). Aus den schrägen Kopf- und Fußstreben (Kopfbüge, Fußbüge), die sich in der weiteren Bauentwicklung überschneiden und verdoppeln, und aus den wandhohen Schrägstreben entsteht eine verwirrende Fülle von Schmuckformen an mittel- und oberdeutschem Fachwerk. Die Balkenköpfe an den auskragenden Obergeschossen werden profiliert, geschnitzt, bemalt und mit vielfältigen Holzgesimsen überzogen.
Die Bauernhäuser der Dörfer und geschlossenen Märkte waren weniger aufwendig gebaut als Stadthäuser, aber fast immer war das Fachwerk in irgendeiner Weise farbig gefaßt. Durch die Mode des Überputzens ist seit etwa 150 Jahren viel schöner Zierat verloren gegangen.

Zeichnung 53 Schwellenverbindungen

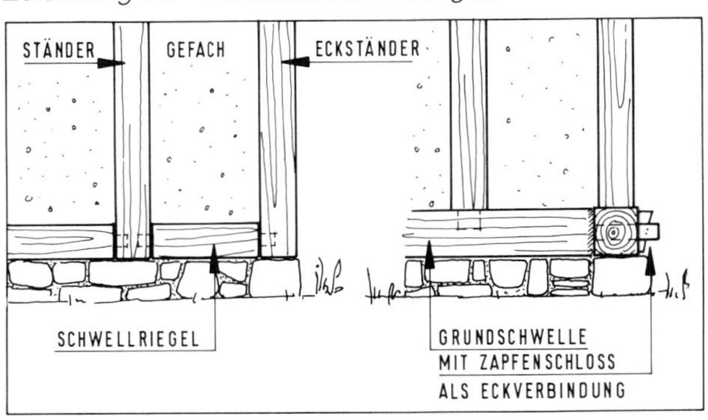

3.1.3 Niedersächsisches Fachwerk

Anders verläuft die Entwicklung im niedersächsischen Fachwerk. Auch hier waren die Pfostenstützen der frühen Häuser im Erdreich verankert. Das Sparrendach saß aber nur auf zwei Stützen auf. Die vom Boden zum First durchgehende Säule fehlte. Das ermöglichte die hallenartigen Räume mit dem Tor an der Giebelseite. Seitlich angeschleppte Dächer, außen auf schwächeren Stützen aufgelegt, zeichneten schon den dreischiffigen Grundriß vor, der bis heute für alle niederdeutschen Haustypen bezeichnend ist. Erst im Mittelalter werden die Fußpunkte der Ständer aus dem Erdreich heraus auf Fundamente verlegt.
Bestimmend für die Konstruktion wird das tragende Dachgerüst mit der Aufstelzung für Wohnteil und Stall mit zwei oder vier Ständern (siehe Zeichnung 54). Die Längsaussteifung übernehmen die Verbindungsbalken der einzelnen Binder, die hier als Rähm bezeichnet werden.
Die Außenwände haben nicht wie im alemannischen Fachwerk eine tragende oder sonstwie konstruktive Bedeutung. Für ihre eigene Stabilisierung genügt das einfache Ständer-Riegelgerüst, das den Wänden die typische quadratische Gliederung gibt, und die Ausfachung mit Ziegeln.
Die Grundrisse haben regional unterschiedliche Entwicklungen erfahren, werden aber immer geprägt von dem großen giebelseitigen Einfahrts- und Haustor.

3.2 Schäden

Neben den beschriebenen allgemeinen Schäden am Holz treten durch die Konstruktion bedingte, spezifische Schäden, Schadensquellen am Fachwerk auf.

3.2.1 Schäden durch Nässe

Durch Nässe, die in den Fundamenten hochzieht, durch Regenwasser, das auf Mauervorsprüngen unter den Schwellenbalken stehen bleibt, durch zu hoch angeschüttetes oder aufgewachsenes Erdreich, durch wasserziehende Kalkputze (siehe Putz und Farbe unter 3.2.1, Seite 94) vermorschen die Grundschwellen (Saumschwellen).

Zeichnung 54 Entwicklung des niedersächsischen Fachwerkhauses

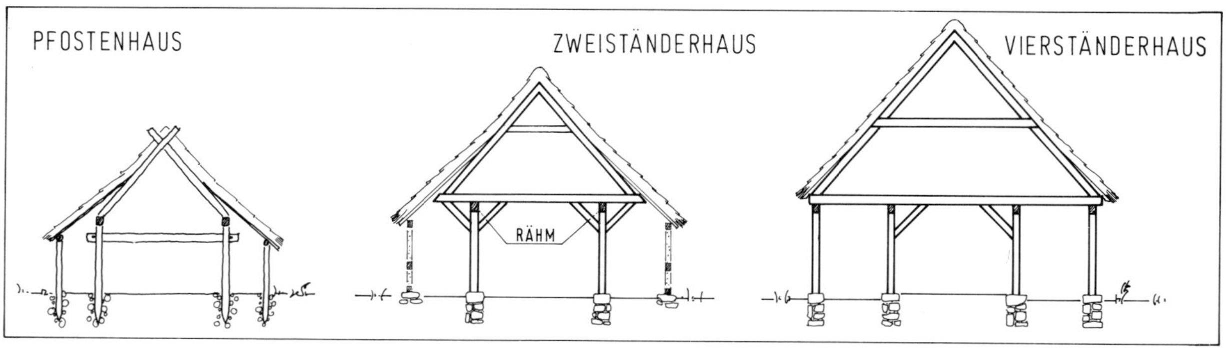

Fachwerk und Reet

Fachwerkwände und Reetdächer prägen das Bild der niederdeutschen Höfe. Das Fachwerk besteht fast durchwegs aus Eichenholz, das aus den ehemals reichen Waldbeständen kam. Die Ausfachung konnte aus Lehm auf einem Rutengeflecht, aus Holzbohlen oder Backsteinen bestehen. Mindestens im Bereich des Spritzwassers der Traufe wurden die Gefache oft mit Ziegeln ausgelegt, um Wasserschäden an Holz und Lehm zu vermeiden. Die Stroh- und Reetdächer wurden seit etwa 100 Jahren mehr und mehr von Ziegeldächern abgelöst, auch aus Gründen einer vermeintlich besseren Brandsicherheit. Heute nimmt das Handwerk der Reetdecker wieder großen Aufschwung. Sie sind auch imstande, Uhlenlöcher und sachgerechte Firstabdeckungen auszuführen.
Stroh von kunstgedüngtem Getreide ist zur Deckung ungeeignet und muß durch Reet (Ried, Raid) ersetzt werden.

Wisloh	*Sardinghausen*
Artland	*Syke*

ANNO 1708

Niederdeutsches Vierständerhaus

In dem niederdeutschen Vierständerhaus sollen die seitlichen Gefache für Wohnzwecke genutzt werden. Durch den Raumgewinn kann das verbaute Flett (Querdiele) wieder geöffnet werden. Der alte Feuerplatz dient wieder als geselliger Familienmittelpunkt. Die alte Küche wird Stube, die nordwestliche Kammer ergibt eine geräumige Küche, neben der noch eine Speisekammer eingeschoben werden kann.
Eine Wintertür, die im Sommer zurückgeschlagen werden kann, hält im Winter die Wärme im Wohnbereich. Die südlichen Gefache sollen als Altenteil, Kinderzimmer oder Einliegerwohnung ausgebaut werden. Zur Zeit sind sie nur von außen zugänglich und werden als Hühnerstall und Werkstatt genutzt.

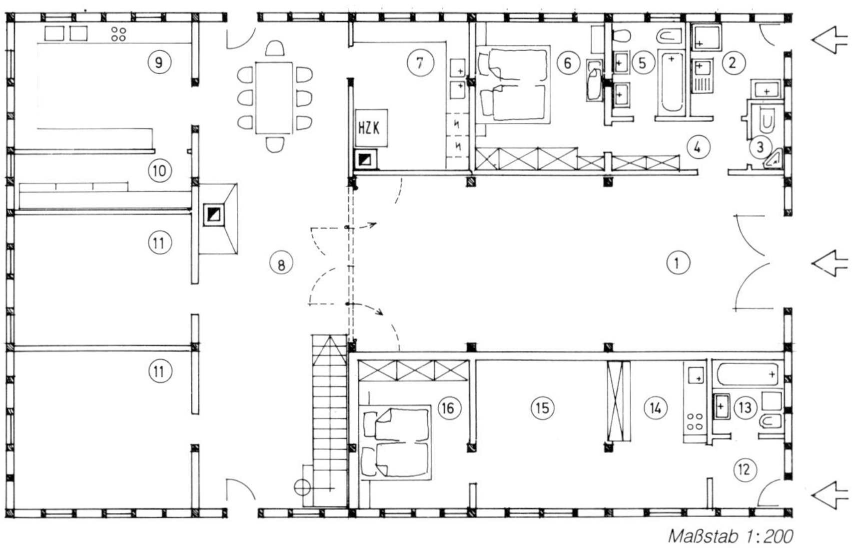

① *Diele (Deele)*
② *Schmutzschleuse*
③ *WC*
④ *Vorplatz mit Garderobe*
⑤ *Bad*
⑥ *Schlafzimmer*
⑦ *Hauswirtschaftsraum mit Heizkessel*
⑧ *Flett*
⑨ *Küche*
⑩ *Speisekammer*
⑪ *Stube*

Altenteil
⑫ *Eingang*
⑬ *Bad/WC*
⑭ *Küche*
⑮ *Stube*
⑯ *Schlafzimmer*

Ausgefaulte Zapfenlöcher sogar in Eichenbalken

Das Fachwerk wird durch unterschiedliche Nässeverhältnisse unter dem Putz sichtbar

Über das stark wassersaugende Hirnholz werden alle Ständer, Pfosten und Streben, vor allem aber Eckständer, die direkt auf dem Fundament stehen, stark in Mitleidenschaft gezogen. Das statische Gefüge wird dadurch beeinträchtigt bis stark gefährdet.
Rähmbalken und Stockwerksschwellen leiden unter dem Wasserangriff aus schlechten oder falsch ausgebesserten Gesimsen und Abdeckungen. Besonders schadhafte Traufgesimse und Dachrinnen richten Unheil an. Brüstungsriegel können durch falsche Fensterkonstruktionen von Nässe hinterlaufen werden. Auch Schwitzwasser, das durch neue, superdichte Fenster nicht abdampfen kann, sammelt sich in Ritzen und Spalten und bringt Fäulnis am Holz.
Breite Schwindfugen an Zapfenstellen, Fugen zwischen Ausfachung und Holzgerüst, wasserziehende Steinausfachungen führen zu Nässe und Fäulnis am Holzgerüst.

Hoch angeschüttetes Erdreich und Kies führen zu Staunässe und Fäulnis an der Grundschwelle. Die Ständerfüße werden schnell in Mitleidenschaft gezogen, der Kaltputz kann Wasser ziehen

Vom Hausinnern her ist das Holz vor allem durch schwitzende Wasserrohre, unsachgemäß eingerichtete Bäder, durch alle Feuchträume und immer wieder durch Wandverkleidungen, hinter denen sich Schwitzwasser sammelt, gefährdet. Neuerdings sind vom Material her ungeeignete oder falsch montierte Wärmedämmungen eine verbreitete Schadenquelle für Schwitzwasseransammlungen.
Auch unter dichten Fußbodenbelägen wie PVC, beschichteten Teppichböden, pflegeleichtem, versiegeltem Linoleum oder mit porenverschließender Versiegelung ausgestatteten Holzfußböden bildet sich besonders im Bereich von Wärmebrücken Schwitzfeuchtigkeit mit den bekannten Folgen.
Auch hinter den oft schlecht ausgeführten Holz- und Putzverkleidungen altausgebauter Dachräume können sich Schäden unkontrolliert ausbreiten.

3.2.2 Schäden durch Verformung

Eine Verformung des Fachwerks, das heißt die Neigung von einzelnen Wänden oder des ganzen Baus, ist meistens eine Folge der Zerstörung einzelner Bauglieder durch Fäulnis oder Schädlingsbefall. Durch die Lastverschiebung werden Holzverbindungen ausgezogen und abgerissen, Balken und Stützen bis zum Bruch überbelastet.
Aber auch frühere Ausbrüche im Innern des Hauses, die oft ohne jede Rücksicht auf das Konstruktionsgefüge und die statischen Funktionen von Bauteilen gemacht wurden, führen zu schweren Ungleichverteilungen von Lasten, zu Wandausbuchtungen und Bruch von Hölzern.

3.2.3 Schäden an den Ausfachungen

Auch Mauerausfachungen leiden unter den Umweltschäden (siehe Mauerrisse unter 1.3.1, Seite 52). Ausgewaschene Kalkmörtelfugen, angegriffene Putzschichten auf Lehmausfachungen, angegriffene Ziegeloberflächen sind die Folgen.
Lehmausfachungen werden mit dem Abwittern der Kalkputzschicht freigelegt und ausgewaschen. Auch über Fugen zwischen Gefachfüllung und Holz kann der Lehm durchfeuchten, aufquellen und die dünne Mörtelschicht absprengen.
Holzausfachungen werden durch allgemeine Vermorschungsprozesse in Mitleidenschaft gezogen.
Falsche Anstriche, nicht dampfdurchlässige oder zu dicke Putze haben in jüngster Zeit gravierende Schäden angerichtet.

3.2.4 Schäden an und durch Verkleidungen

In einigen Gegenden war das Holzgerüst nie als Sichtfachwerk gebaut. Verkleidungen aus Schindeln (zum Beispiel in der Schweiz und in Vorarlberg) oder aus Schiefer (in der Eifel, im Bergischen Land) bilden eine schützende, auch wärmedämmende Außenhaut. Verkleidungen müssen in allen Teilen gesund und intakt sein, die Hinterlüftung muß wirklich funktionieren. Kann sich erst Feuchtigkeit hinter der Verschalung festsetzen oder von außen eindringen, sind schnell ausgedehnte Schäden am Ständerwerk vorauszusehen.

3.3 Schadensermittlung

Fachwerksanierung setzt mehr als jede andere Bausanierung genaueste Maßaufnahmen und Schadensermittlung als Grundlage für eine sorgfältige Planung der technischen Maßnahmen voraus. Ein sanierungserfahrener Planer, der auch die Probleme von Fachwerkbauten kennt, sollte unbedingt zugezogen werden. Er kann Schwachstellen gezielt untersuchen, verborgene Schäden aufspüren und mit einem genauen Aufmaß der Ständerkonstruktion brauchbare Planungs- und *Kalkulationsunterlagen* anfertigen.
Für Planer sei angemerkt, daß Genauigkeit beim Aufmaß, systematische Ordnung der Erkenntnisse, Raumbuch und überschaubare Fotodokumentation eine Grundvoraussetzung für auch nur annähernd rationelle Arbeit im Büro sind. Nur wenn die Ausgangssituation bis in die letzte Einzelheit bekannt ist, können am Reißbrett verbindliche Pläne gefertigt und ein brauchbares Leistungsverzeichnis erstellt werden.
Der Bauherr sollte beim Planer auf eine solche genaue Bestandsaufnahme dringen. Der Sonderpreis für diese sehr zeitaufwendige Arbeit wird durch exakte Planung und den weitgehenden Wegfall der gefürchteten Überraschungen am Bau leicht wettgemacht. Für denkmalgeschützte Bauten geben Denkmalämter und Kommunen auf Antrag erhebliche Zuschüsse zu derartigen Dokumentationen.

3.3.1 Aufmaß, Bestandsdokumentation, statische Feststellungen

Das Aufmaß wird stockwerksweise Raum für Raum durchgeführt. Bauwerksschäden werden dabei mit eingemessen und aufgelistet. Gemessen werden alle Schwellen, Riegel, Rähm, Ständer, Stützen und Streben, Querriegel und Büge. Für das Aufmaß und die Zustandsermittlung von Deckenbalken müssen unter Umständen Fußbodendielen vorsichtig entfernt werden. Innen überputztes oder verkleidetes Fachwerk muß mit einem Außenaufmaß erfaßt werden. Bei weitgehend intakter Bausubstanz sollen Öffnungen von Verkleidungen und Fußböden nur an den erfahrungsgemäß kritischen Stellen vorgenommen werden. Bei überputztem Fachwerk kann eine Infrarot-Untersuchung durch ein einschlägiges Ingenieurbüro die Entscheidung für eine Sanierung erleichtern. Es ist zweckmäßig, dazu vorher einen Kostenvoranschlag einzuholen.
In der Bestandsdokumentation werden alle Besonderheiten, wie farbige Fassung von Balken und Gefachen, besondere Verzierungen, Inschriften und Jahreszahlen, erfaßt. Sie sollen erhalten und in die Neugestaltung einbezogen werden, weil sie Aufschluß über Alter und Baugeschichte geben und zum Gesicht eines Hauses gehören.
Endlich können an Hand des Aufmaßes der statische Zustand des Bauwerks festgestellt und die nötigen Maßnahmen zur Stabilisierung getroffen werden.
Einige der im Literaturverzeichnis angegebenen Bücher enthalten Checklisten zur Bestandsdokumentation und Schadenermittlung. Das Fortbildungszentrum für Handwerk und Denkmalpflege, Propstei Johannesberg, Fulda, verschickt auf Anfrage gegen geringe Gebühr Checklisten.

3.3.2 Planung

Die Planung der Sanierung umfaßt nicht nur eine verbesserte Grundrißlösung mit dem Einbau von Sanitäreinrichtungen und moderner Haustechnik. Planung bedeutet vor allem eine Festlegung der notwendigen Reparaturen:

- ▷ Welche Holzteile können ergänzt werden?
- ▷ Welche müssen erneuert werden?
- ▷ Welche Gefache sind auszubessern?
- ▷ Welche sind ganz zu erneuern?
- ▷ Welche Techniken sollen zur Anwendung kommen?

Und vieles andere. Planung heißt auch, den zeitlichen Ablauf und das Ineinandergreifen der Arbeiten festzulegen (siehe Planung und Zielsetzung unter 8, Seite 28). Die genaue Planung ist die einzig zuverlässige Grundlage für eine genaue Kostenermittlung.
Für umfangreiche Erneuerungen oder Veränderungen am Gefüge muß ein Statiker zugezogen werden, der *Erfahrung im Umgang mit Fachwerk* hat.
Der Einbau von modernen Haushaltsmaschinen (Waschmaschinen, Kühlgeräte und anderes), Warmwasserboilern, Elektrospeicheröfen, Installationsblöcken muß rechtzeitig festgelegt und in die statischen Überlegungen einbezogen werden.
Auf Aussteifungen der Ständerkonstruktion mit Stahlträgern oder gar mit Stahlbeton kann in den allermeisten Fällen verzichtet werden. Eine Wiederherstellung sollte in handwerklicher Tradition erfolgen.

3.4 Maßnahmen

3.4.1 Fundamentsanierung

Die Fundament- oder Kellersanierung ist bei der Erneuerung eines Fachwerkhauses in den meisten Fällen der erste notwendige Schritt (siehe Baufeuchtigkeit unter 1.2.1, 1.2.2, 1.2.3, Seite 39ff.). Die Grundschwelle oder Ständer und Schwellriegel müssen durch eine Trennschicht aus zwei Lagen Bitumenpappe vom Fundament gegen aufsteigende Feuchtigkeit gesichert werden. Nach außen überstehende Sockel sind für besseren Wasserablauf abzuschrägen, Grundschwellen über Vorderkanten-bündigen Sockeln kann an der Wetterseite zur besseren Wasserabweisung eine Wassernase eingearbeitet werden (siehe Zeichnung 55).

3.4.2 Ausrichten

Das Ausrichten von Fachwerkbauten sollte grundsätzlich nach einer statischen Begutachtung und nur in dringenden Fällen erfolgen. Die Ursachen, wie schlechte Fundamente oder falsche Ausbrüche, müssen gleichzeitig beseitigt werden. Geringfügige Schiefstellungen können ohne Bedenken belassen werden, wenn gleichzeitig die Ursache für ungleiche Schübe, für Druck am Bauwerk ausgeschaltet wird.

Aufbocken des Fachwerks, Unterbauen mit neuem Fundament, Ausbessern der Eckverbindung von Ständer und Schwellen

Das Ausrichten (Richten, Einrichten) erfolgt über einen längeren Zeitraum vorsichtig mit Zimmermannswinden oder durch Aufstützen mit nachstellbaren Keilen. Die Gefache, besonders die ausgemauerten, machen die Bauwerksbewegung meist weniger klaglos mit als das Holzgerüst. Sie müssen anschließend untersucht und fallweise ausgebessert werden.
Wird das Ständerwerk ganz ausgekernt, das heißt, werden alle Gefache entfernt, kann es anschließend

Fundament in schlechtem Zustand: Zerstörung der Grundschwelle und Setzungsschäden am ganzen Haus sind die Folge

Zeichnung 55 Feuchtigkeitsdichtung unter der Grundschwelle

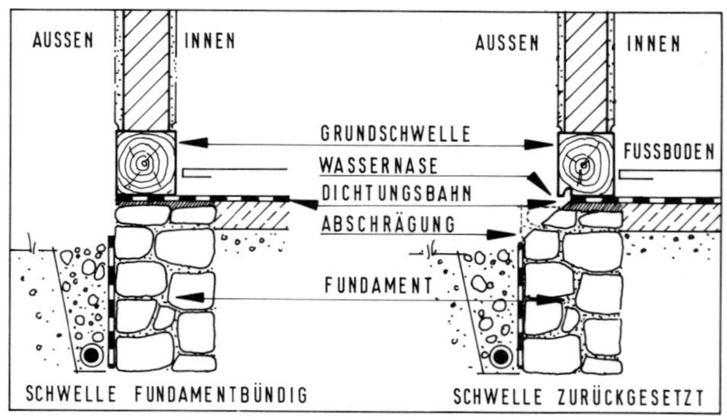

auch ausgerichtet werden. Alle Holzverbindungen müssen nach dem Ausrichten eventuell nachgearbeitet oder neu verfestigt werden. Die Ausfachung kann nicht zur Stabilisierung des Ständergerüsts dienen.

3.4.3 Ausbessern von Hölzern

Grundsätzlich soll zum Ausbessern und für den Ersatz von Konstruktionsteilen schadenfreies Altholz aus Abbruch verwendet werden. Es gibt in Fachwerkgegenden auch schon Zimmereibetriebe, die gutes Altholz sammeln. Muß neues Holz eingebaut werden, soll es von gleicher Holzart wie das altverbaute, von guter Qualität und lange genug gelagert sein.
Beim Ausbessern von Holzteilen sind Verblattungen und Verzapfungen den stumpfen Stößen vorzuziehen.
Sind stumpfe Holzstöße nicht zu umgehen, muß man sich mit Stahldübeln, Stahlschuhen, Nagelblechen und -brettern behelfen, die möglichst unauffällig (innen) angebracht werden. Schrauben und Schraubenbolzen müssen verzinkt oder aus rostfreiem Material sein. Je nach Konstruktion müssen sie zum Nachstellen zugänglich sein (siehe Zeichnung 30, Seite 72, und Zeichnung 56). Nur oberflächlich geschädigte Hölzer werden im Bereich des Schädlingsbefalls abgebeilt oder ausgesägt, die fehlenden Teile werden durch mindestens 4 cm starke Bohlen ergänzt. Die Bohlen müssen sehr gut aufgenagelt werden, besser geschraubt. Damit übernehmen sie auch einen Teil der statischen Belastung. Oberflächlich aufgenagelte Bretter sind verlorene Arbeit, die Bretter verwerfen sich, in den entstehenden Spalten sammelt sich Feuchtigkeit, die zu neuer Zerstörung der Balken führt (siehe Zeichnung 47 und 56).
Deckenbalken sollen nur in äußersten Notfällen ausgewechselt werden. Beilaghölzer und Hilfsbalken sind meistens problemloser einzubringen.

3.4.4 Austausch von Hölzern

Zu stark zerstörte Konstruktionsteile müssen gegen neue ausgetauscht werden. Schwellen und Rähm können nur mit Abstützen, ohne nennenswertes Anheben des Bauwerks, zweiteilig eingebracht werden (siehe Zeichnung 56).
Beim Ersatz von Ständern über intakten Grundschwellen kann die Konstruktion um 1 cm angehoben werden. Der Ständer wird am unteren Zapfen abgesägt und entfernt. Die neue Stütze kann mit dem oberen Zapfen in das alte Zapfenloch geschoben werden. Am unteren Stützenende wird sie über

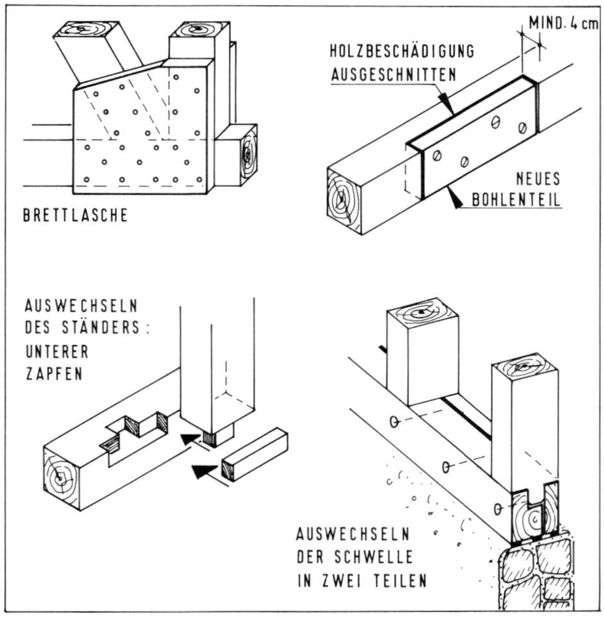

Zeichnung 56 Ergänzen beschädigter Hölzer

eine erweiterte Nut in die Schwelle gedrückt. Ein Paßholz schließt, genagelt oder geschraubt, die Zapfenverbindung (siehe Zeichnung 56).
Epoxydharzprothesen können an schwer zugänglichen Stellen, an stark beanspruchten Punkten oder bei Konstruktionen, die auf die herkömmliche Weise nur unbefriedigend zu reparieren sind, eingesetzt werden. Glasfiberstäbe verbinden dabei die gesunden Holzteile mit dem angegossenen Ersatzteil. Auch Risse und Bruch im Holz können in dieser Art repariert werden (siehe Zeichnung 31, Seite 72). Die Arbeiten sollen nur von Spezialfirmen durchgeführt werden, die oft auch kostenlose Vorbesichtigung und Beratung anbieten.

3.4.5 Konstruktionsergänzung

Alte Wandausbrüche, die die Ursache für statische Schäden am Bau sind, müssen zur Herstellung der ursprünglichen Stabilität mit neuen wirksamen Aussteifungen versehen werden. Zu gering bemessene Hölzer werden bei der Sanierung durch beigeschraubte Bohlen oder Hilfsbalken verstärkt, auch wenn sie keine Schäden aufweisen. Beigeschraubte Bohlen können auch eine Verstärkung des Balkenauflagers übernehmen.
Diagonal auf eine Holzdecke aufgenagelte starke Bretter können zur Versteifung beitragen.
Deckenverstärkungen für erhöhte Lasten bei Einrichtung eines Handwerksbetriebs müssen im Zuge der Sanierung eingebracht werden. Dabei muß genau

darauf geachtet werden, daß darunter angeordnete Wände die größere Belastung abfangen können. Unter Umständen müssen im darunter liegenden Geschoß Hilfskonstruktionen eingebaut werden, die eine Lastabtragung bis auf das Fundament und den gewachsenen Boden gewährleisten.

3.4.6 Gefachsanierung

Gefache aus Staken und Lehm, aus Stein oder Holz werden repariert. Nur wenn Hölzer ausgewechselt werden, wenn die Stakung der Lehmausfachung vermorscht ist oder die Steinausfachungen gravierende Schäden aufweisen, müssen sie entfernt werden. Einzelne Gefache werden in derselben Technik ersetzt wie die altverbauten. Bei großflächigen Ausbrüchen wird man zu Materialien mit guter Wärmedämmung greifen (siehe Wärmedämmung, Seite 198). Immer soll die Ausmauerung mit kleinteiligen Steinen erfolgen, also keine Platten und plattenähnliche Steine nehmen, der Mörtel darf nicht zu starr sein (kein Zementmörtel), damit Spannungen, die bei der Bewegung des Fachwerkbaus auftreten, ausgeglichen werden können. Die Reparatur von Gefachen aus Staken und Lehm ist zeitaufwendig, aber gut in Eigenarbeit auszuführen. Lehmgefache sind gut wärmedämmend und wirken sehr ausgleichend auf das Raumklima. Anleitung geben diverse Lehmbaukurse und einige erfahrene Architekten.

3.4.7 Fenster und Öffnungen

Große, regelmäßig angeordnete Fenster sind ein Merkmal der Fachwerkhäuser, bedingt durch die gleichmäßige Anordnung der Stützen. Auch neue Fenster können in strebenfreie Felder zwischen zwei Stützen gesetzt werden. Innentüren sollten nur in Fachwerkfeldern ohne Schrägstreben angeordnet werden. Ist das bei einer neuen Nutzung nicht möglich, muß die Wandaussteifung auf andere Weise gewährleistet sein.
Abzulehnen ist das Verglasen ganzer Fachwerkfronten. Der alte Rhythmus zwischen Öffnung und Fläche würde entschieden gestört. Außerdem wären die vorschriftsmäßigen Wärmedämmwerte für Außenwände nur mit hohen Kosten (Dreifachverglasung) zu erreichen, der Aufwand für Fensterputzen riesig.

Die Fenster füllen ein ganzes Gefach. Der Rhythmus des Fachwerks wird in der Fensteranordnung harmonisch weitergeführt.

3.5 Farbgebung und Schmuck

3.5.1 Farbe am Holz

Die farbige Behandlung der Holzbalken war nicht nur Schmuck, sondern auch Schutz gegen die UV-Strahlen. Durch sie werden das für die Druckfestigkeit des Holzes wichtige Lignin und andere Holzinhaltstoffe abgebaut, Rissebildung und Wasserhaushalt können durch direkte Sonneneinstrahlung ungünstig beeinflußt werden.
Mit Kalk oder Leinöl und einfachsten Farbstoffen (Pigmenten) wie Kienruß und Erdfarben wurden dampfdurchlässige Farben hergestellt, die in der Dauerhaftigkeit zwar unseren DIN-Vorschriften nicht entsprechen. Dafür wurde ein Haus früher in kürzeren Zeitabständen gepflegt und überholt.
Eine neue Farbgestaltung soll sich nach dem ermittelten Befund oder nach alten Vorbildern in der Nachbarschaft richten. Aber auch die nächste Umgebung ist zu berücksichtigen (siehe Putz und Farbe unter 1.2.2, Seite 86).
Als Anstrich für Holz eignen sich sogenannte offenporige Anstriche, das heißt, der notwendige Wasserdampfausgleich zwischen Holz und Luft wird gewährleistet. Es sollen giftfreie, nicht lösungsmittelhaltige Farben verwendet werden. Auch alte Rezepte auf Leinölbasis können zur Anwendung kommen.
Die Behandlung von gesundem Altholz mit Holzschutzmitteln ist widersinnig. Altes Holz wird von tierischen Schädlingen nur ausnahmsweise befallen, dauernder Angriff von Nässe durch Konstruktionsfehler zerstört auch chemisch behandeltes Holz in wenigen Jahren.
Besteht Verdacht auf einen Restbefall von Schädlingen in verbauten Hölzern, die aus konstruktiven Gründen nicht ausgewechselt werden können, müssen Schädlingsvertilgungsmittel mit tiefgründigen Einspritzungen und Tränkungsmethoden gezielt eingesetzt werden (siehe Holzschutz, Seite 136 ff.).

3.5.2 Farbe an den Gefachen

Die Ausmalung der Gefache reicht vom schlichten Kalkweiß über einfache und mehrfarbige Begleiter (das sind die Farbstreifen, die im Gefach die Holzkonstruktion begleiten), getönte Felder bis zur Bemalung mit Ziegelmustern. Vereinzelt finden sich ornamentale Ausmalungen und sogar Kratzmuster.
Die Befundsuche bringt manchmal ganz unterschiedliche farbige Schichten übereinander ans Licht, sozusagen zur Auswahl. Auch hier sollten nicht nur die historischen Belange, sondern auch die Umgebung bei der Farbwahl berücksichtigt werden.

3.6 Innenausbau

3.6.1 Alte Wände, neue Wände

Alte, aussteifende Wände, vor allem in den Hauptbinderachsen, sollen belassen werden. Ist ein Ausbruch wirklich nicht zu umgehen, muß mindestens für einen statischen Ausgleich gesorgt werden.
Freigelegte Gefache an Zwischenwänden können innen eine optische Erweiterung von Räumen ergeben, ohne daß die Konstruktion angegriffen wird.
Neue Zwischenwände müssen vor allem leicht sein. Sie werden am besten mit Platten in Trockenbauweise ausgeführt und sollten der Ständerkonstruktion des Bauwerks folgen. Der Ausbau der meistens hohen und weiträumigen Dachgeschosse kann zusätzlich Wohnraum schaffen. Der richtige Wandaufbau ist dabei zu beachten (siehe Dachsanierung unter 4.2.2, Seite 74).

Zur Aussteifung des verformten Fachwerks wurden hier zwei Böcke als Fachwerkraumteiler eingebaut

3.6.2 Installationen

Sowohl Wasser- als auch Elektroinstallationen können *auf* der Wand in Installationsleisten geführt werden. Damit werden ein Ausschlitzen von Holzteilen, eine Verringerung tragender Holzstärken vermieden.

3.7 Baupflege

Ein Haus soll, einmal saniert, für die nächste Ewigkeit halten. Das schaffen die besten Materialien und die schönste Technik nicht. Besonders ein Fachwerkhaus sollte jedes Jahr auf Mängel untersucht, Fehlstellen sollten gleich ausgebessert werden. So können Schäden begrenzt, Reparaturkosten niedrig gehalten werden.

4 Ständerbohlenbau

Ständerbohlenbau ist dem Fachwerk zuzuordnen. Er setzt sich ebenso aus Grundschwelle, senkrechten Ständern und oberem Rähm zusammen. Zur Stabilisierung dienen kurze Kopf- und Fußbüge. Die eigentliche Wand besteht aus Bohlen bis zu 8 cm stark, die in breiten Nuten in das Ständergerüst eingelassen sind. Die Bohlen können sowohl waagerecht als auch senkrecht angeordnet sein.
Im südlichen Baden-Württemberg und in der Schweiz sind noch alte Ständerbohlenbauten anzutreffen. Im Alpenraum findet sich eine Variante, bei der meistens das Obergeschoß des Wohnhauses, ähnlich wie die Scheune, in Ständerbau errichtet ist. Die Wand wird von sehr viel dünneren Brettern von etwa 4 cm Stärke gebildet, die ebenfalls in das Ständergerüst eingenutet sind, aber hinter den Kopfbügen und Schrägstreben durchlaufen. Die Konstruktion ist dem Bundwerk verwandt. Sehr oft bildet das Ständerwerk eine statische Einheit mit dem Dachstuhl.

4.1 Schäden

Das Schadenbild gleicht dem des Fachwerks: Schäden durch Nässe und damit durch Vermorschen, Zerstörung durch tierische Schädlinge, bei unsachgemäß ausgebauten Wohnräumen Schäden durch Schwitzwasser. Dazu kommen Schäden durch defekte Dächer oder durch falsche oder Überbelastung einzelner Bauteile. Die Bohlenwände weisen oft große Schwindfugen auf, Bohlen sind ausgemorscht, die Führungsnuten ausgesprengt oder verfault.

4.2 Schadensermittlung und Planung

Schadensermittlung und Bestandsaufnahme wird wie am Fachwerk vorgenommen (siehe Seite 125). Holzverbindungen, Überblattungen und Verzapfungen sind besonders genau zu untersuchen.
Die Planung wird verbesserte Wohnmöglichkeiten hinter den oft recht unzulänglichen Holzaußenwänden zum Ziel haben. Beim Ausbruch alter Zwischenwände darf das statische System von Ständern und Dachbinder nicht verletzt werden.

4.3 Maßnahmen

4.3.1 Reparatur und Wiederherstellung der Konstruktion

Tragende Holzbalken wie Schwellen, Stützen, Streben und andere werden repariert oder ausgewechselt (siehe Seite 127).

4.3.2 Reparatur der Bohlenwand

Alle von Schädlingen befallenen oder zu stark angewitterten Bohlen werden durch neue, gleich starke, von derselben Holzart wie die altverbauten ersetzt. Spalten werden sorgfältig ausgespähnt. Vielleicht können alte Bohlen auch nach einer Seite nachgetrieben werden, um die Schwundspalten zu schließen. Fehlstellen werden dann durch neue, passende Bohlen ersetzt. Die Bohlen oder Bretter müssen aber Platz zum *Arbeiten,* das heißt bei feuchter Witterung ausreichend Platz für die Ausdehnung beim Quellen haben. Andernfalls kann es zu Verwerfungen der Bretter und Aussprengungen an den Nuten kommen. Zum Ausbessern müssen Bohlen mit stehenden Jahresringen verwendet werden, sie sind weniger anfällig gegen Verwerfen.

4.3.3 Innenschale

Um Räume hinter Ständerbohlenwänden neu zu nutzen oder wieder bewohnbar zu machen, muß eine *wärmedämmende Innenschale* eingezogen werden.
Auf das Ständergerüst können innen wärmedämmende Platten, zum Beispiel magnesitgebundene Holzwolleleichtbauplatten oder Gipsbauplatten mit Mineralfaserdämmung, aufgenagelt werden. Die Wärmedämmung muß *innen über die Ständer* geführt werden, um Wärmebrücken zu vermeiden (siehe Zeichnung 57). Sind die Abstände der vorhandenen Holzstützen größer als 60 cm, müssen Hilfsstützen von mindestens 4 × 6 cm eingezogen werden. Ihr Abstand richtet sich nach dem Breitenmaß der gewählten Dämmplatten.
Dämmplatten können innen verputzt werden, je nach Hersteller mit oder ohne Putzträger. Rauhfasertapeten für Anstrich sind elastischer als Putzflächen und gleichen Spannungen, die durch verschiedene Bewegung von Holzgerüst und Dämmplatte entstehen, besser aus (Temperaturspannungen). Putz neigt, auch bei sorgfältig überklebten Plattenstößen, im Lauf der Jahre zu Rissebildung.
Innenseitige Holzverkleidung statt Putz bringt zur schönen Wandfläche noch zusätzliche Wärmedämmung. Die Nässe beim Ausbau wird vermieden.
In sogenannte Sandwichplatten, die in einer beidseitigen dünnen Holzwolleleichtbauplatte eine dicke Mineralfaser- oder Schaumschicht einschließen, kann man keine Haken schlagen, die Belastungen standhalten sollen. Auch andere Plattensysteme sind nicht mit Hängeschränken oder -regalen zu belasten.
Eine ausreichende Hinterlüftung zwischen Bohlenwand und Innenschale muß in jedem Fall gewährleistet sein. Hintermauerungen von Ständerbohlenwänden sollten die Ausnahme in besonders gelagerten Situationen bleiben. Eine 11,5 cm starke Mauer erreicht auch bei Verwendung von Gasbeton- oder Porensteinen nicht die nötige Wärmedämmung, erfordert also zusätzliche Maßnahmen. Ausreichend breite Fundamente oder Untermauerungen oder eine Unterfangung mit Stahl- oder Stahlbetonträgern ist als Auflager erforderlich (Wärmebrücke).
Durch die Maurerarbeiten kommt Nässe ins Haus, die in den Innenräumen nur langsam austrocknet und dadurch eine Gefährdung der Hölzer darstellt.
Über Ständerbohlenwänden müssen die Vordächer intakt sein und weit genug auskragen, um die Wände vor zuviel Schlagregen zu schützen. Konstruktiver Holzschutz ist auch hier wichtig.

Zeichnung 57 Wärmegedämmte Innenschale vor einer Bohlenwand

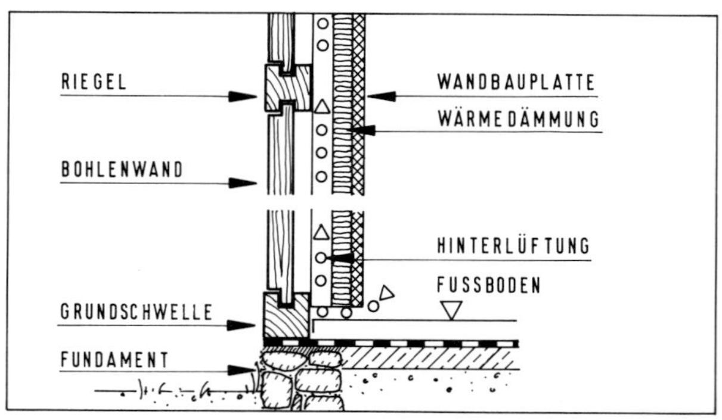

5 Bundwerk

Bundwerk ist die heute gängige Bezeichnung für eine Art Ständerbau, der in Teilen Oberbayerns und im Nord- und Südtiroler Raum beheimatet ist.
Giebelbundwerk findet sich an den früher offenen Dachgiebeln, die ein wichtiger Lüftungsfaktor für die an das Wohnhaus anschließende Scheune waren. Die Formen des Giebelbundwerks leiten sich aus den Konstruktionselementen des Pfettendachs ab. Kunstvoll verstrebt und mit einem scheinbar komplizierten Gespärre unter dem weit vorspringenden Dach, dem Vorbund, wurden sie zum eindrucksvollen Schmuck, ohne die tragende Funktion zu verbergen.
Stadelbundwerk war das Ständergerüst für Scheunenbauten, entweder für die am Haus angebaute Tenne oder den vom Haus abgesetzten Stadel. Es war bis zum Ende des 18. Jahrhunderts sehr viel einfacher gehalten als das Giebelbundwerk, eine reine Zweckkonstruktion. Das Ständerwerk der Städel war immer mit Brettern verschalt, niemals erhielt es eine Ausfachung wie das Fachwerk.
Seine großartige Blüte erlebte das Stadelbundwerk um die Mitte des 19. Jahrhunderts in einem ganz begrenzten Gebiet Nordost-Oberbayerns und im anschließenden Salzburger Flachgau.
Die Konstruktionsformen machen sich gewissermaßen selbständig, ähnlich wie beim Fachwerk, und gedeihen zu einer Fülle von Zierformen. Jede Verblattung, die überstehenden Balkenköpfe, Büge und Streben werden überzogen mit phantasievollem und phantastischem Schmuck.
Es war aber nicht nur die Freude an der künstlerischen Gestaltung, die solche gebauten Prunkstücke der Volkskunst entstehen ließ. Es war auch ein starkes Bedürfnis zur Repräsentation, ein Zeichen der Wohlhabenheit, ein Auftrumpfenwollen. Man hat sich das Statussymbol eine Menge bares Geld kosten lassen, und so ist es nur richtig, wenn die Nachfahren auch einiges für den Erhalt aufwenden.

5.1 Schäden

Neben den oben besprochenen allgemeinen Holzschäden gibt es am Bundwerk spezielle Schäden.
Giebelbundwerk ist meistens durch Schäden am Dach gefährdet oder beeinträchtigt: Einbrüche durch Schneelasten, abgefaulte Balkenköpfe an Giebel und Traufe, dadurch Verringerung des Dachüberstands, vermorschte oder von Schädlingen befallene, meist an sich schwache Hölzer im Vorbund, ausgefallene Holznägel und lockere Holzverbindungen.
Das Stadelbundwerk hat, als untergeordneter Nebenbau, in den meisten Fällen seit seiner Errichtung keine Pflege erfahren. Dem entspricht der desolate Zustand der noch erhaltenen Bauten.
Oft weisen schon die Fundamente gravierende Schäden auf. Holzkonstruktionen über massiven Stallbauten leiden besonders unter den feuchten und stark salzgeschädigten Mauern (siehe Baufeuchtigkeit unter 1.1.3, Seite 33).
Unkontrollierte Ausbrüche der jüngeren Zeit, die Platz für große Maschinen schaffen sollten, bringen die Statik des Ständerbaus gefährlich aus dem Gleichgewicht.
Die liebenswürdige Bemalung ist bis auf kümmerliche Reste in geschützten Ecken an fast allen Bundwerkbauten völlig verschwunden.

5.2 Maßnahmen

Auch hier steht die Bestandsaufnahme mit dem Aufmaß und der genauen Schadensermittlung am Anfang (siehe Seite 15).

5.2.1 Giebelbundwerk

Bei der Sanierung von Giebelbundwerk ist gleichzeitig eine gründliche Dacherneuerung durchzuführen (siehe Dachsanierung unter 3, Seite 66). Da die meisten Hölzer des Giebelbundwerks keine großen Lasten aufzunehmen haben, ist das Auswechseln problemlos. Die größten Schwierigkeiten bereitet die handwerksgerechte, originalgetreue Wiederherstellung der verzierten Verblattungen und der mit dem Zimmermannsbeil hergestellten Zierkerben.
Die Mauerkronen dürfen im Zuge der Reparaturarbeiten nicht vergessen werden.

5.2.2 Stadelbundwerk

Stadelbundwerk muß auf die statischen Erfordernisse untersucht werden, um entsprechende Maßnahmen zur Verstärkung und Stabilisierung der Tragkonstruktion einzuleiten. Meistens muß die Sanierung bei der Fundamentverfestigung beginnen, Grundschwellen müssen vor aufsteigender Feuchtigkeit geschützt werden (siehe Seite 120).
Das Auswechseln und Ausbessern von Hölzern kann nach den gleichen Methoden wie beim Fachwerk erfolgen. Auch hier können, besonders für den Ersatz der kürzeren, schwächeren Kopf- und Fußbügen, gesunde Althölzer verwendet werden.

Die Bemalungen müssen, auch in spärlichen Resten, unbedingt gesichert werden.
Im Raum Traunstein-Mühldorf-Altötting gibt es schon einige auf Bundwerk spezialisierte Zimmermannsbetriebe und Restauratoren für die Malereien, die die alten Städel im vollen Glanz erstehen lassen. Sie geben sicher auch den Bauwilligen und Kollegen aus dem Tirolischen gerne Rat und Hinweise.

5.3 Neue Nutzung

Auch für einen sanierten Bundwerkstadel muß eine neue Nutzung angestrebt werden. Neben der ursprünglichen Verwendung als Scheune gibt es Beispiele für den Einbau neuer Ställe, für Wagen- und Maschineneinstellhallen oder Lager- und Stapelhallen für nichtlandwirtschaftliche Güter. Vermietung oder Teilvermietung können erwogen werden. Die Brandschutzbestimmungen müssen mit dem zuständigen Sachbearbeiter abgesprochen werden.

Prachtvolles Tiroler Giebelbundwerk mit reichem Vorbund. Der offene Giebel dient der Dachraumbelüftung

Kleinerer Bundwerkstadel mit Gitterbundwerk (Rautenspiegel)

Holzschädlinge, Holz- und Brandschutz

1 Holzschädlinge

Zwei Arten von Schädlingen können den Bauteilen aus Holz gefährlich werden:

▷ Pflanzliche Schädlinge: Pilzarten, die Fäulnis verursachen.
▷ Tierische Schädlinge: verschiedene Käferarten, deren Larven, allgemein als Holzwurm bezeichnet, durch Holzfraß ausgedehnte Schäden anrichten.

Alle Schädlinge können nur unter ziemlich genau abgegrenzten Bedingungen existieren. Die Schädlingsbekämpfung muß deshalb schon bei der Veränderung dieser Bedingungen einsetzen.

Frischer Fruchtkörper des Hausschwammes

Mycel des echten Hausschwammes

Abflammen einer Wand zur Bekämpfung von Hausschwamm-Mycel

1.1 Pflanzliche Schädlinge - Pilze

Holzpilze verbreiten sich durch die Pilzsporen, die überallhin verweht werden, sich aber nur unter bestimmten günstigen Bedingungen entwickeln. Sie bilden lange Mycelstränge, die sich im Holz ausbreiten. Dabei werden die Eiweiß- und Zellulosebestandteile des Holzes aufgezehrt. Erst nach ausgedehntem Wachstum kann das Mycel an der Holzoberfläche Furchtkörper bilden. Holz kann also auch ohne sichtbare Anzeichen von Pilzen befallen sein. Nur eine Festigkeitsprüfung der Holzteile kann über den Holzzustand Aufschluß geben. Holzpilze brauchen für ihre Entwicklung vor allem Feuchtigkeit. Nur im feuchten Holz kann sich Pilzbefall ausbreiten, in Trockenperioden stellen sie ihr Wachstum ein oder sterben ab.
Der zweite Wachstumsfaktor ist Wärme. Holzpilze breiten sich, je nach Art, bei Temperaturen zwischen 15 und 25 Grad, einzelne bis 35 Grad, aus. Bei Temperaturen unter 0 Grad stellen alle Pilze ihr Wachstum ein, bleiben aber lebensfähig.
Es wird unterschieden zwischen holzverfärbenden Pilzen (Schimmelpilze) und holzzerstörenden Pilzarten.

1.1.1 Holzverfärbende Pilze (Bläuepilze)

Holzverfärbende Pilze führen nicht zu einem Festigkeitsverlust des Holzes. Sie zerstören nur den Zellinhalt der Holzzellen. Das Zellgerüst, das dem Holz die Festigkeit gibt, bleibt erhalten.
Im Bereich von Bläuepilzbefall kann es zum Abplatzen der Anstriche kommen.
Bläuepilze zeigen immer einen zu hohen Feuchtigkeitsgehalt des Holzes an, der auch gute Wachstumsbedingungen für holzzerstörende Pilze bietet.

1.1.2 Holzzerstörende Pilze

Holzzerstörende Pilze bauen den Zellinhalt *und* die Zellwände des Holzes bis zur völligen Zerstörung der Bauteile ab. Der Vorgang wird allgemein als Fäulnis oder Vermorschen bezeichnet. Es werden verschiedene Arten von Pilzen unterschieden.

Der echte Hausschwamm

Der echte Hausschwamm braucht für das Anfangswachstum Feuchtigkeit. Dann kann er aber, dank seiner Fähigkeit, Wasser zu speichern, auch über trokkene Strecken weiterwachsen und *trockenes Holz befallen.* Er breitet sich mit einem speziellen Strangsystem auch durch feine Mauerritzen aus, kann dort aber keine Schäden hervorrufen. Der Name Mauerschwamm ist deshalb irreführend. Er wächst vor allem an wenig belüfteten Stellen, zum Beispiel schlecht zugänglichen oder verstellten Winkeln und in schwitzwassergefährdeten Hohlräumen. Der echte Hausschwamm kann auch Eichenkernholz befallen, wenn er lange Zeit hindurch geeignete Wachstumsbedingungen findet. Er stirbt bei Temperaturen über 26 Grad ab. An befallenem Mauerwerk müssen Putz und Fugenmörtel ausgekratzt werden. Dann kann das Bauteil mit der Lötlampe oder dem Schweißbrenner abgeflammt werden. Die hohen Temperaturen müssen tief ins Mauerwerk eindringen. Vorsicht bei angrenzenden Holzbauteilen! Im Reifezustand bildet der echte Hausschwamm einen Fruchtkörper mit weißem Rand, der fest auf der Holzfläche aufliegt. Ein Entfernen der Fruchtkörper ist noch keine Hausschwammbeseitigung. Vor allem müssen die Mycelstränge bekämpft werden.

Der Kellerschwamm (Neubaupilz)

Der Kellerschwamm wächst nur im nassen Holz, beim Austrocknen stellt er sein Wachstum ein. Zu naß eingebaute Hölzer, die womöglich noch unter Luftabschluß stehen (Dauernässe), werden bevorzugt befallen. Der Kellerschwamm stirbt bei Temperaturen über 25 Grad ab.

Lenzites-Fäule

Pilze der Lenzitesarten vertragen die höchsten Temperaturen und überleben lange Trockenperioden. Sie halten sich deshalb auch an den dunklen Hölzern auf Südseiten. Für einen Dauerbefall sind auch sie auf nasses Holz angewiesen. Vor allem Fenster sind gefährdete Bauteile, wenn an ihnen Holzfeuchte durch Konstruktionsfehler auftritt.

1.2 Tierische Schädlinge

Die Schädigung des Holzes durch Käfer geht vor allem von den Käferlarven, allgemein als Holzwürmer bezeichnet, aus. Die Entwicklung vom Ei über die Larve zur Käferpuppe kann sich, je nach Art, über mehrere Jahre hinziehen. Während dieser Zeit wird das Holz durch ausgedehnte Fraßgänge ausgehöhlt. Auch die Käferlarven brauchen spezielle Lebensbedingungen. Der Nährstoffgehalt des Holzes, die Holzfeuchtigkeit und die Temperatur sind für ihr Wachstum und die Ausbreitung ausschlaggebend. Für die Zerstörung am verbauten Holz sind die folgenden Käferarten von Bedeutung.

1.2.1 Hausbockkäfer

Die Larve des Hausbockkäfers wird häufig als großer Holzwurm bezeichnet. Er ist der gefährlichste Holzzerstörer, seine Verbreitung hat trotz intensiver Bekämpfung zugenommen. Der Befall von Holzbauteilen mit dem Hausbockkäfer ist *meldepflichtig.*

Der Hausbockkäfer befällt nur Nadelhölzer, hier vor allem das Splintholz. Kernhölzer sind wegen des geringen Eiweißgehalts weniger durch Schädlingsbefall gefährdet. Bis vor kurzem herrschte die Meinung, der Hausbock würde an Hölzern, die länger als fünfzig Jahre verbaut sind, nur in seltenen Ausnahmen auftreten. Neuerlich wurde aber auch an mehr als hundert Jahre alten Hölzern frischer Hausbockbefall festgestellt. Bei Haussanierungen müssen deshalb auch alle alten Hölzer gründlich auf Schädigungen untersucht werden.

Neben dem Eiweißgehalt des Holzes ist ein Gehalt an Vitamin B, Holzfeuchte zwischen 15-30 Prozent und Wärme bis 30 Grad für die Entwicklung der Larven notwendig. Bei Holzfeuchte unter 8-10 Prozent und Temperaturen über 30 Grad sterben die Larven nach einiger Zeit ab.

1.2.2 Gewöhnlicher Nagekäfer

Die engerlingartige Larve des gewöhnlichen Nagekäfers (Familie der Anobien) wird als kleiner Holzwurm bezeichnet. Sie ist der häufigste und am weitesten verbreitete tierische Holzschädling. Sie befällt *Nadel- und Laubholz jeden Alters,* nicht nur Bauholz, sondern auch Holzböden, Treppen, Möbel, Schnitzwerke, kurz alles Holz in und am Haus.

An Hölzern mit einem Farbkern, wie Kiefer, Lärche und Eiche, ist nur das Splintholz gefährdet.

Hauptnahrungsstoff der Larve ist die Cellulose des Holzes, der Eiweißgehalt scheint eine geringere Rolle zu spielen. Die Larven entwickeln sich bei Temperaturen unter 23 Grad und bei einer Holzfeuchte von 10-12 Prozent, das entspricht einer Luftfeuchte von ca 55%. In trockenen, gut durchgeheizten Räumen kann ein Anobienbefall kaum auftreten.

1.2.3 Brauner Splintholzkäfer

Der braune Splintholzkäfer (Lyctus) wurde mit tropischen Hölzern nach Europa eingeschleppt. Er befällt nur Laubholz mit hohem Eiweiß- und Stärkegehalt (keine Buche), greift aber Holz in jeder Form an: Möbel, Tür- und Fensterverkleidungen, Vertäfelungen, Holzböden und anderes. Er entwickelt sich mit Vorliebe in zentralbeheizten Räumen bei Temperaturen bis 27 Grad und Holzfeuchten von 7-30 Prozent. Die

Entwicklungszeit des braunen Splintholzkäfers beträgt nur 5-18 Monate, das ist, zusammen mit anderen Faktoren, eine Ursache für seine gefährlich schnelle Ausbreitung.

1.2.4 Holzwespen

Die Holzwespen befallen kein altverbautes, sondern nur saftfrisches Holz, können aber als Eigelege oder Larven mit neuem Holz eingeschleppt werden. Je nach Lebensbedingungen verlassen sie oft erst nach längerer Zeit das Wirtsholz. Dabei richten sie mit Schlupflöchern erheblichen Schaden an. Auch Metallfolien, Linoleum, selbst Verputz und Dachpappe können beim Schlupfen durchnagt werden. Ein Neubefall des alten Baus durch die Wespen ist aber ausgeschlossen.

1.2.5 Frischholzinsekten

Als Frischholzinsekten bezeichnet man alle Käferarten, die stehendes, frisch geschlagenes oder berindetes Holz befallen, wie zum Beispiel der Borkenkäfer. Sie sind als Schädlinge im verbauten Holz nicht zu fürchten, da sie hier keine zuträglichen Lebensbedingungen finden.

2 Holzschutz

2.1 Schadensermittlung

Dachböden, Abstellkammern und Keller müssen ausgeräumt werden, alle Holzbauteile müssen gut zugänglich, Winkel und Ecken auszuleuchten sein. Dann kann die Untersuchung auf Schädlingsbefall zusammen mit einem Fachmann durchgeführt werden. Die Handwerkskammern können Desinfektionsfirmen mit einschlägigen Erfahrungen benennen. Auch unter den Zimmerleuten gibt es Spezialisten zur Schädlingserkennung.
Der Fachmann kann zerstörte Stellen auch unter einer scheinbar intakten Oberfläche durch Anschlagen mit dem Hammer oder Einstechen mit einem scharfen Messer feststellen. Aus den vorhandenen Fluglöchern ist die Art und eventuell das Alter von Insektenbefall abzulesen.
Von Pilzen und Insekten geschädigte Holzteile müssen mit weitem Umgriff in die gesunde Substanz abgebeilt werden. Alte, nicht mehr befallene Fraßgänge sind mit der Stahlbürste auszukratzen. Die Abfälle müssen sofort verbrannt werden, um ein Verschleppen der Schädlinge zu verhindern.
Erst nach der genauen Feststellung von Art und Ausmaß des Befalls können Holzschutzmaßnahmen entschieden werden.

2.2 Bekämpfende Maßnahmen

Wenn sich der Schaden soweit in Grenzen hält, daß die Tragfähigkeit der Balken nicht beeinträchtigt ist, können die Hölzer an Ort und Stelle gegen neuen Befall durch geeignete Maßnahmen geschützt werden. Bei hohem Substanzverlust des Holzes durch Insektenfraß oder Fäulnis müssen tragende Bauteile durch Anschiften, Beinageln von Bohlen oder andere Konstruktionen ergänzt werden (siehe Holzbausanierung, Seite 107).
Alte, stark verrußte Holzbalken sind, mit wenigen Ausnahmen, frei von Schädlingsbefall.

2.2.1 Heißluftverfahren

Das Heißluftverfahren nützt die Empfindlichkeit aller Schädlinge gegen hohe Temperaturen und Trockenheit. Mit Spezialöfen werden die gefährdeten Räume aufgeheizt. Die Bestrahlung muß solange anhalten, bis die Temperatur auch in den Holzkernen 60 Grad erreicht. Ein mit Heißluft behandeltes Holz entzieht den Schädlingen auch durch Austrocknen die Lebensgrundlage. Das Verfahren wird von qualifizierten Lizenzfirmen seit Jahren erfolgreich durchgeführt. Es ist ohne schädliche Nachwirkungen, weder für Menschen, noch für Bienen, Fledermäuse und Vögel.

Schädlingsbekämpfung mit Heißluftverfahren

2.2.2 Borsalz-Imprägnierung

Borax-Salzimprägnierungsmittel sind über Naturfarben-Hersteller verarbeitungsfertig zu beziehen.
Auch Borsalz-Präparate sind im Handel. Sie werden von Holzschutzmittelherstellern mit Prüfzeichen angeboten. Alle Salzpräparate haben den Nachteil, daß sie im Freien durch Regen ausgewaschen werden können. Borax- und Borsalzimprägnierungen sind für den Verarbeiter ungiftig und ohne schädliche Nachwirkungen.

2.2.3 Chemischer Holzschutz

Die Anwendung chemischer Holzschutzmittel zur Schädlingsbekämpfung muß durch einen Fachbetrieb (Desinfektionsbetrieb oder qualifizierte Zimmerei) durchgeführt werden. Zu bedenken ist, daß alle dazu verwendeten Mittel giftig sind, oft auch noch lange nach Abschluß der Arbeiten giftige Nachwirkungen, zum Beispiel Abdampfungen, zeigen. Neben den Schädlingen wird auch der Lebensraum von Fledermäusen und Vögeln, die unter dem Dach brüten, vernichtet. Derartige giftige Mittel dürfen *nicht in Wohnräumen* angewendet werden.

> Altes, gesundes Holz braucht keinen neuen chemischen Holzschutz, wenn die Herde des Insektenbefalls erfolgreich ausgeräumt wurden.

Die Bohrlochtränkung mit chemischen Holzschutzmitteln wird an schwer zugänglichen Stellen oder an künstlerisch wertvollen Holzbauteilen eingesetzt. Die Herde des Insektenbefalls müssen über Bohrlöcher erreicht werden, die eingefüllte Flüssigkeit verteilt sich im Umfeld. Wie weit das Verfahren mit einer Holzverfestigung kombiniert werden kann, muß der Fachmann entscheiden. Auch diese Methode muß durch erfahrene und empfohlene Fachfirmen durchgeführt werden.

2.3 Vorbeugende Maßnahmen

Beim Einbau neuer Hölzer soll von Anfang an auf guten Holzschutz geachtet werden.

2.3.1 Konstruktiver Holzschutz

Der *konstruktive* Holzschutz hat dabei die größte Bedeutung. Unter diesem Begriff sind alle handwerklichen Maßnahmen zu verstehen, die durch sachgerechte Konstruktion und Verarbeitung jedes Eindringen von Wasser in das Gebäude und damit jede Möglichkeit der Holzdurchfeuchtung verhindern. Abdeckungen und Verkleidungen dürfen nicht von Regenwasser hinterlaufen werden, alles Wasser muß schnell und mit Abstand von den Wänden nach außen abfließen können. Dazu helfen funktionierende Wassernasen, die heute zu oft vernachlässigt werden. Auf keiner Fläche darf Nässe stehen bleiben, vor allem darf sie keine Gelegenheit finden, durch Ritzen und Fugen ins Holz zu ziehen. Dabei ist zu beachten, daß Wasser eine beträchtliche Steigfähigkeit nach oben entwickeln kann: je dünner die Fugen, desto höher zieht die Nässe. Die Bildung von Schwitzwasser im Zusammenhang mit Holz ist strikt zu vermeiden (siehe Baufeuchtigkeit, Seite 31, und Holzbausanierung, Seite 107).
Alle Holzteile am Bau sollen freien Luftzutritt haben, eingemauerte Balkenköpfe müssen mit Wärmedämmung versehen sein.

2.3.2 Holzeinschlag

Der eigene Waldbesitz bietet auch heute noch die Möglichkeit, Holz richtig einzuschlagen. Das heißt, daß Bauholz im Winter geschlagen wird, daß nur wirklich reife Bäume und möglichst engwüchsiges Holz gefällt werden, daß das Holz lange genug luftig und ohne Rinde gelagert wird. Alle diese Faktoren haben Einfluß auf die Härte, auf den Gehalt an Eiweiß und Vitamin B des Holzes und damit auf die mehr oder weniger günstigen Lebensbedingungen für Schädlinge. Auch die alte Regel, daß Nadelholz im Winter in der Neumondphase geschlagen werden soll, ist zu beachten. Stoffwechsel und Lebensprozesse sind in dieser Zeit am lebenden Holz zum Teil erheblich reduziert, der Befall von tierischen Schädlingen kann dadurch verringert werden.

2.3.3 Chemischer Holzschutz

Vorbeugender chemischer Holzschutz darf bei genauer Beachtung des konstruktiven Holzschutzes und des richtigen Holzeinschlags eigentlich nicht mehr nötig sein. Wenn schwer zugängliche, durch Flugschnee oder gelegentliches Schwitzwasser gefährdete Holzteile mit Holzschutzmitteln gestrichen werden, alle übrigen Teile aber unbehandelt bleiben, ist das ein tragbarer Kompromiß.
Die handelsüblichen Holzschutzmittel sind auf Salz- oder Ölbasis aufgebaut. Sie enthalten gefährliche Arbeitsstoffe (Lösemittel und anderes), die lange und nachhaltig abdampfen können. Ihre Eindringtiefe übersteigt selten 1 cm. Damit werden tiefer liegende Schadensherde nicht erreicht. Sie können, je nach Zusammensetzung, Schäden an Mauer, Glas, Kera-

mik und Kunststoff verursachen. Die Verwendung derartiger Holzschutzmittel in geschlossenen Räumen ist gesundheitsgefährdend und unzulässig. Sollen Hölzer nach der Behandlung mit Holzschutz farbig gestrichen werden, sind Holzschutz und Farbsystem aufeinander abzustimmen. Sowohl ölhaltige als auch salzhaltige Imprägnierungen können an ungeeigneten Anstrichen Schäden verursachen.

- ▷ Die Durchführung von chemischem Holzschutz gehört immer in die Hände eines Fachmanns.
- ▷ Alle Holzschutzmittel können ausgewaschen werden, wenn das Bauteil der Witterung ausgesetzt ist.
- ▷ Die mit dem Umweltschutzzeichen »blauer Engel« versehenen Produkte sind keine Holzschutzmittel gegen Schädlinge, sondern bestenfalls Wetterschutzmittel. Auch sie können bis zu 15 Prozent Lösungsmittel enthalten.

Gezieltes Einbringen der Röhrchen zur Holztränkung mit chemischen Holzschutzmitteln

2.3.4 Baukontrolle

Zum vorbeugenden Holzschutz gehört auch die regelmäßige Baukontrolle. Alle möglichen Verursacher von Wasserschäden wie Regenrinnen, Fallrohre, Dachanschlüsse, Installationen, schwitzende Rohre und anderes müssen öfter überprüft und kleine Schäden sofort beseitigt werden. Alle Dachräume müssen gut durchlüftet werden, jeder Luftstau ist zu vermeiden. Ausreichende Heizung und trockene Bauten sind die beste Vorbeugung gegen Holzschädlinge.
Brennholz darf nicht in Kellern gelagert werden, Pilzbefall wäre damit vorprogrammiert.

3 Brandschutz

Welche Brandschutzvorkehrungen an einem Haus notwendig werden, hängt von der Bauart (Holzbau, Steinbau), von der späteren Nutzung (Beherbergungsbetrieb, Werkstätte), von der Größe des Objekts ab. Das muß rechtzeitig geklärt werden, um vorgesehene Maßnahmen einzuplanen und zu kalkulieren. Feuerschutzverordnung, örtliche Vorgaben des Kaminkehrers und eventuell die Auflagen der Brandversicherung müssen eingehalten werden.
Eine Erneuerung der Kamine ist *immer* anzuraten. Dabei kann die nötige Anzahl der Züge mit den richtigen Querschnitten eingebaut werden. Kamine müssen ausreichend weit über Dach geführt werden, das sind mindestens 40 cm über Firstkante bei harter Bedachung.

Attraktionen in Holz

Der ungewöhnlich lange Stadel in Niederbuch erhielt einen neuen, gemauerten Sockel in Geschoßhöhe. Das Holzwerk wurde zimmermannsmäßig von einheimischen Handwerkern repariert und in Teilen ergänzt, das Dach erneuert. Der Stadel erfüllt wieder seinen Zweck als Bergeraum und Wagenremise.
An dem sanierten Stadel in Heilham konnte aus letzten vorhandenen Spuren die prachtvolle Bemalung des Holzwerks voll wiederhergestellt werden. Mit Fabelwesen, Blumenranken und Akantusblättern bis hin zu wappenhaltenden Löwen ist damit ein im wahrsten Sinn des Wortes leuchtendes Beispiel der Volkskunst wiedererstanden.
Beide Objekte wurden mit staatlichen Zuschüssen saniert.
Ausführung der Malereien W. und A. Stein, Inzell

Oben
Gesamtansicht des Bundwerkstadels in Niederbuch, Landkreis Altötting

Unten
Reiche Zimmermannsmalerei an einem Bundwerkstadel in Heilham, Landkreis Traunstein

An der alten Kirche
2

Eifeler Bauernhäuser Typ Trierer Haus

Das Trierer Haus ist der beherrschende Haustyp der Südwesteifel, er findet sich aber auch in den angrenzenden Gebieten Frankreichs und Belgiens und in ganz Luxemburg. Seit dem Dreißigjährigen Krieg hat sich hier der Steinbau durchgesetzt.
Das Wohnhaus ist meistens mit Scheune und Stall unter einem Dach zusammengebaut, entweder in einer Flucht oder in Hakenform. Es kann aber auch isoliert von den Wirtschaftsgebäuden stehen.
Im Umbauvorschlag wurde die alte Küche aufgeteilt in Schmutzschleuse, Hauswirtschaftsraum und Speisekammer. In der ehemaligen kleineren Vorderstube konnte die Küche eingerichtet werden. Für den Zugang zur Schmutzschleuse wurde anstelle des rückwärtigen Flurfensters eine neue Tür eingebaut. Der Hauswirtschaftsraum wird durch ein neues Fenster belichtet, das im Maß den vorhandenen folgt und ebenfalls ein Sandsteingewände erhielt.
Eine zentrale Warmwasserheizung könnte vom Küchenherd aus betrieben werden. Im Obergeschoß kann ein Bad am günstigsten über der Speisekammer eingeplant werden.
Die Wohnfläche von Erdgeschoß und Obergeschoß beträgt zusammen etwa 170 qm.

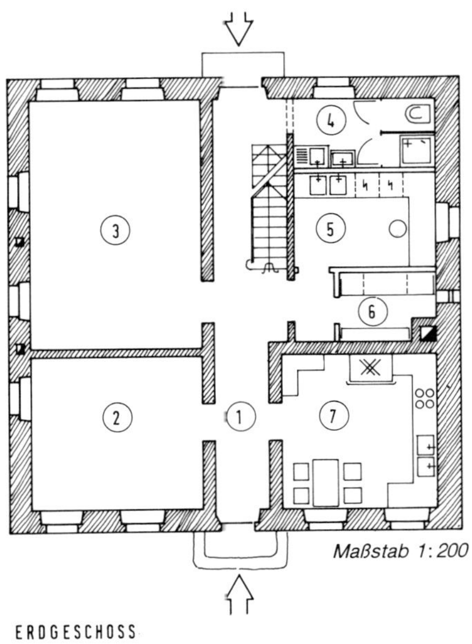

Erdgeschoß
① *Flur*
② *Zimmer*
③ *Stube*
④ *Schmutzschleuse mit Dusche und WC*
⑤ *Hauswirtschaftsraum*
⑥ *Speisekammer*
⑦ *Küche*

Der Obergeschoßgrundriß folgt in der Anordnung dem Erdgeschoßgrundriß.

In Holzbauten muß zwischen Wand und Feuerstelle ausreichend Wärmedämmung eingebracht werden. Es ist besser, die Wände in diesen Bereichen voll aufzumauern. Offene Kamine werden in Holzbauten durch Kachelöfen ersetzt.

Die Dachräume müssen von Lagergütern und Gerümpel freigehalten werden. Feuerhemmende Sprühmittel, wie sie gelegentlich für Dachstühle verwendet werden, sondern lange Zeit gesundheitsgefährdende Abdampfungen aus. Ein hervorragender Flammschutz ist die Rußauflage am Gebälk alter Rauchhäuser.

Feuerhemmende Verkleidung tragender Bauteile mit Gipsplatten

Verkleidungen mit Gipsplatten oder Faserzementplatten bieten in gefährdeten Bereichen einen gewissen Brandschutz.

Elektroleitungen müssen kontrollierbar sein. Wenn sie in Installationsleisten auf der Wand geführt werden, können Leitungsdefekte schnell geortet und behoben werden.

Eingebautes Wärmedämmaterial muß mit einem geprüften Feuerwiderstand ausgezeichnet sein. Überhaupt ist die Verwendung von leicht entflammbaren Kunststoffen zu vermeiden. Brennstoffe aller Art müssen bei Holzbauten außerhalb des Hauses gelagert werden.

Entzündung durch Funkenflug oder Selbstentzündung von Balken in Blockbauten ist unwahrscheinlich. Alte Brandursachen waren häufig feucht eingebrachtes Heu, schadhafte Kamine und leichtsinniger Umgang mit offenem Feuer, in neuerer Zeit sind es defekte oder unsachgemäß installierte Elektroleitungen.

Fenster und Türen

1 Funktion der Fenster

Fenster sollen zum einen unsere Häuser zu allen Jahreszeiten für Licht und Luft öffnen, zum andern sollen sie Schutz gegen Regen und Schnee, Wind und Kälte bieten. Je nach örtlichem Klima, nach der Lage des Hauses und nach der Bauweise werden die Überlegungen zur Sanierung sehr unterschiedlich ausfallen.
Fenster sind aber auch ein wesentlicher Faktor für die Gestaltung einer Fassade. Das Verhältnis von Fenster- und Türöffnung zu den Wandflächen muß ausgewogen und harmonisch sein, das Format der Fenster, ja sogar die Fensterteilung mit Sprossen, muß sich in den Maßstab der Fassade einordnen. Die alten Baumeister hatten ein sicheres Gefühl für die ausgewogene Anordnung von Fenstern, Türen und Toren, wir müssen lernen, diese Schönheiten zu sehen und in eine Sanierungsplanung einzubringen.
In Mauerbauten und Holzblockbauten können Fenster ohne konstruktive Probleme an jeder Wandstelle angeordnet werden. Die Öffnungen müssen hier besonders sorgfältig auf ihre Wirkung in der Fassade geplant werden.
In Fachwerkbauten *muß* sich der Einbau von Fenstern und Türen nach der Konstruktion der Gefache richten, denen hier die ausschlaggebende Bedeutung für das Fassadenbild zukommt. Aber auch da kann falsche Fensterteilung, können zuviele Fenster oder kann die Mode der Verglasung von Gefachen ziemliches Unheil bei der Neugestaltung eines Hauses anrichten.

2 Bestandsaufnahme und Schadensermittlung

Die sorgfältige, schriftliche Bestandsaufnahme und Schadensermittlung steht auch bei der Fenstersanierung am Anfang aller Überlegungen. Sie soll mit einem sachkundigen Schreiner (Tischler), *nicht* mit dem Vertreter einer Fertigfensterfirma durchgeführt werden. Dabei müssen neben den Fensterrahmen (Fensterflügeln) auch die Fensterstöcke (Blendrahmen, Fensterzargen), Fensterläden, Maueranschlüsse, Fensterbänke innen, Abdeckungen aus Blech und Stein außen, der Zustand der Fensterstürze, bei Fachwerkbauten die Beschaffenheit von Anschlußhölzern und Brustriegeln untersucht werden.

2.1 Schlechter Holzzustand

Art und Ausmaß von Schädlingsbefall (Pflanzliche und tierische Schädlinge, siehe Holzschädlinge, Seite 134) müssen festgestellt werden. Bläuepilze sind für das Holz ungefährlich, führen aber zum Abblättern späterer Anstriche. Sie zeigen jedoch Feuchtigkeit aus Konstruktionsmängeln an, die den Befall durch andere Schädlinge nach sich ziehen kann.
Bei Holzzerstörungen unter 25 Prozent kann die Sanierung der einzelnen Fenster durchaus noch wirtschaftlich sein.
Fensterstöcke zeigen Holzbeschädigungen vor allem im Bereich der Maueranschlüsse und Fensterbänke. Für eine genaue Schadensermittlung müssen unter Umständen die seitlichen Verkleidungen in den Fensterleibungen und die Fensterbänke vorsichtig entfernt werden. Auch Putz und alte Farbschichten sollen wenigstens an Probeflächen abgekratzt werden.

2.2 Konstruktionsmängel

Konstruktionsmängel können sowohl durch den langen Gebrauch auftreten, als auch durch originale oder spätere Fehlkonstruktionen verursacht sein.
Konstruktionsmängel an Fensterrahmen und Fensterstock zeigen sich, wenn Fensterflügel und/oder Fensterstock verzogen sind, wenn der Fensterrahmen klemmt. Die Ursache können Verwindungen der Hölzer, zu geringe Holzquerschnitte der Rahmen, aber auch verrottete Befestigungen des Stocks in der Mauer sein, wie verrostete Eisenschlaudern oder vermorschte Holzkeile. Lockere Eckverbindungen der Holzrahmen und ausgeleierte Beschläge gehören zum Schadensbild.
Locker und schlecht schließende Flügelrahmen sind die Folge von Schwinden der Hölzer.

2.3 Undichte Fugen

Undichte Fugen sind der spürbarste Mangel an einem Fenster. Zugerscheinungen beeinträchtigen das Behaglichkeitsklima und die Gesundheit der Bewohner. Neben den oben angeführten Schäden können ungenügende Fensterfälze zwischen Rahmen und Stock, aber auch Undichtigkeiten zwischen Stock und Mauer die Ursache sein. Auch alte vielfache Anstrichschichten in den Fälzen verursachen Unebenheiten und damit undichte Fugen. Wasserdurchlässigkeit von Fugen ist immer die Folge grober Konstruktionsfehler. Fehlende Wetterschenkel, fehlende

Deckleisten außen, falsch angeordnete Außenverblendungen und falsche, ungenügende Wasserabweiser über Brustriegeln lassen Feuchtigkeit in Ritzen eindringen. Die Folgen wurden schon mehrfach besprochen. Auch gelockerte Rahmeneckverbindungen und ausgewitterte Kittfälze führen zu Wasser- und Fäulnisschäden an den Fenstern.

2.4 Beschläge

Alte Beschläge sind trotz des oft sehr schlechten Aussehens *nicht* nur zum Bauschutt zu werfen. Von Rost und Schmutz befreit finden sich oft wahre Prunkstücke unter den alten Querreibern, Eckbeschlägen, Fensteroliven und geschmiedeten Türbändern. Sie müssen oft nur neu eingepaßt und mit gut sitzenden Schrauben versehen werden, um ihren Dienst zu leisten. Beschläge, die ausgeleiert oder zu schwach sind, müssen ausgewechselt werden. Zu wenige Beschläge, zum Beispiel zwei schwache Drehkegel, können durch Zusatzbeschläge wieder funktionsfähig werden.

3 Anforderungen an Fenster

Auch die Anforderungen, die an die Fenster der einzelnen Räume zu stellen sind, werden zweckmäßig in einer Liste erfaßt.

3.1 Belichtung

Die Belichtung für einen Raum ist im allgemeinen ausreichend, wenn die Gesamtfensterfläche $\frac{1}{12}$–$\frac{1}{8}$ der Grundfläche beträgt. In Arbeitsräumen (Nähen, Schreiben), in Zimmern mit geringem Lichteinfall, zum Beispiel Nordzimmer, in Räumen gegenüber hohen Mauern oder mit Fenstern unter Vordächern und Balkonen, muß die Belichtungsfläche nach Bedarf größer sein. Für Nebenräume, wie Speisekammern oder Lagerräume, ist im Interesse der Kühlhaltung eine geringere Fensterfläche zu wünschen.

3.2 Belüftung

Fenster müssen der Belüftung dienen können. So schön ein winterlicher Blumenschmuck auf Fensterbänken ist, darf er das volle Fensteröffnen doch nicht beeinträchtigen. Besonders in Küchen und Feuchträumen dürfen Fensterbänke nicht zugestellt werden.

Je nach Wohnbereich entsteht eine mehr oder weniger hohe Luftfeuchtigkeit in den Räumen. Sie muß durch Luftaustausch mit der Außenluft immer wieder vermindert werden, um die Bildung von Kondensfeuchtigkeit zu verhindern (siehe Baufeuchtigkeit unter 2.2, Seite 48).

Durch das Atmen wird Sauerstoff verbraucht, damit steigt die Kohlendioxidkonzentration in der Luft, *die Luft ist schlecht.* Je nach Tätigkeit verbraucht eine Person 20–50 cbm Luft pro Stunde, um ihren Sauerstoffbedarf zu decken. Dieser Sauerstoff muß durch Luftaustausch mit der Außenluft ersetzt werden.

Wie schnell der Luftaustausch beim Lüften zustande kommt, hängt von der Größe der geöffneten Fenster, von der Möglichkeit, Durchzug zu schaffen, und vom Temperaturunterschied zwischen Außen- und Raumluft ab.

Offene Feuerstellen, das sind alle Öfen, Herde und Heizanlagen, die mit Holz, Kohle, Öl oder Gas beheizt werden, sind riesige Sauerstoffverbraucher. Wo Öfen in Zimmern geheizt werden, muß besonders reichlich Möglichkeit für eine Lüftung vorhanden sein. Für Gasthermen und Kesselräume bestehen besondere Vorschriften zur Belüftung (siehe Heizung unter 2.3, Seite 162).

Die wirksamste Art zu lüften ist eine kurzzeitige *Stoßlüftung* mit voll geöffneten Fenstern, möglichst mit Durchzug. Dabei wird die verbrauchte Luft schnell und gründlich ausgetauscht, ohne daß Wände und Einrichtung abkühlen, die so eine Art Wärmespeichereffekt entwickeln können. Die Bildung von Schwitzfeuchtigkeit auf ausgekühlten Oberflächen wird vermieden. Sind die Gegenstände eines Zimmers durch langes Lüften abgekühlt, wird ein Raum nur mit viel Wärmezufuhr wieder behaglich.

Die ungünstigste Lüftung bieten Kippfenster. Besonders in tiefen Mauerleibungen kann nur wenig Luft in den Raum strömen. Um eine Luftverbesserung zu erreichen, muß die Kippstellung über lange Zeit geöffnet bleiben. Dabei entweicht ständig warme Luft, ohne daß eine Lufterneuerung auch in den tieferen Teilen des Wohnraums erreicht wird. Ein ganz geöffnetes Fenster hat eine bis zu zehnfach bessere Lüftungswirkung als ein Fenster in Kippstellung (siehe Zeichnung 64, Seite 154).

3.3 Schutzfunktionen

3.3.1 Schutz gegen Regen, Schnee und Wind

Der Schutz gegen Regen und Schnee muß bei allen Fenstern durch eine sachgemäße Konstruktion gewährleistet sein.
Der Schutz gegen Wind und Luftzug ist zwar in allen Wohnbereichen notwendig, in Nebenräumen, Lagerräumen, wenig benützten Zimmern kann eine geringe Lüftung über die Fensterfugen erwünscht sein, um einer Schwitzwasserbildung in diesen Räumen entgegen zu wirken. Auf die Wärmedämmung gegen angrenzende, bewohnte Zimmer ist dann besonders zu achten.

3.3.2 Schutz gegen Kälte, Hitze und Lärm

Ein erheblicher Teil der Heizwärme geht über die Fenster, auch in geschlossenem Zustand, verloren. Übergroße Fenster und Fenstertüren steigern diesen Wärmeverlust unnötig. Nicht nur die Scheiben, sondern auch die Rahmen leiten die Kälte nach innen, Metallrahmen trotz eingelegter Isolierung erheblich mehr als Holzrahmen. Dichte Fugen verbessern den Kälteschutz. Für alle Wohnbereiche sollten Doppelfenster oder Fenster mit Doppelverglasung eingeplant werden. Für Nebenräume mit Einfachfenstern können bei einem Kälteeinbruch auch Fensterklappläden eine wärmedämmende Funktion übernehmen.
Schutz vor Sonnenhitze können nur Klappläden oder Jalousien bieten, da der Aufheizeffekt der Sonne durch Doppelverglasung kaum gebremst wird.
Schutz vor Lärm ist im Bereich großer Maschinen (Melkanlagen, Antriebsmotoren, Werkstätten), gelegentlich auch an Durchfahrtsstraßen in Dörfern notwendig. Eine starke Lärmbelästigung kann mit einer Dreifachverglasung verhältnismäßig einfach reduziert werden. Besonders bei der Einrichtung von Gästezimmern ist der Einbau derartiger Fenster zu überlegen.

3.3.3 Schutz vor Geruchsbelästigung

Silo-, Stall- und Gülleduft braucht nicht nur für die Fremdenzimmer ausgesperrt zu werden. Eine einwandfreie Fugendichtung hält Geruchsbelästigung vom Wohnbereich fern. Gelüftet wird in den Zeiten, in denen die frische Luft überwiegt. Wichtig sind dichte Fensterfugen im Bereich von Traktoranfahrten und Dieselaggregaten, mindestens solange diese nicht mit umweltfreundlichen und geruchsarmen Abgasgeräten ausgestattet sind.

3.3.4 Schutz gegen Eindringlinge

Fenster müssen letztlich auch Schutz vor Insekten, Mäusen und Dieben bieten.
Insektengitter in Rahmen können an Speisekammern unabhängig von den Lüftungsflügeln beweglich in der Art von Kastenfenstern eingebaut werden. Das ist günstiger als von außen oder innen eingehängte Rahmen, weil solche im montierten Zustand entweder das Schließen der Fenster innen oder der Fensterläden außen behindern.
Einbruchsicherungen sind an allen Fensterklappläden besser anzubringen als an Rolläden. Vielleicht

Fenstergitter

findet sich auf dem Speicher oder im Schuppen auch noch eines dieser kunstvoll geschmiedeten Gitter, wie sie früher den Häusern vor allem der wohlhabenden Ackerbürger zu stolzer Zier dienten. Fehlende Gitter kann in schlichter Form ein geschickter Schlosser nacharbeiten. Neu nachgemachte, pseudohistorische Schmiedeeisenformen sollte man aber vermeiden.

3.4 Unterschiedliche Anforderungen

Aus dieser Auflistung wird klar, daß nicht an alle Fenster eines Hauses die gleichen Anforderungen gestellt werden müssen, folglich auch nicht die gleichen Sanierungsarbeiten notwendig werden. Aufwendige Drehkippfenster müssen, wenn überhaupt, nur an wenigen Fenstern eingebaut werden. Fenster an Wetterseiten brauchen unter Umständen zusätzlichen Schutz, in selten genutzten Räumen kann mangelhafte Fugendichte eventuell hingenommen werden.
Vor einer Übersanierung muß gewarnt werden. Bei allen Maßnahmen sind das notwendige Raumklima und die Auswirkungen auf das Gesamtbauwerk zu beachten. Neue, ganz fugendichte Fenster können zum Beispiel das Klima eines alten Mauerbaus völlig aus dem Gleichgewicht bringen.
Schäden an Fenstern haben ihre Ursache zu 44 Prozent in der Planung der Konstruktion, zu 37 Prozent in der Ausführung. Die Zahlen zeigen, wie wichtig die Wahl eines wirklich guten, erfahrenen Fensterschreiners ist.

4 Maßnahmen

4.1 Instandsetzen der vorhandenen Fenster

Besonders bei Fenstern, an die keine *sehr* hohen Anforderungen gestellt werden oder die durch Doppelfenster ergänzt werden, ist das Ausbessern einer Neuanschaffung vorzuziehen.

4.1.1 Schäden am Holz

Bei schlechtem Holzzustand müssen die schadhaften Teile bis weit in das gesunde Holz hinein entfernt werden. Das Holz der neuen Teile muß in Holzart und Qualität den Althölzern entsprechen, um unterschiedliche Verwindungen möglichst einzuschränken. Früher wurde gelegentlich astreiches Föhrenholz beim Fensterbau verwendet, es sollte nach der Überlieferung weitgehend verwindungsfrei sein.
Lockere Eckverbindungen an Fensterrahmen werden neu verleimt und durch Winkelbeschläge (Einlaßekken) versteift. Bessere Beschläge, die eine gleichmäßige Belastungsverteilung an den Fensterrahmen bewirken, können helfen, Verwindungen zu vermeiden.
Verwindungen und Lockerungen an Fensterstöcken können ihre Ursache in einer verrotteten oder geschwundenen unteren Verkeilung haben, die alten seitlichen Befestigungen in der Mauer (Stockschlaudern) können durchgerostet, verbogen oder aus der Mauer ausgebrochen sein.
Die alten Verkeilungen müssen ersetzt werden. Bei den seitlichen Anschlüssen an sehr ungleichmäßiges Mauerwerk oder bei schlechter Steinqualität können spezielle Anschlagprofile (Anschlagwinkel) für einen stabilen Anschluß der Fensterstöcke an das Gewände sorgen.
Auch das Umfeld muß vor jeder Fenstererneuerung untersucht und in Stand gesetzt werden. Bei Blockbauten sind manchmal die alten senkrechten Wechselhölzer (siehe Holzbausanierung unter 2.4, Seite 116) vermorscht und müssen ersetzt werden.
Im Fachwerkbau sind vor allem die Brustriegel stark durch Feuchteschäden gefährdet und müssen unter Umständen ausgetauscht werden.
Bei Mauerbauten sind ausgebrochene Gewände, loser Mörtel und Putzschäden zu reparieren.
Schon geringfügige Setzungen am Gesamtbauwerk können zu Verwindungen der Fensterstöcke führen, die Funktionsfähigkeit des Fensters ist mindestens beeinträchtigt. Das Fenster muß ausgebaut und neu eingesetzt werden. Dabei können genau eingepaßte Futterhölzer die falsche Neigung ausgleichen.

4.1.2 Neue Beschläge, alte Beschläge

Neue, gut eingepaßte Beschläge können die Stabilität und die Fugendichte eines Fensters verbessern. Für die alten schlanken Fensterprofile sind nur aufgesetzte Mittelschlußbeschläge (Rudergetriebe) unter Deckleisten geeignet. Richtig montiert, mit unterem und oberem Rollkloben und einem mittleren Zungenverschluß, sind auch sie dichte, gut funktionierende Fensterverschlüsse. Fenster über 80 cm Höhe *müssen* drei Zuhaltungen haben: Je einen Rollkloben oder Bajonettverschluß oben und unten, einen Zungen- oder Bajonettverschluß in der Mitte.

Vorreiber müssen über eine frei zugängliche Schraube nachzustellen sein, an Wohnraumfenstern müssen zwei Reiber für ausreichende Zuhaltung sorgen.
Schlechte oder zu schwache Fensterbänder (Fensterkegel, Fischbänder, Angeln) werden durch neue, stärkere Schraubkegel ersetzt oder ergänzt. Sie können bei Bedarf nachgestellt werden.
Große Einscheibenfensterflügel belasten die Fensterbänder erheblich. Im unteren Falz klemmen nach einiger Zeit die Rahmen, während auf der Gegenseite große Fugen entstehen. Werden die Klemmstellen nachgearbeitet, vergrößern sich nur die oberen Fugen. Hier können nur starke, neue Beschläge Abhilfe schaffen. Einscheibenfenster über 80 cm Höhe, die nur als Drehflügel ausgeführt sind, sollen drei Fensterkegel je Flügel erhalten.
Bei Beschlägen muß die *Funktion erkennbar sein,* komplizierte Konstruktionen und teure Messingverblendungen machen noch keine guten Beschläge. Es ist ratsam, zusammen mit dem Schreiner (Tischler) bei einer größeren Beschlägefirma, die auch ein Angebot für Sanierungen bietet, die für den speziellen Fall geeigneten Konstruktionen zu suchen.
Alte Beschläge müssen gründlich von Farbe und Rost befreit werden und sind dann, manchmal mit kleinen Reparaturen oder Ergänzungen, durchaus funktionstüchtig. Die Mühe lohnt sich, denn gute Beschläge sind bei der Fenstersanierung ein erheblicher Kostenfaktor.

4.1.3 Neuverglasung

Bei sehr dünnen alten Scheiben kann eine Neuverglasung mit dickerem Fensterglas eine geringe Verbesserung der Wärmedämmung bringen.
Es werden auch Verbundgläser angeboten, die in die Fälze alter Einfachfenster eingesetzt werden können. Doch muß vorher genau geprüft werden, ob die alten, vorhandenen Fensterrahmen für das erheblich größere Gewicht solcher Scheiben ausreichen und ob die alten Glasfälze für derartige Konstruktionen geeignet sind.
Die alten Kittfälze müssen vor einer Neuverglasung sorgfältig gereinigt, eventuell nachgeschliffen werden. Sie sind mit mindestens einem Anstrich zu grundieren, da sonst Öl oder Lösungsmittel aus dem Kitt in das Holz zieht und zu einer vorzeitigen Versprödung des Fensterkitts führt.

4.1.4 Fugendichtung

Undichte Fugen zwischen Fensterrahmen und Fensterstock (Blendrahmen) und zwischen Stock und Wandanschluß haben einen erheblichen Anteil am Wärmeverlust. Der entstehende Luftzug stört zudem das Behaglichkeitsklima eines Wohnraums.
Andererseits soll durch die Fensterfugen ein gewisser Raumluftwechsel stattfinden, einmal zur *Ergänzung* des notwendigen Luftsauerstoffs, vor allem in Räumen mit offenen Feuerstellen (Ofen, Ölofen, Herd), zum anderen zur *Unterstützung* des Wasserdampfausgleichs (Dampfdiffusion). Besonders in seltener benützten und damit auch seltener belüfteten Räumen kann eine Lüftung über Fensterfugen Bedeutung erlangen. In Wohnräumen sind gut gedichtete Fensterfugen erwünscht. Dafür lüftet man im Winter öfter kurz, möglichst über mehrere Fenster (Stoßlüftung) (siehe Seite 145).
Auch an vorhandenen Fenstern lassen sich neue Dichtungsprofile einbauen.

> Grundsätzlich gilt: Jede Dichtung ist so dauerhaft wie das Dichtungsmaterial.

Die Haltbarkeitsdauer ist sehr unterschiedlich. Besonders, wenn zeitraubende oder komplizierte Vorarbeiten nötig sind, müssen vor dem Einbau die Garantiefristen der in Frage kommenden Dichtungen genau verglichen werden.
Auch die Verträglichkeit des Dichtungsmaterials mit anderen Baustoffen, wie Kalk, Putz, verschiedenen Anstrichsystemen, Leim und anderes, muß vom Hersteller gewährleistet sein. Einschränkungen muß der Verbraucher genau beachten.
Die Dichtungsfälze und Haftflächen müssen nach den Vorschriften des Herstellers des Dichtungsmittels vorbehandelt werden. Meist muß das Holz von vielen Farbschichten befreit oder angewitterte graue Holzflächen müssen völlig abgeschliffen werden. Manchmal werden spezielle Grundanstriche gefordert.

> Dichtungen müssen austauschbar und leicht zu erneuern sein.

Sie sollen so in Fälze oder Nuten geklemmt sein, daß sie nach fünf bis sieben Jahren durch neue Dichtungsprofile problemlos ersetzt werden können.
Für *Dichtungsschäume* darf nur geschlossenporiges Material verwendet werden, um das Aufsaugen von

Feuchtigkeit zu verhindern (Schwammeffekt). *Dichtungsmassen* und *Dichtungsstreifen* müssen dauerhaft elastisch verformbar sein, das heißt, sie müssen bei geschlossenen Fenstern zusammengedrückt werden, beim Öffnen aber ihre ursprüngliche Ausdehnung wieder einnehmen (Rückstellfähigkeit). Nur so wird der notwendige, dichtende Anpressdruck erreicht. Gerade hier treten nach mehr oder weniger kurzer Zeit erhebliche Ermüdungserscheinungen auf. Eine regelmäßige Kontrolle ist deshalb dringend anzuraten.

Für die Dichtungen der Fugen *zwischen Fensterrahmen und Fensterstock* sind die unterschiedlichsten Materialien am Markt: von selbstklebenden Schaumstoffstreifen über eingespritzte Dichtungen (Einkomponentensilikonmassen) bis hin zu Gummilippendichtungen. *Lippendichtungen* sind anderen Dichtungsarten trotz des größeren Montageaufwands vorzuziehen. Besonders sorgfältig müssen die Eckverbindungen ausgeführt werden, da hier die Dichtungsstreifen leicht abreißen. Je nach Beanspruchung (Feuchtigkeit, Hitze) und Material müssen Lippendichtungen spätestens nach 7–10 Jahren erneuert werden. Für Kunststoffschäume kann nach zwei bis fünf Jahren ein Auswechseln notwendig werden. Seriöse Hersteller geben Hinweise auf die Haltbarkeitsdauer ihrer Produkte.

Der Anschluß des *Fensterstocks zur Wand* ist besonders sorgfältig zu untersuchen. Dichtungen verrotten in diesem Bereich durch Feuchtigkeit und unterschiedliche Spannungen der verschiedenen Materialien schneller. Alte Dichtungen sind zudem oft schlecht und sorglos ausgeführt. Alte Glaswolle-Hinterstopfungen zerfallen nach einiger Zeit, es bilden sich Wärmebrücken mit der Folge von Schwitzwasser am gesamten Fenstergewände, es kommt zu Holzschäden. Zur Kontrolle und möglichen Ergänzung alter Dichtungen müssen, wenigstens in Teilbereichen, der Putz abgeschlagen und Holzverkleidungen sorgfältig abmontiert werden.

Für die *Dichtung zur Mauer* finden teergetränkte Hanfstricke wieder mehr Verwendung. Hinterstopfungen mit Mineralwolle müssen sorgfältig ausgeführt werden. Das so beliebte Ausschäumen der Anschlüsse ist in seiner Langzeitwirkung sehr umstritten. Auch hier sind alle Dichtungen nach einigen Jahren auf ihre Funktionstüchtigkeit zu überprüfen.

Eine gute Anschlußkonstruktion ist die beste Voraussetzung für eine gute Fugendichtung. Alte Häuser haben fast alle einen Mauerversatz in der Fensterleibung, der auch bei einer Gesamterneuerung der Fenster als Anschlag für den Stockrahmen genützt werden soll. Je tiefer Fenster in der Leibung angebracht sind, desto geschützter sind sie gegen Witterungseinflüsse. Eine Wärmedämmung sollte auch in den Fensterleibungen angebracht werden, um die Wirkung als Wärmebrücke zu vermindern (siehe Zeichnung 58). Besonders in tiefen raumseitigen Fensternischen und hinter Vorhängen kann sich ein Kältestau bilden, der an ungedämmten Fenstergewänden zu erhöhtem Schwitzwasserniederschlag führt.

Ein leidiges Thema sind immer wieder falsch ausgeführte *Putzanschlüsse an Fensterstöcken.* Die unterschiedlichen Materialspannungen zwischen Fensterstock, Putz, Mauer und Dichtung führen bei angeputzten Fensterstöcken zwangsläufig zu erheblichen Rissen, dadurch entstehen Wärmebrücken mit Schwitzwasserbildung, Schlagregen und Flugschnee dringen ein, der Fensterstock kann von der Rißstelle am Putz her verrotten (siehe Zeichnung 59). Der Putz in der Leibung muß in jedem Fall, innen und außen, vom Fensterstock getrennt sein. Deckleisten müssen die Eckfugen abdecken. Sogenannte dauer-

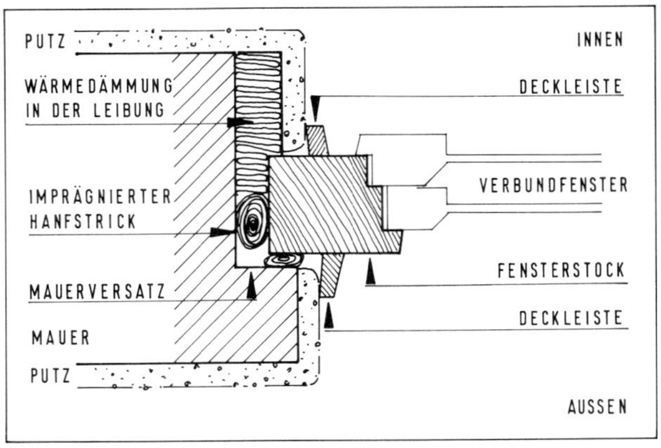

Zeichnung 58 Schnitt durch Fensteranschluß an Mauer

Zeichnung 59 Fehlerhafte Putzanschlüsse an Fensterstöcken

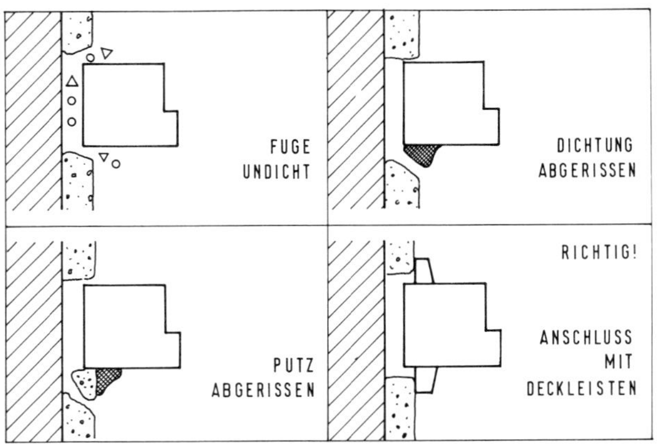

elastische Fugenkitte und Dichtungsmassen wirken nur auf begrenzte Zeit. *Langfristig elastische Dichtungsmassen gibt es nicht.* Derartige Anpreisungen sind irreführend.
Fensterbänke sind außen in den meisten Fällen mit einer Blechabdeckung versehen. Sie muß, um das Wasser richtig abzuleiten, ein deutliches Gefälle nach außen haben. Blechabdeckungen müssen sowohl gegen den Fensterstock als auch gegen die Wand ausreichend aufgekantet (aufgebörtelt) sein und sollten 2 cm in Stock und Wand eingreifen (siehe Zeichnung 60). Wärmedämmung und Feuchtigkeitsdichtung müssen der Wärmebrücke und der Schwitzwasserbildung unter dem Blech entgegenwirken.

4.2 Ergänzen vorhandener Fenster

Wenn Holzqualität und Bedienungsfunktion alter Fenster noch intakt sind, Wärmedämmwerte und Fugendichte aber verbessert werden sollen, gibt es einige sehr brauchbare Möglichkeiten, alte Einfachfenster zu ergänzen.

4.2.1 Isolierverglasung

Isolierglas oder Zweischeibenverbundglas wird nach angegebenen Maßen vom Glashersteller geliefert. Es besteht aus zwei Glasscheiben, die im Abstand von ca. 12 mm je nach Fabrikat mit Metallstegen und Dichtungen fest miteinander verbunden oder mit Glasstegen ringsum verschweißt sind. Der Luft im Zwischenraum wird dabei ein hoher Anteil Wasserdampf entzogen. Bei manchen Produkten wird die Luft, wenigstens teilweise, durch wärmedämmende Gase ersetzt. Schäden können in den Randverbundstreifen auftreten, vor allem, wenn die Verkittung in den Fensterfälzen schlecht ausgeführt oder schadhaft ist. Durch Undichtigkeiten beschlagen die Scheiben im Zwischenraum oder werden trübe.

Zeichnung 60 Blechabdeckung von Fensterbänken

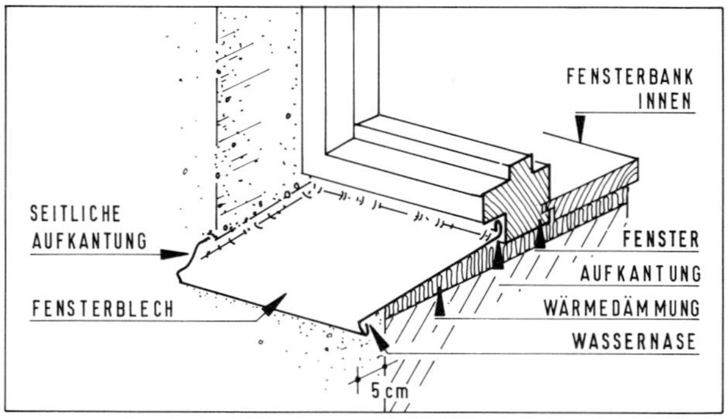

Für eine Neuverglasung mit Isolierglas müssen Fensterrahmen und Fensterbeschläge ausreichend stark sein, um das erhebliche Gewicht solcher Scheiben ohne Verwindung aufnehmen zu können. Die Glaskosten sind ziemlich hoch, je kleinteiliger die Scheiben sind, um so teurer wird die Maßnahme.
Fast immer sind die alten schlanken Profile der Sprossen für die Aufnahme derartiger Scheiben ungeeignet. Eine Verstärkung der Sprossen mit Metallwinkeln hat sich nicht bewährt. Zwischen Metall und Holz kann sich Kondenswasser bilden und zu Holzschäden führen.
Die Wärmedämmwerte von Fenstern mit Zweischeibenisolierglas sind schlechter als die von Verbund- oder Kastenfenstern.

4.2.2 Ergänzung zu Verbundfenstern

Verbundfenster (Wagnerfenster) ist die Bezeichnung für Fenster, bei denen zwei Rahmen zu einem Flügel verbunden sind (siehe Zeichnung 61). Eine Ergänzung alter Einfachfenster zu Verbundfenstern setzt ebenfalls ausreichend starke alte Fensterrahmen voraus. Der alte Fensterstock muß so ergänzt werden, daß die neuen Zusatzflügel ausreichende Fälze erhalten. Der Raum zwischen den Flügeln beziehungsweise zwischen den Scheiben muß mit der Außenluft in Verbindung stehen, um die Bildung von Schwitzwasser im Flügelzwischenraum möglichst zu vermeiden. Fugendichtungen dürfen *nur* an den Innenflügeln angebracht werden.
Werden die alten Fenster mit Zusatzflügeln *außen* ergänzt, dann muß die Sprossenteilung der vorhandenen Fenster auch an den neuen Fensterflügeln ausgeführt werden. Die alte Sprossenteilung würde durch die neuen, ungeteilten Scheiben nicht wahrgenommen. Bei *innenseitig* ergänzten Fenstern können zur Erleichterung des Putzens die Sprossen in den neuen Zusatzflügeln wegfallen.

Zeichnung 61 Ergänzung vorhandener Einfachfenster zu Doppelfenstern

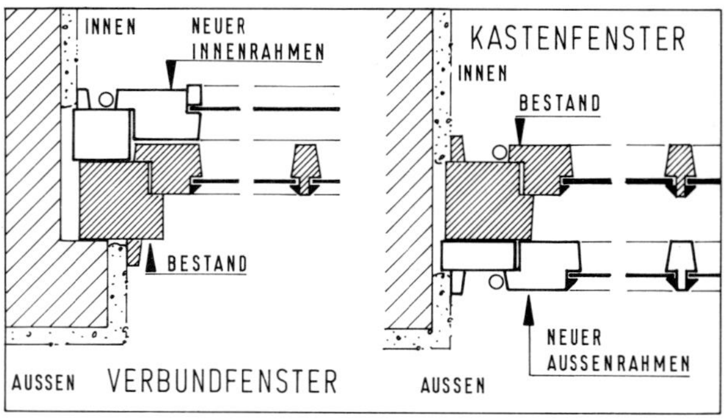

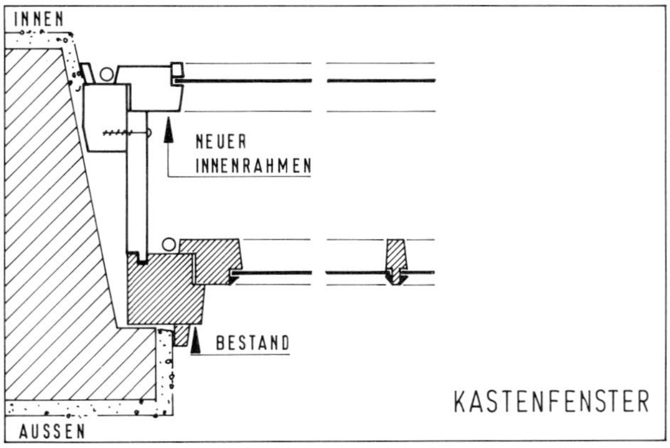

Zeichnung 62 Ergänzung vorhandener Einfachfenster zu Kastenfenstern

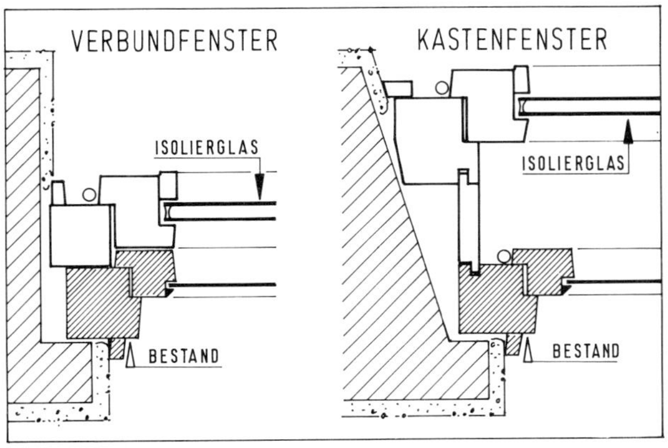

Zeichnung 63 Dreifachverglasung

Altes Fenster mit vorgehängtem Doppelfenster

4.2.3 Ergänzung zu Kastenfenstern

Als Kastenfenster werden solche Fenster bezeichnet, die mit größerem Zwischenraum zwei voneinander unabhängige Fensterflächen aufweisen (siehe Zeichnung 62).

Die Ergänzung alter Einfachfenster zu Kastenfenstern ist handwerklich meistens leichter zu bewerkstelligen als eine Verbundkonstruktion. Ein neuer, unabhängiger Fensterstock kann in die alte Leibung eingestellt und mit eingepaßten Futterhölzern mit dem alten Stock verbunden werden (siehe Zeichnung 62). Dabei können alle Anforderungen an Wärmedämmung und Fugendichte erfüllt werden. Die Innenflügel können ohne Sprossen ausgeführt werden. In Gebieten mit extrem kalten Wintern können die Innenflügel auch mit Isolierglas versehen werden. Es wird damit eine Dreifachverglasung erreicht (siehe Zeichnung 63).

Es ist möglich, daß die lichten Maße der Mauerleibung für eine befriedigende Konstruktion nicht ausreichen, doch ist in fast allen Fällen der Arbeitsaufwand für ein Nachbrechen der Mauer gerechtfertigt, zumal es oft genügt, die dicken Putzschichten zu entfernen.

Eine Schmälerung der Fensterbanktiefe muß bei dieser Konstruktion in Kauf genommen werden.

4.2.4 Ergänzung mit Außenfenstern

Die alten, außen vorgehängten, oft nach außen aufschlagenden Winterfenster waren eine simple und sehr wirkungsvolle Ergänzung der Einfachfenster. Anfallender Wind drückt die Fenster in die Fälze und bewirkt eine hohe Fugendichte. In den windreichen Küstengebieten wurden Fenster immer nach diesem Prinzip eingebracht.

An Stelle der früher in manchen Gegenden üblichen, fest eingehängten Fenster lassen sich beweglich angeschlagene Rahmen einbauen, die auch im Winter zu öffnen sind. Mit einer eigenen Stockzarge versehen, die auf den vorhandenen Stock aufgeschraubt wird, kann die Herstellung und Montage erheblich erleichtert werden. Auch derartige neue Außenfenster müssen mit der Fensterteilung durch Mittelschluß und Sprossen den alten Fenstern genau entsprechen (siehe Zeichnung 61, Seite 150).

4.2.5 Auswechseln von Fensterrahmen

Das Auswechseln von Fensterrahmen gegen neue unter Beibehaltung des alten Stocks ist eine ziemliche Paßarbeit, kann aber für die Erneuerung einzel-

ner Fenster eine durchaus wirtschaftliche Lösung sein. Die neuen Fenster können dabei auch für Isolierverglasung oder als Verbundfenster konstruiert werden.
Bei allen Ergänzungsmaßnahmen ist auch auf die Fugendichtung zwischen Fensterstock und Mauer oder, im Fachwerkbau, zwischen Fenstern und Anschlußhölzern zu achten. Auf eine Wärmedämmung in der Fensterleibung sollte man in keinem Fall verzichten.
Ergänzungsarbeiten kann jeder geschickte Fensterschreiner ausführen. Ein genauer Kostenvoranschlag für alle Schreinerarbeiten sowie für die Mithilfe des Maurers beim Versetzen neuer Fensterstöcke ist unerläßlich, alle Kalkulationen über den Daumen oder nach Regiestunden führen am Ende nur zu bösen Überraschungen.

4.3 Gesamterneuerung der Fenster

4.3.1 Maßfenster - Industriefenster

In einer Fassade muß immer das Verhältnis von Öffnung zu Fläche stimmen.

Diese Kostbarkeit ist in keinem Katalog zu finden; das Steingewände sollte saniert werden

Sollen alle alten Fenster gegen neue ausgetauscht werden, muß man sich sorgfältig an die alten, harmonisch in der Fassade angeordneten Öffnungen halten. Braucht ein Raum unbedingt mehr Licht, werden besser zwei Fenster des alten Formats als ein großes eingebaut. Das bringt bessere Lichtverteilung im Zimmer, bietet bessere Lüftungsmöglichkeiten und fügt sich schöner in die Gesamtansicht ein.

Die sichtbaren Holzstärken und die Art der Fensterteilung mit Sprossen müssen sich der Maueröffnung anpassen.

Die kleinen Fenster der alten Bauernhäuser kamen mit geringeren Holzquerschnitten für Zargen und Rahmen aus, als die neuen, industriegenormten Fenster aufweisen. Das und die oft feine Profilierung aller Rahmen machen das zierliche Aussehen alter Fenster aus. Für den Ersatz solcher Fenster sind deshalb vorgefertigte Industriefenster, auch wenn sie für individuelle Öffnungsmaße angeboten werden, kaum zu verwenden.
Ein Schreiner kann bei der Anfertigung der Fenster die Holzprofile den wirklichen Erfordernissen anpassen, das heißt, sie können meist geringere Querschnitte erhalten. Es kann die für die spezielle Anforderung geeignetste Konstruktion gewählt werden.
Aufwendige und vor allem schmutzige Maurerarbeiten, die beim Einbau von Fertigfenstern fast immer anfallen, sind bei maßgefertigten Fenstern nicht oder nur in erträglichem Maß notwendig.
Nach Maß gearbeitete Fenster werden heute zu Preisen angeboten, die zum Teil nur wenig über denen von Fertigfenstern liegen. Der Bauherr muß akzeptieren, daß derartige nachgebaute Fenster unter Umständen nicht den DIN-Vorschriften entsprechen. Diese Normen wurden für die industrielle Fertigung und für Isolierglasfenster entwickelt. Individuelle Handwerksarbeit mit guter Holzqualität kann außerhalb der Normvorschriften ausgezeichnete Fenster liefern.

4.3.2 Konstruktion

Auch für neue Fenster gelten die drei Konstruktionsmöglichkeiten: Isolierglasfenster (Verbundglas), Verbundfenster (Wagnerfenster) und Kastenfenster (siehe unter 4.2.1–4.2.3, Seite 150/151). Die besten Wärmedämmwerte erbringt das Verbundfenster, die beste Fugendichtigkeit das Kastenfenster. Verbund- und Kastenfenster können bei extremen Anforderungen mit Dreifachverglasung ausgerüstet werden (siehe Zeichnung 63, Seite 151).

Aus wärmetechnischen Gründen werden die äußeren Flügel mit Normalglas versehen. Dadurch sind auch Fenstersprossen mit geringen Abmessungen einzubauen.
Der Fensterstock soll möglichst in einem Mauerversatz montiert werden. Die Fugendichtung am Wandanschluß wird dadurch wesentlich verbessert, die Lichtfläche der Fenster wird im Verhältnis zur äußeren Maueröffnung vergrößert, die Dicke der Stockhölzer ist außen weniger sichtbar: Das macht das Fenster in der Ansicht eleganter (siehe Zeichnung 58, Seite 149).

Schallschutzfenster

Schallschutzfenster sind Verbund- oder Kastenfenster, bei denen die innere Verglasung doppelt so stark ist wie die äußeren Scheiben. Je größer der Scheibenzwischenraum, desto besser ist die schalldämmende Wirkung. Es muß aber bedacht werden, daß auch alle Rahmen und vor allem die Fugen Schalleiter sind. Die Fugen können bedingt gedichtet werden, der Anteil der Fensterrahmen an der Schallübertragung bleibt bestehen. Bevor teure Schallschutzfenster eingebaut werden, ist auch zu überlegen, wie hoch der Anteil der Fenster im Verhältnis zum Anteil der Außenwände an der Schallübertragung ist. Unter Umständen bringen normale, gut schließende Kastenfenster ausreichende Verbesserungen des Lärmschutzes.

4.3.3 Material und Verarbeitung

Fenster an alten Häusern sollen wirklich nur aus Holz sein. Die Holzqualität muß feinjährig sein, ohne Harzgallen und ohne große Äste, kleine Äste dürfen nur in geringer Anzahl enthalten sein. Geeignet ist vor allem Tannenholz, in bedingtem Maß auch ausländische Hölzer. Lärchenholz ist zwar teuer, aber auch ohne Anstrich und Holzschutz hervorragend haltbar. Föhren- und Buchenholz neigen stark zu Verwindungen und sind deshalb ungeeignet.
Alle Rahmenprofile müssen mit stehenden Jahresringen gearbeitet sein. Die Holzprofile müssen so abgeschrägt sein, daß außen Regen- und Schmelzwasser, innen das Schwitzwasser schnell abgeleitet wird und nirgends in Fugen eindringen kann.
Die Profilkanten müssen abgerundet sein. Auf scharfen Kanten kann Farbe nur ungenügend haften, es entstehen Risse auf den Kanten, Wasser dringt ein und durchfeuchtet das Holz unter der noch haftenden Farbe. Die Zerstörung des Fensters ist damit vorprogrammiert.

4.3.4 Fensterteilung und Sprossen

Die Bedeutung der richtigen Fensterteilung für die Erscheinung einer Fassade wurde in den vergangenen Jahren meist erst dann erkannt, wenn die alten Fenster mit Kämpfern und Sprossen durch große, formlos erscheinende Einscheibenfenster ersetzt waren. Aber auch Sprossenfenster um jeden Preis können einer Fassade mehr schaden als nützen. Es bedarf einigen Gespürs, das richtige Maß zu finden.

Traditionell in die Gefache eingepaßte Fenster mit Kämpfer und angenehmer Sprossenteilung

Die teuren Rolläden hätte sich der Bauherr an dieser gut sanierten Fassade sparen können

Erhalten werden sollte die Fensterteilung mit Mittelschluß und, wo es üblich war, dem Oberlicht mit *senkrechter Mittelsprosse* über einem Kämpfer. Sehr kleinteilige Sprossenfenster können vorsichtig und mit viel Sorgfalt eine etwas großzügigere Teilung erhalten, aber die Sprossen müssen immer feingliedrige Elemente in einem Fenster bleiben. Die alten Holzprofilierungen haben dazu wesentlich beigetragen.

Sprossen in Isolierglasscheiben werden immer zu dick. Vor die Glasscheibe gesetzte Scheinsprossen oder sogar aufgeklebte Sprossen sind geschmackliche Entgleisungen, die man entschieden ablehnen muß.

Die kleineren Fenster in den alten Fassaden kommen zur Not nur mit einem Mittelschluß und ohne Sprossen aus.

Bei größeren Fenstern, besonders in Fachwerkhäusern, muß die Planung neuer Fenster mit viel Sorgfalt überlegt werden.

Vor der Entscheidung für eine Fensterform kann ein einfaches naturgroßes Lattenmodell, das alle Holzstärken genau wiedergibt, in eine Öffnung eingestellt werden. Das gibt einen guten Eindruck der geplanten Maßnahme, Änderungen können ohne Kostenaufwand vor der endgültigen Ausführung vorgenommen werden.

Auch neu eingeplante Fenster sollten mit Kohlestift auf der Fassade aufgezeichnet werden, die Wirkung im Gesamtbild ist dann genau ablesbar.

Einscheibenfenster, auch mit Sprossen, bleiben Fremdkörper an einem alten Haus. Sie sind zudem in ihrer Funktion fragwürdig: Der Lüftungseffekt in Kippstellung ist unzureichend, ein voll geöffneter Flügel ragt unverhältnismäßig weit in den Raum hinein (siehe Zeichnung 64).

Zeichnung 64 Lüftungseffekt

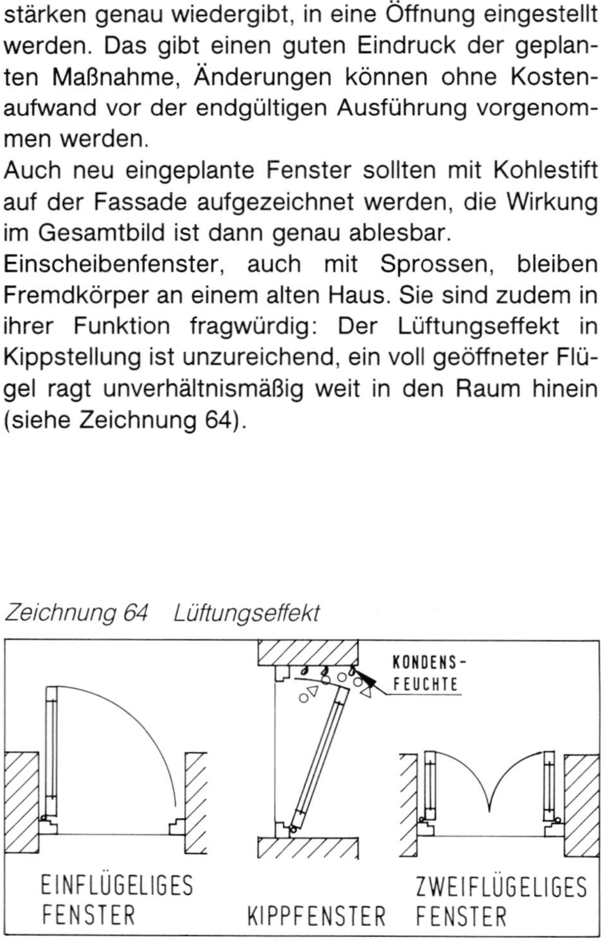

Warum hat sich der Schreiner nicht am schönen, alten Fenster orientiert?

4.4 Anstrich und Holzschutz

Die Oberfläche von Fensterrahmen ist extremen Belastungen durch Temperaturschwankungen, durch Regen und Schnee ausgesetzt. Deshalb ist auch jeder Bauherr bestrebt, seinen Fenstern den bestmöglichen Anstrichschutz zu geben.

Fensteranstriche müssen in hohem Maß dampfdiffusionsfähig sein. Dichte Anstriche werden durch den Wasserdampf, der im Holz von innen nach außen wandert, abgedrückt. Es entstehen Blasen und Risse in der Anstrichhaut, in die Wasser eindringt und Holzschäden verursacht.

Anstrichfarbe muß außen dampfdurchlässiger sein als innen. Die alten Ölfarben, auch als Leinöl-Lackfarben bezeichnet, hatten diese Eigenschaft in hohem Maße und kommen heute über Naturfarbenhersteller wieder auf den Markt. Auch Acrylfarben laufen unter der Bezeichnung offenporig, das heißt diffusionsfähig.

Lasuren sind Anstriche, die die Holzoberfläche gegen Verwitterung schützen sollen, die Holzstruktur aber sichtbar lassen. Sie sind von farblos über gelb, grün bis rot und braun abtönbar. Immer noch ist eine breite Palette von Holzlasuren auf der Basis hochgiftiger Lösemittel (Kohlenwasserstoffe) im Handel. Man sollte besser das Angebot seriöser Naturfarbenhersteller nutzen, die Lasuren auf der Grundlage natürlicher Harze und Wachse anbieten. Alle lösungsmittelfreien Anstriche haben eine längere Trocknungszeit. Sogenannte Naturfarben müssen etwas öfter nachgestrichen werden. Die Reduzierung der Gifte in der Umwelt sollte aber die kleine Mühe wert sein.

An alten Bergbauernhöfen sind Fenster zu finden, die nie einen Anstrich oder eine Lasur gesehen und trotzdem schadlos die letzten hundert Jahre über-

standen haben. Feinjähriges Holz hoher Qualität, möglichst Lärchenholz, konstruktiv richtig verarbeitet, braucht eigentlich keinen Anstrich.
Farbe an den Fenstern dient aber nicht nur dem Holzschutz, sondern auch der Fassadengestaltung. Besonders an farbig gefaßten Fachwerkhäusern muß der Fensteranstrich in das gesamte Farbkonzept eingebunden werden. Meist sind mehrere verschiedene Probeanstriche nötig, um die beste Lösung zu finden.

4.5 Wartung und Pflege

Regelmäßige Kontrolle und Pflege erhöhen die Lebensdauer eines Fensters erheblich. Auch kleine Schäden am Anstrich müssen schnell ausgebessert, aufgehende Fugen neu verleimt werden. Die Drehkegel (Fensterbänder) sind regelmäßig zu ölen, Verschlußstangen mit Fett oder Graphit in Gang zu halten. Kittfälze verspröden nach einiger Zeit und müssen nachgearbeitet werden, um das Eindringen von Nässe zu verhüten.

5 Fensterläden

Trotz sorgfältiger Fensterplanung kann eine Fassade nackt aussehen, einfach weil die Fensterklappläden fehlen. Je größer an einem Mauerbau die Fenster sind, desto gravierender wirkt im allgemeinen der Mangel an Fensterläden. Dabei erfüllen Fensterläden eine Reihe wichtiger, praktischer Funktionen sehr viel besser als Rolläden. Der Wärmeverlust eines Fensters wird bei geschlossenem Laden um 40 Prozent verringert, die Fugendichte enorm verbessert. Das ist besonders bei stark absinkenden Nachttemperaturen von Vorteil. Im Sommer bieten Klappläden einen wirksamen Sonnenschutz. Fensterläden sind entschieden einbruchsicherer als Rolläden, mit einfachen Riegeln kann man zusätzliche Sicherungen einbauen. Für die Montage an den Fenstern bedarf es einiger Klappladen-Kegel und nicht eines Rolladenkastens mit störanfälligem Mechanismus. Auch bei guter Ausführung sind Rolladenkästen Wärmebrükken und in den Fugen durchlässig.
Fenster sind die Augen eines Hauses, sie sind ein wesentliches Gestaltungselement einer Fassade. Wenn das alte, schöne Gesicht eines Hauses erhalten bleiben soll, kann man bei der Erneuerung von Fenstern gar nicht behutsam genug vorgehen.

6 Türen

Der Hauseingang, die Haustür sagt eine Menge über die Besitzer eines Hauses aus.
Unter den leider nicht mehr sehr zahlreichen alten Haustüren gibt es wahre Prunkstücke von aufgedoppelten und Füllungstüren, in schwarzem Eichenholz oder bunt gestrichen, zurückhaltend verziert oder mit Schnitzwerk überzogen. Unter Liebhabern werden sie zu hohen Preisen gehandelt. Doch warum sollte man solch ein Stück verhökern, wenn es an seinem Ursprungsplatz seine Funktion erfüllen kann?
Die meisten *Schäden* treten im unteren Teil des Türblatts durch Regen und Schnee, in jüngerer Zeit auch durch Spritzwasser von salzgestreuten Straßen auf. Sehr schadhafte Holzteile können ergänzt, eventuell kann auch das ganze untere Rahmenbrett ersetzt werden.
Beschädigte und undichte Fälze werden nachgearbeitet oder durch neue Falzleisten und Umleimer ersetzt oder ergänzt. Schlechte Beschläge sind zu erneuern, nicht aber die alten Türklinken, Türklopfer und Angelbänder. Sie können durchaus mit Beschlägen, die modernen Sicherheitsanforderungen genügen, kombiniert werden.
Farbreste und Farbschichten sind erst einmal zu dokumentieren, mit guten Fotos oder genauen Wiedergaben aus dem Farbkasten. Proben der alten Farbschichten sollen abgenommen und aufbewahrt werden. Bei der Neufassung der Tür können sie für die Farbentscheidung herangezogen werden.
Vor einem Neuanstrich sind aber alle alten Anstriche gründlich abzulaugen. Eine *neue Haustür* sollte ein Schreiner nach alten Vorbildern, die sich auf alten Fotos oder in der Nachbarschaft finden lassen, anfertigen. Auch noch so schöne Industriehaustüren bleiben unpersönliche Serienstücke, ohne Bezug zu Haus und Landschaft.

Heizung und Warmwasser

Bei größeren Umbaumaßnahmen an einem Haus gehört die Heizung grundsätzlich von Anfang an in die Planung. Denn viele andere Bauabschnitte hängen eng mit der Heizung zusammen, die Grundrißplanung zum Beispiel, eventuelle Wärmedämmaßnahmen oder Fußboden- und Deckenaufbau.
Der Wunsch nach mehr Komfort, als ihn das bisherige Heizsystem bietet, ist der Hauptgrund für Heizungsumbauten oder den Einbau einer neuen Heizung in älteren Häusern. Aber auch zur Bauaustrocknung trägt eine gute Heizung maßgeblich bei (siehe Baufeuchtigkeit unter 2.2.4, Seite 50). Oft beschränken sich Sanierungsarbeiten ausschließlich auf die Heizung. Doch selbst dort, wo man mit dem Heizungskomfort grundsätzlich zufrieden ist, vielleicht, weil schon vor zehn oder zwanzig Jahren eine Zentralheizung eingebaut wurde, müssen unter Umständen Verbesserungs- und Umbauarbeiten an der Heizung aus energietechnischen Gründen ins Auge gefaßt werden.

1 Verbesserung der alten Heizung

Über 80 Prozent des gesamten Energieverbrauchs in einem Haushalt gehen auf das Konto Heizung. Entsprechend groß sind deshalb auch die Energieeinsparmöglichkeiten. Bevor jedoch Änderungen und Verbesserungen an der Heizanlage vorgenommen werden, sollte man nach anderen einfachen und eventuell auch billigeren Verbesserungsmöglichkeiten am Haus suchen, durch die sich Energie einsparen läßt. Eine ganz einfache und doch wirkungsvolle Maßnahme ist zum Beispiel das Abdichten von Fugen in Fenstern und Außentüren (siehe Fenster und Türen, Seite 148). Auch die Heizgewohnheiten sollte man überprüfen und eventuell ändern (siehe Heizregeln und Spartips, Seite 177). Bei einer bestehenden älteren Zentralheizung kann es viele verschiedene Verbesserungsmöglichkeiten geben, die den Energieverbrauch drosseln helfen. Sie können vom einfachen Dämmen der warmwasserführenden Leitungen in Eigenleistung bis zum aufwendigen Umbau der ganzen Anlage mit Austausch des alten Heizkessels reichen.

1.1 Wärmedämmung der Heizungsrohre

Genauso einfach wie wirkungsvoll ist die nachträgliche Dämmung der Heizungsrohre, wie sie in der Heizungsanlagenverordnung zumindest für neue Heizungen sogar vorgeschrieben ist. In dieser Verordnung ist die Mindestdicke der Heizungsrohrdämmung exakt festgelegt. Als Faustzahl kann gelten, daß die Rohrschalen oder Dämmzöpfe etwa so dick sein sollten wie der Rohrdurchmesser. Nicht gedämmt werden müssen die Heizungsrohre natürlich dort, wo ihre Wärmeabstrahlung zur Raumheizung beiträgt.

1.2 Ermittlung des Wärmebedarfs

Weitere Eingriffe betreffen vor allem den Heizkessel und die Heizungsregulierung. Es gibt einige Beurteilungskriterien für die Entscheidung, ob es sich lohnt, daß am Heizkessel oder an der Regelung etwas verändert wird. Eine Wärmebedarfsberechnung für das Haus, wie sie beim Einbau einer neuen Heizungsanlage unumgänglich ist, sollte auch bei solchen Verbesserungsvorhaben zumindest überschlägig gemacht werden. Bei älteren Zentralheizungsanlagen, die zu Zeiten billiger Brennstoffe eingebaut wurden, wurde auf die exakte Anpassung des Heizkessels an die tatsächlich benötigte Leistung noch wenig geachtet. Viele ältere Kessel sind deshalb weit überdimensioniert.

Dämmung der Heizungsrohre mit Mineralfaser-Dämmschalen

Eine überschlägige *Wärmebedarfsberechnung* sieht so aus: Ältere Häuser ohne besondere wärmedämmtechnische Bauweise brauchen in der kältesten Jahreszeit eine Energiezufuhr von etwa 130 Watt pro Quadratmeter Wohnfläche. Neuere Häuser, bei denen auf wärmedämmende Bauweise schon mehr Wert gelegt wurde, kommen mit etwa 80 bis 100 Watt pro Quadratmeter aus.
Bei einem älteren Haus mit 150 Quadratmetern muß der Heizkessel demnach 150 mal 130 Watt leisten, um es beheizen zu können. Das wären rund 20 Kilowatt. Ist der vorhandene Heizkessel viel größer (1 Kilowatt entspricht übrigens 860 kcal/h, wenn die Kesselleistung noch in dieser Einheit angegeben ist), dann ist er überdimensioniert, und das bedeutet einen zu schlechten Wirkungsgrad: Während es moderne Öl- und Gas-Heizkessel auf Wirkungsgrade von etwa 90 Prozent bringen, kommen ältere Heizkessel manchmal nur auf gut 60 Prozent.
Ein Heizkessel kann auch dann überdimensioniert sein, wenn in den letzten Jahren umfangreiche Änderungen durchgeführt wurden, die zu einer besseren Wärmedämmung geführt haben, oder wenn solche Maßnahmen im Zug der jetzt geplanten Sanierung vorgesehen sind.

1.3 Technische Maßnahmen

Es gibt noch mehr Anhaltspunkte, die darauf hindeuten, daß eine Heizungsanlage nicht mehr heutigen Ansprüchen genügt und verbesserungsbedürftig ist: hohe Temperaturen im Heizraum, kurze Brennerlaufzeiten bei einer Ölheizung, verrußter Brennraum des Heizkessels und schließlich das Meßprotokoll des Schornsteinfegers.

1.3.1 Verbesserung des Kesselwirkungsgrades

Dem Problem des übergroßen Heizkessels kann damit begegnet werden, daß einfach in den Brenner eine kleinere Düse eingebaut wird. Dadurch läßt sich die Heizleistung verringern und der Ölverbrauch senken. Beliebig verkleinern läßt sich die Brennerdüse allerdings nicht: Die Leistung des Kessels sollte dadurch nicht mehr als 20 Prozent gedrosselt werden, sonst könnten die Abgastemperaturen zu niedrig werden, und der Kamin würde versotten.
Teurer, aber auch wirkungsvoller ist es, zur Reduzierung des Heizölverbrauchs den alten Brenner gegen einen neuen auszutauschen. Ölbrenner für Heizkessel bis etwa 40 Kilowatt kosten zwischen 1000 und 1300 DM. Durchaus lohnend kann es aber auch sein, gleich den ganzen Heizkessel gegen einen neuen, wesentlich kleineren auszutauschen. Allerdings muß dabei geprüft werden, ob ein neuer Kessel nicht noch weitere Folgearbeiten und -kosten erfordert (zum Beispiel neue, größere Heizkörper bei einem Niedertemperaturkessel).

1.3.2 Verbesserung der Kesselwärmedämmung

Hohe Temperaturen im Heizraum zeigen, daß die Wärmedämmung des Heizkessels unzulänglich ist. Die Abstrahlungsverluste, die durch die schlechte Kesseldämmung entstehen, sind bei neuen Kesseln auf ein Minimum reduziert. Eine nachträgliche Wärmedämmung eines alten Heizkessels könnte zwar auch wesentliche Verbesserungen bringen, ist jedoch nicht ganz unproblematisch.

1.3.3 Senken der Kesselstillstandzeiten

Kurze Brennerlaufzeiten bei einem Ölheizkessel sind nicht gleichzusetzen mit niedrigem Energieverbrauch. Viele Hausbesitzer unterliegen noch immer diesem Trugschluß. Das Gegenteil ist der Fall: Je kürzer die Brennerlaufzeit und je länger die Stillstandszeiten dazwischen sind, desto schlechter wird der Wirkungsgrad.
Einerseits deuten kurze Laufzeiten darauf hin, daß der Heizkessel viel zu groß ist, weil er innerhalb kurzer Zeit die benötigte Wärme bereitstellen kann, andererseits kühlt der Kessel während langer Still-

Abgasklappe für Öl- und Gasfeuerungen mit Gebläsebrenner, motorisch gesteuert, mit zwangsgesteuerter Nebenluftvorrichtung, zum Einbau in das Abgasrohr

standszeiten immer wieder stark aus und muß sich erst selbst wieder aufheizen. Zumindest den Energieverlusten durch Auskühlung des Kessels während der Stillstandszeiten kann durch den Einbau einer Abgasklappe etwas abgeholfen werden. Die Abgasklappe im Abgasrohr verhindert, daß in den Heizpausen durch den Kaminzug ständig Luft durch den Kessel gesaugt und der Kessel dabei abgekühlt wird.
Neue Heizkessel, deren Leistung auf den tatsächlichen Wärmebedarf abgestimmt ist, laufen an kalten Tagen kontinuierlich mit nur kurzen Stillstandszeiten und kommen so auf einen optimalen Wirkungsgrad.

1.3.4 Kesselreinigung und Wartung

Ein innen verrußter Heizkessel führt zu erheblichen Energieverlusten, weil die Abgastemperatur steigt und der Wärmeübergang auf das Heizwasser an den Tauscherflächen erschwert wird. Schon eine ein Millimeter dicke Rußschicht im Kessel führt zu Verlusten von etwa fünf Prozent. Mindestens einmal jährlich sollte der Heizkessel deshalb innen gründlich gereinigt werden. Die Verrußung bei einem Heizkessel mit Gebläsebrenner kann auch ein Zeichen dafür sein, daß die Brennereinstellung nicht stimmt.
Es gibt bei älteren Kesseln noch einige weitere Überprüfungs- und Wartungsarbeiten. Zum Beispiel können im Lauf der Jahre Fugen und Ritzen an Öffnungen auftreten, die wieder abgedichtet werden müssen, und bei Kesseln mit Schamotteeinsätzen können Fugenmasse oder Steinteile herausfallen, die wieder eingesetzt werden müssen.

1.3.5 Verminderung der Abgasverluste

Hinweise auf den Zustand des Heizkessels gibt vor allem auch das Meßprotokoll des Schornsteinfegers bei der vorgeschriebenen jährlichen Kontrolle. Die Abgastemperatur sollte etwa zwischen 160 und 230 Grad liegen. Höhere Teperaturen als 230 Grad sind unnötige Verluste, während bei niedrigeren Temperaturen als 160 Grad Versottungsgefahr im Kamin besteht. (Bei Gasheizungen kann die Abgastemperatur sogar bis auf etwa 120 Grad gesenkt werden, ohne daß Schäden am Kamin zu befürchten sind.)
Aus mehreren Meßwerten werden die Abgasverluste bei dieser Emissionsmessung ermittelt. Je nach Alter und Größe der Anlage gelten unterschiedliche gesetzliche Höchstwerte für die Abgasverluste, die im Bundes-Immissionsschutzgesetz festgelegt sind (Ihr Kaminkehrer kennt die jeweils aktuellen Werte). Verbessern lassen sich zu hohe Abgastemperaturen und Abgasverluste durch die schon beschriebenen Maßnahmen: Kessel entrußen, richtige Brennereinstellung, Leistung verringern durch kleinere Brennerdüsen oder neuen Brenner.

1.3.6 Andere Verbesserungsmöglichkeiten

Weitere Verbesserungsmöglichkeiten betreffen vor allem die Heizungsregelung. Durch den Einbau von Thermostatventilen an den Heizkörpern, eines zentralen Steuergerätes mit Außentemperaturfühler, automatischer Nachtabsenkung und Motormischer, einer Umwälzpumpe, wenn die Heizwasserumwälzung noch auf dem Schwerkraftprinzip beruht, oder eines Zugbegrenzers im Kamin kann viel Energie eingespart werden (siehe Heizungsregelung, Seite 171).
Auch eine generelle Senkung der Vorlauftemperaturen kann in Betracht gezogen werden. Die Heizkörper älterer Zentralheizungen sind meist so groß bemessen, daß sie auch dann noch den Wärmebedarf eines Raums decken können, wenn zum Beispiel die Vorlauftemperaturen von 85 auf 65 Grad gesenkt werden. Der Austausch alter Heizkörper aus energietechnischen Gründen ist deshalb normalerweise nicht nötig. Eventuell sind aber bei älteren Heizungsanlagen Korrosionsschäden an Heizkörpern oder anderen Anlagenteilen entstanden, die einen Austausch erforderlich machen, zum Beispiel, wenn noch ein offener Ausdehnungsbehälter vorhanden ist.

2 Einbau einer neuen Heizung

2.1 Planung

Sollen wir mit Öl, mit Gas oder mit Holz heizen oder gar in »Alternativ-Energien« einsteigen? Für viele Althausbesitzer ist das die vorrangige Frage beim Einbau einer neuen Heizung. Tatsächlich ist die Frage der Energieart nur eines von vielen Entscheidungskriterien bei der Heizungsplanung.
Welches Heizsystem wirklich das zweckmäßigste und in der Anschaffung und im Betrieb das wirtschaftlichste ist, muß durch sorgfältige Planung, durch Ermittlung der baulichen Voraussetzungen und durch Abwägung persönlicher Wünsche herausgefunden werden.
Einige wichtige Kriterien bei der Wahl des neuen Heizsystems sind zum Beispiel:

- ▷ Wie groß ist der Wärmebedarf des Hauses?
- ▷ Welche Energien sind verfügbar (eventuell Holz, Erdgas oder Stallwärme)?
- ▷ Können alte Heizsysteme eventuell erhalten bleiben, wenn sie verbessert oder erweitert werden?
- ▷ Können alte Heizsysteme in das neue integriert werden (zum Beispiel ein alter Kachelofen)?
- ▷ Soll die Heizung absolut »vollautomatisch« funktionieren oder wird ein gewisser Bedienungsaufwand akzeptiert?
- ▷ Welche räumlichen Möglichkeiten sind für die Heizungsanlage und für die Brennstofflagerung vorhanden?
- ▷ Können alte Kamine weiter genutzt werden oder ist eine neuer Kamin oder eine Sanierung des alten nötig?
- ▷ Welche Leitungsführungen sind möglich (möglichst kurze Leitungsführungen!)?
- ▷ Soll das Warmwasser in Verbindung mit der Heizung oder getrennt bereitet werden?
- ▷ Wieviel darf die neue Heizung kosten?
- ▷ Bei welchem System ist die Eigenleistung möglich?

Bei so vielen Punkten, die eine Rolle spielen, kann die Wahl schwerfallen, oder man ist allein einfach überfordert, wenn alles unter einen Hut gebracht werden soll. Es ist deshalb sinnvoll, die ganze Heizungsplanung mit dem Architekten, mit einem Heizungsplaner oder sogar mit beiden zusammen zu machen.

Zu einer exakten Heizungsplanung gehört nämlich vor allem eine Wärmebedarfsrechnung, die man selbst normalerweise kaum durchführen kann. Wenn der Wärmebedarf für das Haus feststeht, können die erforderliche Leistung des Wärmeerzeugers, das Heizsystem, die notwenige Größe der Heizflächen in den einzelnen Räumen, die Rohrführung und die Rohrdimensionierung sowie die Heizungsregelung geplant werden. Wichtig ist dabei, daß alle Bauteile der Heizanlage aufeinander abgestimmt werden. Auch in die Gesamt-Grundrißplanung fließen viele heizungstechnische Überlegungen ein. Unter Umständen sind verschiedene wärmedämmtechnische Maßnahmen nötig oder zweckmäßig.

Der Architekt oder der Heizungsplaner sollte vor allem ein Leistungsverzeichnis ausarbeiten, mit dessen Hilfe man sich von mehreren Heizungsinstallateuren Angebote einholen kann.

Der Wärmebedarf kann errechnet werden, wenn feststeht, welche baulichen Änderungen eventuell am Haus durchgeführt werden. Wenn sich an Außenmauern, Fenstern, Böden und Decken nichts verändert, muß ermittelt werden, wie diese einzelnen Bauteile beschaffen sind. Der Wärmedurchgang durch die verschiedenen Bauteile ist nur einer von vielen Werten, die in die Wärmebedarfsrechnung einfließen. Ermittelt werden müssen außerdem die gewünschten Raumtemperaturen, die tiefsten Außentemperaturen (aus Klimatabellen) und die Lüftungswärmeverluste. Schließlich spielt auch noch die örtliche Lage des Hauses bei dieser Berechnung eine Rolle.

Wenn der Wärmebedarf feststeht, kann auch der ungefähre jährliche Brennstoffbedarf errechnet werden. Ist der Jahresbedarf verschiedener Brennstoffe bekannt, können wiederum darauf aufbauend Wirtschaftlichkeitsvergleiche zwischen verschiedenen Heizsystemen angestellt werden. Zum Beispiel läßt sich feststellen, ob für eine eventuell ins Auge gefaßte Holzheizung genügend Brennstoff aus dem eigenen Wald vorhanden ist.

Die Anschaffungskosten für eine neue Heizung setzen sich aus vielen Posten zusammen: aus den Planungskosten, dem Schornstein, den Heizungs- und Brennstofflagerräumen, der technischen Anlage mit Wärmeerzeuger, Rohrnetz, Heizflächen und Regelung und eventuell aus Anschlußkosten (zum Beispiel bei Erdgas oder Nachtstrom).

Natürlich spielen die finanziellen Möglichkeiten bei der Wahl des Heizsystems eine entscheidende Rolle. Trotzdem ist der Anschaffungspreis nicht allein ausschlaggebend. Höhere Investitionskosten können sich unter Umständen durch geringere Verbrauchskosten bald wieder egalisieren.

Einen Unsicherheitsfaktor kann aber selbst der beste Planer in seinen Wirtschaftlichkeitsberechnungen nicht ausschließen: Wie sich die Energiepreise in Zukunft entwickeln werden.

2.2 Heizen mit Öl

Obwohl die Ölkrisen in den 70er Jahren noch nicht so lange her sind, gehören sie doch der Vergangenheit an. Und Ölzentralheizungen haben ihren Platz ganz vorn unter den verschiedenen Heizsystemen behauptet. In dieser relativ kurzen Zeit hat sich allerdings bei der Technik der Ölheizkessel einiges getan. Zum Standard sind die Niedertemperaturheizkessel geworden, aber es gibt noch neuere Entwicklungen, die sich in der Praxis erst bewähren müssen: Brennwertkessel, Tieftemperaturkessel oder Kessel mit Ölverdampfungsbrenner.

Von Niedertemperaturheizung und Niedertemperaturheizkesseln spricht man bereits, wenn das Heizwasser im Vorlauf und das Kesselwasser Temperaturen von nicht mehr als 75 Grad haben. In diesem Bereich arbeiten zwar auch viele bestehende Heizungen (und sind damit ebenfalls Niedertemperatursysteme), ohne daß sie allerdings ganz speziell dafür bestimmt sind. Die sehr niedrigen Temperaturen des Kesselwassers verkraften diese Heizkessel nicht immer schadlos. Aggressives Kondensat, das sich im Kessel niederschlägt, kann zu schweren Materialschäden im Kessel führen. Bei neuen speziellen Niedertemperaturkesseln werden Materialien verwendet, die diesem schwefelsauren Kondensat widerstehen.

Der Schornstein ist bei dieser Heiztechnik ebenso gefährdet. Bei den angestrebten niedrigen Abgastemperaturen entsteht auch im Kamin Kondensat, das besonders in älteren Kaminen, die diesen höheren Belastungen nicht angepaßt wurden, zu schweren Schäden führen kann. Das ist beim Einbau einer solchen Heizung unbedingt zu beachten.

Der Vorteil des Heizsystems mit niedrigen Temperaturen im Heizwasserkreislauf und im Kessel liegt in der Energieeinsparung, weil die Verluste im Kessel, in der Verteilung und mit dem Abgas geringer sind als bei Systemen mit sehr hohen Temperaturen.

Als Niedertemperaturheizkessel dürfen Kessel bezeichnet werden, bei denen das Kesselwasser bei gleitender Kesselwassertemperaturregelung zwischen 40 und 75 Grad heiß ist und bei gleichmäßig eingestellter Kesseltemperatur nicht mehr als 55 Grad hat.

Bei der gleitenden Regelung der Kesselwassertemperatur kann das Wasser direkt aus dem Kessel in den Vorlauf des Heizkreislaufs geschickt werden, ohne daß durch Zumischung von kälterem Wasser die für den Heizwärmebedarf richtige Temperatur erreicht wird. Durch Steuerungen, wie zum Beispiel durch Außentemperaturfühler, wird der Kessel ständig geregelt und seine Temperatur dem aktuellen Bedarf angepaßt.

Möglich ist aber auch das andere System, bei dem der Kessel konstant Wasser mit einer eingestellten Temperatur liefert, das dann in einem Mischer auf den gerade erforderlichen Wert gebracht wird.

Bei der Heizkesselgröße werden heute nicht mehr wie früher hohe Sicherheitszuschläge eingerechnet. Der Kessel wird vielmehr so ausgelegt, daß er an den wenigen ganz kalten Tagen im Jahr gerade in der Lage ist, die notwendige Wärme zu erzeugen. Auf diese Weise werden mit den neuen Heizkesseln Wirkungsgrade von 85 bis 90 Prozent und mehr erreicht.

Die knappe Auslegung macht die Heizkessel sogar für die Sommer-Warmwasserbereitung wirtschaftlich, selbst wenn der Wirkungsgrad beim Betrieb allein für Brauchwasseraufheizung unter 40 Prozent liegt. Warmwasserbereitung im Sommer getrennt vom Heizkessel, zum Beispiel mit Strom, wie es häufig empfohlen wird, ist zumindest bei diesen Heizkesseln kaum wirtschaftlicher und deshalb nicht die bessere Lösung.

Während die herkömmlichen Ölheizungen angeflanschte Gebläsebrenner haben, gibt es als Neuentwicklung sogenannte Kessel-Brenner-Einheiten. Hinter dem kompakten Gehäuse dieser Geräte verbergen sich neben dem Kessel und dem Brenner auch witterungsgeführte Heizungsregler, die nötigen Umwälzpumpen und das Ausdehnungsgefäß.

Alle diese Bauteile sind aufeinander abgestimmt und bereits werksseitig eingestellt. Die Hersteller versprechen, daß die Kessel-Brenner-Einheiten nach dem Auspacken und Anschließen sofort betriebsbereit sind. Manchmal sind aber nachträgliche Einstellungen durch den Heizungsmonteur trotzdem nötig, wenn der Betrieb optimal sein soll.

Bei den neuesten Entwicklungen, den Brennwertkesseln, wird die Abgaswärme so stark gesenkt, daß der im Abgas enthaltene Wasserdampf noch im Heizkessel kondensiert. Die dabei freiwerdende Wärme wird ebenfalls genutzt. Auf diese Weise lassen sich Kesselwirkungsgrade um 100 Prozent erreichen. Ein Problem ist die Abgasführung, weil die stark abgekühlten Gase nicht mehr genug Auftrieb haben. Sie müssen entweder mit einem Ventilator oder durch Druck, der im Kessel erzeugt wird, über den Kamin ins Freie befördert werden. Während die Abgase durch den Kamin ziehen, kühlen sie weiter ab, und Kondenswasser scheidet aus. Nur besondere Schornsteinkonstruktionen sind dieser Belastung auf Dauer gewachsen. Wegen des höheren technischen Aufwands, vor allem bei der Abgasführung, bringen Brennwertkessel trotz besserer Brennstoffausnützung nicht unbedingt finanzielle Vorteile.

2.3 Heizen mit Gas

Gas läßt sich in der Wohnhausbeheizung so vielfältig einsetzen wie kaum ein anderer Brennstoff. Das liegt schon daran, daß zwei verschiedene Gasarten zur Verfügung stehen: Erdgas und Flüssiggas.

Erdgas ist ein besonders praktischer Brennstoff, weil es über einen Hausanschluß direkt aus dem Versorgungsnetz kommt: Man erspart sich Lagerbehälter und Lagerräume. Nur ist in ländlichen Gebieten trotz Ausbau der Erdgasversorgung in den letzten Jahren meist kein Gasnetz vorhanden, so daß diese Mög-

lichkeit nur für wenige Hausbesitzer in Frage kommen kann.
Flüssiggas ist die Alternative, vielleicht auch nur solange, bis man Erdgas vor der Haustüre hat. Es entsteht bei der Rohölverarbeitung und bei der Förderung von Erdöl und Erdgas. Durch hohen Druck wird das Gas verflüssigt und dadurch leichter transport- und lagerfähig gemacht. Für Flüssiggasheizungsanlagen wird das Flüssiggas mit dem Tankwagen angeliefert und außerhalb des Hauses in unter- oder oberirdischen Tanks gelagert. Wenn es dem Lagertank entnommen wird und sich ausdehnen kann, wird es wieder gasförmig. Die gasbefeuerten Brenngeräte können deshalb sowohl mit Erdgas wie mit Flüssiggas betrieben werden.
Heizkessel für Warmwasserzentralheizungen, zum Beispiel Niedertemperaturkessel und Brennwertkessel, werden in gleicher Konstruktion für den Heizölbetrieb wie für die Gasbefeuerung angeboten. Es wird nur ein anderer Gebläsebrenner angebaut.
Doch die Gasheiztechnik bietet noch andere Alternativen für die zentrale Beheizung des Hauses, die vor allem beim Altbau interessant sind. Gasspezialheizkessel zum Beispiel sind Geräte, die keinen Gebläsebrenner, sondern nur einen geräuscharmen atmosphärischen Brenner haben. Gas-Spezialheizkessel gibt es in verschiedenen Ausführungen, je nachdem, wo sie aufgestellt werden sollen: Für den Spezialkessel ist nämlich nicht unbedingt ein spezieller Keller- oder ein Extra-Heizraum erforderlich. Der Kessel kann auch im Flur in einer Nische oder sogar in der Küche aufgestellt werden. Als Ausführung für die Küche paßt er sich im Aussehen und in den Abmessungen problemlos in eine Anbauküchenzeile ein und beheizt von dort das ganze Haus. Küchenkessel gibt es bis etwa 30 Kilowatt Leistung.
Im Wirkungsgrad können die Gas-Spezialheizkessel mit herkömmlichen Öl- oder Gasheizkesseln konkurrieren. Moderne Gas-Spezialheizkessel arbeiten im Niedertemperaturbereich. Das Kesselwasser kann bis 40 Grad und sogar darunter abgekühlt werden. Über einen Außentemperaturfühler kann der Kessel gleitend geregelt werden. Es wird ihm dabei nur soviel Gas zugeführt, wie entsprechend der Außentemperatur für die Raumbeheizung gerade notwendig ist. Die Spezialheizkessel übernehmen auch die Brauchwassererwärmung.
Die Gasversorgungsleitungen können in Fußbodensockelleisten geführt werden. Dadurch lassen sich aufwendige Einbauarbeiten vermeiden. Bei Spezialheizkesseln, wie bei allen anderen Gasheizgeräten, die im Haus eingebaut sind, muß die für den Verbrennungsvorgang erforderliche Luftzufuhr gewährleistet sein: Die Luft muß von mehreren Räumen zur Gasbrennstelle strömen können, oder es muß eine Verbindung zur Außenluft vorhanden sein.
Auch bei diesen Kesseln wird die Brennwerttechnik mit geringsten Abgastemperaturen und Ausnützung der Kondensationswärme des Wasserdampfs als das System der Zukunft angepriesen.
Bei den gebräuchlichen Spezialheizkesseln brennt ständig eine kleine Sparflamme, die bei Bedarf zündet. Weiterentwicklungen sind Geräte mit elektronischer Zündung, bei denen diese Zündflamme nicht mehr brennen muß und so kein Gas mehr vergeudet wird.
Gas-Spezialheizkessel brauchen unter Umständen nicht einmal einen Kaminanschluß. Die Abgase können durch Öffnungen in der Außenwand abgeführt werden.
Die dritte Möglichkeit einer Gas-Zentralheizung sind Gas-Umlaufwasser-Heizungen. Diese Wandthermen sind so kompakt und leise, daß sie in jeder kleineren Ecke im Flur, im Bad oder in der Küche eingebaut werden können. Auch Wandthermen können eventuell bei Außenwandmontage ohne Kamin betrieben werden. Gas-Umlaufwasserheizer werden in verschiedenen Größen bis zu einer Heizleistung von etwa 25 Kilowatt angeboten.
In Kombi-Thermen wird neben dem Heizwasser auch das Brauchwasser nach dem Durchlaufprinzip erhitzt. Bei dieser Heiztechnik sind im Heizgerät keine Wasservorräte vorhanden; über die Steuerung

Gas-Wandtherme für Heizung und Warmwasserversorgung

springt der atmosphärische Brenner an, wenn im Haus wieder Wärme benötigt wird, und heizt das durchgepumpte Wasser direkt auf. Brennwertgeräte und Thermen mit elektronischer Zündung werden ebenfalls bereits angeboten.

2.4 Heizen mit Holz und Kohle

Wer eine Zentralheizung sucht, die möglichst wenig Bedienungsaufwand erfordert, braucht heute Holz und Kohle nicht mehr von vornherein ausschließen. Bei beiden Brennstoffen gibt es Heizanlagentechniken, die Nachschüren von Hand überflüssig machen und fast den Bedienungskomfort von Öl- oder Gasheizungen erreichen.

2.4.1 Feststoff-Zentralheizkessel

Feststoff-Zentralheizkessel waren nie ganz aus dem Rennen. Selbst zu Zeiten, als Heizöl noch extrem billig war, ließ man sich oft ein Hintertürchen offen und stellte sich einen Umstell- oder Wechselbrandkessel in den Keller, der zusätzlich zum Öl das Verbrennen von Holz und Kohle ermöglichte. Von dieser Technik ist man zwar etwas abgekommen, viele Hausbesitzer wollen aber dennoch nicht allein vom Öl abhängig sein.
Wer eine Zentralheizung mit festen und flüssigen oder gasförmigen Brennstoffen möchte, stellt am besten zwei Spezialheizkessel nebeneinander. Die Entwicklung ist aber auch in diesem Bereich nicht stehengeblieben. Es gibt neue Kombikessel mit zwei Brennräumen, in denen Öl- und Festbrennstoffe mit hohem Wirkungsgrad verfeuert werden können. Die Technik ermöglicht bei diesen Kombikesseln sogar,

Kombi-Heizkessel mit Füllschacht für Festbrennstoffe und seitlich angeflanschtem Ölbrenner

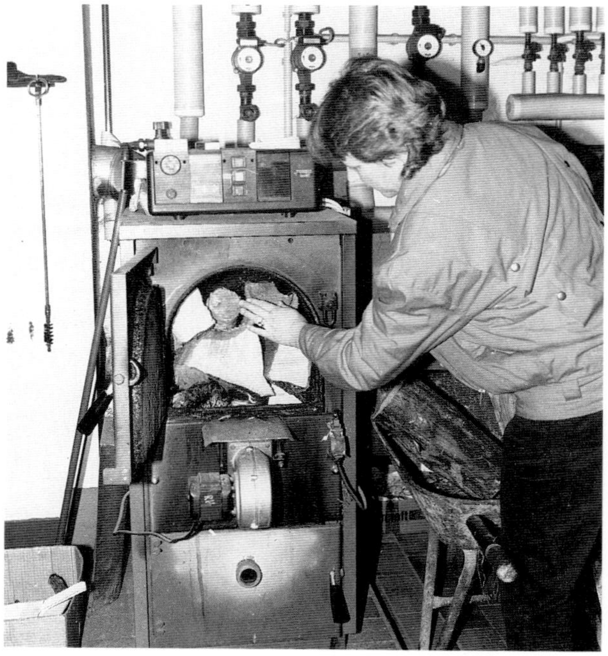

Holz-Spezial-Heizkessel für Scheitholz-Verbrennung

daß automatisch zunächst der Ölbrenner anläuft und einglegtes Holz zündet. Nach einigen Minuten schaltet dann der Gebläsebrenner ab und die Brenneröffnung wird automatisch verschlossen.
In Bauernhäusern kommt in erster Linie Holz aus dem eigenen Wald (oder aus anderer Quelle, wo es günstig zu haben ist) als Festbrennstoff in Frage. Seine Aufbereitung zu Scheitholz oder Hackschnitzeln ist allerdings mit größerem Arbeitsaufwand und mit zusätzlichem finanziellen Aufwand für die Aufbereitungstechnik verbunden.
Überschlägig kann man rechnen, daß sich mit drei Kilogramm Holz ein Liter Heizöl ersetzen läßt. Um hundert Liter Heizöl zu ersetzen, ist etwa ein Raummeter (Ster) Holz nötig.
Wo genügend Abfallholz vorhanden ist, kommt eine Holzheizung auch als alleinige Zentralheizung in Frage. Bei Holzheizkesseln, die mit Scheitholz geschürt werden, muß alle paar Stunden nachgelegt werden. Das entfällt bei Hackschnitzelheizungen mit automatischer Zuführung der Hackschnitzel.
Die Vollautomatisierung einer Hackschnitzelheizung ist in erster Linie eine Kostenfrage. Die räumlichen Möglichkeiten für die Hackschnitzellagerung spielen eine andere entscheidende Rolle. Für eine vollautomatische Beschickung ist ein größerer Spänebunker erforderlich, in dem eine Austragvorrichtung eingebaut ist. Selbst der Ascheaustrag aus dem Heizkessel kann mechanisiert werden. Heizkessel mittlerer

Hackschnitzelheizungen:
a) mit Vorofen und automatischer Zuführung
b) mit aufgesetztem Füllschacht auf dem Heizkessel und automatischer Zuführung
c) mit Tages-Vorratsbehälter neben dem Heizkessel

Größe mit automatischer Beschickung kosten etwa 15000 Mark. Wesentlich günstiger sind Hackschnitzelheizungen mit einem Heizkessel und einem danebenstehenden Tagesvorratsbehälter für die Hackschnitzel, der einmal am Tag von Hand gefüllt wird.
Bei Hackschnitzelheizungen gibt es unterschiedliche Systeme für Grob- und Feinhackschnitzel und solche, bei denen die Hackschnitzel in einem vorgeschalteten Vorofen vergasen und die Holzgase erst

Kohle-Zentralheizkessel mit automatischer Brennstoffzuführung in einem Rohrkettenförderer

im Heizkessel abbrennen. Auf dem Markt sind auch Heizkessel, in denen sowohl Scheitholz und Kohle als auch Hackschnitzel, Späne, Strohbriketts und andere Feststoffe verbrannt werden können.
In Holzheizkesseln (Scheitholz und Hackschnitzel) läßt sich der Brennstoff nicht so exakt dosieren, daß nur soviel Wärme erzeugt wird, wie gerade gebraucht wird. Andererseits ist für die optimale Energieausnützung und für umweltfreundliche, raucharme Verbrennung des Holzes wichtig, daß es mit hohen Temperaturen über 800 Grad und mit viel Luftzufuhr verbrannt wird. Die Heizleistung sollte deshalb nicht durch Drosselung der Luftzufuhr geregelt werden.
Damit trotzdem keine Energie vergeudet wird, sollte ein Pufferspeicher für das Heizwasser eingebaut werden, der die zunächst überschüssige Energie aufnimmt und die unterschiedliche Heißwasserlieferung einer Holzheizung ausgleicht. Für die Größe eines Pufferspeichers gilt als Pauschalwert: zehn Liter pro Quadratmeter Wohnraum. Für ein 140-Quadratmeter-Haus sollte der Pufferspeicher also etwa 1400 Liter groß sein.

2.4.2 Kohlezentralheizungen

Ähnlich wie vollautomatische Hackschnitzelheizungen funktionieren Kohlezentralheizungen: Aus einem Vorratsbunker werden die Steinkohlen in geschlossenen Rohrkettenförderern zum Spezial-Heizkessel transportiert. Die Kohlen werden von einem geschlossenen LKW angeliefert und ebenfalls in Rohren in den Vorratsbunker gefördert. Das System ist deshalb staubfrei: Kohle als »sauberer« Brennstoff.

2.4.3 Zentralheizungsherde

Ein spezielles Heizsystem, das vor allem in landwirtschaftlichen Wohnhäusern größere Verbreitung fand, sind Zentralheizungsherde. Sie sind seit vielen Jahrzehnten auf dem Markt. Es handelt sich dabei um größere Kochherde für die Küche, die mit Festbrennstoffen, vornehmlich Holz, beheizt werden.
Die Besonderheit an diesen Herden liegt jedoch darin, daß sie ein Wasserheizregister eingebaut haben. Mit diesem Heizwasser kann entweder die Haupt-Zentralheizung unterstützt oder entlastet werden oder der Zentralheizungsherd sorgt allein für die Beheizung des ganzen Hauses. In Haushalten, in denen täglich für viele Personen gekocht und wo außerdem eigenes Holz vorhanden ist, kann der Zentralheizungsherd eine Alternative zu anderen Heizsystemen sein. Die Herde gibt es in vielen Ausführungen und Größen, zum Beispiel mit oder ohne Backrohr.

Bei Zentralheizungsherden ist außerdem zu beachten:

▷ Für Herde mit größerer Leistung muß die Küche genügend groß sein;
▷ im Aufstellraum (Küche) wird es besonders warm;
▷ ein Pufferspeicher erhöht den Wirkungsgrad und die Energieausbeute;
▷ bei Beheizung mit Festbrennstoffen ist ein gewisser Schmutzanfall unvermeidlich;
▷ der Feuerungsraum ist nicht sehr groß, so daß in der kalten Jahreszeit den ganzen Tag über in geringen Abständen geschürt werden muß (über Nacht können Briketts aufgelegt werden);
▷ Sonderkonstruktionen ermöglichen das Schüren von Nebenräumen (Gang) aus, ebenso ist die Befeuerung mit Gas oder Öl möglich.

Zentralheizungsherd in der Küche zum Heizen und Kochen

2.4.4 Kachelöfen

Über die neue Beliebtheit des Kachelofens muß nicht mehr extra geschrieben werden. Ist in einem älteren Haus noch ein Kachelofen vorhanden, sollte man ihn bei einem Hausumbau oder beim Einbau einer neuen Heizung möglichst erhalten.
Ein Kachelofen liefert gemütliche Wärme, und gerade in der Übergangszeit kann er die Zentralheizung überflüssig machen. Aber ein neuer Kachelofen ist teuer, und in ein altes Haus kann er nicht ohne weiteres eingebaut werden.
Bevor man einen neuen Kachelofen einbaut, muß man überlegen:

▷ Ist am vorgesehenen Aufstellort ein Schornstein vorhanden, dessen baulicher Zustand, Querschnitt und Höhe sich für den Anschluß des Kachelofens eignen?
▷ Kann die Deckenkonstruktion das hohe Gewicht eines Kachelofens aufnehmen?
▷ Ist genügend eigenes Holz als Heizmaterial vorhanden?
▷ Sind Lagermöglichkeiten für Holz und Kohle vorhanden?

Ist die Entscheidung für einen Kachelofen gefallen, muß bei der Planung beachtet werden:

▷ Der Kachelofen sollte an einer Innenwand direkt gegenüber von Außenwänden stehen. Nach Möglichkeit sollten mehrere Räume vom Kachelofen beheizt werden können.
▷ Feuerungsöffnung und Aschenschuber liegen am Besten zum Flur oder zur Küche.
▷ Beim Ofen sollte man eine kleine Brennstofflagerstelle vorsehen!

Kachelofen mit Warmluftprinzip

Kachelöfen gibt es in vielen Variationen. Hauptunterscheidungsmerkmal ist das Feuerungssystem. Beim Grundofen ist die Feuerung gemauert, beim Warmluftofen brennt das Feuer in einem gußeisernen Heizkessel, der mit Kacheln verkleidet ist.
Der Grundofen gibt besonders viel angenehme Strahlungswärme ab, beim Warmluftofen überwiegt die Konvektionswärme (siehe Heizkörper, Seite 169).

Die Wärmeabgabe setzt beim Warmluftofen wesentlich früher ein als beim Grundofen: Bei einem sehr schweren Grundofen dauert es mehrere Stunden, bis er spürbar Wärme abgibt. Dafür kann er einen Raum noch lange, nachdem das Feuer ausgegangen ist, temperieren.
Beide Kachelofenarten können mit der Zentralheizung oder mit der Warmwasserbereitung gekoppelt werden. In den gemauerten Grundofen werden zu diesem Zweck Wassertaschen eingesetzt, bei Warmluftöfen werden wasserführende Kesseleinsätze verwendet. Das auf diese Weise im Kachelofen erzeugte Warmwasser wird in den Kreislauf der Warmwasser-Zentralheizung eingespeist. Bei kleineren Häusern kann unter Umständen mit dieser Technik sogar das ganze Haus beheizt werden, ohne Zuhilfenahme einer anderen Heizung.

Kaminofen für Festbrennstoffe

Wieder in Mode gekommen sind auch Einzelöfen für Festbrennstoffe, vor allem sogenannte Kaminöfen. Sie sind ebenfalls geeignet, in der Übergangszeit für die Temperierung der Aufenthaltsräume zu sorgen.

2.5 Heizen mit Strom

Strom gilt als besonders »saubere« Energie - zumindest, wenn er aus der Steckdose kommt. Das ganze Haus läßt sich mit Strom mit Hilfe von Nachtstromspeicheröfen oder mit einer Elektro-Fußbodenheizung beheizen. Kein Kaminanschluß, kein Heizraum, keine Brennstofflagerung, keine Wartung und kein Bedienungsaufwand - das macht beide Systeme gerade für alte Gebäude scheinbar ideal. Aber Strom ist eine teure Energie, weil er im Kraftwerk mit besonders schlechtem Wirkungsgrad erzeugt wird und deshalb eigentlich zum Verheizen zu schade ist. Zumindest für die Beheizung einiger Räume, vielleicht kombiniert mit einem Kachelofen für die restlichen Räume, können Nachtstromspeicheröfen eine mögliche Lösung sein.

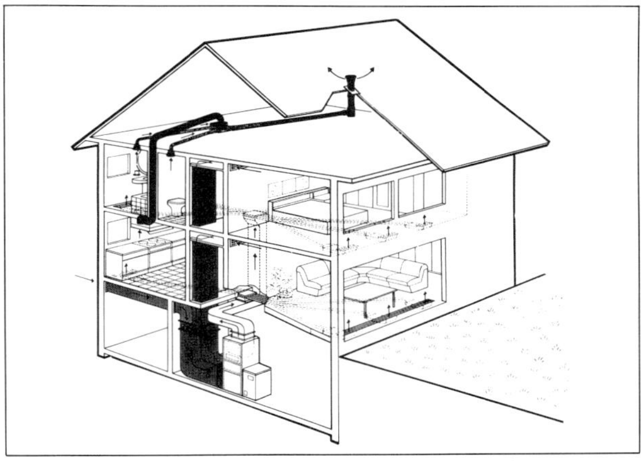

System einer Warmluftheizung mit Wärmeerzeuger im Keller und Luftverteilung sowie -rückführung

2.6 Besondere Heizsysteme

2.6.1 Warmluftheizung

Gängiges Medium für die Verteilung von Heizwärme ist Wasser. Luft ginge ebenfalls. Angewandt wird dieses Prinzip in der Wohnhausbeheizung aber relativ selten.
Der einfache Warmluftofen wird so zentral im Haus aufgestellt, daß möglichst viele Räume an den Ofen angeschlossen werden können. Von dem verkleideten Ofen führen Schächte weg, in denen die warme Luft durch Thermik zu den einzelnen Räumen strömt. Geachtet werden muß auf eine ausreichende Schalldämmung der Warmluftschächte. Dazu gibt es spezielle schallschluckende Auskleidungen. Durch den Einbau von Luftfiltern wird vermieden, daß mit der warmen Luft Staub ausgeblasen wird.

Zur perfekten Zentralheizung für das ganze Haus wird das System mit einem Warmluftautomaten. Der Heizkessel steht dann normalerweise im Keller und ist zusammen mit Wärmeaustauscher, Luftfilter, Regeleinrichtungen und Ventilatoren in einem geschlossenen Gehäuse eingebaut. Luftschächte führen von dort in alle Räume des Haues. Die erwärmte Luft wird von den Ventilatoren gefördert. In einem Altbau kann jedoch die Installation der Luftschächte Schwierigkeiten bereiten. Warmluftheizkessel gibt es für alle Brennstoffarten.

2.6.2 Wärmepumpen

Wärmepumpen entziehen der Umgebungsluft, dem Grundwasser oder der Erde Wärme und »pumpen« diese gewonnene Wärme auf ein höheres Temperaturniveau, allerdings nur so hoch, wie es für Niedertemperatur-Heizsysteme ausreicht. Neben den drei klassischen Zapfquellen für eine Wärmepumpe (Umgebungsluft, Grundwasser und Erdwärme) bieten sich in der Landwirtschaft zusätzliche Energiequellen an, die teilweise noch interessanter sind, weil die Ausgangstemperaturen schon höher sind und sich damit die Energieausbeute der Wärmepumpe erhöht.

In erster Linie bietet sich Stallwärme an, vor allem die von Kuh- und Bullenställen. Mit der erforderlichen Lüftung und der Senkung der Stalluftfeuchte wird die von den Rindern abgegebene Körperwärme normalerweise ungenutzt ins Freie transportiert. Wenn man diese Abluft sammelt und durch eine Wärmepumpe führt oder wenn der Absorber der Wärmepumpe im Stall eingebaut wird, können große Teile der in der Luft und im Wasserdampf enthaltenen Wärmeenergie zurückgewonnen und von der Wärmepumpe auf das Heizwasser übertragen werden. Wärmepumpen werden vornehmlich mit Strom betrieben. Daß es bei einer Gasabsorptionswärmepumpe mit Gas genauso geht, ist weniger bekannt.

Ein ausgewachsenes Rind gibt etwa einen Kilowatt Wärme ab, Stunde für Stunde. Wenn etwa die Hälfte davon in der Wärmepumpe umgewandelt werden kann, kommt man schon mit 20 Rindern auf eine Heizleistung von zehn Kilowatt. Das reicht bereits für die Beheizung von etwa hundert Quadratmeter Wohnfläche.

2.6.3 Sonnenenergie und Wasserkraft

Solaranlagen eignen sich gut für die Warmwasserbereitung im Sommer. Für die gesamte Wohnhausbeheizung können sie unter wirtschaftlichem Aspekt allein nicht sorgen. Im bivalenten Betrieb, das heißt im Zusammenwirken mit einem anderen Heizsystem, zum Beispiel Solarkollektoren in Verbindung mit einer Wärmepumpe, kann jedoch Brennstoff gespart werden.

An vielen landwirtschaftlichen Betrieben und ehemaligen Mühlen fließt heute Wasser ungenutzt vorbei. Wenn die technischen Einrichtungen dafür nicht mehr vorhanden sind, ist es teuer, Wasserkraft zu nutzen. Wo Wasserräder oder Turbinen aber noch funktionsfähig sind, kann die Wasserkraft auch zur Hausheizung herangezogen werden. Mit Wasserkraft kann eine Wärmepumpe angetrieben werden, die wiederum dem vorbeifließenden Wasser Wärme entzieht. Wirbelbremse heißt ein Gerät, in dem durch gegenläufige Drehung von Schaufeln Öl erhitzt wird, das die Wärme dann an Heizwasser abgibt. Eine solche Wirbelbremse kann von einem Wasserrad angetrieben werden.

2.6.4 Fernwärme

In speziellen Heizkraftwerken, in Müllverbrennungsanlagen und in anderen Großenergieanlagen wird Heizwärme im großen Stil erzeugt, die in Fernwärmeleitungen zu den Verbrauchern transportiert wird. Wo Fernwärmeanschluß möglich ist, sollte man ihn nützen, weil dann weder Kamin, noch Heizkessel, noch Brennstofflager notwendig sind.

Für die Fernwärme gilt jedoch das gleiche wie für Erdgas: Auf dem Land ist der Anschluß an Fernwärme bisher kaum möglich. Doch es gibt Bestrebungen, das Fernwärmesystem im kleineren Verbund zu verwirklichen, zum Beispiel in einem Dorf oder durch den Zusammenschluß von einigen Bauernhöfen zu einer Heizgemeinschaft. Vor allem mit Hackschnitzelheizungen existieren solche Beispiele.

3 Wärmeverteilung

Entscheidendes Glied einer Heizungsanlage ist die Wärmeverteilung in den Räumen. Bei Einzelöfen läuft das unkompliziert: Sie geben ihre Wärme direkt in den Raum ab. Und bei Luftheizungen sorgt die dem Raum zugeführte Warmluft für angenehme Temperaturen. Bei Warmwasser-Zentralheizungen bringen Heizkörper oder eine Fußbodenheizung die Wärme »an den Mann«.

3.1 Heizkörper

Wärme kann auf zweierlei Art und Weise an den Raum übertragen werden: durch Strahlung und durch Luftanwärmung und -umwälzung (Konvektion). Strahlungswärme gilt als der für den Körper angenehmere Übertragungsweg. Die Wärmestrahlen werden vom Körper besser aufgenommen als reine Luft-(Konvektions)-Wärme. Das macht einen Kachelofen so gemütlich. Alle Öfen und Heizkörper geben jedoch Strahlungs- und Konvektionswärme zugleich ab. Je nach Konstruktion überwiegt die eine oder die andere Wärmeabgabeart. Je höher allerdings der Anteil der Strahlungswärme ist, desto niedriger kann die Raumwärme sein - bei gleichem Wohlbefinden wie bei einer Heizung mit hohem Konvektionsanteil und höheren Temperaturen.

3.1.1 Radiatoren

Bei den sogenannten Radiatoren, den Glieder- oder Plattenheizkörpern, wird die Wärme etwa zu einem Drittel durch Strahlung, zu zwei Dritteln durch Konvektion verteilt. Das gilt aber nur, solange der Heizkörper die Wärme wirklich ungehindert an den Raum abgeben kann, wenn er also nicht hinter Verkleidungen oder schweren Vorhängen versteckt wird. Heizkörper sollten nicht als störendes Element im Raum, sondern als Einrichtungsgegenstand angesehen werden. Entsprechend offen kann ein Heizkörper gezeigt werden.

Im Gegensatz zu den früher gebräuchlichen Gliederheizkörpern aus Guß und später aus Stahl sind die heute überwiegend gebräuchlichen Plattenheizkörper aus Stahlblech wesentlich schmaler und deshalb raumsparend. Sie brauchen nicht mehr in Heizkörpernischen gestellt zu werden, weil sie vor der Wand nur wenige Zentimeter auftragen. Die Wärmeleistung des Heizkörpers ist von seiner Größe und von der Anzahl der hintereinanderliegenden wasserführenden Heizplatten abhängig.

Moderner flacher Plattenheizkörper

Aufgabe des Heizungsplaners ist es, die Heizkörpergröße für jeden einzelnen Raum auf den ermittelten Wärmebedarf des Raums abzustimmen. Natürlich muß zu diesem Zweck bekannt sein, mit welchen Heizwasser-Vorlauftemperaturen die Heizung gefahren wird. Je niedriger die Vorlauftemperaturen sind, desto größer müssen die Heizkörper ausgelegt werden.

Radiatorenheizkörper können jederzeit als Niedertemperaturheizungen betrieben werden, wenn ihre Wärmeabgabeflächen ausreichend groß sind. Bei neuen Heizungen ist diese Auslegung üblich. Vorlauftemperaturen von 55 oder 65 Grad sind dann ausreichend. Wenn die Heizkörper so ausgelegt sind, ist eine eventuelle spätere Umstellung auf Solarheizung oder auf eine Wärmepumpe ohne Probleme möglich, denn diese Systeme arbeiten ausschließlich im Niedertemperaturbereich.

Heizkörper werden normalerweise an der Außenwand unter Fenstern aufgestellt. Wenn eine möglichst kurze Leitungsführung erreicht werden soll, können die Heizkörper unter Umständen auch an anderer Stelle placiert werden. Voraussetzung dafür aber ist, daß die Fenster ausreichend wärmedämmend sind, also zumindest isolierverglast sind.

3.1.2 Konvektoren

Konvektoren sind die andere, die weniger gebräuchliche Heizkörperart. Wie ihr Name schon sagt, verteilen sie die Heizwärme fast hundertprozentig über Konvektion. Konvektoren bestehen aus Stahl- oder Kupferrohren, die vom Heizwasser durchflossen sind. Auf die Rohre sind Wärmeleitbleche aus Aluminium »aufgefädelt«. Das ganze ist mit einem Gehäuse verkleidet, damit die Luft wie durch einen Kamin durch den Konvektor zirkuliert und dabei aufgeheizt wird.

Konvektoren werden entweder frei aufgestellt oder in einen Bodenschacht eingebaut, der mit einem Gitter abgedeckt ist. Sie können zusätzlich mit einem Gebläse kombiniert sein. Konvektoren können einen Raum schneller aufheizen als Plattenheizkörper und Temperaturänderungen schneller angepaßt werden, weil sie nicht so träge sind.

3.2 Fußbodenheizung

Die Fußbodenheizung ist das dritte Wärmeverteilsystem für eine Warmwasserzentralheizung. Von vielen wird dieses System noch immer mit Skepsis betrachtet, einerseits, weil man von der schädlichen Wirkung des warmen Fußbodens auf die Beingesundheit gehört hat und weil andererseits befürchtet wird, daß Schäden bei den fest im Boden eingebauten wasserführenden Heizrohren zu aufwendigen Reparaturen führen könnten.

Zum letzten Punkt muß gesagt werden, daß Langzeiterfahrungen mit Fußbodenheizungen tatsächlich kaum vorliegen, daß Schäden bisher aber nicht in größerem Umfang aufgetreten sind. Es gibt außerdem neuerdings Fußbodenheizsysteme, die etwas einfacher »zugänglich« sind.

Gesundheitliche Schäden an den Beinen der Hausbewohner sind dann zu befürchten, wenn eine Fußbodenheizung mit zu hohen Temperaturen betrieben wird. Das war in der Anfangszeit der Fußbodenheizung tatsächlich oft der Fall: Bodenoberflächentemperaturen von 35 oder 40 Grad waren keine Seltenheit. Das ist viel zu viel.

Als unbedenklich gelten Fußbodenoberflächentemperaturen von etwa 22 bis maximal 26 Grad. Solche Bodentemperaturen lassen sich mit Heizwassertemperaturen von teilweise weit unter 50 Grad erreichen. Eine Fußbodenheizung ist deshalb eine reine Niedertemperaturheizung. Sie eignet sich ideal in Verbindung mit Wärmepumpen- und Solarheizungen.

Der Gefahr von gesundheitlichen Schäden durch hohe Bodentemperaturen kann unter anderem dadurch vorgebeugt werden, daß Bereiche, in denen man sich besonders lang an bestimmten Stellen aufhält, mit weniger Heizschlangen versehen werden. In der Küche im Bereich um Herd und Vorbereitungsplatte oder in einem Hauswirtschaftsraum zum Beispiel kann man so vorgehen.

Eine andere Möglichkeit ist, vorsorglich zur unsichtbaren Fußbodenheizung noch einen zusätzlichen Heizkörper einzubauen. Sollte die Fußbodenheizung an besonders kalten Tagen nicht in der Lage sein, bei den idealen Bodentemperaturen den Raum ausreichend zu beheizen, kann der Heizkörper zugeschaltet werden. Dann müssen die Bodentemperaturen nicht auf unverträglich hohe Werte erhöht werden. Eine weitere Möglichkeit ist auch, daß in der Fußbodenheizung zwei getrennte Heizkreisläufe eingebaut werden: einer für Normaltemperaturen in der Raummitte und einer für höhere Temperaturen bis etwa 35 Grad im weniger begangenen Randbereich.

Eine exakte Wärmebedarfsberechnung ist bei einer Fußbodenheizung noch wichtiger als bei allen anderen Systemen. Bei verträglichen Bodentemperaturen gibt eine Fußbodenheizung etwa 80–90 Watt Wärme pro Quadratmeter Bodenfläche ab. Das reicht nicht bei jedem Haus, um es an kalten Tagen warm zu halten. Dann muß entweder der Fußbodenheizungseinbau mit größeren Wärmedämmaßnahmen einhergehen, oder es werden die vorhin beschriebenen Zusatzheizmöglichkeiten vorgesehen.

Die Regelung einer Fußbodenheizung ist weniger exakt möglich als bei anderen Systemen. Sie arbeitet relativ schwerfällig. Dadurch ist zum Beispiel schnelles Aufheizen von Räumen nicht und die Anpassung an schnell wechselnde Außentemperaturen, zum Beispiel bei Mittagssonne im Winter, nur schwer möglich.

Der Einbau einer Fußbodenheizung in ältere Gebäude kann Schwierigkeiten bereiten und ist deshalb nicht immer möglich. Hemmnisse können vor allem der relativ hohe Bodenaufbau von bis zu zehn Zentimetern und das hohe Gewicht sogenannter Naßsysteme sein, bei denen die Heizrohre im nassen Estrich verlegt werden. Bei diesem Aufbau der Fußbodenheizung wird der gesamte Estrich zum Heizkörper und zum Wärmespeicher.

Teurer, aber für den Altbau eventuell geeigneter, weil nicht so schwer, sind Trockensysteme. Bei diesen Systemen werden die wasserführenden Kunststoff- oder Kupfer-Rohrschlangen nicht mehr direkt im Estrich, sondern in den Vertiefungen von speziellen Dämmstoffplatten verlegt. Erst über den Dämmplatten und den Rohren wird wieder eine Estrichschicht betoniert. Zwischen Estrich und Dämmplatten mit Rohrschlangen liegt eine Folie.

Ganz neu sind Klimaböden. Das sind flächige, wasserdurchflossene Kunststoffplatten, die erst bei der Montage miteinander verbunden werden. Bei manchen dieser von zahlreichen Herstellern angebotenen Systeme wird auf einen Estrich verzichtet: Die Heizplatten werden nur mit Stahlblechen oder mit Spanplatten abgedeckt. Für die Modernisierung sind die Klimaböden besonders gut geeignet, weil sie leichter sind als Systeme mit dickem Estrich und weil der Bodenaufbau flacher ist. Außerdem lassen sich Klimaböden schneller regulieren und Außentemperaturveränderungen anpassen, aber gleichzeitig fehlt ihnen dabei wieder das Speichervermögen eines dikken Estrichs. Zudem sind die Heizplatten teurer als andere herkömmliche Fußbodenheizungen mit Rohrschlangen. Erfahrungen an bereits eingebauten Anlagen sollte man nutzen.

Rohrschlangensystem einer Fußbodenheizung (Naßsystem) vor dem Estricheinbau

Schnitt durch den Boden einer Klimaboden-Heizung: Die Kunststoffmodule haben drei Millimeter Wandstärke

Als Bodenbelag über Fußbodenheizungen eignen sich nicht nur Stein- und Fliesenbeläge. Genauso gut können Holz- und Parkettböden verwendet werden. Bei Teppichbelägen muß beim Kauf auf eine entsprechende Kennzeichnung des Teppichs auf der Rückseite geachtet werden, die ihn als geeignet für Fußbodenheizungen ausweist.

3.3 Verlegen der Leitungen

Vor- und Rücklaufleitungen der Heizung müssen in den Bereichen, wo ihre Wärmestrahlung nicht zur Beheizung beiträgt, isoliert werden. In Wand- und Deckendurchbrüchen müssen sie ebenfalls isoliert werden, um Schallübertragungen zu vermeiden. Aufwendige Schlitz- und Stemmarbeiten sind beim nachträglichen Heizungseinbau nicht unbedingt erforderlich. Die Rohrleitungen können einfach unter Sockelleisten geführt werden.

4 Heizungsregelung

Auf feinfühlige Regelung der Zentralheizungsanlage im Keller und der Heizkörper in den Räumen wurde lange Zeit kein Wert gelegt. Doch erst exakt dem Bedarf angepaßte Wärmeproduktion und Wärmezufuhr in die Räume machen einen sparsamen Heizungsbetrieb möglich. Überschüssige Wärme darf nicht zum Fenster hinausgelüftet werden - das ist pure Verschwendung.

Es gibt heute eine ganze Reihe von Regelgeräten, die entweder jedes für sich allein oder mehrere im Verbund miteinander für die Steuerung der Heizung sorgen. Die Heizungsanlagen-Verordnung schreibt gewisse Steuerungsgeräte bei einer neuen Heizung oder beim Umbau zwingend vor. Bei einer neuen Zentralheizung müssen zum Beispiel in allen Räumen mit mehr als acht Quadratmeter Grundfläche, in denen Heizkörper stehen, die Heizkörper mit Thermostatventilen ausgerüstet werden. Außerdem muß die Vorlauftemperaturverstellung zentral gesteuert werden können. Bei Gasheizkesseln mit atmosphärischem Brenner müssen selbsttätig wirkende Absperreinrichtungen eingebaut werden, mit denen sich die Betriebsbereitschaftsverluste verringern lassen.

Mindestanforderungen gelten auch beim Heizungsumbau. Wenn der Heizkessel ausgetauscht wird, muß wenigstens eine zentrale, von Hand regelbare Vorlauftemperatursteuerung eingebaut werden. Wenn mehr als die Hälfte des Rohrnetzes oder der Heizflächen erneuert werden, müssen Thermostatventile an die Heizkörper.

4.1 Thermostatventile

Heizkörper-Thermostatventile regeln je nach eingestelltem gewünschten Wert die Temperatur in jedem Raum einzeln, indem sie die Durchflußmenge des Heizwassers erhöhen oder drosseln. Sie gleichen auch geringeren Wärmebedarf aus, wenn zum Beispiel die Wintersonne einen Raum von außen aufheizt. Wichtig bei Thermostatventilen sind der richtige Einbau durch den Heizungsmonteur und die exakte Bedienung. Sie müssen vor allem so angebracht sein, daß sie wirklich die Raumtemperatur und nicht die Stauwärme hinter einem Vorhang oder einem Möbelstück messen.

Thermostatventile werden heute in Verbindung mit weiteren Steuergeräten eingebaut.

4.2 Vorlauftemperaturregelung

Einfachste Art der zentralen Regelung der Vorlauftemperatur ist die Einstellung eines Mischventils von Hand. Unabhängig von der Temperatur des Kesselwassers wird dem Heizwasser für den Vorlauf kälteres Wasser zugemischt, bis die eingestellte Vorlauftemperatur erreicht wird. Wenn sparsam geheizt werden soll, das heißt, wenn die gerade benötigte Vorlauftemperatur geliefert werden soll, muß häufig von Hand nachreguliert werden. Diese Arbeit können ebenfalls automatische Regelgeräte übernehmen.

Der Raumthermostat galt lange als die komfortabelste Lösung für die automatische Steuerung des Mischers. Er war in einem Raum des Hauses eingebaut, und man konnte daran eine gewünschte Temperatur einstellen, der dann die Vorlauftemperatur automatisch angepaßt wurde, ohne daß man in den Keller gehen mußte.

Neue Heizanlagen werden heute meist mit sogenannten Zentralgeräten ausgestattet, die einen Außentemperaturfühler haben. Damit wird eine von der jeweiligen Witterung bestimmte Vorlauftemperaturregelung möglich. Ausschließlich bei den speziellen Niedertemperatur-Heizkesseln kann diese witterungsgeführte Regelung schon bei der Kesselwassertemperatur ansetzen. In diesem Fall wird die gerade richtige Vorlauftemperatur nicht mehr durch einen Mischer erzeugt, sondern kommt bereits mit der erforderlichen Temperatur aus dem Heizkessel. Zum Zentralgerät gehört in jedem Fall eine Zeitschaltuhr, mit der sich eine automatische Absenkung der Vorlauftemperaturen in der Nacht vorbestimmen läßt.

5 Schornsteinsanierung

Bei der Heizungsplanung wird der Schornstein (Kamin) nicht selten zum springenden Punkt. Es kann durchaus sein, daß die Entscheidung für ein bestimmtes Heizsystem letzlich vom Kamin abhängt. Vor allem kann die notwenige Verbesserung des alten Kamins oder ein neuer Kamin einen gehörigen Anteil an den Gesamtinvestitionen für eine neue Heizungsanlage ausmachen.

Kamine in älteren Häusern sind meist nur einschalig aus Ziegeln gemauert und haben große Querschnitte. Bei Einzelöfen, die mit Festbrennstoffen beheizt wurden, gab es mit dieser Ausführung keine Probleme: Die Rauchgase hatten so hohe Temperaturen, daß sie selbst bei den großen Querschnitten des Kamins so großen Auftrieb bekamen, daß sie schnell und unter geringer Abkühlung den Kamin passierten und verließen.

Heutigen Heizkesseltechniken mit möglichst niedrigen Abgastemperaturen und den flüssigen oder gasförmigen Brennstoffen sind diese Kamine nicht mehr gewachsen. Bei der Verbrennung von Gas und Heizöl wird viel Wasser frei. Bei hohen Abgastemperaturen kann es noch als Wasserdampf über den Kamin abgeführt werden. Bei niedrigen Abgastemperaturen aber kondensiert der Wasserdampf an den Kaminwänden, bei Ölheizungen entsteht Schwefelsäure – der Kamin durchfeuchtet und versottet. Das trifft im übrigen leicht auch bei Holz mit hohem Feuchtigkeitsgehalt zu. Die Rußschichten innen durchnässen und schlagen nach außen mit braunen Flecken durch.

Südtirol

Seit 2000 Jahren ist Südtirol Grenzgebiet und Durchzugstraße, Handels- und Umschlagplatz, dem Süden zugewandt und den kulturellen Einflüssen aus dem Norden ausgesetzt. Die bajuwarische Besiedlung des frühen Mittelalters drängte die rätoromanische Bevölkerung in die Seitentäler, wo sie noch heute ihr ladinisches Erbe sehr lebendig bewahrt. Die Abgeschiedenheit der Täler, die unterschiedlichen Klima- und Wirtschaftsbedingungen haben die Menschen und ihre Siedlungsformen sehr individuell geprägt. Neben den Dörfern liegen weit hinauf die Einödhöfe. Es gibt urtümliche Haufenhöfe, Paarhöfe mit Wohnhaus und getrennter Stallscheune, Einfirsthöfe und verschachtelte Weinbauernhöfe. Mittelflurhäuser, Eckflur- oder alte Flurküchenanlagen sind je für ein Tal typisch oder auch nebeneinander zu finden. Wichtig ist, daß sich vieles erhalten hat, was andernorts schon längst zerstört ist. Besonders in Südtirol muß sich das Bewußtsein für Tradition, das den Menschen hier eigen ist, auch auf die Erhaltung und Erneuerung ihrer bäuerlichen Baukultur ausdehnen.

Mair zu Gasteig | *Schluner*

Rößlerhof

Niederbayerischer Dreiseithof Typ Landshuter Haus

Das geräumige Haus wird durch einen Mittelflur mit traufseitigem Eingang erschlossen. Sein hohes Krüppelwalmdach war früher wahrscheinlich mit Stroh gedeckt.
Während die Wirtschaftsgebäude des 31-ha-Betriebs mit Milchviehhaltung und Nachzucht in den letzten Jahren erneuert werden konnten, stand das alte Wohnhaus auf der Abbruchliste. Dank dem Engagement aller Beteiligten - Besitzer, Planer und Denkmalschützer - gelang aber doch eine befriedigende Sanierung der gesamten Bausubstanz. Die Reparaturmaßnahmen umfaßten von Fundamentsanierung über Auswechseln und Ergänzen von Holzbauteilen bis zur umfangreichen Dachererneuerung fast alle Gewerke. Früher eingebaute, zu große Fenster in der Stube konnten gegen harmonisch in die Fassade eingepaßte ersetzt werden. Ohne nennenswerte Eingriffe in die alte Grundrißkonzeption waren alle Anforderungen, die an moderne Sanitär- und Hauswirtschaftsräume gestellt werden, zu befriedigen. Das Ergebnis ist ein gebautes Schmuckstück mit etwa 290 qm Wohnfläche.
Das Objekt wurde 1987 Preisträger im »Prämierungswettbewerb für landschaftsgebundenes Bauen in der Landwirtschaft« des Bayerischen Staatsministeriums für Landwirtschaft und Forsten.

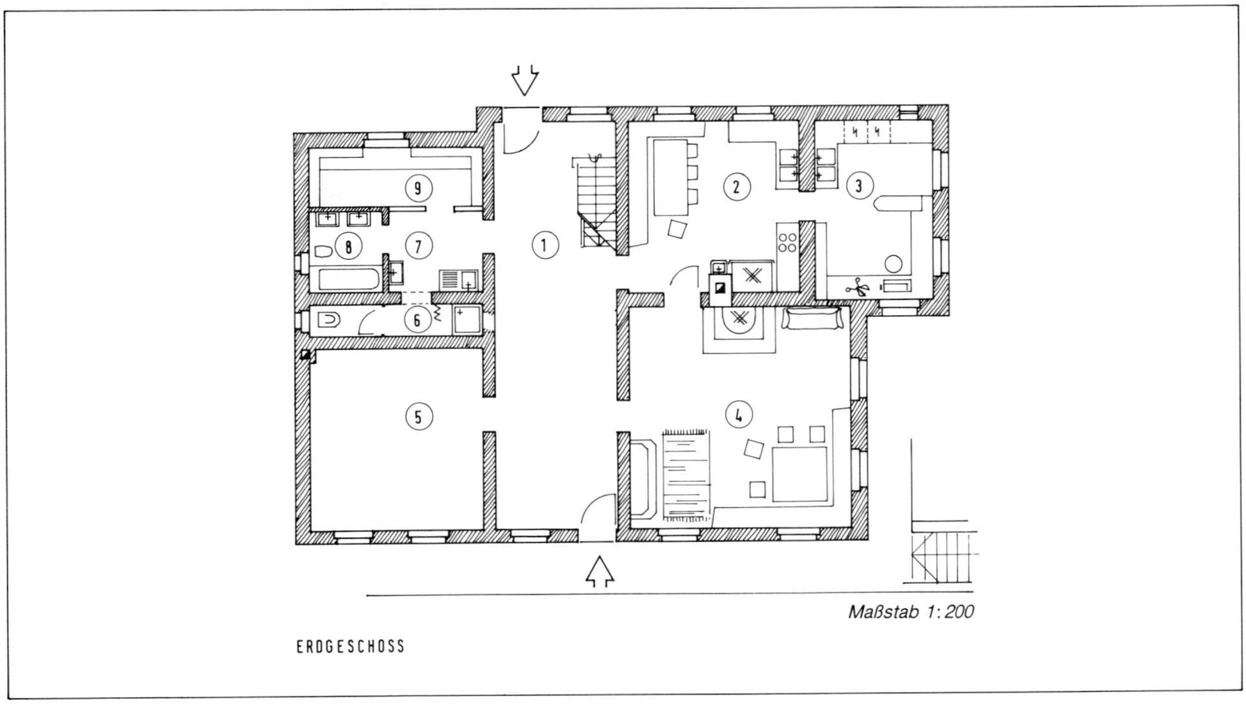

Erdgeschoß
① *Hausflur*
② *Küche*
③ *Hauswirtschaftsraum*
④ *Stube*
⑤ *Zimmer*
⑥ *WC und Dusche*
⑦ *Schmutzschleuse*
⑧ *Bad*
⑨ *Speisekammer*

Der Obergeschoßgrundriß folgt in der Raumanordnung dem Erdgeschoßgrundriß.
Planung und Bauleitung: Martin und Rita Böhm, Dipl.-Ing. (FH) Architektur, 8311 Schalkham

Schornsteinsanierung mit einem Edelstahlrohr, das von oben eingelassen wird

Schamotterohre, auch schon mit vorgefertigten Öffnungen, als Kamineinsätze

Versottungsgefahr besteht bei Ölzentralheizungen in jedem Fall bei Abgastemperaturen von weniger als 160 Grad, bei Gasheizungen ist die Versottungsgefahr geringer. Vor allem beim Einbau von Niedertemperatur-Heizkesseln muß vorher geprüft werden, ob der Kamin die erhöhten Belastungen aushält, oder ob der neue Kessel eine Kaminsanierung mit den entsprechenden Kosten erforderlich macht.

In vielen Fällen kann beim Einbau einer neuen Heizung auch ein komplett neuer Kamin nötig sein, entweder weil sich die Heizanlage im Grundriß nicht so einplanen läßt, daß der Anschluß an einen bestehenden Kamin möglich ist, oder weil die Sanierung des alten Kamins aufwendiger wäre als ein neuer. Ein neuer Kamin kann entweder im Haus oder außen am Haus neu aufgemauert werden, unter Umständen auch aus Fertigelementen aufgebaut werden.

Für die Sanierung alter Kamine gibt es verschiedene Verfahren. Erreicht werden soll damit einerseits eine Querschnittsverengung, andererseits soll der Kamin für erhöhte Belastungen standhaft gemacht werden. Man sollte sich mit dem Kaminkehrermeister unterhalten, wie sich Kamin und Heizung einander anpassen lassen, welche Kaminquerschnitte erforderlich sind oder welche Verbesserungsmaßnahmen am Kamin geeignet sind.

Ein Schutz der Kaminwände und eine Querschnittsveränderung wird erreicht durch Einsetzen von Schamotterohren, von Edelstahlrohren oder durch eine Innenauskleidung mit Leichtbeton. Die Schamotte-Formstücke oder die Edelstahlrohre weden von oben in den Kamin eingeführt. Der Zwischenraum zwischen alter und neuer Innenwand wird mit Dämmstoffen ausgefüllt. Außer den herkömmlichen Schamotterohren gibt es neue keramische Einsatzrohre, die kondensatdicht und korrosionsbeständig sind.

Besonders viel Sorgfalt ist bei diesen Sanierungsarbeiten bei den Öffnungen im Kamin nötig. Kaminsanierungen werden von zahlreichen Spezialfirmen durchgeführt. Unter ihnen gibt es aber einige unseriöse, die schlechte Arbeit oft zu überhöhten Preisen liefern. Bei der Auswahl kann der Bezirksschornsteinfegermeister behilflich sein.

Prinzipiell kann eine Kaminsanierung aber auch in Eigenleistung durchgeführt werden. Das Verfahren mit Schamotterohren, die von oben im Kamin aufeinandergesetzt werden, ist für Eigenleistung besonders geeignet.

Es gibt darüber hinaus noch einige weitere technische Möglichkeiten, mit denen sich eine Kamindurchfeuchtung verhindern läßt. Nebenlufteinrichtungen zum Beispiel sorgen dafür, daß beim Brenner-

stillstand der Schornstein trotzdem durchlüftet und ausgetrocknet wird.
Allgemein gilt bei der Heizungs- und Kaminplanung, daß der Schornstein möglichst im Haus an Innenwänden stehen sollte, damit die warmen Schornsteinwände mit zur Beheizung beitragen können. Für Holzfeuerungen sollte der Mindestquerschnitt des Schornsteins etwa 18 mal 18 Zentimeter betragen. Bei Öl- und Gasheizungen ist ein Mindestdurchmesser von etwa zwölf Zentimeter erforderlich. Feuerstätten mit Gebläsebrenner brauchen einen eigenen Schornstein. Es darf also an den gleichen Zug kein Einzelofen mehr angeschlossen werden. Auch offene Kamine und manche Kachelöfen brauchen jeder für sich einen eigenen Kaminzug.

6 Heizraum und Brennstofflagerung

6.1 Heizraum

Bei Feuerstätten mit weniger als 50 Kilowatt Nennwärmeleistung stellt das Baurecht an den Aufstellungsraum relativ geringe Anforderungen. Es ist zumindest kein spezieller Heizraum vorgeschrieben. Ein Zentralheizungskessel kann deshalb zum Beispiel in einen erdgeschossigen Raum eingebaut werden, der noch für andere Zwecke genutzt wird. Die Heizanlage kann aber auch außerhalb des Hauses in leerstehende Räume eingebaut werden. Dabei stellt sich allerdings wieder die Frage des möglichen Kaminanschlusses.
Vorgeschrieben sind bei Feuerstätten jedoch bestimmte Abstände zu brennbaren Baustoffen. Wände, Decken und Böden des Aufstellraumes müssen aus nichtbrennbaren Baustoffen bestehen. Außerdem muß für den Raum eine Zuluftöffnung vorhanden sein.

6.2 Brennstofflagerung

Mitunter können die Möglichkeiten für die Lagerung des Brennstoffs die Heizungswahl entscheidend beeinflussen. Wer sich für Strom oder für Erdgas als Energieträger entscheidet, ist diese Sorge los. Sie werden »frei Haus« geliefert. Für Heizöl, Flüssiggas, Holz und Kohlen müssen die Lagermöglichkeiten eingeplant werden.

Für die Heizöllagerung bieten sich viele Alternativen an. Es kann in Stahl-, Kunststoff- oder Betontanks gelagert werden, die entweder in Räumen stehen oder in den Erdboden eingebaut werden. Einwandige Stahltanks dürfen nur in Räumen aufgestellt werden und müssen in einer dichten Wanne stehen, die bei einem Leck das auslaufende Öl aufnehmen kann.
Doppelwandige Stahltanks brauchen diese Auffangwanne nicht. Sie können deshalb auch unterirdisch eingebaut werden. Für den nachträglichen Einbau in Räumen bieten sich vor allem Lagertanks aus Kunststoff an. Sie brauchen ebenfalls keine Auffangwanne und können auch in den Erdboden eingebaut werden. Bei einem Fassungsvermögen bis zu 5000 Liter können Heizöllagertanks sogar im gleichen Raum mit dem Heizkessel aufgestellt werden. Zwischen Feuerstätte und Tank ist dabei ein Mindestabstand von einem Meter erforderlich.
Flüssiggas wird in ober- oder in unterirdischen Stahltanks gelagert. Dabei sind einige sicherheitstechnische Vorschriften zu beachten. Meistens werden die Tanks vom Gaslieferanten auf Leihbasis zur Verfügung gestellt.
Feste Brennstoffe dürfen in Mengen bis zu 20 Kubikmeter im gleichen Raum lagern, in dem der Heizkessel aufgestellt ist. Für die Lagerung fester Brennstoffe bieten sich natürlich vor allem Räume außerhalb des Hauses an. Zu beachten ist dabei, daß bei mehr als 20 Kubikmeter Lagermenge in einem Raum der Raum aus nichtbrennbaren Baustoffen bestehen muß. (Die angegebenen Zahlen gelten für Bayern. Werte für andere Gebiete sind beim Stadt- oder Kreisbauamt zu erfragen.)

7 Heizregeln und Spartips

Der Einbau einer neuen Zentralheizungsanlage in ein altes Haus birgt die Gefahr, daß man den erreichten Komfort auch richtig auskosten will. Überheizte Räume, geheizte, aber nicht bewohnte Räume und wenig Sorgfalt bei der Heizungsregelung führen zu unnötig hohem Brennstoffverbrauch. Unsinnig ist aber andererseits übertriebenes Energiesparen.
Das Wohlbehagen in einem beheizten Raum wird maßgeblich von der Temperatur der Wände beeinflußt. Bei kalten Außenwänden muß die Raumtemperatur um einige Grad höher sein, wenn die Temperatur als angenehm empfunden werden soll, als bei Räumen, deren Wände hohe Oberflächentemperatu-

ren haben. Wärmedämmaßnahmen an den Wänden können sich deshalb auszahlen. Auch Zugluft vermittelt Kältegefühl. Sie müßte ebenfalls durch höhere Raumtemperaturen ausgeglichen werden. Billiger aber ist es, die Ursachen für Zugluft zu beseitigen, zum Beispiel durch eine Abdichtung der Türen.
Die Raumtemperaturen sollten der Nutzung angepaßt werden. Im Wohnzimmer, im Kinderzimmer und im Eßraum sollten die Temperaturen bei 20 bis 22 Grad liegen. In der Küche und im Schlafzimmer reichen 16 bis 18 Grad, und der Hausgang darf noch einige Grade weniger haben.
Eine Nachtabsenkung der Temperaturen im ganzen Haus bringt keine Komforteinbußen, aber eine erhebliche Energieeinsparung mit sich. Eine Absenkung um ein Grad hat schon eine Heizenergieersparnis von etwa fünf Prozent zur Folge. Die Nachtabsenkung kann etwa fünf Grad betragen. Bei einer automatischen Steuerung der Heizung können die Zeiten für die Absenkung fest eingestellt werden. Sie können so gewählt werden, daß man am Morgen beim Aufstehen schon wieder angenehm temperierte Räume vorfindet.
Entscheidend für eine effektive Heizung ist, daß die Heizkörper ihre Wärme ungehindert an den Raum abgeben können. Sie dürfen nicht von Vorhängen oder von Möbeln abgedeckt werden.
Richtiges Lüften ist ein wichtiger Punkt, dem vor allem nach dem gründlichen Umbau eines Hauses besonderes Augenmerk geschenkt werden muß. Lüften beeinflußt nämlich den Energieverbrauch einerseits, das Raumklima mit der richtigen Luftfeuchtigkeit andererseits.
Es kann sein, daß nach dem Heizungseinbau und nach anderen Umbaumaßnahmen, zum Beispiel bei Wärmedämmung und neuen Fenstern, ganz anders gelüftet werden muß als vorher. So haben Untersuchungen gezeigt, daß durch den Einbau von neuen, vollkommen dichten Fenstern der Energieverbrauch gegenüber dem Altzustand erheblich höher wurde, weil durch die notwendige Fensterlüftung zuviel Wärme verloren ging. Alte Fenster dagegen sind so »undicht«, daß der notwendige Luftaustausch schon durch die Fugen möglich wird und zusätzliches Lüften nicht erforderlich ist. Auf keinen Fall darf jedenfalls die Raumtemperatur durch Fensteröffnen reguliert werden. Auch eine Dauerlüftung über die Fenster beeinflußt den Energieverbrauch negativ. Fenster sollten immer nur kurz geöffnet werden.
Die richtige Raumluftfeuchte beträgt etwa 40 Prozent. Zu hohe Raumluftfeuchte ist gefährlich: Die Wände durchfeuchten, und es kommt zur gefürchteten Schimmelbildung. In diesem Fall muß ohne Rücksicht auf etwaige Energieverluste versucht werden, durch wiederholtes Lüften die Raumluftfeuchte abzusenken.
Umgekehrt ist bei sehr trockener Raumluft eine höhere Raumtemperatur erforderlich, damit sie als angenehm empfunden wird. Bei zu trockener Raumluft sollte man ebenfalls nicht auf die Idee verfallen, sie durch Hereinholen von Außenluft aufzubessern. Wesentlich wirkungsvoller und energiesparender ist ein Wasserverdunster am Heizkörper.

8 Brauchwasserbereitung

Fließend warmes Wasser ist gerade in älteren Bauernhäusern längst nicht selbstverständlich. Das Spülwasser kommt nach wie vor aus dem Topf vom Herd und das Badewasser aus dem Kohleofen. Und das auch erst nach Stunden. Da wünscht man sich natürlich einen Warmwasserhahn im ganzen Haus.

8.1 Warmwasserbereitung mit dem Heizkessel

Wird eine neue Zentralheizung eingebaut, ist es keine Frage, daß man gleich versucht, auch das Warmwasser zentral über die Heizanlage zu bekommen. Allerdings sind Heizung und Warmwasser zwei Paar Stiefel. Speziell in der Landwirtschaft wird im Sommer wesentlich mehr warmes Wasser benötigt als im Winter. Selbst Experten streiten sich, ob es wirtschaftlich ist oder nicht, wenn das Brauchwasser auch im Sommer mit dem Heizkessel warm gemacht wird. Bei den modernen öl- und gasbefeuerten Niedertemperatur-Heizkesseln sind die Verluste beim Kesselaufheizen aber so gedrosselt, daß eine Extra-Warmwasserbereitung mit Zusatzgeräten bei ihnen aus wirtschaftlichen Gründen nicht mehr notwendig ist.
Anders sieht es dagegen bei älteren großen Heizkesseln sowie bei Holz- und Hackschnitzelheizungen aus. Da kann es sinnvoller sein, das Warmwasser im Sommer nicht im Heizkessel zu erzeugen. Es gibt allerdings moderne Spezial-Holzheizkessel, die man im Sommer zur Brauchwasserbereitung verwenden kann, ohne daß die Energieverluste zu groß werden.
Grundsätzlich gibt es bei Öl- oder Gasheizkesseln zwei Möglichkeiten für die Warmwasserbereitung:

Entweder der Kessel hat einen eingebauten Speicher oder das Wasser wird im Durchfluß angewärmt und in einem nebenstehenden Speicher bereitgehalten.
Bei eingebauten Speichern ist die Größe begrenzt, deshalb ist der getrennte Speicher sinnvoller, vor allem, weil er die Möglichkeit bietet, daß anderswie erwärmtes Wasser ebenfalls eingespeist wird. In einen solchen Speicher kann auch eine zusätzliche Elektroheizung eingebaut werden. Das kann zum Beispiel speziell bei Holzheizungen die Sommer-Alternative sein.
Die Größe des Speichers richtet sich nach der Anzahl der Personen im Haushalt, aber auch nach deren speziellem Bedarf an warmem Wasser. Wenn immer nur geduscht wird, ist wesentlich weniger warmes Wasser notwendig, als wenn häufig die Badewanne benutzt wird. 40 bis 60 Liter Warmwasser mit 60 Grad pro Person am Tag sind ein mittlerer Rechenwert. Die Speichertemperatur sollte aus Haltbarkeitsgründen nicht höher als 60 Grad liegen.
In Häusern ohne Warmwasser-Zentralheizung gibt es viele Möglichkeiten, wie man doch zum warmen Wasser aus der Leitung kommt.

8.2 Kochendwassergeräte und Kleinspeicher

Die Fünf-Liter-Kochendwassergeräte sind nicht wärmegedämmt. Man macht damit das Wasser elektrisch heiß, das man unmittelbar braucht. Das Wasser kann in diesen Geräten tatsächlich zum Kochen gebracht werden.
Die kleinen Fünf-Liter-Warmwasserspeicher reichen für Spül- und Waschbecken und werden wie Kochendwassergeräte nur an die Steckdose angeschlossen. Sie sind sogenannte offene Speicher, das heißt, sie stehen nicht unter dem Wasserleitungsdruck und sind nur für eine Zapfstelle ausgelegt. Offene Elektro-Warmwasserspeicher gibt es auch mit größeren Speicherinhalten, zum Beispiel für 30 oder 80 Liter, die dann schon für die Dusche reichen.

8.3 Geschlossene Elektro- und Gas-Warmwasserspeicher

Im Aussehen unterscheiden sich offene und geschlossene Elektro-Warmwasserspeicher kaum. Der große Unterschied ist, daß der geschlossene Speicher ein Druckspeicher ist. Er kann deshalb mehrere Verbrauchsstellen versorgen und gilt damit als das Gerät für eine zentrale Warmwassererwärmung.
Als zentrales Warmwassergerät für die Versorgung von Küche und Bad eignen sich die Speicher mit 80 bis 150 Liter Inhalt. Sie können auch mit Nachtstrom betrieben werden. Bei den geschlossenen Speichern werden neben Wandgeräten auch noch größere Standspeicher angeboten. 100-Liter-Speicher kosten etwa 800 bis 1000 Mark. Es gibt solche Speicher auch als Gasgeräte; der Speicher wird in diesem Fall direkt von einem Gasbrenner aufgeheizt. Aber hier ist ein Abgasanschluß erforderlich.

Elektro-Standspeicher mit 300 Liter Inhalt

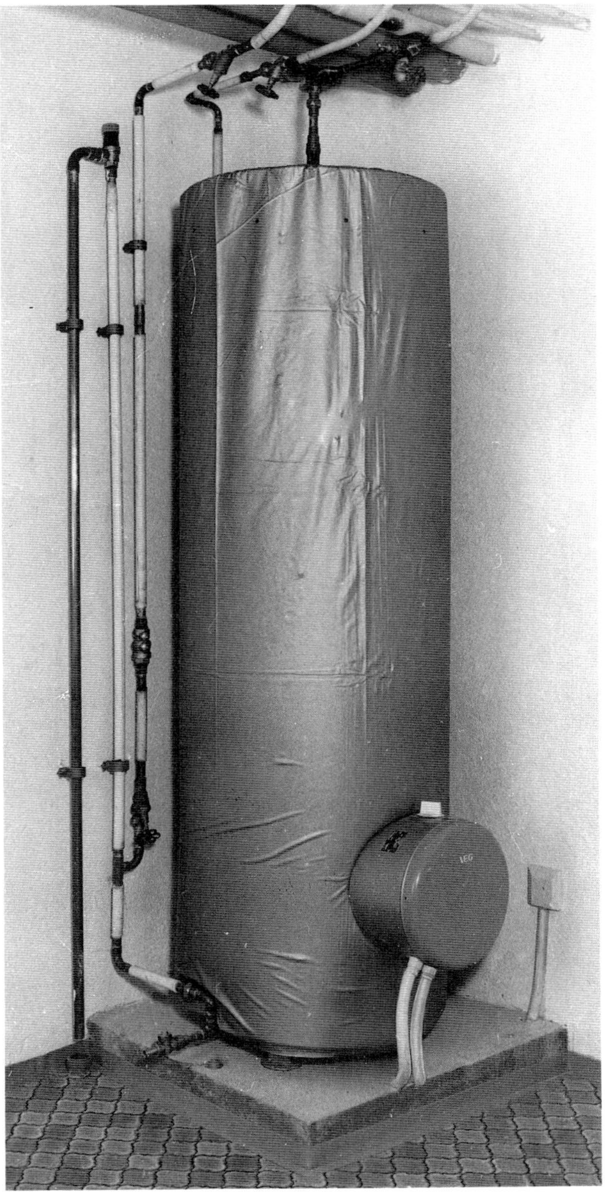

8.4 Elektro- und Gas-Durchlauferhitzer

Kleinstgeräte für eine Zapfstelle, die sehr reparaturanfällig waren, haben die Elektro-Durchlauferhitzer etwas in Verruf gebracht. Die neuen modernen Druchlauferhitzer sind dagegen solide und in der Anschaffung sehr preiswerte Geräte für die zentrale Warmwasserbereitung. Sie haben den Vorteil, daß wenig Energie verloren geht, weil es keine Bereitstellungsverluste wie beim Speicher gibt.
Die Geräte sind nur gut schuhschachtelgroß, weil in ihnen kein Wasser gespeichert wird. Nur Wasser, das durchfließt, wird von kleinen Rohrheizkörpern oder von Heizdrähten erwärmt. Dazu sind natürlich hohe Elektro-Anschlußwerte nötig. Die Geräte haben alle etwa 20 Kilowatt Leistung und deshalb Kraftanschluß. Wegen ihrer hohen Leistungsaufnahme muß der Einbau von Elektro-Durchlauferhitzern meistens beim Stromversorgungsunternehmen angemeldet werden. Man sollte sich dort schon vorher erkundigen, auch wegen der Tarife bei Speichergeräten.
Bei stark kalkhaltigem Wasser besteht bei der Wassererwärmung im Durchflußverfahren Verkalkungsgefahr in den Geräten. Bei Elektro-Durchlauferhitzern mit Blankdrahtheizung ist Verkalkung jedoch nicht so leicht möglich wie bei anderen Systemen. Bei sehr kalkhaltigem Wasser sollten solche Geräte aber öfter kontrolliert und gereinigt werden. Das gilt auch für Gas-Durchlauferhitzer.
Das Prinzip der Durchlauferwärmung gibt es auch mit Gasgeräten. Sobald Wasser aufgedreht wird, entzündet sich die Gasflamme und erwärmt das durchfließende Wasser. Diese Geräte eignen sich für verschiedene Gasarten, auch für Flüssiggas. Bei Untersuchungen hat sich herausgestellt, daß die Wassererwärmung mit Gas-Durchlauferhitzern die preisgünstigste Möglichkeit überhaupt ist für die Warmwasserbereitung. Gas-Durchlauferhitzer sind allerdings doppelt so teuer wie Elektro-Durchlauferhitzer.

8.5 Wärmepumpen und Solaranlagen

Diese beiden Systeme sind sozusagen die Exoten unter den Brauchwasser-Erwärmungsanlagen. Sowohl die kleinen Brauchwasser-Wärmepumpen, die meistens im Keller stehen und dort der Raumluft Wärme entziehen, als auch die Solaranlagen sind für die Wassererwärmung im Sommer und in der Übergangszeit ganz gut geeignet. Sie sind aber deshalb nur in Kombination mit einer Zentralheizung sinnvoll, die dann beim Heizbetrieb im Winter auch die Brauchwassererwärmung übernimmt.

Warmwasserbereitung mit Sonnenenergie: industrieller Vakuum-Röhrenkollektor

Neue Zwischenwände

Der Einbau neuer Zwischenwände wird für die Anpassung der alten Grundrisse an veränderte Wohn- und Wirtschaftsbedürfnisse in vielen Fällen notwendig. Zu große Räume können für neue Nutzungen unterteilt werden, alte Zwischenwände werden ausgebrochen und an passender Stelle durch neue ersetzt. *Nur nicht-tragende Wände,* also solche, die von oben völlig unbelastet sind, dürfen abgebrochen werden. Der Ausbruch von Tragwänden kann eine solche Folge von Baumaßnahmen nach sich ziehen, daß der Aufwand an Arbeit und Kosten in keinem Verhältnis zum erzielten Nutzen steht. Zudem kann die Queraussteifung des Baus und damit sein statisches Gefüge empfindlich gestört werden.
Alle Zwischenwände auf Geschoßdecken müssen auf Holz- oder Metallträgern stehen, die eine gleichmäßige Lastverteilung auf der Decke gewährleisten oder die Last der Zwischenwand auf die Tragwände ableiten. Eine Durchbiegung des Auflagerbalkens würde in der neuen Wand zu erheblichen Spannungen, zu Rissen in der Beplankung bis zum Bruch der Zwischenwandplatten führen. Ein Baufachmann, besser ein Statiker, muß bei der Planung für neue Zwischenwände befragt werden. Oft sind mit geringfügigen Planänderungen erhebliche technische Verbesserungen zu erreichen.

1 Zwischenwandsysteme

Das Angebot an leichten Trennwänden auf dem Baumarkt ist groß. Jeder Bauherr muß seine individuellen Ansprüche festlegen und möglichst zusammen mit einem unabhängigen Fachmann, nicht mit einem Firmenvertreter, seine Auswahl treffen.

1.1 Gemauerte Wände

Gemauerte Wände in Stärken von 10–11,5 cm werden aus kleinformatigen Lochsteinen, Bimssteinen, Kalksandsteinen oder den größeren Gasbetonsteinen (Leichtbetonsteine) aufgemauert. Im nicht unterkellerten Erdgeschoß werden sie auf ein Streifenfundament aus Magerbeton oder auf Fundamentsteine gesetzt oder auf einer durchgehenden Bodenplatte aus armiertem Beton errichtet. Kellerdecken müssen auf ihre Tragfähigkeit untersucht werden, bevor sie mit derartigen Zwischenwänden zu belasten sind. Die Zwischenmauern müssen in der seitlichen Anschlußwand mit Mauerankern oder an Halfenschienen verankert sein, gegen die Decke werden sie verkeilt.
Wegen ihres Gewichts sind derartige Wände ohne Unterkonstruktion wie Stahl- oder Stahlbetonträger als Trennwände über Balkendecken, über Gewölben und im Dachgeschoß ungeeignet. Durch Mauern und Verputzen wird zudem viel Nässe in den Bau gebracht, die vor allem bei einem Dachgeschoßausbau unerwünscht ist.
Aufgemauerte Wände sind in der Regel zur Aufhängung von Regalen oder mäßig belasteten Hängeschränken geeignet.

1.2 Plattenwände

Plattenwände können aus großformatigen Gipsplatten in Stärken von 6 cm, 8 cm, 10 cm und mehr aufgeführt werden.
Die *Plattendicke* richtet sich nach der Raumhöhe:

- ▷ 6 cm Dicke bis 3 m Raumhöhe,
- ▷ 8 cm Dicke bis 4 m Raumhöhe,
- ▷ 10 cm Dicke bis 5 m Raumhöhe.

Die Wandbauplatten sind von der Lieferfirma meist mit einer Nut- und Federverbindung versehen. Sie werden mit Spezialklebemörteln hochgezogen, die von den Lieferfirmen vorgeschrieben oder gleich mitgeliefert werden.
Auch für die seitlichen Wandanschlüsse und die Anschlüsse an Boden und Decke gibt es bei seriösen Firmen ausführliche Anweisungen, die angefordert werden müssen. Nur bei fachgerechter Ausführung ist eine Rissebildung in der Wand auszuschließen und ist ein gewisser Schallschutz gewährleistet.
Gipsbauplatten gibt es in Normalausführung, Sonderausführung für Feuchträume (imprägniert), als Feuerschutzplatten und als Feuerschutzplatten für Feuchträume. Ähnliche Wandbauelemente gibt es als zweischalige Holzwolleleichtbauplatten, magnesit- oder zementgebunden, mit eingelegten Dämmschichten aus Kokos- oder Mineralfaser. Die Gesamtstärke beträgt in der Regel 12,5 cm.
Die Wand- und Deckenanschlüsse bilden spezielle Führungsleisten. Um eine angemessene Schalldämmung zu erreichen, werden auf beiden Seiten Gipskartonplatten von einmal 12,5 mm und einmal 15 mm aufgezogen.
Derartige Plattenwände sind nicht mit Hängeschränken oder Hängeinstallationen im Sanitärbereich zu belasten (siehe Sanitärbereich, Seite 211).
Der Vorteil von Bauplatten, die horizontal in Schichten von 50 cm Höhe verarbeitet werden können, ist

die problemlose Einpassung von Zwischenwänden an die sehr unterschiedlichen Höhenmaße im Altbau.
Plattenwände verschiedener Firmen werden auch als wandhohe Elemente für den Neubau angeboten. Das bedeutet bei der Verarbeitung im Altbau Verschnitt, damit zusätzlichen Arbeitsaufwand und unnötigen Materialverbrauch. Auch das Einbringen derart großer Elemente an den Platz der Montage ist oft mit erheblichen Schwierigkeiten verbunden und muß bei der Planung berücksichtigt werden.

1.3 Paneelwände

Paneelwände sind leichte Wände, die aus relativ dünnen Schalen bestehen, die nur über aufgeleimte Abstandsleisten oder Metallkrallen miteinander verbunden sind. Sie werden in einen an Boden, Decke und Seitenwänden umlaufenden Holz- oder Metallrahmen montiert. Türstürze müssen mit verzinkten Metallschienen (Schlitzbandeisen) oder zusätzlichen Holzlatten verstärkt werden. Eine Schallreduzierung ist auch bei einer Einlage von Mineralfaser zwischen die Schalen außerordentlich fragwürdig.
Derartige Wände sind in keiner Weise belastbar.

1.4 Riegelwände

Riegelwände sind leichte Zwischenwände, bei denen ein Riegelgerüst aus Metall oder Holz (Fachwerk) von beiden Seiten mit Gipskartonplatten, Holzwolleleichtbauplatten, Spanplatten oder Holzpaneelen verkleidet wird. Im Zwischenraum können zur Wärme-

Zeichnung 65 Einfache Riegelwand

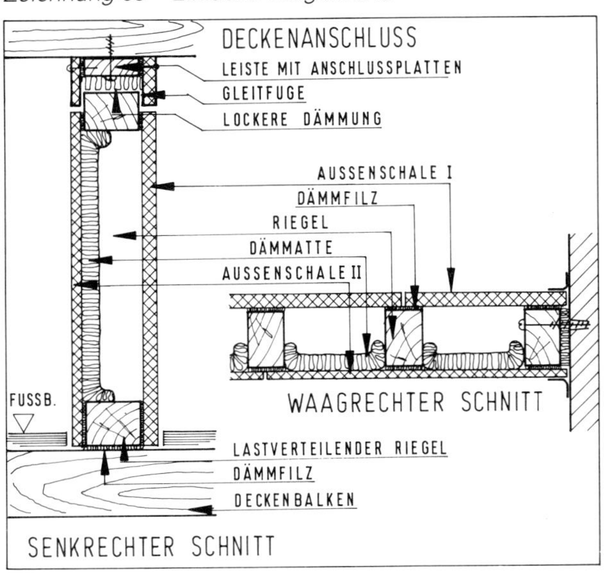

und Schalldämmung Mineralfaser- oder Kokosmatten abrutschfest eingelegt werden. Auf dem Baumarkt werden eine ganze Reihe derartiger Elementsysteme angeboten. Zum Teil können die Produkte für individuelle Höhen geliefert werden. Darüber muß vor der Bestellung mit dem Lieferer verhandelt werden. Die gewünschten Höhen sind im Auftrag schriftlich festzulegen. Nur dann können Beanstandungen mit Erfolg durchgefochten werden.
Holzriegelkonstruktionen sind mit etwas Geschick auch im Eigenbau herzustellen. Das bietet zudem den Vorteil, daß die Konstruktion den unterschiedlichen Altbauhöhen von vorneherein angepaßt werden kann.
Jede Riegelwand muß auf eine Grundschwelle zur Lastverteilung gestellt werden. Der Abstand der senkrechten Riegel (Ständer, Stiele) soll 65 cm nicht überschreiten. Er muß sich aber nach dem Maß und Gewicht der für die Beplankung vorgesehenen Platten richten, ebenso wie die Querschnitte der Riegel, die im allgemeinen zwischen 40×60 mm bis 80×80 mm liegen.
Riegelwände über 2,30 m Höhe und 4,00 m Länge brauchen eine Queraussteifung mit Horizontalriegeln.
Plattenbeläge (Beplankung) werden immer auf der Mitte eines Riegels gestoßen (zusammengeführt), wobei die Stöße an beiden Seiten gegeneinander versetzt sein sollen. Zwischen den Plattenlagen abrutschfest montierte Mineralwolle von mindestens 40 mm Dicke kann die hohe Schallübertragung dieser Wände mildern (siehe Zeichnung 65).
Bei der Verwendung von Gipsplatten unter Fliesen müssen doppelte Plattenlagen angebracht werden. Mindestens die obere Plattenlage muß für Feuchträume geeignet sein.
Im Zwischenraum der Riegelwände können Elektroleitungen verlegt werden. Nuten für die Leitungsführung werden zweckmäßig am oberen Ende der Ständer so gering wie möglich ausgestemmt. Industriell hergestellte Metallständer haben vorgestanzte Ausnehmungen für die Leitungsführung.
Innenwände müssen auch bei abgehängten Deckenverkleidungen bis zur Originaldecke hochgezogen werden. Schall, Geruch, Küchendunst und Luftzug breiten sich sonst in den Nachbarräumen aus.

1.5 Schallgedämmte Zwischenwände

Eine gute Schalldämmung kann mit einer entsprechenden Konstruktion auch für leichte Zwischenwände erreicht werden. Dazu müssen zwei voneinander getrennte Riegelwände aufgestellt werden, die keine Berührungspunkte haben. Auch die unteren Schwellen und die oberen Rähm müssen geteilt sein. Dämmatten aus Kokos- oder Mineralfaser werden abgleitsicher zwischen die Riegel eingelegt. Die Schalldämmung wird noch verbessert, wenn die Beplankung auf beiden Seiten unterschiedlich stark ist, zum Beispiel 12,5 mm und 15 mm Gipskarton. Aber auch Holzwolleleichtbauplatten können zur Beplankung verwendet werden. Holz als Verkleidung ist wegen der hohen Resonanzfähigkeit wenig geeignet. Bei der Verwendung von Spanplatten als Verkleidung muß die Lieferfirma garantieren, daß die verarbeiteten Bindemittel keine schädlichen Abdampfungen verursachen (formaldehydfrei). Fugen sollen auf beiden Seiten versetzt angeordnet sein, um den Verlauf der Schallwellen, der auch durch gedichtete Fugen erfolgen kann, zu bremsen (siehe Zeichnung 66).

Polystyrol und andere geschlossenporige Schäume sind zur Schalldämmung völlig ungeeignet.

1.6 Schrankwände

Schrankwände eignen sich als Raumteiler nur, wenn keinerlei Ansprüche an die Schalldämmung gestellt werden. Andernfalls ist eine - von der Schrankwand unabhängige - schalldämmende Zwischenwand einzuziehen.
Bei allen schalldämmenden Maßnahmen ist zu bedenken, daß jede Türöffnung in einer Wand und alle Fugen Schallbrücken darstellen.

Zeichnung 66 Schallgedämmte Zwischenwand

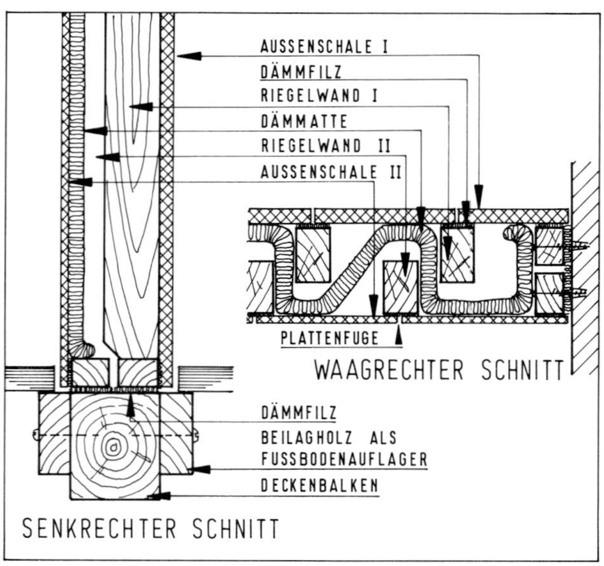

1.7 Anschlüsse

Die erhebliche Schallübertragung über Nachbarbauteile, wie Wände, Decken, Böden, kann durch fachgerechte Anschlüsse der leichten Trennwände mindestens reduziert werden.
Die gesamte Rahmenkonstruktion muß ringsum mit einem Dämmstreifen aus Filz, dicker Kokosmatte oder ähnlichem versehen werden. Die für diesen Zweck immer noch angebotenen Schaumstoffstreifen verlieren nach einiger Zeit ihre Elastizität und damit ihre Wirksamkeit.
Zwischenwände im Erdgeschoß müssen auch gegen aufsteigende Feuchtigkeit mit einem Bitumenstreifen mit ausreichendem Überstand geschützt werden.

2 Belastung von Zwischenwänden

2.1 Belastung aus der Verformung von Bauteilen

Eine Belastung der Innenwände aus einer Durchbiegung der darüberliegenden Decken muß in allen Fällen vermieden werden. Die Folgen können von Rissebildung in der Verkleidung bis zu Bruch von Rähm oder Ständern reichen. Ein gleitender Anschluß mit einer an der Decke befestigten Überlaschung, je nach Ständersystem aus Metall oder Holz, kann geringe Durchbiegungen der Decke ausgleichen. Eine Einlage aus elastischem Dichtungsmaterial sorgt für Schalldämmung (siehe Zeichnung 65, Seite 183).
Ebenso kann es bei einer Durchbiegung der Tragkonstruktion für die Wand zu Spannungsrissen kommen. Auch der seitliche Wandanschluß muß spannungsfrei ausgeführt werden. An nicht lotrechten Massivwänden müssen unter Umständen senkrechte Schlitze für das Wandanschlußelement ausgebrochen werden. Dabei ist besondere Sorgfalt auf den Schallschutz zu verwenden.
Bei schiefen Fachwerkwänden müssen Paßstücke zwischen alter Anschlußwand und neuer Zwischenwand gefertigt werden, die genau dem Innenwandaufbau entsprechen. Ungleiche Anschlußfugen zwischen Altbauwand und neuer Trennwand nur mit elastischem Kitt oder Schaum auszufüllen, *ist keine Lösung.*

Zweischalige Ständerkonstruktion zur Beplankung mit Gipsplatten

2.2 Belastung aus Hängekonstruktionen

Daß leichte Zwischenwände nur sehr bedingt mit Hängeschränken, Hängeregalen, Konsolen und wandmontierten Sanitäreinrichtungen belastet werden können, liegt eigentlich auf der Hand.
Gemauerte Leichtsteinwände sind noch am ehesten für derartige Belastungen geeignet. Aufhängehaken sollen aber auf die ganze Wandstärke durchgebohrt und auf der Gegenseite mit großen Beilagscheiben oder mit lastverteilenden Leisten verschraubt werden.
Regale für Akten, Bücher, Maschinen an leichten Trennwänden müssen als Standregale ausgeführt werden. Dasselbe gilt für stark belastete Oberschränke, wie Geschirr- und Wäscheoberschränke oder Konsolen in Wirtschaftsräumen, auf denen Maschinen und schweres Gerät abgestellt sind.
Platten- und Paneelwände dürfen überhaupt nicht durch Hängelasten beansprucht werden.
Riegelwände können bedingt geringe Lasten aufnehmen, wenn an den Stellen, an denen Aufhängungen vorgesehen sind, zusätzliche Quer- und Längshölzer oder Metallschienen fest in die Riegelkonstruktion eingebaut werden. Das bedarf einer genauen Vorplanung, eine flexible Anbringung von Aufhängungen ist im Nachhinein nicht mehr möglich.

Für Sanitärinstallationen sind vorgefertigte Ständerkonstruktionen auf dem Markt, die entweder in die Riegelwand eingestellt oder vor einer Zwischenwand montiert und verkleidet werden können (siehe Sanitärbereich unter 2.5.1, Seite 214).

3 Oberflächenbehandlung

3.1 Gemauerte Wände

Gemauerte Wände können verputzt und zusätzlich mit jeder beliebigen Verkleidung, wie Tapeten oder Fliesen, versehen werden. Leichtsteine stellen zum Teil hochporöses Material dar, das dem Mörtel beim Putzen schnell Wasser entziehen kann. Einige Hersteller liefern deshalb Spezialmörtel für ihre Erzeugnisse. Die oft erheblichen Preise solcher Zusatzmittel sind bei der Kalkulation zu berücksichtigen. Immer sind die Verarbeitungsvorschriften der Lieferfirmen anzufordern und genau einzuhalten. Bewährtes Baumaterial von seriösen Firmen ist auch hier unerprobten Neuheiten vorzuziehen.

3.2 Gipsplatten und Gipskartonplatten

Plattenstöße und Fugen müssen bei fast allen Fabrikaten verspachtelt, mit Fugenband verklebt und geschliffen werden. Dann kann die Fläche tapeziert oder gestrichen werden. Für Anstriche ist eine Grundierung mit Spezialmitteln nötig, um ein gleichmäßiges Saugverhalten von Verfugungsmasse und Gipsflächen zu erreichen.

Auf Gipsplatten und Gipskartonplatten dürfen keine Kalk- oder Wasserglasfarben beziehungsweise Silikatfarben gestrichen werden!

Gipsplatten für Feuchträume sollen schon werkseitig mit einer speziellen Imprägnierung ausgerüstet sein. Hersteller liefern entsprechendes Informationsmaterial (anfordern!).
Genau auf das Material abgestimmte Anstriche, die nicht auf Wasserglasbasis aufgebaut sind, sollen auch unter Fliesenbelägen aufgebracht werden.
Für die Fliesen muß ein Fliesenkleber auf Dispersionsbasis verwendet werden. Kleber auf Zementbasis können auf Gipsplatten zusammen mit Wasser Ettringit bilden und damit zu einem Absprengen der Fliesen führen.

Die Verklebung der Fliesen muß vollflächig ausgeführt werden, um Hohlräume unter dem Fliesenbelag, in denen sich Schwitzwasser sammeln könnte, zu vermeiden.
Eck- und Bodenanschlüsse, Anschlüsse zwischen Fliesen und Badewannenrand oder anderen Einbauten, kurz, alle Stellen, an denen Wasser eindringen und die Gipsplatten durchnässen könnte, müssen durch Fugendichtungsmasse geschützt und laufend kontrolliert werden.

3.3 Holzwolleleichtbauplatten

Auch Holzwolleleichtbauplatten müssen eine Fugenbewehrung aus verzinkten Drahtnetzstreifen oder speziellen Plastiknetzstreifen erhalten. Die Fugenbewehrung darf nicht satt aufliegen, um die Putzhaftung an der Plattenoberfläche zu verbessern, der Putz muß sich durch das Netz drücken. Auf die derart vorbereitete Oberfläche werden 15 mm volldekkender Spritzwurf aus Kalkzementmörtel im Mischungsverhältnis 2 : 1 : 8 (siehe Tabelle, Seite 92) aufgebracht. Der Spritzputz muß bis zur Rissebildung (Entspannung) stehen. Dann kann normaler Glattputz aufgetragen werden. Künstliche Putzaustrocknung (Heizung) und Zugluft ist zu vermeiden. Da Holzwolleleichtbauplatten nicht vorgenäßt werden, entziehen sie dem Mörtel schnell Wasser. Eine zusätzliche Austrocknung würde zu schlechter Putzqualität und zu Schwindrissen führen.
Die Montage von Gipskarton auf Holzwolleleichtbauplatten (Trockenputzweise) ist in Holzbauten und im Dachgeschoßausbau dem Mörtelputz vorzuziehen, weil dabei keine Nässe das Holz gefährdet. Gipsplatten dürfen nur auf *magnesitgebundenen,* nicht auf zementgebundenen Holzwolleleichtbauplatten montiert werden. Für die Weiterbehandlung der Gipsplatten gilt das unter 3.2 Gesagte.

3.4 Spanplatten

Bei der Verwendung von Spanplatten für leichte Zwischenwände können Anstrich, Tapeten, Kunststoffbeschichtungen als Oberflächen aufgebracht werden. Für Feuchträume und Fliesenbelag sind Spanplatten auf Dauer nur wenig geeignet.
Für Anstriche ist unter Umständen eine spezielle Vorbehandlung nötig. Es ist dringend zu empfehlen, Auskünfte dazu beim Hersteller einzuholen. Die chemischen Bindemittel dieser Platten können bei ungeeigneten Anstrichsystemen nicht vorhersehbare Reaktionen auslösen.

4 Türöffnungen

Türöffnungen sind in aufgemauerten Wänden an jeder beliebigen Stelle möglich. In Platten- oder Paneelwänden richten sich die Wandöffnungen zweckmäßig nach dem Plattenraster. In Riegelwänden sind Türen in einem Riegelfeld anzuordnen, doch kann sich die Anordnung der senkrechten Ständer auch nach der notwendigen Lage der Türöffnung richten. Bei der Planung ist immer das Plattenmaß der Beplankung zu bedenken und der Verschnitt, der bei einer Abweichung vom Regelmaß anfällt. Es können aber auch von einer Wandkonstruktion unabhängige, wandhohe Türelemente eingebaut werden. Dabei kann der Türstock in Boden und Decke verankert werden, die leichte Wand bleibt unbelastet.

5 Eigenleistungen

Mit einigem Geschick sind Riegelwände in Eigenleistung zu erstellen, vor allem aber kann die Montage von Wandplatten gut auch von Laien ausgeführt werden.
Dabei müssen Plattensysteme gewählt werden, die ohne teure Spezialwerkzeuge mit den normal vorhandenen Sägen und Bohrmaschinen zu bearbeiten sind. Mit den Informationen zu Material und Bearbeitung sind von den Firmen auch vollständige Werkzeuglisten anzufordern.
Sorgfältige Qualitäts- und Preisvergleiche, auch für Zubehör wie Spezialschrauben, Krampen, Kleber, Spezialmörtel und -Grundanstriche, sind dringend anzuraten.
Die Lieferkosten ab Werk für Platten und Unterkonstruktionen sind in den Standardpreisen für den qm meistens nicht enthalten. Bei weit entfernten Herstellern können sie zu erheblichen Rechnungsaufschlägen führen.
Diese zeitaufwendigen Vorarbeiten helfen, beträchtliche Summen einzusparen und spätere Schäden durch unsachgemäße Ausführung zu verhindern. Auch hier gilt: Gut geplant spart Zeit und Geld.

Böden und Decken

Fußböden sind die am meisten beanspruchten Bauteile eines Hauses. Von vielen Füßen getreten, dem Schmutz und der Nässe ausgesetzt, sind Holzböden in nicht unterkellerten Räumen auch noch von unten durch Fäulnis bedroht.

1 Erdgeschoßböden

1.1 Befund und Schadensbild

1.1.1 Holzböden

Holzdielenböden in alten Häusern liegen meistens auf schwachen Lagerhölzern direkt in einer schlechten Kiesschüttung. Die Lagerhölzer sind teilweise oder ganz vermorscht, die Dielen biegen durch, sie können von unten angemorscht und von oben ausgetreten sein. Vor allem unter Linoleum- und PVC-Belägen sind Holzböden sehr oft in äußerst schlechtem Zustand. Modergeruch ist ein sicheres Anzeichen für derartige Zerstörungen.
Feuchteschäden sind aber auch im Bereich von Wasserzapfstellen und schadhaften Abfallrohren, an undichten Fenstern und schlecht schließenden Außentüren zu finden. In Küchen und Bädern entstehen zusätzliche Schäden aus der Schwitzwasserbildung.
Über alten Kellern und Gewölben sehen die Schäden kaum besser aus, weil auch hier in den meisten Fällen keine Feuchtigkeitsdichtung von unten und keine ausreichende Unterlüftung der Dielenböden vorhanden ist.

1.1.2 Plattenböden

Plattenböden sind durch ungleiche Setzungen des Untergrunds verschieden eingesunken, Platten sind zerbrochen, Fehlstellen oft nur mit Zement ausgebessert.

1.1.3 Lehmschlagböden

Lehmschlagböden weisen ähnlich ungleiche Absenkungen auf, die Oberfläche ist rissig und durch langen Gebrauch bei unzulänglicher Pflege oft stark beschädigt.

1.2 Maßnahmen

Dielen und Parkettböden werden mit möglichst wenig Beschädigung abgebaut, gesunde Bretter zur Wiederverwendung trocken und luftig gelagert. Alte Dielen- und Parkettböden, auch Weichholzparkett, stellen wertvolles Baumaterial dar. Die Blindbodenbretter, Unterboden und Lagerhölzer werden entfernt. Krankes Holz muß gleich verbrannt werden.

1.2.1 Unterbau

Um eine ausreichende Abschottung des neuen Bodens gegen das Erdreich zu erzielen, werden Kies und Sand so weit ausgehoben (ausgekoffert), daß eine etwa 8 cm starke, saubere Kiesschicht und darüber eine 10–12 cm starke Schicht aus Magerbeton eingebracht werden kann. Die Magerbetonplatte wird mit leichten Baustahlmatten bewehrt. Nach gründlicher Austrocknung wird eine Feuchtigkeitsdichtung aus Bitumenpappe oder einem anderen handelsüblichen Dichtungsmittel aufgebracht. Dabei ist darauf zu achten, daß der Anschluß an eine bestehende, horizontale Mauerdichtung einwandfrei ausgeführt wird (siehe Baufeuchtigkeit unter 1.2.2, Seite 40). Die Dichtungsbahnen müssen *ringsum* an den Seitenwänden *5 cm über die fertige Fußbodenoberkante* hochgezogen werden.
Auch Kellerdecken unter Holzböden sind mit einer Feuchtigkeitsdichtung zu versehen. Sand und Kiesschüttungen über Gewölben können feucht sein und müssen dann gegen trockenes, möglichst wärmedämmendes Material ausgetauscht werden.

1.2.2 Holzböden

Für Holzböden werden auf dieser Unterkonstruktion Lagerhölzer 6 × 8 cm stark breitkant in Abständen von 60–80 cm verlegt und im Betonunterboden rutschfest verankert. Mögliche Beschädigungen der Dichtungsschicht müssen sorgfältig mit Dichtungsmittel ausgegossen werden.
Zwischen die Lagerhölzer werden Wärmedämmatten so eingelegt, daß zwischen Oberkante Dämmschicht und Unterkante Bodenbrettern eine mindestens 2 cm »dicke« Luftschicht zur Bodenbelüftung bleibt. Auf die Lagerhölzer werden dann 2,2 cm starke, ungehobelte Blindbodenbretter mit stumpfen Stößen verlegt. Die entstehenden Fugen dienen der Belüftung des Bodens. Spanplatten sind nur zu verwenden, wenn sie nicht großflächig und ebenfalls mit Fugen ausgelegt werden. Bei Spanplatten ist auf eine möglichst schadstoffreie Qualität zu achten.

Auf diesen Blindboden wird Dielenboden oder Parkett 2,4 cm stark mit Nut und Feder verlegt. Kommen Dielenbretter zur Verwendung, die dünner sind, muß durch einen entsprechend dickeren Blindbodenbelag ein Ausgleich geschaffen werden.
Bodenbretter müssen immer mit mindestens 1,5 cm Abstand ringsum zur Wand verlegt werden, um dem Holz genügend Ausdehnungsraum zu geben.
Die Belüftung des Bodens kann über Luftschlitze in der Wandanschlußleiste verbessert werden (siehe Zeichnung 67). Dieser Aufbau ist eine alte, bis in die 50er Jahre bewährte Methode für die Herstellung dauerhafter Holzfußböden.

1.2.3 Estrich

Auf den Betonunterboden mit Feuchtigkeitsdichtung kann auch eine 3-5 cm starke, steife Wärmedämmschicht ausgelegt und darauf 3 cm Zementestrich aufgebracht werden (schwimmender Estrich). Die Wärmedämmschicht muß an allen Seiten 3 cm hochgezogen werden. Auf dieser Fläche können alle Arten von Bodenbelag verklebt werden.

1.2.4 Plattenböden

Eingesunkene Böden mit teilweise gesprungenen Platten können durchaus repariert und als Plattenböden wieder hergestellt werden. Der qm-Preis für Ersatzplatten aus Klinker oder Naturstein ist höher als der Preis für landläufige Kunststeinbeläge. Im Endeffekt wird aber ein Ausbessern des Bodens bei weitgehender Verwendung des alten Materials billiger sein als jeder neue Belag.
In Aufenthaltsräumen werden Plattenböden oft als kalt empfunden. Hier kann ein neuer Unterbodenaufbau mit Wärmedämmung Abhilfe schaffen. Die alten Platten werden sorgfältig entfernt und bruchsicher und trocken gelagert. Sand und Erde werden bis etwa 30 cm unter der Oberkante des fertigen Bodens ausgehoben. Auf einer Sauberkeitsschicht aus feinem Kies wird der Betonunterboden und darüber der beschriebene Estrich aufgebracht. Darauf können die Fliesen oder Platten in einem, möglichst armierten, Mörtelbett verlegt werden (siehe Zeichnung 68). Die Platten müssen mit deutlichen Fugen verlegt sein, sie dürfen nie hart gestoßen werden.
Die Eignung alter Bodenplatten als Belag über einer Fußbodenheizung muß ein Fachmann prüfen.

1.2.5 Lehmschlagböden

Alte, nicht zu defekte Lehmschlagböden sollten unbedingt belassen werden. Es gibt keinen besseren

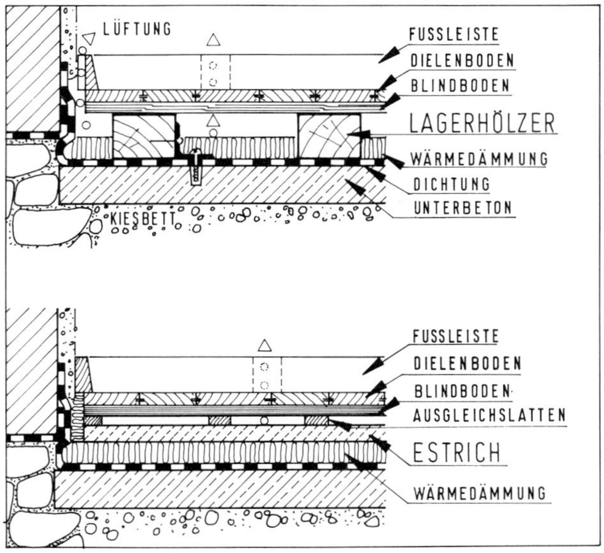

Zeichnung 67 Holzboden auf Lagerhölzern und auf Estrich

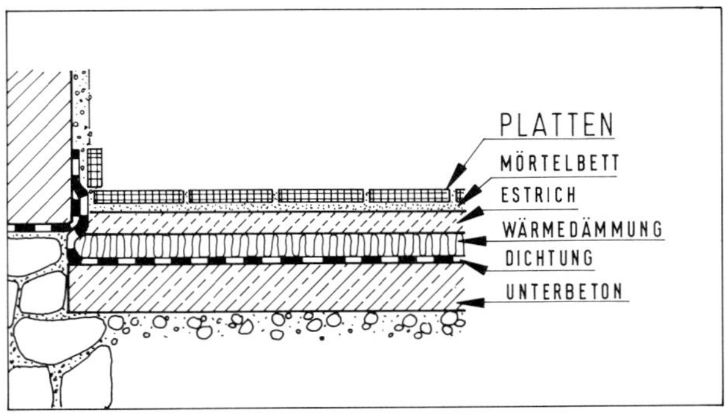

Zeichnung 68 Plattenboden auf Estrich

Baustoff als Lehm. Er ist wassersperrend, wärmedämmend und dampfdiffundierend. Lehmschlag kann auch als Unterboden für einen belüfteten Holzboden auf Lagerhölzern dienen. Er kann aber, sauber ausgebessert, auch als der alte Lehmboden erhalten bleiben.
Für die Ausbesserung kann man Rat erhalten vom Fortbildungszentrum für Handwerk und Denkmalpflege, Propstei Johannesberg, Fulda.

1.3 Neue Raumhöhen

Mit einer Tieferlegung des neuen Fußbodens in nicht unterkellerten Räumen ist eine größere Raumhöhe zu erreichen. Dabei ist zu bedenken: Beim Anschluß an Nachbarräume und Flure können Probleme mit unterschiedlichen Bodenhöhen auftreten, eventuell müssen höhere Schwellen oder Stufen in Kauf genommen werden. Türen und Türgewände müssen

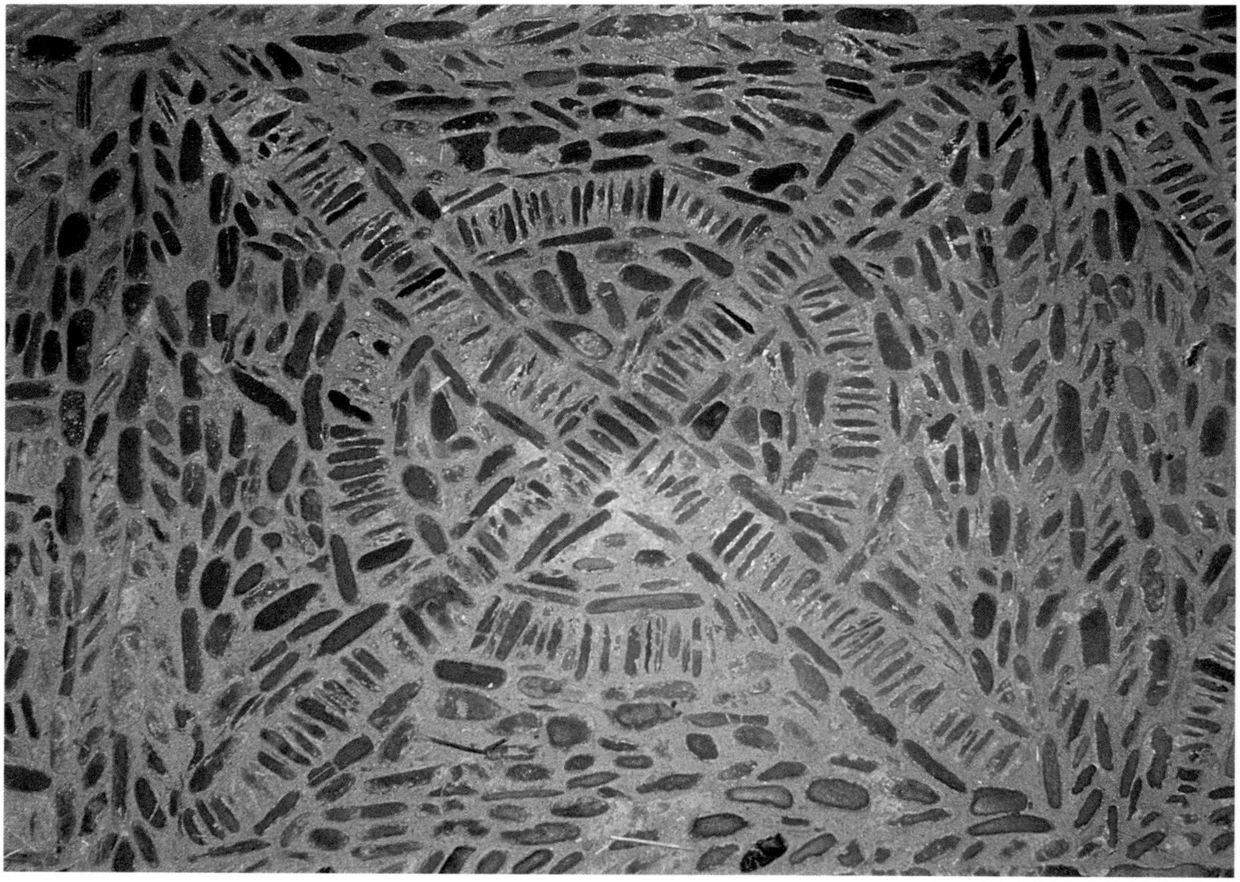

Nur Kieselsteine in Lehmschlag! – Derartig phantasievoll gestaltete Bodenbeläge fanden sich früher in vielen niederdeutschen Bauernhäusern. Sie sind jetzt durch Zement und PVC ersetzt.

Schweizer Bauernhäuser

Kein Land vereinigt auf kleiner Fläche eine solche Vielfalt von Haustypen wie die Schweiz. Aber nirgends sind auch die Siedlungsbedingungen so unterschiedlich wie hier. Die Bewirtschaftung reicht von den Hochgebirgsfluren bis in die fruchtbaren Weinbauebenen. Sie wird getragen von Volksgruppen mit sehr unterschiedlichen Temperamenten. Dazu standen in jeder Region anders geartete Baumaterialien zur Verfügung.
Die freiheitliche Verfassung der Schweiz seit dem Mittelalter bewirkte eine intensivere Bindung des Bauern an seinen Besitz. Damit stieg auch sein Interesse an der Pflege und dem Erhalt seines Hauses.

Aus einer kontinuierlichen Handwerkstradition, vor allem im Holzbau, kommen heute Handwerker und Architekten, die versuchen, einen modernen, aber trotzdem am Herkömmlichen orientierten Baustil zu finden. Es wäre zu wünschen, daß auch in den kommerzialisierten Fremdenverkehrszentren das Bewußtsein für die alte Bautradition und ihre gewiß großzügigen Maßstäbe wieder geweckt werden könnte.

Root, Kanton Luzern	*Boswil, Kanton Aargau*
Guarda im Engadin	*Dorf im Tessin*

Das Engadin war von jeher Durchzugs- und Handelsstraße, seine Bewohner weltläufige und gesuchte Handwerker und Künstler.
Noch heute spiegeln die Bauernhäuser Wohlhabenheit und Selbstbewußtsein. Die Fassaden zeugen von einem ausgeprägten Sinn für Maß und Verhältnis, dem sich auch die geometrischen Muster der Sgraffiti einfügen.
Die strenge Ordnung der Grundrisse übertrifft mit großzügigen Fluren, dem Sulèr im Erdgeschoß und dem Palantschin im Obergeschoß, an Weiträumigkeit jedes moderne Wohnhaus.

Besonderheiten

1 *Keine Burg, sondern ein Taubenturm, Symbol für Wohlhabenheit und Bauernstolz.*

1	2
3	4

2 *Einfahrtstor mit zweigeteiltem Torflügel an einer niederdeutschen Kate.*

3 *Kunstvoll geschmiedeter und gut gepflegter Maueranker.*

4 *Zapfenschloß und Holznagelung an altem Fachwerk.*

verlängert werden, die Fensterbrüstungen können unangenehm hoch werden.
Der erhebliche Arbeitsaufwand für den Materialaushub ist abzuwägen gegenüber dem endgültigen Effekt und den möglichen Folgelasten.

2 Geschoßböden

2.1 Befund und Schadensbild

2.1.1 Schäden an den Bodenbrettern

Die Böden in den Geschossen, in den allermeisten Fällen Holzböden, weisen weniger Schäden durch aufsteigende Feuchtigkeit auf. Aber auch hier können an undichten Fenstern und Balkontüren, im Bereich von Waschbecken und Bädern und an schadhaften Abflußrohren Nässeschäden auftreten. Schäden im Dach ziehen Schäden auch an den Böden der darunter liegenden Geschosse nach sich. Unter PVC-Belägen und unterseitig beschichteten Teppichböden breiten sich, lange Zeit unbemerkt, Schwitzwasserschäden aus.
Teilweise bilden Bodenbretter über Balkendecken oder tragende Bohlen gleichzeitig Obergeschoßboden und Deckenuntersicht im Erdgeschoß. Hier sind vor allem klaffende Fugen störend. Dielen und Bohlen können durch Überbelastung, Schwächung durch Schädlingsbefall oder Verwendung ungeeigneter Bretter durchbiegen oder starke Verwerfungen aufweisen. Bohlendecken können in den Auflagern durch Feuchtigkeit angegriffen sein. Die Trittschallbelästigung ist bei allen derartigen Böden hoch.

2.1.2 Schäden im Zwischenboden (Fehlboden)

Sind die Decken unterseitig ganz oder teilweise verputzt oder verkleidet, können sich in der Fehlbodenauffüllung Schäden ausgebreitet haben: Eindringende Nässe, geknickte oder gebrochene Fehlbodenbretter. Die Lehmstakenfüllung kann ausgetrocknet, rissig und bröselig sein. Derartige Schäden werden oft erst durch Risse und Flecken in der darunterliegenden Decke bemerkt.
Als wärmedämmende Fehlbodeneinlagen wurden Heu, Stroh und Häcksel verwendet, in denen sich manchmal Generationen von Mäusen eingenistet haben. Diese Schichten sollten gegen eine neue Wärmedämmung aus Kokosfaser oder Mineralwolle ausgetauscht werden.

2.2 Maßnahmen

2.2.1 Ausbessern und Auswechseln der Dielenböden

Einzelne Bodenbretter sind einfach auszutauschen, doch muß, wie auch bei Parkettbrettern, dieselbe Holzart und feinjähriges Holz mit stehenden Jahresringen verarbeitet werden. Spalten und Fugen werden mit Spänen, die einseitig verleimt sind, dicht geschlossen.
Alte Bohlendecken sind oft mit einer Nut in die Blockwand eingelassen, was das Auswechseln einzelner Bohlen erschwert. Die Auflagernut muß dann im Bereich von zwei Bohlen aufgestemmt und nach Einbringen der neuen Bohle mit einem Paßstück wieder verschlossen werden. Hin und wieder findet sich noch das alte Keilbrett, das ein Nachkeilen der Bohlenböden von außen ermöglicht. Hier ist es leicht, nach Herausnahme der Keilbohle vermorschte Bodenbretter auszuwechseln.

2.2.2 Schäden im Zwischenboden

Besteht der Verdacht auf Schäden im Fehlboden, müssen Bodenbretter vorsichtig entfernt werden. Die Ausdehnung der Schäden muß wirklich ganz erfaßt werden, auch wenn dabei sehr unangenehme Überraschungen auftreten. Eine oberflächliche Sanierung rächt sich über kurz oder lang mit weit schwereren Schäden.
Unterseitige Putz- und vor allem Stuckdecken müssen vor dem Öffnen des Fußbodens gesichert werden. Das heißt, sie sind mit großflächigen Schalungen, die eventuell abgepolstert werden, zu stützen. Auch bei unterseitig vertäfelten Decken muß die Öffnung des Bodens mit großer Sorgfalt erfolgen. Neue Fehlbodenschüttungen müssen trocken, möglichst porös und leicht sein, um die alte Konstruktion nicht zu sehr zu belasten. Sie dürfen aber nicht aus geschlossenporigem Material (Polystyrol) bestehen.

2.2.3 Feuchtraumböden über Balkendecken

Über Balken und einer trockenen Schüttung oder Mineralfasern zur Schalldämmung können Spanplatten mit darauffolgender Wärmedämmschicht aufgebracht werden. Die darüberliegende Feuchtigkeitsdichtungsschicht aus doppelter Bitumenpappe oder Folie mit 20 cm Bahnenüberlappung muß an den Seiten mindestens 10 cm über die Oberkante des fertigen Fußbodens abrißfest hochgezogen werden. Als Unterboden für den Platten- oder PVC-Belag wird ein armierter Zementestrich eingebracht. Der Aufbau kann ein höheres Fußbodenniveau als in den Anschlußräumen zur Folge haben. Für einen wasserdichten Feuchtraumboden sollten höhere Schwellen aber in Kauf genommen werden. Feuchtraumböden müssen im Gefälle zum Bodengully hin verlegt werden (siehe Zeichnung 69).

2.2.4 Schalldämmung

Ein Hauptproblem alter Holzfußböden über Balkendecken liegt in ihrer mangelnden Schalldämmung (siehe Seite 202). Balkendecken mit Bretterbelag lassen sich in den Balkenzwischenfeldern (Fehlboden) bis zu einem gewissen Grad gegen *Trittschall* dämmen, doch bleiben die Balken *Schallbrücken.* Eine Filzauflage zwischen Balken und Bretterboden kann die Schallübertragung mindern. Wenn die Raumhöhe ausreichend ist, kann auf dem alten Boden eine 3–5 cm starke schalldämmende Zwischenschicht mit neuem, etwa 3 cm starken Oberboden aufgebracht werden (siehe Zeichnung 70).
Bohlendecken, die manchmal nur auf einem Holzunterzug aufliegen, sind schwerer zu behandeln, zumal die meist geringe Raumhöhe in den Obergeschossen keinen komplizierten, schalldämmenden Fußbodenaufbau zuläßt. Hier können schalldämpfende Maßnahmen aushelfen: möglichst hochflorige Teppiche auf Filzunterlage, dicke Vorhänge als Schallschlukker. Werden Fernsehapparate und Lautsprecher auf schalldämmend montierten Regalen abgestellt, wird ein Teil der Lärmbelästigung ausgeschaltet.

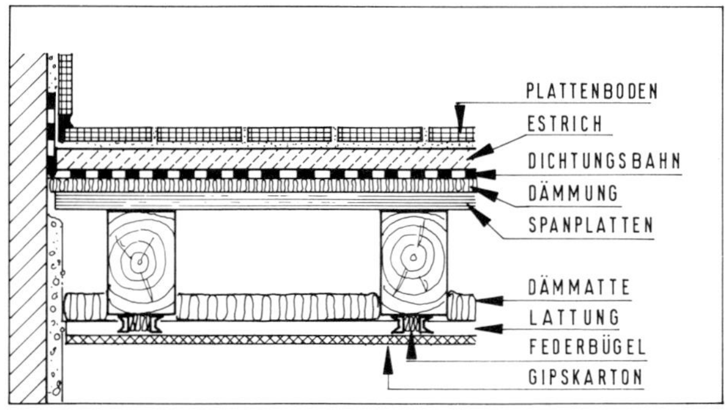

Zeichnung 69 Feuchtraumboden auf Balkendecke

Zeichnung 70 Schallgedämmter Dielenboden

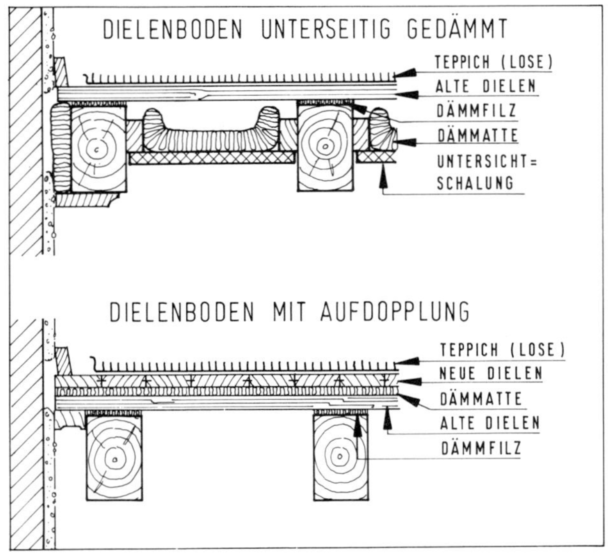

Neue Deckenuntersicht mit verputzter Deckenschalung zwischen den sichtbaren Balken

2.2.5 Oberflächenbehandlung, Bodenbeläge

Ein Belag mit Linoleum, besonders mit PVC, ist der kurzfristige Tod jedes Holzfußbodens.
In Feuchträumen und in der Küche um Herd und Spüle legt man leicht zu pflegende Fliesen oder Keramikplatten. Reliefliesen und solche mit rauher Oberfläche sind schwer sauber zu halten.
Holzböden können geschliffen und versiegelt werden, wenn der Versiegelungslack offenporig und für ausreichende Unterbodenbelüftung gesorgt ist. Dasselbe gilt für farbige Anstriche von Holzböden. Mit Hartwachs behandelte Holzdielen bekommen nach einiger Zeit besonders schönen matten Glanz, sind aber empfindlich gegen Wasserflecken. Die Pflege ist wenig aufwendiger als die versiegelter Böden.

Teppiche aus Naturfaser, zum Beispiel Kokos, Sisal, Wolle, Fleckerl, dürfen *keine Schaumstoffbeschichtung auf der Unterseite* haben. Besonders im Sommer bildet sich darunter Schwitzfeuchtigkeit.

Teppichböden müssen luftdurchlässig und ohne unterseitige Beschichtung sein und dürfen höchstens punktweise verklebt werden. Sie sollen aus natürlichem Material bestehen, das eine gesunde Feuchtigkeitsaufnahme und -abgabe gewährleistet. Der Reinigungsaufwand für einen Holzboden mit richtiger Oberflächenvergütung ist geringer als der für Teppichböden. Die Speicherfähigkeit für Bakterien und Staub liegt bei Teppichböden, auch bei ständiger Pflege mit starken Staubsaugern, an der Grenze der Gesundheitsgefährdung.

Wärmedämmung und Schalldämmung

1 Wärmedämmung

1.1 Warum Wärmedämmung?

1.1.1 Gestiegener Raumbedarf

Die alten Bauernhäuser waren auf wesentlich geringere Bedürfnisse und eine ganz andere Art des Wohnens ausgerichtet. Noch vor hundert Jahren drängten sich in einer Bauernstube gelegentlich zehn Menschen zusammen, dazwischen wärmebedürftige Jungtiere und Hühner.
Heute dehnt sich Wohnen auch auf die Schlafräume aus. Die individuellen Wünsche nach persönlichen Freiräumen in einem Haus sind gewachsen. Dazu kommt eine intensivere Nutzung von Räumen auch als Büro, für Hauswirtschaft und Hobby.

1.1.2 Erhöhtes Wärmebedürfnis

Gestiegen ist auch das Wärmebedürfnis der Bewohner und das Bedürfnis nach ausgeglichener Temperatur im ganzen Haus. Niemand mag mehr ein Wechselbad zwischen geheizter Stube und kaltem Flur.

1.1.3 Energiesparen

Gestiegene Heizmaterialpreise und die Einsicht, daß mit den vorhandenen Energieträgern sparsam umgegangen werden muß, haben schließlich in der Bundesrepublik Deutschland zur DIN 4108 »Wärmeschutz im Hochbau« und zur Wärmeschutzverordnung geführt. Diese Richtlinien, zuerst für Neubauten gedacht, sollen mittlerweile auch bei den genehmigungspflichtigen Maßnahmen der Altbausanierung Anwendung finden.
Es ist aber oft nicht möglich oder aus bauphysikalischen Gründen nicht zu wünschen, die Altbausubstanz so zu verändern, daß sie den Bestimmungen genügt. Es liegt dann am Verhandlungsgeschick von Planer und Bauherr und an der Einsicht des zuständigen Sachbearbeiters, die nötigen Ausnahmegenehmigungen zu erreichen.

1.2 Mechanismen der Wärmeübertragung

Das empfindliche bauphysikalische Gleichgewicht von Altbauten wird durch eine Wärmedämmung mindestens verändert. Durch unsachgemäße, falsche oder nicht durchdachte Dämmaßnahmen, auch durch falsche Materialwahl, kann es so gestört werden, daß in kurzer Zeit erhebliche bis irreparable Schäden am ganzen Bau eintreten. Für die Wahl der richtigen Maßnahmen ist wenigstens ein Grundverständnis der Mechanismen von Kälteübertragung und Wärmeverlust wichtig.
Der Temperaturausgleich zwischen innen und außen, zwischen hoher und niederer Temperatur findet auf verschiedenen Wegen statt.

1.2.1 Wärmeleitfähigkeit von Baustoffen

Gute Wärmeleiter sind im allgemeinen schwere, dichte Baustoffe wie alle Metalle, Beton, dichter Naturstein, Klinker. Das heißt, daß derartige Außenwände im Winter die hohen Raumtemperaturen schnell auf die äußere, kalte Seite leiten.
Schlechte Wärmeleiter sind leichte Baustoffe wie Holz und Lehm. Das heißt, daß Holz- und Lehmwände den Temperaturtransport erheblich verringern, die Räume bleiben länger warm.
Eine Bremse für die Wärmeleitfähigkeit ist stehende Luft. Deshalb sind alle Baustoffe, die in mehr oder weniger großen Poren Luft enthalten, wie Tuff- und Vulkangestein, poröse Ziegel und anderes, schlechte Wärmeleiter. Eine enorme Beschleunigung für die Wärmeleitfähigkeit ist Wasser. Alle nassen Bauteile leiten Wärme um ein Vielfaches schneller als trockenes Material. Nasse Wände kühlen schnell aus und leiten auch nachkommende Heizwärme rapide nach außen ab (siehe Baufeuchtigkeit, Seite 31).

1.2.2 Wärmespeicherfähigkeit von Baustoffen

Baustoffe nehmen um so mehr Wärme auf, je dicker die Schicht eines Baustoffs ist. Die gespeicherte Wärme wird dann verlangsamt an die kühlere Umgebung abgegeben. Aber die Erwärmung, zum Beispiel einer dicken Mauer, bis zur Abgabe der gespeicherten Energie dauert lange. Trotzdem soll der Aufheizeffekt von Mauern an Sonnenseiten nicht durch außen aufgebrachte Wärmedämmschichten außer Kraft gesetzt werden.

1.2.3 Wärmeverlust durch Spalten und Fugen

Fugen an undichten Fenstern und Türen tragen in hohem Maß zum Wärmeverlust im Haus bei (siehe Fenster und Türen, Seite 143). Aber auch Spalten in alten Bohlendecken und andere undichte Stellen müssen aufgespürt und gedichtet werden. Ein Gang mit einer brennenden Kerze durchs Haus ist eine gute, billige Meßmethode.

1.2.4 Wärmebrücken

Wärmebrücke *(Kältebrücke)* ist die Bezeichnung für Bauteile mit größerer Wärmeleitfähigkeit als die umgebenden Baustoffe. Weil sie die Wärme schneller nach außen ableiten und dadurch stärker auskühlen, steigt die Gefahr von Schwitzwasserbildung auf ihrer Oberfläche, damit eine Durchfeuchtung und nachfolgend noch größere Wärmeableitung.
Stein- und Betonstürze von Fenstern und Türen, Steinfensterbänke und -gewände, Eisenteile (Maueranker), Mauerpfeiler, die eine große Masse darstellen, bei Bruchsteinmauern große, ohne Fuge durchgehende Mauersteine sind Beispiele für Wärmebrükken. Aber auch dicke Mörtelfugen, vor allem, wenn sie Wasser ziehen, schlecht abgedichtete Fenster- und Türanschlüsse an die Mauer, Mauernischen, alle Schwächungen der Wand oder unbenützte alte Außenkamine sind Wärmebrücken (siehe Zeichnung 17, Seite 48).

1.3 Mechanismen der Wärmedämmung

Ziel einer Wärmedämmung ist es, die Abwanderung der Heizwärme nach außen auf ein Minimum zu reduzieren.
Die sehr unterschiedlichen Eigenschaften von fester Wand und leichten Dämmstoffen bei der Dampfdiffusion, der Wasserspeicher- und der Wasserabgabefähigkeit können allerdings bei falscher Anwendung zu neuen Schäden führen.

1.3.1 Dämmschichten und ihre Wirkung

Eine Wärmedämmung sollte eigentlich immer auf der kalten Seite eines Bauteils angebracht werden, also außen. Die Wandmasse wird dabei der Abkühlung weniger ausgesetzt. Die Luftfeuchte diffundiert ohne große Abkühlung durch die Wand und trifft dann auf die Wärmedämmung. Dort liegt das Wärmegefälle bis zur Außentemperatur (siehe Zeichnung 71).
Bei innenliegender Wärmedämmung geht der Wasserdampf mit großem Temperaturverlust durch die Wärmedämmung und trifft auf die kalte Wand (siehe Zeichnung 71). Hier besteht die Gefahr von Kondenswasserbildung zwischen Wärmedämmung und Mauer (Taupunkt), was zu einer ausgedehnten, unkontrollierbaren Mauerdurchfeuchtung führen kann.
Nur aus dünnen Wänden mit ausreichender kapillarer Leitfähigkeit (siehe Putz und Farbe unter 4.5.3, Seite 98) und guter Dampfdurchlässigkeit können gelegentlich anfallende, geringe Wassermengen nach außen transportiert und abgedampft werden.

1.3.2 Dampfsperren

Sogenannte Dampfsperren, also wassersperrende Folien oder Beschichtungen, sollen das Eindringen von Feuchtigkeit in die Dämmschicht verhindern (siehe Zeichnung 71). Damit wird ein Dampfdiffusionsausgleich verhindert, die Luftfeuchte steigt unverhältnismäßig an und führt zu unbehaglichem Wohnklima. Ausgleich schafft nur übermäßig häufiges Lüften, das die ganze Wärmedämmung in Frage stellt.
In Feuchträumen soll eine Dampfsperre unter dem Fliesenbelag oder dem Putz angeordnet werden. Eine automatische Belüftung, wie ein Dampfabzug in der Küche und die automatische Belüftung in Bad und Dusche, muß ausreichenden Luftaustausch gewährleisten. Wenn schon bei der Planung Feuchträume mit geringen Außenwandflächen vorgesehen werden, reduziert sich das Problem.
In Wohnräumen muß die richtige Wahl des Dämmaterials mit einer guten Wasseraufnahme- und Wasserabgabefähigkeit eine Kondenswasseransammlung in der Wärmedämmung oder der Mauer ausschließen.

1.4 Maßnahmen

1.4.1 Material zur Wärmedämmung

Der Baumarkt bietet eine Unzahl von Dämmaterialien, zum Teil auch kombiniert in Schichtplatten und -matten. Der Rat eines Fachmanns mit einschlägiger

Zeichnung 71 Temperaturverlauf in wärmegedämmten Wänden

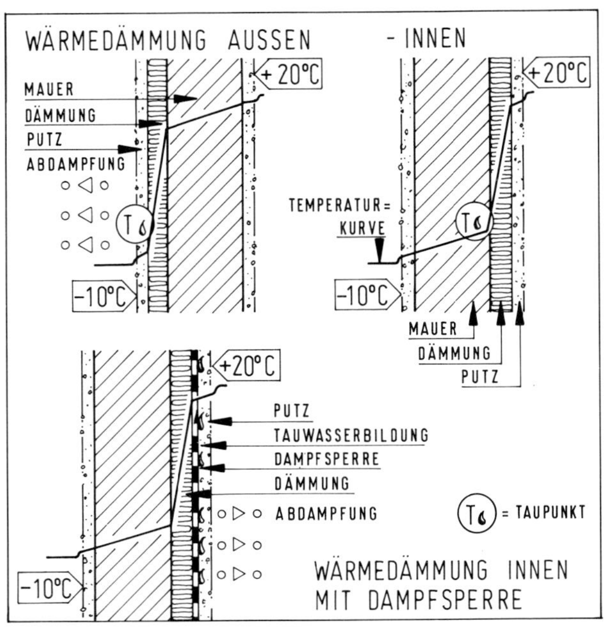

Erfahrung sollte bei der Wahl der Wärmedämmaßnahmen unbedingt gehört werden und nicht nur die oft verlockenden Versprechungen der Händler und Messeverkäufer. Entscheidungen für ein Dämmaterial oder ein Dämmsystem (mehrschichtiger Aufbau) müssen das altverbaute Material, die Bauweise, das örtliche Klima, die Gewohnheiten und Ansprüche der Bewohner, nicht zuletzt auch den Kosten-Nutzeneffekt in Betracht ziehen.

Schaumkunststoff-Dämmstoffe der Polystyrolgruppe sind Polystyrol (PS9-Hartschaum), Polystyrol-Partikelschaum und Polystyrol-Extruderschaum. Sie dampfen geringe Mengen ihres Blähgases ab und büßen mit den Jahren etwas an Wirksamkeit ein. Polyurethan (PUR)-Hartschaum wird in der Herstellung mit giftigem Trichlorfluormethan ($CFCl_3$) aufgeschäumt. Die Hersteller geben an, daß spätere Abdampfungen bei der Bearbeitung unbedenklich seien.

Phenolharz (PF)-Hartschaum ist ein spröder, harter Schaumstoff, der für den Brandschutz eingesetzt werden kann.

Für alle Wärmedämmungen müssen geschlossenporige Schäume gewählt werden. Offenporige oder gemischtporige Schäume nehmen Wasser aus Diffusion und Kondensation wie ein Schwamm auf und verstärken damit alle Durchfeuchtungsprozesse um ein Vielfaches.

Mineralische Dämmstoffe sind alle Mineralfaserplatten und -matten (Steinwolle). Sie haben sehr gute Dampfdurchgangswerte, die kapillare Wasserabgabe ist bei den meisten Produkten gewährleistet.

Sie sind oft schon ab Werk mit einer dampfdichtenden Kaschierung ausgestattet. Wenn keine Dampfbremse oder Dampfsperre erwünscht ist, muß das bei der Materialbestellung angegeben werden. Glaswolle ist als Dämmaterial nur in Ausnahmefällen zu verwenden.

Gipsplatten und Gipskarton müssen für die Wärmedämmung mit einer zusätzlichen Dämmschicht kombiniert werden. Gipsbauplatten haben ein hohes Wasseraufnahme- und Wasserabgabevermögen und wirken dadurch ausgleichend auf das Wohnklima. Eine Dampfsperre erübrigt sich in Wohnräumen bei der Verwendung von Gipsplatten.

Organische Dämmstoffe sind Holz, Korkplatten und Kokosmatten. Diese Stoffe haben gute Wärmedämmwerte, ein hohes Wasseraufnahme- und Wasserabgabevermögen bei ausreichender Dampfdiffusion. Holzvertäfelungen und Holzverschalungen müssen aber immer hinterlüftet werden (siehe Zeichnung 19, Seite 49).

Holzwolleleichtbauplatten werden aus magnesit- oder zementgebundener Fichtenholzwolle hergestellt. Sie sind ein hochwertiges, altbewährtes Dämmmaterial, das in Dicken von 0,8 cm bis 10 cm auf dem Markt ist. Die hohe Wasserabsorption des Holzanteils, große Lufteinschlüsse, die ungehinderte Dampfdiffusion und die Kapillarität des Materials machen es für jede Art von Wärmedämmung geeignet. Magnesitgebundene Platten sind den zementgebundenen vorzuziehen. Die sogenannten Sandwichplatten aus Styrol- oder Mineralfaserplatten zwischen zwei Lagen dünner Holzwolleleichtbauplatten bieten erhöhte Dämmwerte, dürfen aber nicht mit größeren Aufhängungen belastet werden (Kleiderhaken, Regale und anderes).

Als Wärmedämmung in Geschoßdecken können neben Mineralwolle auch Perlite-Schüttungen (Blähton) oder Blähbims verwendet werden.

1.4.2 Dämmung von Außenwänden

Eine Wärmedämmschicht auf der Außenseite ist bei alten Bauten in der Regel nicht möglich. Die alte Fassade muß in ihrer Lebendigkeit von unregelmäßigem Mauerwerk und handangetragenem Putz erhalten bleiben. Ausnahmen sind Holz- und Schieferverkleidungen, die in einigen Gegenden üblich sind. Im Alpenraum sind die Wetterseiten gelegentlich mit geschoßhohen Brettern verschalt. Bei einer Sanierung kann hinter derartigen Wandverkleidungen außen auch eine Wärmedämmung angebracht werden. Wandverkleidungen müssen immer hinterlüftet werden. Meistens aber muß eine Dämmung an der Raumseite der Wand erfolgen. Die sehr unterschiedlichen Gegebenheiten an den Bauten und der landschaftlichen Baugewohnheit erfordern ganz individuelle Lösungen, die mit einem Fachmann erarbeitet werden sollen.

Zu den Außenflächen des Wohnbereichs zählen auch die Decken unter unbewohnten Dachgeschossen. Hier muß dachseitig eine Dämmschicht aus begehbaren Platten oder Schüttungen aufgebracht werden, um den Wärmeverlust über den Dachraum zu vermindern.

1.4.3 Dämmung von Wärmebrücken

Wärmebrücken sind an stärker verschmutzten Wandstellen zu erkennen, an Feuchteflecken, abbröckelnder Farbe und Putz oder am Befall von einzelnen Wandstellen mit schwarzem Schimmel. Auch das Abtasten der Wand nach besonders kalten Stellen kann beim Aufspüren von Wärmebrücken helfen.

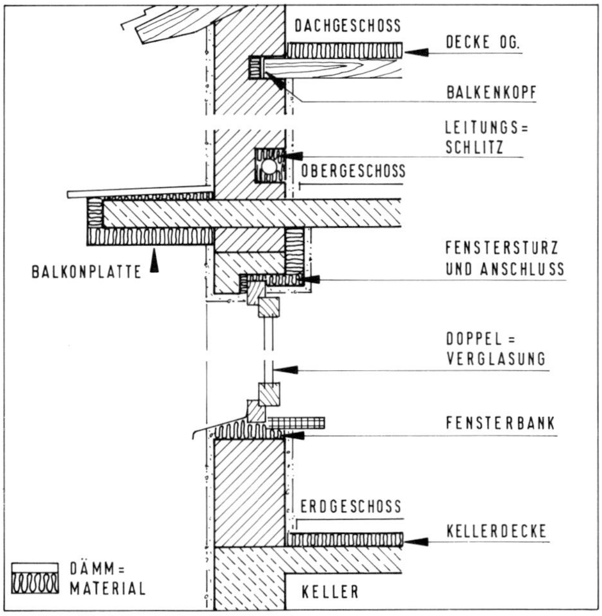

Zeichnung 72 Dämmung von Wärmebrücken

Die Wärmedämmung kann von innen aufgebracht werden, muß aber 50–100 cm allseitig über die betroffene Wandstelle hinausgreifen. Konstruktionsteile, die aus dem Gebäude hinausragen, wie Balkonplatten und Vordächer, müssen von außen gedämmt werden (siehe Zeichnung 72). Kellerdecken dürfen *nicht* von unten gedämmt werden. Der Wärmeabfluß aus den Erdgeschoßräumen erfolgt dann über den Anschluß der Kellerdecke an die Außenwand. Dekken über Durchfahrten und Garagen sind dagegen möglichst von unten zu dämmen. Bei Garagen muß das Dämmaterial den Brandschutzverordnungen entsprechen.
Feuchte Wandteile müssen vor Aufbringen der Dämmung ausgetrocknet werden, notfalls unter Zuhilfenahme von Heißluft. Ein Befall mit schwarzem Schimmel wird abgekratzt, der Untergrund muß sorgfältig mit desinfizierenden Anstrichen versehen werden.

1.4.4 Dämmung von Feuchträumen

Bäder und Duschen an Außenwänden müssen unter dem Fliesenbelag eine sehr sorgfältig eingebrachte Dampfsperre erhalten, da hier die Gefahr von Tauwasserbildung in der Wand besonders hoch ist. Vor allem aber muß nach jeder Benützung auch im Winter gründlich gelüftet werden.
Küchen können über dem Herd eine Dunstabzugshaube mit automatischer Frischluftzufuhr erhalten. Ausreichende Heizung ist in diesen Räumen wichtig.

1.4.5 Sonstige Schwachstellen

Spalten in Holzbalken- und Bohlendecken werden im sichtbaren Bereich mit Holzspänen geschlossen. Unter dem Bodenbelag des oberen Geschosses können Spalten in der Decke mit Kokosstrick, mit geteertem Hanfstrick oder mit Mineralfaser verstopft und mit einer dämmenden Schüttung versehen werden.
Auch über Gewölben können sehr leichte Schüttungen (Perlite) als Dämmung für den darüberliegenden Fußboden eingebracht werden. Doch muß *vor jeder Belastung* der statische Zustand eines Gewölbes untersucht werden (siehe Mauerrisse, Seite 51).

1.5 Kälteabstrahlung

Sehr dicke alte Mauern, besonders an Nordseiten, können trotz ausreichender Raumbeheizung so sehr Kälte abstrahlen, daß kein behagliches Wohnklima zu erreichen ist. Hier hilft nur eine innenseitige Wandverkleidung aus Gipsplatten oder Gipskartonplatten mit oder ohne zusätzlicher Wärmedämmung oder eine Holzvertäfelung. Gipsplatten können verputzt (Putzträger!) oder tapeziert werden. Holzvertäfelungen müssen, Plattenverkleidungen sollen hinterlüftet werden. In extremen Fällen können auch 5–7 cm starke Holzwolleleichtbauplatten auf die Wand aufgebracht und anschließend verputzt werden.

1.6 Maßeinheit

Die Wärmedämmfähigkeit eines Materials wird im allgemeinen nach dem Wärmedurchlaßwiderstand ($1:\Lambda$) gemessen: Je höher der angegebene Wert, desto beser ist der Dämmeffekt. Exakte Berechnungen für Wärmeschutz machen Statiker oder spezialisierte Ingenieurbüros. Doch darf bei der Altbausanierung nicht nur der rechnerische Wert für eine Maßnahme herangezogen werden, vielmehr sind die vorhandenen baulichen Gegebenheiten zu berücksichtigen. Keinesfalls dürfen wahllos dicke Materialschichten auf eine Wand gepackt werden. Mögliche bauphysikalische Folgen einer Wärmedämmung sind gründlicher zu bedenken als an einem Neubau.

2 Schalldämmung

Die intensivere Nutzung von Wohnraum, die ständige Zunahme von Radio-, Kasetten- und Fernsehgeräten und der hohe Lärmpegel der Umwelt machen auch in ländlichen Siedlungen Überlegungen zum Schallschutz notwendig. Auch bei der Einrichtung von Gästezimmern spielt der Schallschutz eine Rolle.

2.1 Schallarten

Man unterscheidet zwei Schallarten:

▷ Luftschall,
▷ Körperschall (Trittschall).

2.1.1 Luftschall

Der Luftschall wird erzeugt durch eine Tonquelle, eine Stimme, durch das Radio, durch Lautsprecher, oder auch durch Maschinen usw. Die Schallwellen teilen sich über die Luft den raumbegrenzenden Wänden, Decken und Böden mit. Die Schwingungen setzen sich, mehr oder weniger gebremst, in der Luft der nächstgelegenen Räume fort.

2.1.2 Körperschall

Beim Körperschall *(Trittschall)* werden Bauteile mechanisch in Schwingungen versetzt, zum Beispiel durch gehen, klopfen, hämmern. Die Schwingungen werden von der Luft aufgenommen und sind für das Ohr Geräusch bis Lärm.

2.2 Wege der Schallübertragung

Schall wird entweder direkt über Wände, Decken und Fußböden übertragen, oder er pflanzt sich über benachbarte Bauteile fort (*Schallbrücken,* siehe Zeichnung 73).

2.2.1 Schalleiter und Schalldämpfer

Gute Schalleiter sind dünne, leichte Wände, zweischalige Wände mit Luftzwischenraum, einfach verglaste Fenster, Fugen und Spalten. Bohlendecken und einfache Bretterfußböden über Balkendecken übertragen alle Trittgeräusche, durch Spalten wird auch der Luftschall in oberen oder unteren Räumen wahrgenommen. *Eine erhöhte Schallübertragung* verursachen alle *geschlossenporigen Wärmedämmschäume.*

Schalldämmend wirken alle schweren, dichten Materialien wie dicke Steinwände und Böden über dicken Gewölben. Für die nachträgliche Schalldämmung können bei entsprechender Konstruktion Holzwolle-Leichtbauplatten, Mineralfaser und Kokosfaser eingesetzt werden (siehe Neue Zwischenwände unter 1.5, Seite 183).

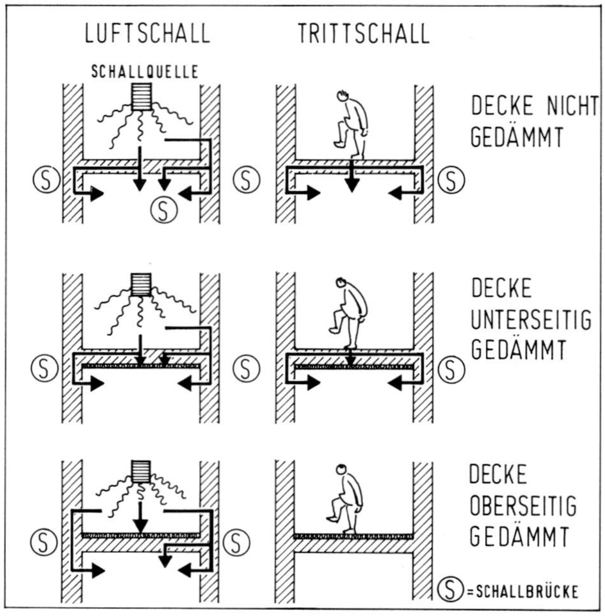

Zeichnung 73 Schallübertragung über Schallbrücken

2.3 Maßnahmen

2.3.1 Decken und Böden

Decken zwischen den Geschossen sind mit mehrfachem Schichtenaufbau sehr gut gegen Trittschall zu dämmen. Doch scheitern derartige Maßnahmen oft an den geringen Raumhöhen der bäuerlichen Woh-

Zeichnung 74 Schallgedämmte Balkendecke mit Sandschüttung

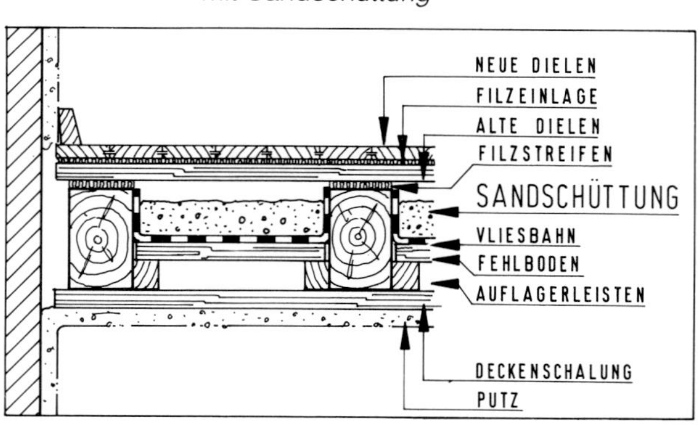

nungen. Deckenunterseitig können zwischen die Balken Mineralfasermatten oder Sandschüttungen (nicht Perlite!) eingebracht werden.
Zwischen Deckenbalken und Bodenbrettern müssen dicke Filzstreifen die Schallübertragung eindämmen (siehe Zeichnung 74). Schallbrücken durch die Tragwände bleiben aber meistens bestehen.
Mit *schalldämpfenden* Maßnahmen kann man schon die Entstehung von Lärm einschränken: Hochflorige Teppiche auf Filzunterlage und Vorhänge aus dickem Stoff, Fernseher und Lautsprecher auf schalldämmend montierten Regalen (keine Wandaufhängung) können die Lärmbelästigung vermindern.

2.3.2 Zwischenwände

Dünne Zwischenwände können durch eine vorgesetzte, von der alten Wand unabhängige Schale einen Schallschutz erhalten (siehe Neue Zwischenwände unter 1.5, Seite 183).

2.3.3 Installationen

Bei Installationen muß eine Schalldämmung schon durch die richtige Montage erreicht werden. Abflüsse müssen gekröpft sein, Wanneneinflüsse müssen auf die Seitenwand, nicht auf den Wannenboden auftreffen, das Fließgeräusch von Wasser kann durch entsprechende Leitungsführung reduziert werden (siehe Zeichnung 75).
In Installationsschächten ist die Schalldämmung von Rohren leichter zu bewerkstelligen als in Mauerschlitzen.

2.3.4 Fenster

Fenster sind die Hauptübertragungsflächen für Umweltlärm. Sanierung und Lärmschutz werden im Kapitel Fenster erläutert (siehe Seite 143).

2.3.5 Maschinen im Betrieb

Maschinen im landwirtschaftlichen Betrieb und in Werkstätten sind vom Hersteller und vom Lieferanten mit der erforderlichen Lärmdämmung auszurüsten.
Er muß auch beraten, wenn zusätzliche Maßnahmen nötig werden.
Auch bei der Einrichtung von Schalldämmung muß die Kosten-Nutzenrelation stimmen. Ein altes Bauernhaus muß nicht mit den akustischen Anforderungen an ein Tonstudio verglichen werden. Das bauphysikalische Gleichgewicht darf durch keine Dämmung gestört werden.

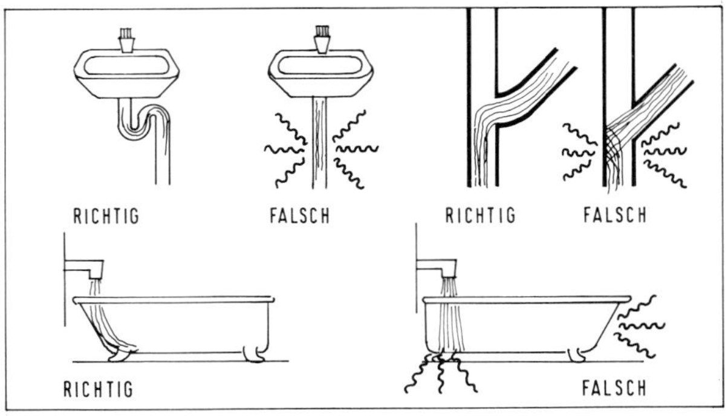

Zeichnung 75 Geräuschvermeidung bei Installationen

Hier wurde im Fehlboden eine schalldämmende Matte eingelegt. Die durchgehende Deckenschalung wird auf einem schalldämmend aufgehängten Lattengerüst montiert.

Treppen innen – Treppen außen

Treppen prägen das Gesicht des Eingangbereichs in und an einem Haus, auch sie müssen mit seinem Charakter in Einklang stehen.

1 Innentreppen

1.1 Vorhandene Treppen

Vorhandene Treppen, die den Anforderungen an gute Begehbarkeit und Sicherheit genügen, können fast immer erhalten bleiben. Auch hier sind Reparaturen meistens kostengünstiger als neue Treppen.

1.1.1 Befund und Schadensbild

An *Holztreppen* sind die Trittstufen durchgetreten, auch die Setzstufen können beschädigt sein. An den Seitenwangen können durch Wasserschäden Teile morsch sein. Geländerstäbe sind beschädigt oder ganz ausgebrochen, an rauhen Handläufen können sich die Bewohner verletzen. Die Verankerung der Geländer kann gefährlich gelockert oder verrostet sein. Oft sind die Geländer im Sinne neuer Bestimmungen zu niedrig.
Treppenauflager an den Deckenbalken des jeweils oberen Geschosses sollen auf ihre Tragfähigkeit geprüft werden. Auch Treppenpodeste müssen auf Holzschäden besonders im Wandauflager und an den Stufenansätzen untersucht werden (siehe Holzbausanierung unter 1.3.1, Seite 110).
Steintreppen im Haus weisen meistens Schäden im Plattenbelag auf. An aufgemauerten Stockwerkstreppen können Risse in tragenden Wölbungen auftreten. An in der Mauer eingespannten Vollsteinstufen, meistens an sehr alten Wendeltreppen, können die Mauerauflager beschädigt oder die Steinstufen gesprungen sein.
Die alten Kellertreppen sind für ständigen Gebrauch immer zu steil, die Stufenauftritte zu schmal.
Stockwerkstreppen innen aus Naturstein oder gemauerte Treppen finden sich noch in den rheinischen Mittelgebirgen und im östlichen Oberbayern, gelegentlich auch im alemannischen Raum.

1.1.2 Maßnahmen

Holztreppen

Holztreppen sind verhältnismäßig leicht zu sanieren. Beschädigte Trittstufen, die auf der Treppenwange aufliegen *(aufgesattelte Treppen),* und eingeschobene Trittstufen können gegen neue Stufenbretter ausgetauscht werden.
In die Treppenwangen eingenutete Trittstufen *(gestemmte Treppe)* können mit etwa gleich starken, neuen Stufenbrettern aufgedoppelt werden. Die ausgetretene Mulde muß mit Holzkitt ausgefüllt werden (Epoxydharzmischung). Die neuen Trittbretter sind von unten durch die alten Stufen oder von oben mit versenkten Schrauben zu befestigen.
Die Steigungshöhen (Stufenhöhen) müssen dabei einheitlich hoch bleiben: Durch Bodenausgleich muß die durch die Aufdopplung höhere unterste Stufe und die jetzt niedrigere oberste Stufe an einem Lauf dieselbe Höhe wie alle übrigen Steigungen erhalten. Ungleich hohe Stufen sind gefährliche Stolperursachen (siehe Zeichnungen 76 und 77).
Die Treppenwangen können bei Schäden, die die Tragfähigkeit beeinträchtigen, mit Epoxydharzprothesen wieder voll funktionstüchtig werden (siehe Holzbausanierung unter 3.4.4, Seite 127). Oberflächliche Beschädigungen sind auszuspänen oder mit neuen, eingepaßten Holzteilen zu reparieren.
Alte Geländer haben die unterschiedlichsten Formen: Von einfachen Rundstangen über zierlich gedrechselte Stäbe bis zu den originellen Gußeisenstäben vom Ende des vorigen Jahrhunderts. Keinesfalls aber ähneln sie dem, was heute auf Baumessen als

Zeichnung 76 Konstruktionsarten für Holztreppen

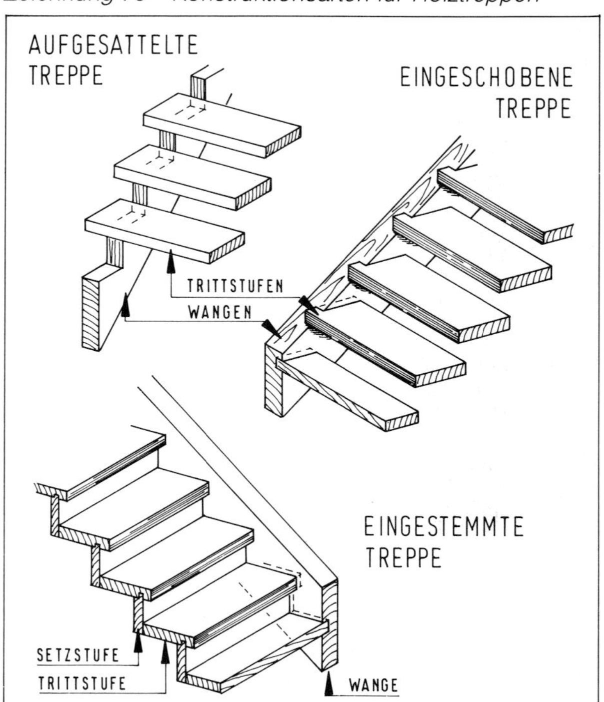

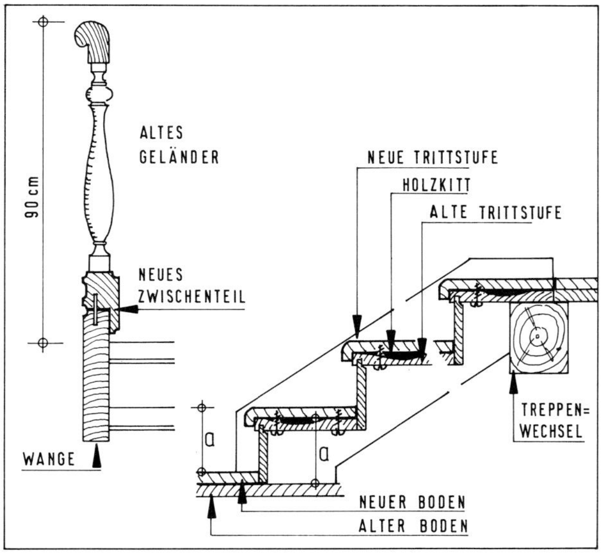

Zeichnung 77 Ergänzung alter Treppen und Geländer

»rustikale« Treppengeländer angeboten wird. Auch hier ist Ausbessern und Nacharbeiten einzelner Geländerteile, ganz allgemein eine Orientierung am alten Bestand, besser als eine Erneuerung um jeden, meist recht teuren Preis. Auch aus Abbruchhäusern sind gelegentlich schöne alte Geländer für wenig Geld oder umsonst zu retten.
Holzgeländer waren früher oft farbig gefaßt, auch darauf ist bei einer Erneuerung zu achten.
Alte Treppengeländer sind sehr oft zu niedrig. Die Regelhöhe beträgt heute 90 cm. Der Ausgleich zwischen alter und neuer, geforderter Höhe kann durch eine Aufsattelung (Aufleistung) der Treppenwangen erfolgen. Einfachen Geländern kann ein neuer Handlauf in der richtigen Höhe aufgesetzt werden.

Steintreppen

Beschädigte Naturstein- oder Tonplattenbeläge müssen durch gleiches Material ersetzt werden. Risse im Gewölbeunterbau sind zu sanieren. Rekonstruktionen und Neuanlagen solcher Treppen sind heute meistens auf Betonplatten aufgebaut. Es wäre zu wünschen, daß die Maurer wieder lernen, solche Treppen handwerklich herzustellen.
Alte Kellertreppen sind fast immer halsbrecherisch steil. Für viel genutzte Keller muß die Treppe im Rahmen des vorhandenen Platzes neu und besser gangbar angelegt werden. Kellertreppen aus Beton sollten aber wieder mit Stein- oder Ziegelplatten belegt werden, blanke Betonstufen schwitzen im Sommer, der Plattenbelag bleibt trocken.

1.2 Neue Treppen

Auch neue Treppen müssen sich dem Charakter eines Hauses anpassen. Eine protzige Treppe macht ein Bauernhaus nicht zur Villa, sie stört nur, vom Aussehen und vom Platz her. Das Geld für prunkvolle Treppen, wie sie vielfach angeboten werden, sollte lieber einer soliden Konstruktion und gutem Material zugewendet werden.
Alte Treppen sind steil und schmal. Für größere Sicherheit und eine bessere Erschließung der Obergeschosse besteht deshalb oft der Wunsch, eine neue, gut gangbare Treppe einzubauen.

1.2.1 Planung

Treppenbauen ist eine gar nicht einfache Handwerksarbeit, die Spezialisten ausführen sollten. Preis- und Qualitätsvergleiche einschlägiger Firmen sind vor der Planung dringend anzuraten. Orientierungshilfen bieten Bau- und Handwerksmessen.
Um den Platzbedarf und die technischen Voraussetzungen bei der Grundrißgestaltung berücksichtigen zu können, müssen genaue Konstruktionsunterlagen angefordert werden.
Eine genaue Treppenplanung ist für die gesamte Grundrißgestaltung außerordentlich wichtig. Der Platzbedarf der Treppe und die Konsequenzen aus ihrer Lage im Haus werden von Laien und manchmal auch von Planern verhängnisvoll unterschätzt. Die Treppen sind deshalb in einem sehr frühen Planungsstadium genau nach Funktion und Platzbedarf festzulegen, um spätere Schwierigkeiten zu vermeiden.
In verschiedenen Freilichtmuseen sind einige sehr bequeme Besuchertreppen in die alten Häuser eingebaut, die sich den Fluren unauffällig einordnen. Eine Besichtigung kann zur Anregung sehr empfohlen werden.
Der *Platzbedarf einer Treppe* richtet sich nach:

- ▷ der Höhe der Stockwerke,
- ▷ der Anzahl der benötigten Stufen,
- ▷ der Ausbildung als geradläufige oder gewendelte Treppe,
- ▷ der Bedeutung im Haushaltsablauf.

Selten begangene Treppen können steiler angelegt sein als viel begangene.
Die *Anzahl der Stufen* errechnet sich aus dem Maß, das man für die Stufen wählt (Steigungsverhältnis). Für Einfamilienhäuser ist eine *Stufenhöhe* (Steigung, Antritt) von 17-18,5 cm und eine *Stufentiefe* (Trittstu-

fe, Auftritt) von 25-29 cm gut gangbar. Es gilt die Regel: Zweimal Stufenhöhe plus einmal Stufentiefe soll 61-65 cm ergeben (siehe Zeichnung 78).
Offene Treppen, also solche, die nur Trittstufen, keine Setzstufen haben, können steiler angelegt werden. Immer muß eine gute *Gangbarkeit abwärts* gewährleistet sein. Zu flache Treppen sind unpraktisch. Eilige Hausfrauen nehmen dann zwei Stufen auf einmal, was ja nicht unbedingt der Sinn einer guten Treppe ist. Die *Treppenbreite* (Laufbreite) sollte mindestens 80 cm, besser 90 cm betragen. Die *Geländer* müssen 90 cm hoch sein, gemessen von der Vorderkante der Stufen. Ein Kinderhandlauf kann bei 60 cm zusätzlich angebracht werden.
Für *geradläufige Treppen* ist ausreichend Platz für An- und Austritt einzuplanen. Geradläufige Treppen sind meistens kostengünstiger.
Gewendelte Treppen mit einer oder zwei Viertelswendelungen haben etwa dieselbe Länge wie geradläufige, jedoch kann die Lage der An- und Austrittspodeste für die Grundrißgestaltung günstiger sein. Podeste müssen mindestens so lang sein, wie die Treppe breit ist (siehe Zeichnung 78). Podeste mit einzelnen Stufen sind zu vermeiden.
Doppelläufige Treppen können am Ende eines Flurs untergebracht werden.
Auch eine seitlich des Flurs gelegene Kammer kann zu einem Treppenraum umfunktioniert werden. Oft lassen sich noch Garderobe und WC einbauen.

Zeichnung 78 Steigungsverhältnis und Schema verschiedener Treppen

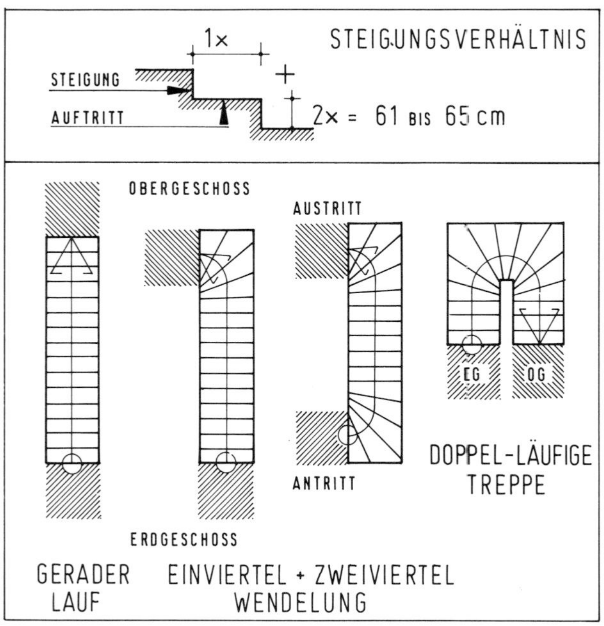

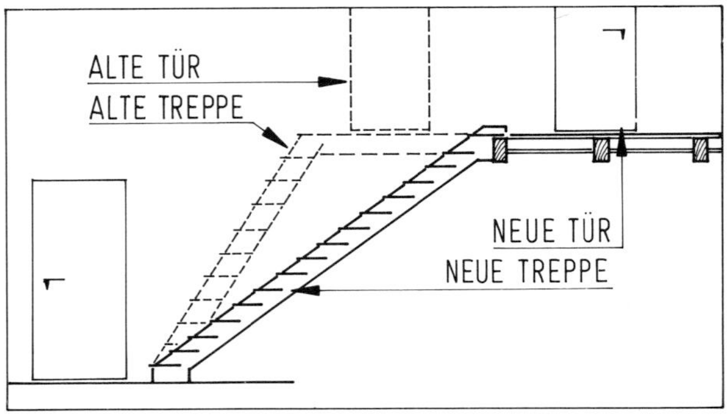

Zeichnung 79 Verlegung des Treppenaustritts

Selten begangene Treppen, zum Beispiel zum Dachraum oder Galerietreppen, können steil angelegt sein, wenn die nötige Gangbarkeit abwärts eingehalten wird.
Eine neue Treppe mit flacherer Neigung kann durch die größere Länge ein Versetzen von Zimmertüren am oberen oder unteren Ende zur Folge haben (siehe Zeichnung 79). Auch das ist bei der Grundrißplanung zu beachten.

1.2.2 Konstruktion

Für die Konstruktion gilt auch bei der Treppe, daß Einfachheit und Zweckmäßigkeit zu den schönsten Ergebnissen führen. Das Material soll sich den örtlichen Gegebenheiten und Traditionen anpassen. In vielen alten Bauernhäusern sind die Treppen nur mit Trittstufen ausgeführt, ohne Setzstufen, das macht sie durchsichtig und leicht, sie verstellen nicht den Blick durch den Flur.
Die traditionelle Bauweise von Holztreppen mit einer Wand- und einer Freiwange als Tragelement und eingeschobenen (eingenuteten) oder eingestemmten Trittstufen ist im Wohnhaus immer angebracht. Wo ein Abschluß der Treppe nach unten, zum Beispiel gegen die Kellertreppe, gewünscht wird, können Setzstufen oder eine unterseitige Schalung angebracht werden. Zwei von der Wand unabhängige Tragwangen mit aufgelegten Trittstufen (aufgesattelte Treppe) ist eine einfache, sehr zweckmäßige Konstruktion.
Wenn die alte, steile Treppe noch gute Holzqualität aufweist, kann sie sorgfältig abgebaut und an anderer Stelle als Nebentreppe wiederverwendet werden.
Bei der Anlage neuer Treppen muß meistens der Treppenausschnitt in der Decke verändert werden. Das Einziehen neuer Balkenwechsel oder neuer Tragbalken für die obere Aufhängung der Treppen-

wangen ist Zimmermannsarbeit. Er ist es, der beim Treppenbauer die genauen Maße für den Treppenausschnitt, die benötigten Querschnitte für die neuen Hölzer und Konstruktionseinzelheiten der Treppe anfordern muß (siehe Zeichnung 80).

1.3 Brandschutz

Dient ein Treppenhaus der Erschließung von zwei und mehr abgeschlossenen Wohnungen, so sind die örtlichen Brandschutzvorschriften zu beachten. Das gilt auch bei der Einrichtung von Werkstätten und Gewerbebetrieben.

Zeichnung 80 Treppenwechsel in den Deckenbalken

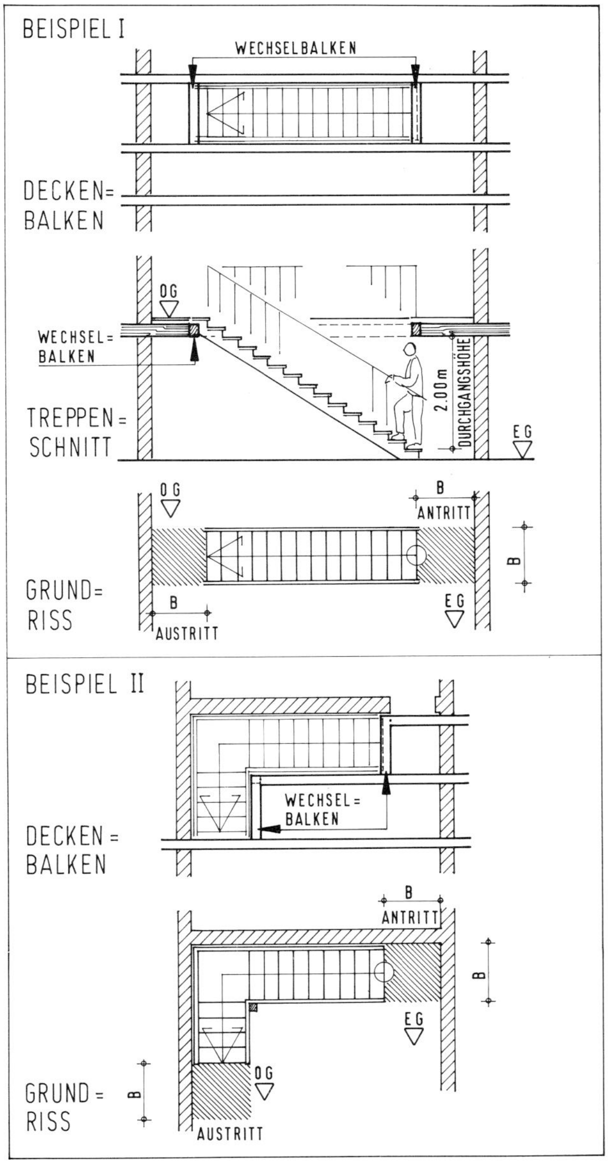

2 Außentreppen

Außentreppen vor der Haustür heben ein Haus heraus über das allgemeine Straßenniveau, sie müssen überwunden werden, um ins Hausinnere zu gelangen, und sind doch zugleich Verbindung zwischen drinnen und draußen.
Außentreppen reichen von zwei bescheidenen Stufen über die stattlichen Treppen vor den Barockhaustüren Frankens bis zu den geschoßhohen, gemauerten Treppen der südtiroler Weinbauernhöfe, die als Zugang zum hoch über dem Keller gelegenen Erdgeschoß dienen. Alle diese Treppen waren einmal Statussymbol ihrer Besitzer.
Daneben gibt es die hölzernen Stiegen zu Altanen und Balkonen, die den oben Wohnenden den schnellen Zugang zu Hof und Garten erlaubten.

2.1 Schadensbild

Die Steinstufen sind fast immer stark ausgetreten, ungleiche Setzungen ließen gefährlich unregelmäßige Stufen entstehen, Frostaufbrüche haben die Steine angehoben und gesprengt. Am Anschluß zur Hauswand sind Putz und Mauerwerk ausgebrochen. Unsachgemäß eingelassene Geländerstäbe haben durch Rost Risse und Aussprengungen verursacht.

2.2 Maßnahmen

Eine Sanierung von Außentreppen muß in vielen Fällen beim *Unterbau* beginnen. Die Stufen sind vorsichtig abzubauen und bruchsicher zu lagern. Dann wird wie für einen Neubau ein Treppenfundament in armiertem Beton erstellt. Anschlußeisen müssen die Verbindung mit dem Altbau herstellen.
Ausgetretene Treppenstufen aus Stein können *gewendet* werden. Die rauhen Unterseiten werden steinmetzmäßig nachgearbeitet. Die im ausgetretenen Bereich entstehenden Hohlstellen müssen mit Steinmehlmörtel ausgefüllt werden, um Brüche an diesen Schwachstellen zu vermeiden.
Alte, rostige Eisenanker müssen ausgeschlagen und durch neue, rostfreie Verbindungen ersetzt werden. Eiserne Geländerstützen sind sorgfältig zu entrosten und mit Rostschutz zu streichen. Sie müssen beim Neuversetzen verbleit werden.
Eine *Verbreiterung sehr steiler Treppenstufen,* wie sie an Kelleraußentreppen zu finden sind, wird mit einem neuen Unterbau erreicht. Die alten Stufenbeläge

werden mit gleichem Material am Stufengrund ergänzt (siehe Zeichnung 81).

Den Sandsteinbrüstungen können Luftverschmutzung und Streusalz schwere Beschädigungen zugefügt haben. Hier muß ein Fachmann Steinverfestigung und Steinschutz durchführen (siehe Putz und Farbe unter 8.2, Seite 105).

Es ist sehr wohl möglich, die schönen alten Außentreppen auch mit geringem Aufwand zu erhalten und zu pflegen. Sie sind zugleich Zierde und Willkommen für das Haus.

Holztreppen außen, die als einziger Zugang für ein Obergeschoß dienen, sind nur in milden Klimazonen und geschützten Lagen zweckmäßig. Besonders wenn im Obergeschoß mehrere Räume oder Wohnungen untergebracht sind, sollte unbedingt eine Erschließung über eine Innentreppe angestrebt werden. Daneben kann die alte hölzerne Außentreppe als Sommertreppe ihren Dienst tun und sollte als solche auch saniert werden. Dabei ist auf einwandfreies Holzmaterial und nicht rostende oder dauerhaft rostgeschützte Schrauben und Bolzen zu achten.

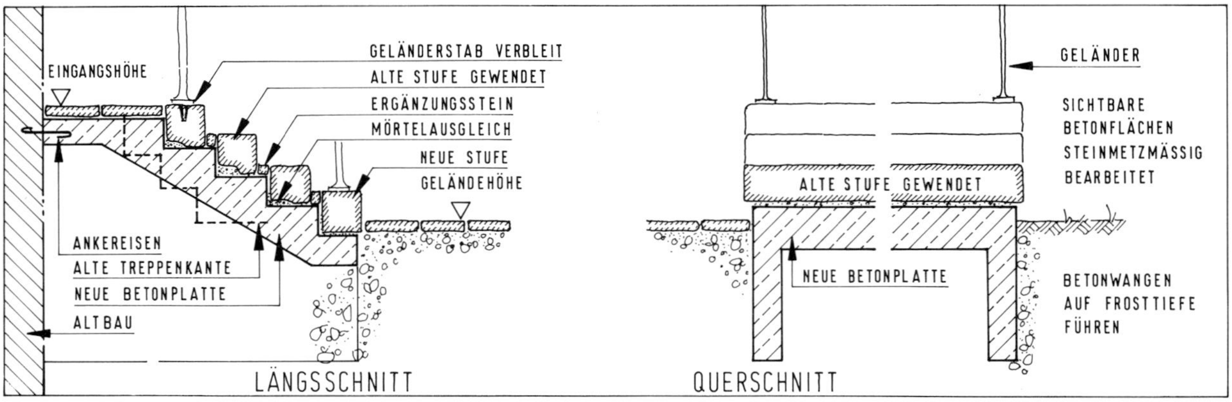

Zeichnung 81 Erneuern von Steintreppen

Holztreppen: Schöner Treppenpfosten,

technisch einfache und formschöne Konstruktion,

Treppe eines alten Querdielenhauses

Sanitärbereich

Auf moderne Sanitäranlagen kann kein Haushalt verzichten. Zweckmäßig eingerichtete Bäder können aber auch auf kleinstem Raum untergebracht werden.
Die genaue Planung ist auch für Sanitäreinrichtungen unerläßlich. Ihr Ziel muß sein:

- ▷ Kurze Zu- und Abwasserleitungen,
- ▷ Zusammenfassung der Leitungen in einem Installationsschacht,
- ▷ sparsame Mauerdurchbrüche,
- ▷ bestmögliche Raumnutzung.

Eine genaue Planung ermöglicht eine genaue Kostenermittlung! Eine *frühzeitige Planung* gibt Zeit für ausgedehnte Preisvergleiche.

1 Befund

Wenn Bäder überhaupt schon eingebaut sind, so ist die Einrichtung meist veraltet und oft mangelhaft. Vor allem sind die Rohrleitungen schlecht gedämmt, oft beschädigt, Fallrohre sind undicht oder zugesetzt, Wasserrohre verkalkt. Im Bereich alter Feuchträume sind immer wieder erhebliche Nässeschäden zu finden, nicht zuletzt aus auftretendem Schwitzwasser.
Schlecht oder unsachgemäß angebrachte Wandverkleidungen ohne Dampfsperre und Wärmedämmung können auch Schäden in den Wänden verursacht haben. Eine gründliche Sanierung dieses Umfelds muß einer Neueinrichtung von Bädern und Toiletten unbedingt vorausgehen.

2 Planung

2.1 Welche und wie viele Sanitärräume?

Die Anzahl der Bäder und Toiletten, die in einem Haus benötigt werden, richtet sich nach der Anzahl der Bewohner, nach der Nutzung, ob Fremdenzimmer, Mietwohnungen oder ein Gewerbebetrieb eingerichtet werden soll, und nicht zuletzt nach den finanziellen Mitteln, die für die Sanierung zur Verfügung stehen. Auch hier kann der Ausbau in Abschnitten erfolgen. Zunächst wird nur das Notwendige eingebaut, die Einrichtung von Sanitärräumen für eine später erweiterte Nutzung kann nachfolgen. Die Gesamtplanung muß aber den späteren Ausbau unbedingt mit einbeziehen, um Probleme bei den nachfolgenden Anschlüssen zu vermeiden.
Ein WC und ein davon getrenntes Bad gehören zur Grundausstattung. Bei landwirtschaftlicher Nutzung muß in der Schmutzschleuse zwischen Haus und Wirtschaftsteil mindestens ein großes Waschbecken, müssen möglichst auch Dusche und Stiefelspüle eingebaut sein.
Die Altenteilwohnung muß mit einem eigenen kleinen Bad ausgestattet werden.
Fremdenzimmer sind mindestens mit einem Waschbecken je Zimmer und einer Gemeinschaftsdusche auszustatten. Je besser der Sanitärkomfort der Zimmer, desto besser ist auch ihre Vermietbarkeit. Doch müssen der Nutzen und auch der mögliche Bedarf an Fremdenzimmern sehr genau kalkuliert und ermittelt werden.

2.2 Lage der Sanitärräume

Sanitärräume müssen im Grundriß soweit wie möglich zusammengefaßt sein, sowohl auf einer Stockwerksebene als auch in den Stockwerken übereinander. Damit wird die Führung der Wasser- und Abwasserleitungen wesentlich vereinfacht.
Das WC im Erdgeschoß soll in der Nähe der Schmutzschleuse liegen. Das Bad muß den Schlafzimmern zugeordnet sein mit einem Zugang vom Flur. Auch bei der Einrichtung von Fremdenzimmern sind die Duschen und Wascheinheiten zu einem Block oder einer Zeile zusammenzufassen. Bad und WC können innenliegend, das heißt ohne Fenster angeordnet werden, wenn eine ausreichende Lüftung über Luftschächte eingebaut wird.

2.3 Leitungsführung

Wasser- und Abwasserleitungen dürfen wegen der Frostgefahr nicht an Außenwänden geführt werden, möglichst auch nicht an Schlafzimmerwänden. Eine Geräuschbelästigung ist sonst vorprogrammiert.

2.3.1 Länge der Leitungen

Eine geschickte Konzentrierung der Sanitäranlagen ermöglicht *kurze* Leitungsführungen ohne komplizierte Abzweige und Verkröpfungen. Die Leitungen können *auf der Wand* in einem gemauerten Installationsschacht oder in einem Schacht aus Zementrohren durch alle Stockwerke geführt werden. Die Ausbrüche für Wanddurchführungen können gering ge-

halten werden. Mauerschlitze dürfen in Altbauten nicht ausgebrochen werden. Kurze Warmwasserleitungen helfen erheblich, Energie zu sparen. Für die Abwasserleitungen muß von jedem Einrichtungsteil das notwendige Gefälle zur Hauptleitung eingehalten werden. *Bodengullys* müssen sowohl im Bad als auch in Duschen und in der Schmutzschleuse eingebaut werden.
Ausreichende Revisionsöffnungen im Installationsschacht erlauben auch später eine problemlose Erweiterung des Installationsnetzes.

2.3.2 Dämmung der Leitungen

Eine ausreichende Dämmung von Warmwasserleitungen sollte selbstverständlich sein, wird aber immer wieder vernachlässigt. Der Wärmeverlust an schlecht gedämmten Warmwasserleitungen kann einen weit überhöhten Energieverbrauch verursachen. Besonders in extremen Klimalagen müssen auch Kaltwasserleitungen durch Dämmung vor winterlichem Einfrieren geschützt werden. Im Sommer wird mit einer Dämmung die Schwitzwasserbildung auf der Rohroberfläche verhindert.
Die Schallübertragung durch Wasserrohre, eine äußerst lästige Erscheinung, kann durch gründliches Verstopfen der Leitungsschächte mit Mineralfaser, nicht durch Ausschäumen, gemindert werden. Geschlossenporige Schäume sind zur Schalldämmung ungeeignet, offenporige Schäume saugen auftretendes Schwitzwasser wie ein Schwamm auf.
Die Schallentwicklung kann aber schon durch eine geschickte Leitungsführung verhindert oder gemindert werden. Direkter Aufprall von Wasser ist sowohl in den Rohren als auch in Wannen zu vermeiden, zu schnell abfließendes Wasser muß durch Syphons oder Rohrbögen gebremst werden, um die Sauggeräusche zu vermeiden (siehe Zeichnung 75, Seite 203).

2.3.3 Elekroleitungen

Elektroinstallationen dürfen nur von zugelassenen Fachhandwerkern ausgeführt werden. Jeder Fehler kann hier lebensgefährlich werden, zumal in Feuchträumen!

Außer einer guten Allgemeinbeleuchtung sind Lampen über den Waschbecken, Sicherheitsstecker für Rasierapparate, elektrische Zahnbürsten und Haartrockner und eventuell ein Anschluß für die Waschmaschine vorzusehen.

2.4 Einrichtung und Ausstattung

2.4.1 Einrichtung

Als Sanitäreinrichtung werden alle festmontierten, an die Wasserleitung angeschlossenen Gegenstände bezeichnet.
Für das WC soll außer der Toilette ein großes Waschbecken als zusätzliche Waschgelegenheit eingeplant werden.
Die Grundeinrichtung für das Bad besteht aus einem, besser zwei Waschbecken, Badewanne, möglichst Sitzwaschbecken (Bidet) und WC-Becken. Die Badewanne kann mit Vorhang oder klappbaren Trennwandteilen auch zum Duschen dienen. Babybad und Wickeltisch sollten untergebracht werden können. Ist genügend Platz, kann eine gesonderte Dusche mit tiefem Duschbecken als Kinderbad dienen. Duschwannen sind in den verschiedensten Formen auf dem Markt, auch mit integriertem Sitz oder Bidet.
Im Bad der Altenteilwohnung sollte eine Sitzdusche mit hohem Rand oder eine Sitzbadewanne geplant werden, dazu Waschbecken und WC.
Die *Schmutzschleuse* ist im bäuerlichen Haushalt eine gesonderte Sanitäreinheit. Hier finden ein robustes Waschbecken mit Ausguß, möglichst eine Stiefelspüle und eventuell eine Dusche Platz. Das Erdgeschoß-WC kann auch hier integriert sein.
Alle Einrichtungsgegenstände müssen zweckmäßig in der Form, leicht zu reinigen, säurefest und widerstandsfähig sein. Armaturen müssen zerlegt werden können, um sie von Kalkrückständen und anderen Ablagerungen zu reinigen. Alle großartigen Rillenverzierungen bis zu Akanthusblättern erschweren das Sauberhalten der Wasserhähne ungemein.

2.4.2 Ausstattung

Zur Ausstattung zählen alle Gegenstände, die nicht an Wasseranschlüsse gebunden sind. Dazu gehören Spiegel, Ablagen über den Waschbecken, Halter für Zahngläser, Seife, Rasierer, Handtuchhalter, Handgriffe an Badewanne und Dusche, Papierrollenhalter im WC.
Das Angebot an nötigen und unnötigen Dingen ist enorm, die Preise können sich zu horrenden Beträgen summieren. Hier ist äußerste Einkaufsdisziplin angebracht.
Je nach Platz können Schränke oder Regale für Handtücher, Seifen, Putzmittel, Kosmetika im Bad untergebracht werden.
Alle Einrichtungsgegenstände, alle notwendigen Armaturen, also Wasserhähne, Mischbatterien, Dusch-

köpfe, -schläuche und -gestänge, mit Anschlüssen und Abdeckrosetten, Gullys und Gullyabdeckungen, und alle Ausstattungsgegenstände werden sorgfältig aufgelistet. Mit dieser Liste kann man Preise vergleichen. Nur so erhält man eine genaue, realistische Kostenvorstellung und kann vor umfangreichen Bestellungen die nötigen Abstriche vornehmen.
Es sollten Einrichtungs- und Ausstattungssysteme gewählt werden, die später eine problemlose Erweiterung der Sanitäreinrichtung zulassen.

2.4.3 Platzbedarf

Für die Grundrißplanung der Sanitäranlagen werden die vorgesehenen Räume in möglichst großem Maßstab (1:10) aufgezeichnet. Die Einrichtungsgegenstände werden im selben Maßstab in festem Papier ausgeschnitten und so lange auf dem Papier verschoben, bis die beste Lösung gefunden ist.
Dabei ist auf eine ausreichende Bewegungsfläche vor und neben den Einrichtungen zu achten. Platz für Tür und Heizung muß ausgespart werden. Auch bei geöffneter Tür müssen alle Einrichtungen erreichbar sein. Bade- und Duschwannen dürfen wegen des Kälteeinfalls nicht unter einem Fenster installiert werden. Bäder und Toiletten sind mit etwas Geschick auf kleinstem Raum einzurichten. Beispiele liefern die vielen Variationen in Pensionen und Hotels.

2.5 Bauelemente

2.5.1 Installationsblöcke

Installationsblöcke sind Bauelemente, die vorfabriziert alle Anschlüsse für Warm- und Kaltwasser und Abwasser enthalten. Sie bestehen aus einer Metallständerkonstruktion, die es erlaubt, die Blöcke selbsttragend vor eine Wand zu stellen oder sie in eine Ständerwand einzustellen, ohne diese zu belasten (siehe Neue Zwischenwände, Seite 181).
In der Konstruktion sind alle Halterungen für wandhängende Waschbecken, Bidet, WC-Becken enthalten. In den WC-Blöcken sind Spülkasten oder Druckspüler gebrauchsfertig eingebaut.
Die Standfüße der Blöcke müssen einzeln höhenverstellbar sein, um Unregelmäßigkeiten im Unterboden ausgleichen zu können. Gute Fabrikate sind mit einer Wärme- und Schalldämmung versehen. Die Installationsblöcke müssen eine Ummantelung haben, die verputzt, gefliest oder verkleidet werden kann.
Die Ständerkonstruktionen sind nicht zusätzlich belastbar, dürfen also nicht als Wandauflager dienen.
Es gibt Einzelständer für WC und Becken, aber auch Blöcke, an die bis zu drei Einrichtungen anzuschließen sind. Bei der Planung müssen die Vorgaben der Lieferfirma für die Einrichtung streng eingehalten werden.

Bad im kleinen Raum: Sparsame Verwendung von Dekorfliesen mit großer Wirkung

Mini-Dusch-WC-Waschraum, in dem alles Notwendige untergebracht ist

Die Anschlüsse der Installationsblöcke an die Hauptleitung für Zu- und Abwasser müssen bauseits, das heißt vom Installateur, ausgeführt werden und sind nicht im Preis inbegriffen. Nicht im Lieferumfang enthalten sind auch alle Sanitäreinrichtungen wie Bekken, Wannen, Armaturen.

2.5.2 Wandhohe Installationselemente

Wandhohe Installationselemente ermöglichen einen einfachen Anschluß der Steig- und Falleitungen zwischen zwei Geschossen, zum Beispiel Erd- und Obergeschoß. Leitungsschächte können entfallen. Diese Elemente enthalten alle Rohre mit Anschlüssen für Armaturen an Becken und Wannen, aber nur die Aufhängungen für ein Waschbecken. Das Installationselement kann drei Anschlüsse aufnehmen. Nur mit bauseitiger Zusatzleistung können mehr Einrichtungen angeschlossen werden.

2.5.3 Vorgefertigte Sanitärzellen

Vorgefertigte Sanitärzellen, auch als Fertigbäder im Handel, enthalten alle gewünschten Einrichtungs- und Ausstattungsgegenstände wie Wanne, Becken und WC mit den nötigen Armaturen und Anschlüssen und allen nötigen Elektroleitungen. Auch der Anschluß an eine allgemeine Heizung oder eine gesonderte Elektroheizung ist in der Lieferung angeschlossen. Je nach Hersteller werden auch die Rohrleitungen bis zur Hauptleitung geliefert oder nur bis zu bauseits zu montierenden Leitungsanschlüssen. Die Zellen sind sehr platzsparend eingerichtet. Die Montage kann in kurzer Zeit ohne großen Bauaufwand erfolgen. Fertigzellen sind meist aus Einzelelementen aus formgepreßtem Kunststoff zusammengesetzt. Dadurch erübrigt sich das Fliesen der Wände und ein komplizierter, wasserdichter Fußbodenaufbau. Für die Einplanung von fertigen Sanitärzellen können in diesem Rahmen nur einige Kriterien genannt werden.

Das Gesamtgewicht der Zellen muß mit der Tragfähigkeit der Unterkonstruktion vereinbar sein.

Die Zelle muß zerlegbar sein, so daß sie ohne große Eingriffe in die Bausubstanz montiert werden kann (keine großen Ausbrüche!).

Das Material sowohl der Wände als auch der eingebauten Sanitärgegenstände muß schlagfest und hoch belastbar sein, es darf nicht verformbar sein. Die Oberfläche muß leicht zu reinigen, säurefest, scheuermittelfest, lichtbeständig sein. Dichtungen müssen problemlos ausgewechselt werden können. Revisionsöffnungen für Syphons und Anschlußverteiler müssen in ausreichender Zahl gut zugänglich angebracht sein.

Sanitärzellen sollen in sich *selbsttragend* sein, das heißt, sie dürfen keine aufwendigen, bauseitigen

Installationsmontage an vorgefertigten Halterungen in einer Ständerwand

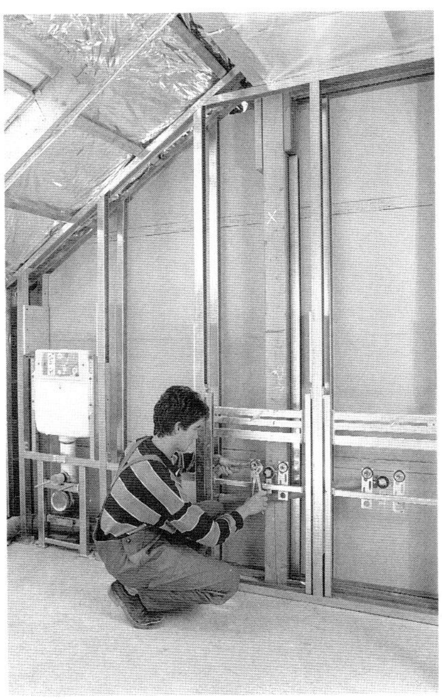

Installationsblock mit WC-Spülkasten, kann auch vor eine Wand gestellt werden

Wandhohes Installationselement

Hilfskonstruktionen benötigen (Aufhängungen, Aussteifungen). Sie sind *kein tragendes Element* für bauseitige Belastung wie Deckenauflager oder Trägerauflager.
Der Boden muß absolut wasserdicht sein, auch bei Überlauf von Waschbecken und Wanne darf kein Wasser in die umgebende Konstruktion dringen. Ein Bodengully sollte vorgesehen sein. Die Lüftung muß nach DIN 18 017 gewährleistet sein.
Der Wärmeschutz muß durch einen guten, wärmedämmenden Wandaufbau erreicht werden. Zusatzmaßnahmen für extreme Klimalagen können mit dem Lieferanten vereinbart werden. Die Kosten müssen vor der Bestellung ermittelt werden.
Die Zellenheizung muß an die Gesamtheizung anzuschließen sein.
Der Transport von Sanitärzellen erfolgt meist mit firmeneigenen Fahrzeugen. Vor Liefervereinbarung ist zu prüfen, ob die Zufahrt zur Baustelle ausreichend befestigt und breit genug ist, ob Wendemöglichkeiten für Lastwagen vorhanden sind.
Die Lieferkosten werden meist gesondert berechnet, sie sind vor der Auftragserteilung festzulegen.

Grundsätzlich ist noch während der Planung eine ausführliche Besprechung mit dem technischen Berater der Firma durchzuführen.

Sanitätfertigzellen sind teuer. Doch ist es letztlich ein Rechenexempel, ob die Kosten für den Einbau eines konventionellen Bades bei hohen Einrichtungsansprüchen wirklich sehr viel niedriger liegen und ob der Mehrpreis für schnelle, saubere Montage in Kauf genommen werden kann.

3 Warmwasserversorgung

3.1 Zentrale Warmwasserversorgung

Waschbecken und Wannen können an jede zentrale Warmwasserbereitung angeschlossen werden, die aber für den Sommerbetrieb unabhängig von der Heizung installiert sein soll (siehe Heizung und Warmwasser, Seite 157).

3.2 Warmwasserboiler

Aber auch ein Warmwasserboiler, für eine vierköpfige Familie mindestens mit einem Fassungsvermögen von 100 Liter kann Bad, Dusche und Waschbecken versorgen. Für den Warmwasserverbrauch in der Küche wird in diesem Fall eine eigene kleinere Warmwasserversorgung eingesetzt.
Der Boiler wird elektrisch über Nachtstrom mit zusätzlicher Tagstromschaltung betrieben (Anschlußwert bis 6 Kilowatt) oder mit Gas oder Öl beheizt.
Mit Holz und Kohle beheizte Boiler sind für den Dauerbetrieb unpraktisch, aber als Zusatz für Spitzenbelastungen geeignet. Er könnte in der Schmutzschleuse aufgestellt werden, wenn ein Kaminanschluß vorhanden ist. Zunehmend werden Sonnenenergie, Bio-Gas und Wärmetauschmethoden für die Warmwassergewinnung eingesetzt.
Kleinere Einzelboiler können in Gästebädern montiert werden. Diese bieten die Möglichkeit, eine Wasseruhr vorzuschalten und damit den Verbrauch zu kontrollieren, eventuell auch abzurechnen. Lange Warmwasserleitungen werden damit vermieden.

3.3 Durchlauferhitzer für Gas und Strom

Gasdurchlauferhitzer benötigen Abluftkamine und eine gesonderte Frischluftzufuhr. Örtliche und überregionale Bauvorschriften müssen beachtet und eingehalten werden.
Elektrische Durchlauferhitzer haben enorm hohe Anschlußwerte (18–24 Kilowatt). Sie bedürfen der Genehmigung durch den Stromlieferanten und sind für kalkhaltiges Wasser nicht geeignet! Im Betrieb sind sie teuer, weil der preisgünstige Nachtstrom kaum genützt werden kann.

4 Heizung und Lüftung

4.1 Heizung

Eine ausreichende Heizung in Bad und Dusche verhütet Erkältungen, vermindert Schwitzwasserbildung, ist der Badefreudigkeit der Kinder förderlich.
Wenn kein Anschluß an eine zentrale Warmwasserheizung möglich ist, kann ein elektrischer Nachtspeicherofen aufgestellt werden. Platzbedarf und KW-Anschlußwerte sind einzuplanen. Speicheröfen haben ein erhebliches Gewicht, deshalb müssen Decken und Unterkonstruktionen auf ausreichende Tragfähigkeit überprüft werden.
Eine Warmluftheizung über einen Luftschacht ist eine wirtschaftliche und preiswerte Lösung.

Speziell gesicherte elektrische Heizwandstrahler können als Zusatzheizung dienen. Sie schaffen auch außerhalb der Heizperiode abends oder an kühlen Tagen ein behagliches Klima während der Badbenützung und können anschließend wieder abgeschaltet werden.

4.2 Lüftung

Eine gute Lüftung von Bädern, Duschen und WC's ist zur Verhütung von Schwitzwasserniederschlag wichtig. Auch im Winter müssen Bad und Dusche nach der Benützung fünf bis zehn Minuten voll gelüftet werden und zwar über große, gut zu öffnende Fenster und nicht nur über Kippflügel.
Innenliegende Bäder sind an Luftschächte mit einer gut funktionierenden Entlüftungsmechanik anzuschließen. Luftschächte können bei günstiger freier Lage des Hauses auch ohne elektrische Ventilatoren auskommen, wenn sie hoch genug, am besten über Dach geführt sind. Frischluft wird in jedem Fall von außen über einen Frischluftschacht zugeführt, nur Lüftungsgitter in den Türen reichen nicht aus. Jede Sanitäreinheit muß einen eigenen Luftschacht erhalten. Der Wärmeverlust, der über Lüftungsanlagen entsteht, wird durch die gegen Kälte geschützte Lage im Hausinnern ausgeglichen.

5 Wandoberflächen

5.1 Dampfsperre

Eine Dampfsperre ist grundsätzlich unter der letzten Oberflächenschicht einzubringen.

5.2 Putz und Anstrich

Putz und Anstrichlagen sollen aus reinen Kalkputzen und Kalkschlämmen bestehen. Kalk ist in der Lage, anfallende Feuchtigkeit auszugleichen, und wirkt desinfizierend gegen Pilzbildung. Ein zusätzlicher hydrophobierender Anstrich verhindert das Einziehen von Wassertropfen.
Anstriche mit wasserabweisenden Ölfarben sind nicht unbedingt schlagfest. Schäden müssen schnell ausgebessert werden, um das Eindringen von Feuchtigkeit in Fehlstellen zu vermeiden.

5.3 Fliesen

Fliesen sind der zweckmäßigste Wandbelag in Feuchträumen. Sie sind leicht sauber zu halten, lassen keine Pilzbildung aufkommen und haben eine wasserabweisende Oberfläche. Trotzdem sind auch Fliesen auf einer dampfsperrenden Schicht zu verlegen, um das Eindringen von Feuchtigkeit in die Mauer über die Fugen zu verhindern.

5.4 Andere Oberflächen

Großflächige Plastikwandbeläge, die immer wieder als preisgünstige Wandoberfläche angeboten werden, müssen wandseitig eine Wärmedämmung aufweisen. Schwachpunkte sind auch hier die Fugen und Rohranschlüsse, durch die bei unsachgemäßer Ausführung oder nach einiger Zeit der Alterung Feuchtigkeit in die Wärmedämmung und in die Wand gelangen kann.
Holzverkleidungen in Bädern, zur Zeit eine weitverbreitete Mode, müssen eine wasserabweisende Oberflächenvergütung erhalten und über einer Dampfsperre *hinterlüftet* montiert werden.
Besondere Sorgfalt ist auf einen wasserdichten Bodenaufbau und die sorgfältige Dichtung aller Anschlüsse zwischen Wand und Boden zu verwenden (siehe Böden und Decken unter 2.2.3, Seite 194).

6 Kosten und Kosteneinsparungen

6.1 Sanitäreinrichtungen

Sanitäreinrichtungen sind ein erheblicher Kostenfaktor bei allen Baumaßnahmen. Doch sind die Preisunterschiede bei den Einrichtungs- und Ausstattungsgegenständen ebenso wie bei Fliesen so enorm, daß mit Preisvergleichen und etwas Überlegung Sanitärräume ohne Qualitätsverlust auch zu angemessenen Preisen eingerichtet werden können.
Nicht gespart werden darf am Rohrmaterial, an Verbindungsstücken (Muffen) und am Montagezubehör. Rostschäden an diesen, später unter Putz und Fliesen liegenden Bauteilen können sich verheerend auf die gesamte Bausubstanz auswirken.
Die Einrichtungsgegenstände müssen vor allem zweckmäßig in der Form und leicht zu säubern sein.

Sie müssen einfach montiert und angeschlossen werden können. Dasselbe gilt für alle Armaturen. Farbige Einrichtungen sind um ein Vielfaches teurer als weiße. Blümchenklo und Rosenwaschbecken sind *nur* eine Frage des Geldbeutels und des Geschmacks.
Für die Ausstattung gilt ähnliches. Das wirklich Notwendige in der zweckmäßigsten Form ist immer auch das Preisgünstigste.
Sonderangebote können durchaus genutzt werden, aber die Gegenstände dürfen keine Risse in der Glasur, keine Sprünge im Material und keine abgestoßenen Kanten aufweisen.
Sanitäreinrichtungen sollten nicht nur nach Katalog bestellt werden. In jeder größeren Verkaufsstelle kann die Qualität der gewünschten Einrichtung am entsprechenden Objekt geprüft werden. Sollen Einrichtung und Ausstattung später ergänzt werden, ist auf die lange Lieferbarkeit der Produktserien zu achten.

6.2 Fliesen

Auch Fliesen gibt es von einfarbig bis zu solchen mit wandfüllenden Gemälden in der entsprechenden Preisskala.
Einfarbige Fliesen kann man in herrlichen Farben zu passablen Preisen einkaufen. Wer Phantasie und Geschick hat, kann mit zwei verschiedenen Farben Friese und Streifen verlegen.

6.3 Eigenleistungen

Wasserinstallationen muß ein Fachinstallateur durchführen! Aber bei allen Ausbrecharbeiten, beim Setzen von Installationsschächten, bei der Montage von Tragkonstruktionen und bei vielen Vorbereitungs- und Hilfsarbeiten kann die eigene Leistung eingesetzt werden.
Ein detaillierter Zeitplan für die Sanitärinstallationen hilft, alle Arbeiten zu koordinieren.

Ummantelte Leitungsrohre mit zusätzlicher Dämmung aus einblasbarem Steinwollegranulat im Installationsschacht

Küche und Hauswirtschaftsräume

Wenn das Kapitel für den Hauswirtschaftsbereich erst am Ende der ganzen Ausführungen zur Haussanierung erscheint, so nicht deshalb, weil es das am wenigsten Wichtige wäre. Im Gegenteil, die Belastung einer Bäuerin ist heute größer als zu Zeiten, da noch ausreichend Gesinde auf dem Hof war, und nur ein gut und zweckmäßig ausgestatteter Hauswirtschaftsbereich kann sie entlasten. Aber bevor er geplant und eingerichtet wird, muß auch hier das Umfeld, müssen Mauern, Böden, Fenster und so weiter in Ordnung sein.
Heute stehen der Hausfrau eine Reihe von Maschinen und technischen Hilfsmittel zur Verfügung, die ihr ihre Arbeit erleichtern. Um sie wirklich gewinnbringend einzusetzen, muß auch die Einrichtung des Hauswirtschaftsbereichs sorgfältig geplant werden.
Die Wirtschaftsräume umfassen Küche, Hauswirtschaftsraum (mit Naßbereich für Waschen und Trokkenbereich für Nähen und Bügeln), die Speisekammer und alle Räume zur Vorratshaltung. Die Schmutzschleuse zwischen landwirtschaftlichem Arbeitsbereich und Wohnhaus kann, je nach ihrer Ausstattung (zum Beispiel mit Waschmaschine), zu den Hauswirtschafts- oder Sanitärräumen gezählt werden.

1 Planung

1.1 Zuordnung der Räume

Die sinnvolle Zuordnung der Räume spart der Hausfrau lange Wege, die richtige Anordnung der Haushaltsmaschinen vereinfacht die Arbeitsabläufe.
In den Hauswirtschaftsräumen konzentrieren sich Wasser- und Heizungsinstallation und elektrische Leitungen. Kurze Leitungsführungen und eine Zusammenfassung der Anschlüsse muß im Interesse einer sparsamen Kalkulation auch hier angestrebt werden.
Deshalb ist für die Hauswirtschaftsräume eine genaue Planung mindestens so wichtig wie in allen anderen Bereichen.

1.2 Haushaltsanalyse

Für eine wirklich sinnvolle Einrichtung und Anordnung ist eine möglichst genaue Untersuchung der Haushaltsabläufe etwa nach folgendem Fragenkomplex hilfreich:

- ▷ Ist die Hausfrau Linkshänderin?
- ▷ Wie viele Personen sind ständig zu versorgen (Erwachsene, Kinder, Kleinkinder)?
- ▷ Wie viele Personen kommen zeitweise dazu (Erntehelfer, Praktikanten, Lehrlinge)?
- ▷ Sind immer alle Haushaltsangehörigen gleichzeitig beim Essen?
- ▷ Kommen Schulkinder, Berufstätige zu unregelmäßigen Zeiten?
- ▷ Wird einfach oder aufwendig gekocht?
- ▷ Werden Vorräte selbst hergestellt (Eigenschlachtung, Brot backen, Butter herstellen, Einkochen usw.)?
- ▷ Werden Eigenerzeugnisse selbst vermarktet?
- ▷ Welche Zusatzeinrichtungen sind dazu nötig?
- ▷ Werden Urlaubsgäste aufgenommen (Selbstversorger, mit Frühstück, Pensionsgäste)?
- ▷ Arbeiten behinderte Personen im Haushalt mit?
- ▷ Sind pflegebedürftige Personen zu versorgen?

Die Liste muß individuell ausgeweitet werden.
Aus der genauen Auflistung aller Feststellungen und Überlegungen kann ermittelt werden:

- ▷ Welche Räume sind in welcher Reihenfolge nötig?
- ▷ Welche Maschinen und Geräte sind notwendig?
- ▷ Welche Maschinen sollen später angeschafft werden?

Grundsätzlich ist der Platzbedarf auch für Geräte und Einrichtungen, die erst später hinzukommen sollen, einzuplanen. Die nachträgliche Umorganisation zum Beispiel einer Küche mit Einbaumöbeln ist schwierig und teuer.
Die späteren Anschlüsse für Strom, Wasser und Abwasser können ohne große Mehrkosten gleich bei der Sanierung mit angelegt werden, das erspart später Bauarbeiten und damit Schmutz und Zeitaufwand.

1.3 Die Räume und ihre Anordnung

1.3.1 Küche

Die Küche ist im allgemeinen das Zentrum aller Hausarbeit, die Wohnküche meistens auch der werktägliche Haupttreffpunkt der Familie.

Herd

Der Herd ist der Kern der Kücheneinrichtung. Im ländlichen Haushalt ist es oft ein *Mehrzweckherd*, der mit festen Brennstoffen wie Holz und Kohle beheizt wird. Er kann für eine zentrale Warmwasserheizung und Warmwasserbereitung eingerichtet sein. Das hat Konsequenzen für die Heizungsinstallation (siehe Heizung und Warmwasser, Seite 157). Wichtig ist neben einem mit Holz beheizten Herd eine Kiste zum Kippen oder auf Rollen, die den Holzbedarf für mindestens einen ganzen Tag aufnehmen kann, daneben eventuell eine Kiste für Briketts.
Ein *Elektro- oder Gasherd* mit vier Kochstellen und Backrohr soll neben solch einem Herd installiert werden. Ein *Mikrowellenherd* zur sehr schnellen Essenszubereitung kann für Hausfrauen hilfreich sein, die zusätzlich einem Beruf nachgehen.

Dunstabzugshaube

Eine Dunstabzugshaube über den Kochstellen soll für möglichst dampfarme Luft in der Küche sorgen. Sie verhindert nicht nur Schwitzwasserbildung, sondern auch die Ausbreitung allzu konzentrierter Essensgerüche im Haus. Dunstabzugshauben sind im allgemeinen mit einem elektrischen Ventilator ausgestattet, der die Abluft über einen Luftkanal direkt ins Freie oder in einen Luftschacht leitet (siehe Sanitärbereich unter 4.2, Seite 217). Dunstabzugshauben sollen für einwandfreies Funktionieren auch eine Zuleitung für Frischluft erhalten. Derartige Frischluftzufuhren sind serienmäßig sehr oft nicht eingebaut und müssen bei der Bestellung gesondert angefordert werden. Dunstabzugshauben brauchen einen eigenen Elektroanschluß.

Spülbecken

Ein Doppelspülbecken mit Kalt- und Warmwasseranschluß soll in Reichweite des Herdes angeordnet sein mit einer dazwischen liegenden Arbeitsfläche von etwa 60–90 cm. Ein gesonderter Ausguß ist vor allem in großen Haushalten praktisch.

Geschirrspülmaschine

Die Geschirrspülmaschine ist wegen der Zu- und Abwasserleitung dem Spülbecken zuzuordnen. Sie kann sowohl an einer zentralen Warmwasserversorgung als auch nur an die Kaltwasserleitung angeschlossen werden.

Kühlschrank

Auch ein Kühlschrank steht zweckmäßig in der Küche. Spülmaschine und Kühlschrank können unter der Arbeitsfläche eingebaut sein.

Elektrische Kleingeräte

Kleinere elektrische Hilfsgeräte wie Brot- oder Allesschneider, Mixgeräte, Kaffee- und Teemaschine müssen nicht unverrückbar installiert sein, sollten jedoch ihren festen Platz haben, an dem sie das Kochen nicht stören, aber zu jeder Zeit bedienungsbereit sind. In Schränken und Schubladen verstaute Geräte sind umständlich in Betrieb zu setzen. Die Teigknetmaschine, vor allem die großen Allzweckgeräte, die vom Saftpressen bis zum Nudelmachen dienen, brauchen reichlich Stell- und Arbeitsfläche.
Ob alle Geräte in der Küche stehen oder zum Teil in der Speisekammer untergebracht sind, hängt vom verfügbaren Platz und den Arbeitsgewohnheiten der Hausfrau ab.

Schränke

Die Anzahl und Art der benötigten Schränke ist für jeden Haushalt anders. Es muß Raum sein für Essgeschirr, für ständig gebrauchtes Kochgeschirr, für seltener oder nur kurzzeitig benützte Tiegel und Geräte, für Kochzutaten, die schnell zur Hand sein müssen wie Mehl, Salz, Gewürze und anderes. Es muß Platz geben für Reinigungsmittel, Besen und Küchenwäsche.
Die Oberflächen aller Küchenmöbel müssen glatt und leicht zu reinigen sein. Verzierungen, Absätze und Leisten sind nur sehr zeitaufwendig sauber zu halten. Beschichtungen müssen widerstandsfähig gegen Säuren sein und auch einmal ein rauhes Putzmittel aushalten.

Einrichtung

Ob eine Wohnküche oder eine reine Kochküche eingerichtet werden soll, hängt vom vorhandenen Platz und der Organisation des Haushalts ab. Wohnküchen haben meist mehr Platz für Stellflächen, aber gerade deshalb muß darauf geachtet werden, daß die Arbeitswege beim Kochen und Zurichten trotzdem so kurz wie möglich bleiben.
Küchen mit einem kleinen Eßplatz werden erfahrungsgemäß von der Familie in kurzer Zeit zu Wohnküchen umfunktioniert. Damit wird der Arbeitsplatz für die Hausfrau erheblich eingeschränkt. Eine direkte Verbindung von Küche und Stube sollte immer ge-

geben sein, um die Stube auch wirklich als Wohnraum zu nutzen. Eine Tür von der Küche ins Freie ermöglicht kurze Wege zum Garten und erleichtert die Bedienung eines Eßplatzes im Freien.

1.3.2. Speisekammer und Vorratsräume

Für die Planung der Vorratsräume müssen die einzelnen Funktionen genau feststehen: Dient die Speisekammer nur der Aufbewahrung kurzzeitig benötigter Lebensmittel, müssen größere Vorräte gelagert werden, werden Butter, Sauermilch und Quark selbst hergestellt, sollen Milchzentrifuge, Butterrührgerät und Teigmaschine in der Speisekammer aufgestellt werden, gibt es einen eigenen Kühlraum oder müssen Kühl- und Gefrierschränke in der Speisekammer untergebracht werden? Wieviel Platz wird dafür gebraucht?

Derartige Überlegungen sind von einem Haushalt zum anderen verschieden. Die Produktionsform des Betriebs, Selbstvermarktung und Verkauf ab Hof spielen ebenso eine Rolle wie weit entfernte Einkaufsmöglichkeiten.

Ausreichend Regale für verpackte Lebensmittel, Konserven und Eingemachtes, ein Schränkchen mit luftdurchlässiger Tür oder Fliegengitter für nicht gekühlte Lebensmittel müssen in jedem Fall aufgestellt werden. Regale sollen für eine gute Übersicht nicht tiefer als 30 cm sein.

Achtung: Kühlschrank, Tiefkühlschrank und Tiefkühltruhe heizen einen Raum über das Kühlaggregat erheblich auf.

Bei ausgedehnter Selbstverarbeitung von Milch ist eine eigene *Milchkammer* zweckmäßig.

Obst, Gemüse und Kartoffeln müssen gesondert in geeigneten Kellern oder Mieten gelagert werden.

Die verschiedenen Mehlsorten und Dörrobst wurden früher in großen Holztruhen auf dem oberen Flur bevorratet. Mehl behielt eine ausgezeichnete Qualität und Dörrzwetschgen waren noch im nächsten Frühjahr das Entzücken der stibitzenden Kinder.

Alle Vorratsräume müssen nach Norden oder Osten liegen. Sie müssen sehr gut gelüftet werden können; die Fenster sind mit Insektengitter gegen Ungeziefer zu sichern.

1.3.3 Hauswirtschaftsraum

Der Hauswirtschaftsraum sollte einen Nassbereich zum Waschen und einen Trockenbereich zum Bügeln und Nähen haben.

Für den Naßbereich sind ein Waschbecken, besser ein Doppelspülbecken zur Behandlung der Feinwäsche, Waschmaschine, ebentuell Wäscheschleuder und Wäschetrockner vorzusehen. Im Trockenbereich sollen die Bügelmaschine mit viel Bewegungsraum, Platz zum Handbügeln und ausreichend Fläche für Näharbeiten und Nähmaschine eingeplant werden.

Schränke werden für Wasch- und Putzmittel, für Bügelbrett und Bügeleisen gebraucht. Nähzubehör kann in Regalen untergebracht werden.

Bei zeitweiser Verwendung des Hausarbeitsraums als Gästeküche müssen 4–8 Kochstellen installiert werden. Eigenes Geschirr und Töpfe brauchen gesonderten Stauraum.

Der Hauswirtschaftsraum muß immer in der *unmittelbaren Nähe von Küche und Wohnbereich* liegen. Wirtschaftsräume im Keller oder Obergeschoß werden allenfalls noch zum Waschen genutzt, Bügeln und Nähen werden erfahrungsgemäß trotz kleiner Räume wieder in den Familienbereich verlegt.

Je nach Platzverhältnissen können Waschmaschine und Trockengeräte auch im Bad oder in der Schmutzschleuse untergebracht werden, die Wege für die Hausfrau müssen aber immer kurz sein.

1.4 Leitungen

1.4.1 Wasserinstallation

Wasser- und Abwasserleitungen müssen auch in Küche und Hauswirtschaftsraum zentral zusammengefaßt werden, um die Anschlüsse in einem Installationsschacht zusammenzuleiten (siehe Sanitärbereich unter 2.3.1, Seite 212).

Warmwasserleitungen sollen zu allen Wasserzapfstellen eingebaut werden, auch wenn der Warmwasseranschluß erst für einen späteren Zeitpunkt geplant ist. Während der Sanierungsarbeiten sind die zusätzlichen Verlegekosten gering, spätere Anschlüsse können dann ohne Beschädigung von Wand und Fliesen durchgeführt werden.

Für die Küche kann eine eigene Warmwasserbereitung über einen kleine Boiler vor allem im Sommer billiger sein als ein Anschluß an die allgemeine Warmwasserbereitung.

1.4.2 Elektroleitungen

> Alle Elektroinstallationen müssen von einem zugelassenen Fachmann ausgeführt werden!

Eine überlegte Planung kann eine Menge an Aufwand und Kosten sparen.

Für die individuellen Bedürfnisse und die örtlichen Raumverhältnisse vom Architekten entworfene Küche, vom Schreiner angefertigt

Kleine Kochküche, die Zusammendrängung von Herd und Spüle in der Ecke ist unpraktisch

Hauswirtschaftsraum, in Trocken- und Naßbereich geteilt

Großer Mehrzweck-Vorratsraum mit Arbeitsplatz

Auch Elektroleitungen können in Energieleisten oder Energiesäulen *auf dem Putz* geführt werden. Alle Arten von Steckdosen und Anschlüssen sind darauf über die ganze Länge beliebig anzuordnen. Spätere Änderungen und Ergänzungen können an der Energieleiste ausgeführt werden und erfordern keine neuen Stemmarbeiten: Fliesen und Wand bleiben unbeschädigt. Aber auch die elektrische Leitungsführung in Energieleisten muß konsequent im Zusammenhang mit den vorgesehenen Geräten und Einrichtungen geplant werden.
Getrennte Stromkreise müssen für alle elektrischen Großgeräte wie Herd, Waschmaschine, Geschirrspüler und andere angelegt werden. Auch für Steckdosen müssen ausreichend Stromkreise vorhanden sein, um die Leitungen nicht beim Anschluß zum Beispiel mehrerer Küchenmaschinen zu überlasten.
Nicht zu vergessen sind genügend Steckdosen in der Speisekammer.

1.4.3 Gasleitungen

Gas, besonders Erdgas, findet für Kochen und Heizen mehr und mehr Verwendung. Auch Gasleitungen dürfen unter Einhaltung aller örtlichen und überregionalen Vorgaben *nur vom Fachmann* gelegt werden. Besonders bei Einzelgasheizung müssen Vorschriften über Be- und Entlüftung eingehalten werden.
Propangas in großen Flaschen oder Batterien von Propangasflaschen müssen außerhalb des Hauses, vor Witterungseinflüssen geschützt, aufgestellt werden.

2 Böden und Wandbelag

2.1 Böden

In allen Wirtschaftsräumen gibt es überdurchschnittlich viel Nässe. Der Boden muß deshalb wasserundurchlässig und leicht zu reinigen sein. In Küche und Hauswirtschaftsraum muß er auf einer guten Wärmedämmung verlegt werden. Glatte, aber rutschfeste Fliesenböden, pflegeleichtes Linoleum oder wasserdicht verschweißte PVC-Beläge (nicht auf Holzunterkonstruktion) sind geeignet. Teppichböden sind in den Wirtschaftsräumen ganz unzweckmäßig (siehe Böden und Decken unter 2.2.3, Seite 194).

2.2 Wandbelag

Als Wandbelag um Wasserzapfstellen herum und im Kochbereich werden am besten Fliesen verlegt. Zwischen Wand und Fliesen ist eine Dampfsperre einzubringen (siehe Sanitärbereich unter 5, Seite 217). Geputzte Wandflächen erhalten einen Kalkanstrich. Er wirkt feuchtigkeitsregulierend und stark desinfizierend.

3 Kosten

Das Angebot an Kücheneinrichtungen auf dem Möbelmarkt ist groß, die Preise sind enorm, die Qualität von Material und Verarbeitung läßt oft zu wünschen übrig. Unter Furnieren und Beschichtungen ist auch keine Kontrolle der verwendeten Spannplatten möglich. Preis- und Qualitätsvergleiche, auch auf Grund von Testergebnissen der Verbraucherzeitschriften, sind dringend zu empfehlen.
Beim Einkauf von Maschinen und Geräten muß auf einen guten, funktionierenden Wartungsservice der Herstellerfirma geachtet werden.
Die *Anschaffung einer ersten Grundausstattung,* die nach und nach ergänzt wird, macht die Einrichtung nicht billiger, aber die Kosten können auf einen längeren Zeitraum verteilt werden. Dabei ist darauf zu achten, daß das gewählte Möbelprogramm auch noch in drei oder fünf Jahren lieferbar ist.
Auch ein Kostenvoranschlag des ansässigen Schreiners kann zu einem sehr viel günstigeren Preisergebnis führen.
Eine gründliche Inventur auf dem Speicher, ob nicht noch der eine oder andere Kasten als Küchenmöblierung herzurichten ist oder ob sich eines dieser gemütlichen Küchenbuffets findet, macht zwar Mühe, kann aber eine Menge Kosten sparen. Bevor ein alter Schüsselrahmen für geringes Geld verkauft wird, kann er auch der eigenen Küche dienen.
Die Leitungsführung kann durch eine genaue vorherige Planung kurz angelegt werden. Die Planung hilft auch, Zeit für genaue Preisvergleiche zu gewinnen und die Umbauarbeiten rationell und sparsam durchzuführen.
Für die zweckmäßige Einrichtung des Wirtschaftsbereichs können Beratungsstellen und einschlägige Schriften Orientierungshilfen geben. Aber auch die Erfahrungen von Nachbarinnen und Bekannten sollte man bei der eigenen Planung nutzen.

Nachwort

Der Zweck dieser Arbeit war es, auch dem Laien Einsichten in die technischen Probleme einer Haussanierung zu vermitteln und Verständnis für vorhandene Zusammenhänge zu wecken. Das ist die Grundlage, um eine Lösung der Sanierungsprobleme zu finden und damit der Erhaltung der alten Bausubstanz eine Chance zu geben.
Wie schon eingangs gesagt, können keine Patentrezepte aufgestellt werden. Zu vielfältig und vielschichtig sind Art und Ausmaß der Schäden, zu unterschiedlich die Nutzungsansprüche der Bewohner. Auch die Erkenntnisse über Sanierungsmethoden, über die Wirkung und Wechselwirkung neuer und alter Baustoffe werden durch Erfahrung und Forschung ständig verändert und verbessert. Das stellt verantwortungsbewußte Handwerker vor die Aufgabe, sich immer wieder neu zu informieren und trotzdem eigene Erfahrungen in jede Arbeit einzubringen. Gute Kenntnisse in Sanierung werden sich in Zukunft auszahlen, schon heute beträgt der Sanierungsanteil 50 Prozent am Bauvolumen.
Mit den Ausführungen sollte aber auch der Blick für alte Handwerksarbeit und ihren kulturellen Wert geschärft werden. Wenn dazu auch bei Laien ein neues Gefühl für Material wach wird, könnte ein wenig mehr Klarheit in die Beziehungen zu alten Bauten gebracht werden. Die Brauchbarkeit des vorhandenen Bestands ist ohne übertrieben nostalgische Gefühle zu beurteilen. Trotzdem werden der hohe Traditionswert und die spezifische Formensprache, die den alten Bauten innewohnen, bei allen Sanierungsarbeiten entscheidend ins Gewicht fallen.
Das Alte soll nicht um seiner selbst willen erhalten bleiben. Es soll vielmehr den Baumeistern unserer und der nächsten Generationen wieder als Maß und Richtschnur dienen.

Dem Team des Verlages möchte ich danken für das Engagement und die Geduld, damit »unser« Buch entstehen konnte. Dank auch Herrn Dipl.-Ing. Späth, der mit seinem Geleitwort der Arbeit besonderes Gewicht gegeben hat. Alle Freunde, Bekannte, Gleichgesinnte, die mit Zuspruch und Rat die Entstehung der Arbeit gefördert haben, seien bedankt, allen voran Herr Roth vom Bayerischen Landesverein für Heimatpflege und Herr Wittmann, der auch den Beitrag »Heizung und Warmwasser« geschrieben hat. Ebenso danke ich allen Firmen, Denkmalämtern und Privatleuten, die mir bereitwillig ihre oft raren Fotos zur Verfügung stellten. Nicht zuletzt ist auch einem hilfsbereiten Ehemann zu danken, der alle Unbilden, die Buchschreiben mit sich bringt, klaglos ertragen hat. Das Erscheinen des Buches, das auch für ihn ein Anliegen war, hat er nicht mehr erleben dürfen.
Mögen Einsatz und Gesinnung die alle an der Arbeit Beteiligten eingebracht haben, draußen im Land weiterwirken.

Literaturhinweise

Die aufgeführten Bücher sind zum Teil teure Bild- und Sachbücher. Es wird empfohlen, sie in öffentlichen Bibliotheken zu entleihen, gegebenenfalls über die Fernausleihe. Schon jede gut geführte Gemeindebibliothek kann Bücher über diese Einrichtung beschaffen.
Es werden bewußt auch gute Bildbände ohne technische Information empfohlen, die dem Leser beim Anschauen der schönen Bauten Gelegenheit geben, das Gefühl für gute Form zu schulen, den Blick zu schärfen für landschaftsspezifische Details, zu lernen, den Stil des eigenen Hauses einzuordnen.
Aus der für den Text benützten Literatur wurden die weiterführenden Titel ausgewählt, die auch für den interessierten Laien lesbar und verständlich oder die Standardwerke sind.

Bauernhaussanierung - lohnt sie sich?

Blaser, Werner: Bauernhaus der Schweiz, Birkhäuser-Verlag, Basel-Stuttgart 1983

Boer, Hans-Peter, Zielske Horst: Norddeutsche Bauernhäuser, Umschauverlag, Frankfurt a. M.

Doerner, R., Zielske, Horst: Süddeutsche Bauernhäuser, Umschau-Verlag, Frankfurt a. M. 1987

Gebhard, Torsten: Der Bauernhof in Bayern, Callwey-Verlag, München 1975

Gebhard, Torsten: Alte Bauernhäuser, Callwey-Verlag, München 1977

Grote, Rolf J.: Alte Bauernhäuser in den Vierlanden, Gerstenberg-Verlag 1983

Niewodniczanska, Marie Luise: Eifeler Bauernhausfibel, Herausgeber und Selbstverlag Geschichtsverein Prümer-Land

Pohler, Alfred: Tiroler Bauernhäuser, Steiger-Verlag, Innsbruck 1984

Pöttler, Viktor H.: Alte Volksarchitektur, Verlag Styria, Graz 1975

Sachs, Petra: Bauernhäuser im Bodenseebereich, Verlag R. Gessler, Friedrichshafen 1985

Schubert, Ottmar: Die schönsten Bauernhöfe in Oberbayern, Süddeutscher Verlag, München 1982

Sotrifter, Kristian: Alte Bauformen in den Alpen, Edition Tusch, Wien 1983

Sotrifter, Kristian: DOMUS ALPINA, Verlag Gerd Hatje 1983

Swoboda, Otto: Alte Holzbaukunst, Band 1, 2, 3, Otto Müller-Verlag, Salzburg 1975-1986

Werner, Paul: Schmuck am Haus, Pannonia-Verlag, Freilassing 1978

Werner, Paul: Der Bergbauernhof, Verlag Callwey, München 1979

Werner, Paul: Almen, Verlag Callwey, München 1981

Werner, Paul: Bäuerliche Baukultur im Berchtesgadner Land, Verlag Anton Plenk, Berchtesgaden o. J.

Werner, Paul (Herausgeber): Bundwerk, Verlag Callwey, München 1985

Planung und Zielsetzung

Achterberg, Richter: Prüflisten Altbaumodernisierung, Compact-Verlag, München

Adler, Gerstenberg, Kriener: Für Erhalt, gegen Abriß, Weltkreis-Verlag, Dortmund

Arbeitsgemeinschaft Wohnbau-Modernisierung e.V., Bahnhofstr. 44, 7101 Offenau: Modernisierungskompaß, kostenlos anfordern

Arendt, C.: Altbauerneuerung, DVA, Stuttgart 1977

Kastner, Richard H.: Gebäudesanierung, Analyse, Planung, Durchführung, Verlag Callwey, München 1983

Märkle, R. W.: Herstellungs- und Erhaltungskosten bei Gebäuden, Richard Booberg Verlag, Stuttgart 1978

Peters, Heinz: Selbsthilfe am Bau, Bauverlag GmbH Wiesbaden-Berlin 1984

Peters, Paul-Hans: Umbau alter Bauernhäuser, Verlag Callwey, München 1981

Rau, O., Braune, U.: Der Altbau, Verlagsanstalt A. Koch, Leinfelden-Echterdingen 1986

Spielhofer, Herrad: In alten Bauernhäusern leben, Verlag L. Stocker, Graz-Stuttgart 1981

Mauersanierung: Baufeuchtigkeit

Arendt, C.: Altbauerneuerung, DVA, Stuttgart 1977

Arendt, C.: Trockenlegung - Leitfaden zur Sanierung feuchter Bauwerke, DVA, Stuttgart 1983

Gerner, Manfred: Instandsetzen und Erhalten historischer Häuser, Bauverlag Wiesbaden 1978

Gösele, Schüle: Schall, Wärme, Feuchtigkeit, Bauverlag Wiesbaden 1979

Kastner, Richard H.: Gebäudesanierung, Verlag Callwey, München 1983

Köneke, R.: Schäden am Haus - Ursachen, Beseitigung, Kosten, Verlagsgesellschaft Rudolf Müller, Köln-Braunsfeld 1985

Schild: Konstruktionsempfehlungen zur Altbaumodernisierung: Bauteile im Erdreich, Bauverlag Wiesbaden 1980

Rau, O., Braune, U.: Der Altbau, Verlagsanstalt A. Koch, Leinfelden-Echterdingen 1986

Weber, Helmut: Mauerfeuchtigkeit, Expertverlag, Grafenau 1985

Mauersanierung: Mauerrisse

Arendt, C.: Altbauerneuerung, DVA, Stuttgart 1977

Kastner, Richard H.: Gebäudesanierung, Verlag Callwey, München 1983

Schild: Schwachstellen, Außenwände und Öffnungsanschlüsse, Bauverlag, Wiesbaden 1981

Dachsanierung

Dachatlas, geneigte Dächer, Institut für internationale Architektur-Dokumentation, o. A.

Fingerhut, Paul: Schieferdächer, Technik und Gestaltung, Verlagsgesellschaft Rudof Müller, Köln-Braunsfeld 1982

Hart, Franz: Baukonstruktion für Architekten, Julius Hoffmann Verlag, Stuttgart 1951

Hebel: Handbuch für Wohnbau, Information der Hebel-Werke, Emmering-Fürstenfeldbruck

Hess, Friedrich: Dachstühle und Dachdeckungen, Julius Hoffmann Verlag, Stuttgart 1948

Pracht, K.: Holzbausysteme, Verlagsgesellschaft Rudolf Müller Köln-Braunsfeld 1981

Rau, O., Braune, U.: Der Altbau, Verlagsanstalt A. Koch, Leinfelden-Echterdingen 1986

Täumer, K.: Spengler- und Dachdeckerarbeiten, Selbstverlag, München o. J.

Putz und Farbe

Baur - Heinhold, Bemalte Fassaden, Callwey Verlag, München 1981
Böse, Karl-Heinz: Mit Naturfarben streichen, Verlagsgesellschaft Rudolf Müller, Köln-Braunsfeld 1986
Brasholz, Anton: Der Fassadenanstrich, Callwey Verlag, München 1984
Gehringer, Andreas: Gipser- und Verputzerhandwerk, Zürich 1981
Grunau, E.: Bautenschutz und Bautenschutzmittel, Verlagsgesellschaft Rudolf Müller, Köln-Braunsfeld 1970
Leszner, Tamara, und Stein, Ingolf: Lehmfachwerk, Verlagsgesellschaft Rudolf Müller, Köln-Braunsfeld 1987
Piepenburg: Mörtel - Mauerwerk - Putz, Bauverlag, Wiesbaden 1970
Schild: Schwachstellen II, Außenwände und Öffnungsanschlüsse, Bauverlag, Wiesbaden 1983
Scholz, Wilhelm: Baustoffkenntnis, Werner-Verlag, Düsseldorf 1980
Snethlage, R., Arendt, C.: Steinreinigung, Baudetail, Blatt 23, Bau 11, Arbeitsblätter des Bayerischen Landesamts für Denkmalpflege, München 1981
Vierl, Peter: Putz und Stuck, Callwey Verlag, München 1984

Holzbausanierung

Arendt, C.: Altbauerneuerung, DVA, Stuttgart 1977
Bergmann, A. (Herausgeber): Fachwerkbauten in der Oberpfalz, M. Lassleben Verlag, Kallmünz 1974
Bedal, Konrad: Fachwerk in Franken, Oberfränkische Verlagsanstalt und Druckerei GmbH, Hof 1980
Eisinger, Robert: Denkmalpflege in Baden-Württemberg, Nachrichten, Heft 4, 1986, Landesdenkmalamt für Baden-Württemberg, Stuttgart, Mörikestr. 12
Gerner, Manfred: Fachwerk, DVA, Stuttgart 1985
Gerner, Manfred: Farbiges Fachwerk, DVA, Stuttgart 1985
Jüngling, A.: Das Bundwerk am Bauernhaus des Chiemgaus, Verlag Th. Breit, Marquartstein 1978
Klöckner, K.: Alte Fachwerkbauten, Callwey Verlag, München 1978
Lange, M.: Fachwerkhäuser renovieren, Verlagsgesellschaft Rudolf Müller, Köln-Braunsfeld 1984
Leszner, Tamara, und Stein, Ingolf: Lehmfachwerk, Rudolf Müller, Köln-Braunsfeld 1987
Peters, Paulhans: Umbau alter Bauernhäuser, »der Windbichl«, Callwey Verlag, München 1981
Pfingsten, H. O.: Technologie Holz, Grundstufe, für den Gebrauch an Berufsschulen, Hermann Schrödel-Verlag, Hannover-Berlin 1980
Phleps, H.: Holzbaukunst, der Blockbau, Bruderverlag, Karlsruhe, reprint 1981
Pracht, H.: Holzbausysteme, Verlagsgesellschaft Rudolf Müller, Köln-Braunsfeld 1981
Rau, O., Braune, U.: Der Altbau, Verlagsanstalt A. Koch, Leinfelden-Echterdingen 1986
Stoermer, H. W.: Zimmererkunst am Bauernhaus, Verlag, F. Pustet, Regensburg 1981
Werner, Paul (Herausgeber): Das Bundwerk, Callwey Verlag, München 1985
Werner, Paul: Denkmalpflegeinformation, Ausgabe B, Nr. 76, Bayerisches Landesamt für Denkmalpflege München, Hofgraben 1985

Holzschädlinge, Holz- und Brandschutz

Arendt, C.: Altbauerneuerung, DVA, Stuttgart 1977
Böse, Karl-Heinz: Mit Naturfarben streichen, Verlagsgesellschaft Rudolf Müller, Köln-Braunsfeld 1986
Grosser, D.: Die wichtigsten pflanzlichen und tierischen Bauholzschädlinge, Wissenschaftliche Verlagsgesellschaft, Stuttgart 1983

Fenster und Türen

Arendt, C.: Altbauerneuerung, DVA, Stuttgart 1977
Arendt, C., und andere: Fenstersanierung, Arbeitskreis Bautechnik der Landesdenkmalpfleger (über Denkmalämter zu beziehen)
Böse, Karl-Heinz: Mit Naturfarben streichen, Verlagsgesellschaft Rudolf Müller, Köln-Braunsfeld 1986
Haberer, Albert: Tür und Tor, Verlag Ernst Heyer, Essen 1964
Institut für Fenstertechnik, Theodor-Gietlstr. 9, 8200 Rosenheim: Unterlagen anfordern
Menk - Seyfert: Neue Fenster für alte Fassaden, Verlagsgesellschaft Rudolf Müller, Köln-Braunsfeld 1986
Reitmayer, Ulrich: Holzfenster, Julius Hoffmann Verlag, Stuttgart 1980
Reitmayer, Ulrich: Holztüren und Holztore, Julius Hoffmann Verlag, Stuttgart 1986
Rau, O., Braune, U.: Der Altbau, Verlagsanstalt A. Koch, Leinfelden-Echterdingen 1986
Schild: Schwachstellen Band II, Außenwände und Öffnungsanschlüsse, Bauverlag, Wiesbaden - Berlin 1984
Schild: Schwachstellen Band V, Fenster und Außentüren, Bauverlag, Wiesbaden-Berlin 1984
Schneck, Adolf G.: Fenster aus Holz und Metall, Julius Hoffmann Verlag, Stuttgart 1963

Heizung und Warmwasser

Brusche, Rainer: Holz, Aufbereiten und Verbrennen, Rationalisierungskuratorium für Landwirtschaft, Kiel 1982
Brusche, Rainer, und Eggersglüß, Walter: Stroh- und Holzöfen III, Rationalisierungskuratorium für Landwirtschaft, Kiel 1985
Loewer, Harald: Heiztechnik in Alt- und Neubauten, expert-verlag, Grafenau 1979
Jargstorf, Sibylle: Rund um den Ofen, Humboldt-Taschenbuchverlag Jacobi KG, München 1984
Petersen, Wilhelm: Warmwasserbereitung in der Landwirtschaft, Rationalisierungskuratorium für Landwirtschaft, Kiel 1985
Schiffer, Heinz-Jürgen: Heizungsanlage selbst gebaut, Verlagsgesellschaft Rudolf Müller, Köln-Braunsfeld 1985
Strehler, Arno: Stroh- und Holzöfen II, Rationalisierungskuratorium für Landwirtschaft, Kiel 1982
- Das Wohnhaus in der Landwirtschaft - Heizung und Warmwasserversorgung, Auswertungs- und Informationsdienst für Ernährung, Landwirtschaft und Forsten (AID) e.V., Bonn-Bad Godesberg 1988
- Energiesparbuch für das Eigenheim, Bundesministerium für Raumordnung, Bauwesen und Städtebau, Bonn-Bad Godesberg 1979

Neue Zwischenwände Böden und Decken

Arendt, C.: Altbauerneuerung, DVA, Stuttgart 1979

Deutsche Heraklith AG: Informationsmaterial, 8346 Simbach

Gösele - Schüle: Schall, Wärme, Feuchtigkeit, Bauverlag, Wiesbaden 1979

Hammer - Völker: Trockenbaupraxis, angewandte Bauphysik, Verlagsgesellschaft Rudolf Müller, Köln-Braunsfeld 1984

Hart, Franz: Baukonstruktion für Architekten, Julius Hoffmann Verlag, Stuttgart 1950

Knauf, Gebr., Westdeutsche Gipswerke: Informationsmaterial, 8715 Iphofen

Rau, O., Braune, U.: Der Altbau, Verlagsanstalt A. Koch, Leinfelden-Echterdingen 1986

Reichel, Wolf: YTON-Handbuch, Gasbeton, Bauverlag GmbH, Wiesbaden-Berlin 1974

Schild: Schwachstellen, Band IV, Innenwände, Decken, Fußböden, Bauverlag GmbH, Wiesbaden-Berlin 1980

Schulz, Peter: Schallschutz, Wärmeschutz, Feuchteschutz, Brandschutz im Innenausbau, DVA, Stuttgart 1980

Wärmedämmung und Schalldämmung

Arendt, C.: Altbauerneuerung, DVA, Stuttgart 1977

Gerner, Manfred: Fachwerk, DVA, Stuttgart 1979

Gerner, Manfred: Instandsetzen und Erhalten historischer Häuser, Bauverlag, Wiesbaden 1978

Gösele, Schüle: Schall, Wärme, Feuchtigkeit, Bauverlag, Wiesbaden 1979

HEA Hauptberatungsstelle für Elektrizitätsanwendung: Wärmeschutz im Hochbau, praktische Anwendung, Energieverlag, Heidelberg, Postfach 102140

Nebel: Sanieren und Modernisieren von Fachwerkbauten, Bundesministerium für Bauwesen und Städtebau, Bonn 1981

Rau, O., Braune, U.: Der Altbau, Verlagsanstalt A. Koch, Leinfelden-Echterdingen 1986

Schild: Schwachstellen Band II; Außenwände und Öffnungsanschlüsse, Bauverlag, Wiesbaden 1977

Schulz, P.: Schallschutz, Wärmeschutz, Feuchteschutz, Brandschutz im Innenausbau, DVA, Stuttgart 1980

Treppen innen - Treppen außen

Bangert, Sabine: Treppen in Holz, Bruderverlag, Karlsruhe 1981

Mannes, Willibald: Schöne Treppen, DVA, Stuttgart 1985

Rau, O., Braune, U.: Der Altbau, Verlagsanstalt A. Koch, Leinfelden-Echterdingen 1986

Reitmayer, Ulrich: Holztreppen in handwerklicher Konstruktion, Julius Hoffmann Verlag, Stuttgart 1982

Steinhöfel, Otto: Holztreppen, Callwey Verlag, München 1960

Sanitärbereich Küche und Hauswirtschaftsräume

Arendt, C.: Altbauerneuerung, DVA, Stuttgart 1977

Lampe, G., Pfeil, A.: Haustechnik, Bauverlag GmbH, Wiesbaden-Berlin 1981

Rau, O., Braune, U.: Der Altbau, Verlagsanstalt A. Koch, Leinfelden-Echterdingen 1986

Sage, Konrad: Handbuch der Haustechnik, Bertelsmann Fachverlag 1971

Spielhofer, Herrad: In alten Bauernhäusern leben, Stocker-Verlag Graz, 1981

Fachausdrücke

Abbeilen Die Oberfläche eines Balkens mit dem Beil glatt behauen.
Abbinden (Dachstuhl, Fachwerk) Abbund, auslegen aller Dachstuhl- oder Fachwerkhölzer nach Plan auf Zimmermannsplatz und zusammenpassen der Konstruktion.
Abbinden (Mörtel) Die chemische Umwandlung der Bindemittel (Kalk, Zement, Gips) mit Luft und Wasser in das harte Endprodukt Mörtel.
Abgastemperatur Wird gemessen im Übergangsstück zwischen Heizkessel und Kamin.
Absorbieren »Verschlucken«, hier: die Fähigkeit eines festen Materials, Wasser in flüssiger oder Gasform (Dampf) aufzusaugen, zu speichern und wieder abzugeben.
Ackerbürger Ehemals Stadtbewohner, die im Nebenerwerb Landwirtschaft für die Selbstversorgung betrieben.
Anschiften Anschuhen, Aneinanderfügen oder Ergänzen von Balken in der Längsrichtung.
Armierung, armierter Beton Einlage von Baustahl (Rundeisen) im Beton zur Erhöhung der Biege-, Druck- und Zugfestigkeit.
Aufdoppeln, Aufdopplung Aufbringen einer zweiten Brettschicht auf die ursprünglich Tragende zur Verstärkung, zum Beispiel bei Türen und Böden.
Auflager Mauer oder Stütze, auf der ein Bauteil (Balken, Träger, Gewölbe) aufliegt.
Aufmaß Maß an einem Bau nehmen und schriftlich festhalten.
Aufsatteln Aufeinanderfügen von Konstruktionselementen, auch Erhöhen eines Bauteils durch Auflegen von Bohlen, Beilaghölzern und ähnlichem.
Auskragung Vorspringen eines Bauteils.

Balkenkopf Balkenende.
Bankett Ein breiter Beton- oder Mauerstreifen unter den eigentlichen Fundamentmauern.
Baumasse Die Gesamtheit aller Bauteile, das Bauwerk als Ganzes.
Bauvoranfrage Voranfrage zu einem Bauvorhaben bei einer Gemeinde, möglichst mit Übersichtsplänen. Strittige Fragen und gemeindliche Auflagen können dabei geklärt werden.
Bauvorlage → Eingabeplan.
Bewehrter Beton → Armierung.
Bewehrungseisen → Armierung.
Bindemittel Substanzen, die durch Beimengung anderen Materialien Festigkeit geben, zum Beispiel Zement zu Kies ergibt Beton.
Blechhaften Spezialhaken zur Befestigung von Blechstreifen.

Dachgaube (Gaube, Gaupe, Luke) Holzkonstruktion in der Dachfläche für Fenster und Belüftungsöffnungen.
Dachkehlen → Kehlen.
Dachstuhl (Stuhl) Die gesamte Tragkonstruktion für das Dach.
Dächer, gemörtelt Dächer mit in Kalkmörtel verlegten Dachziegeln, meistens → Mönch- und Nonneziegeln.
Diffusion Die Ausbreitung von Gasen auch durch scheinbar dichte Baustoffe wie Mauern oder Holz. Sie wird bewirkt durch unterschiedliche Druckverhältnisse innen und außen. Von besonderer Bedeutung ist im Bauwesen die Diffusion von Wasserdampf (Dampfdiffusion).
DIN ist die Kennzeichnung für Erzeugnisse die neben den Gebrauchsanforderungen den für sie festgelegten DIN-Normen entsprechen. DIN-Normen werden im deutschen Normenausschuß erarbeitet und in DIN-Normblättern festgehalten. Unter anderem sind hier beschrieben: Die Mindestanforderungen, die nach der Ausführung der Arbeiten an ein Bauteil gestellt werden müssen, die Zusammensetzung und Wirkungsweise von Baustoffen, Abmessungen von Bauteilen und die Zusammensetzung von Materialien.

Eingabeplan (Bauvorlage) Vorlage aller Grundrisse, Ansichten und Schnitte eines Bauobjekts im Maßstab 1 : 100 bei der zuständigen Gemeinde zur Weiterleitung an die Bauaufsichtsbehörde (Landkreis). Der E. muß von einem autorisierten Planer angefertigt und unterschrieben sein.
Einheitspreis Preis für eine Leistungseinheit, zum Beispiel eine Maurerstunde, 1 cbm Mauerwerk, 1 cbm geliefertes Holz, 1 cbm Sand.
Emissionen Im Zusammenhang mit Heizung: die von einer Feuerungsanlage ausgehenden Luftverunreinigungen.
Ern Hausflur.
Ettringitt (Zementbazillus) Calciumsulfat-Tricalciumaluminat entsteht durch Einwirken sulfatharten Wassers auf Zement und beim Zusammentreffen von Gips (Calciumsulfat), Zement und Wasser. Ettringittbildung ist mit starker Ausdehnung und dadurch Sprengwirkung verbunden.

Filmanstrich Anstrich, der eine sehr dünne, elastische, filmartige Haut bildet.
Firstsäule (Hochstud (Schweiz), Firstständer) Ständer, der die Last der Firstpfette bis auf das Fundament abträgt.
Fluate Fluorsilikate (Salze der Fluorkieselsäure), dienen in Lösungen zum Wasserdichtmachen von Zement, Mauerwerk und Natursteinfassaden (fluatieren).

Gaube → Dachgaube.
Gaubenwechsel → Wechsel.
Gebeilte Balken Nur mit dem Beil aus dem Stamm gehauene Balken.
Gemörtelte Dächer → Dächer, gemörtelt.
Gewährleistungsfrist Garantiefrist für Bauleistungen (1–5 Jahre). Während dieser Zeit auftretende Schäden aus dem Verschulden des Auftrag*nehmers* müssen kostenfrei behoben werden. Die G. muß bei Auftragsvergabe schriftlich vereinbart werden.
Gewerk Die Gesamtheit der Arbeit eines Handwerkszweiges am Bau, zum Beispiel Maurerarbeiten, Zimmermannsarbeiten.
Gewichtsprozent Prozentsatz aus dem Gewicht eines Materials, im Gegensatz zu → Volumenprozent.
Gewölbewiderlager Die → Auflager von Gewölben, die den Gewölbeschub aufnehmen müssen.

Haarkalkmörtel Kalkmörtel mit Faserzusatz, früher Kälberhaare. Er erreicht höhere Reißfestigkeit als normaler Mörtel.
Haarrisse Feine Risse unter 2 mm Klaffung.
Halfenschienen Spezialschienen zur Verankerung von leichten Zwischenmauern.
Hauslandschaft Ein bestimmter Haustyp, der in einer Landschaft vorherrscht.
Hirnholz Schnitt durch das Holz quer zur Faserrichtung.
HOAI Honorarordnung für Architekten und Ingenieure. Ihr unterliegen alle eingetragenen Architekten und Ingenieure (Statiker).

Hydration Wasseraufnahme eines Materials aus der Umgebung, bei Bauteilen aus dem Erdreich oder aus der Luft. Die Hydration von Baustoffen kann durch → hygroskopische Stoffe, zum Beispiel eingeschlossene Salze, verstärkt werden.
Hydrophobieren Wasserabweisend machen durch Zusatz oder oberflächliches Aufbringen wasserabstoßender Substanzen: Silikate und Silikonate für alle Mauern (→ Fluate), Öle und Lacke für Holz.
Hygroskopisch Wassersaugend. Hygroskopische Stoffe sind Stoffe, die das Bestreben haben, Feuchtigkeit aus der Umgebung (Luft oder Erdreich) an sich zu ziehen und zu speichern, am Bau besonders verschiedene Salze.

Kalkmännchen (Kalkspatzen) Ungelöschte Kalksteine im Sumpfkalk, auch als Einschlüsse in alten Ziegeln, entwickeln bei Berührung mit Wasser starke Quell- und Sprengwirkung.
Kapillaren Haarröhrchen, Röhrchen oder langgestreckte Hohlräume mit sehr kleinem Innendurchmesser. Durch die in den K. veränderte Oberflächenspannung kann Wasser in den Hohlräumen in beträchtlichem Maß aufsteigen.
Kapillare Wasserabgabe → Kondenswasser wird über die → Kapillaren an die Wandoberfläche geleitet und kann dort verdunsten.
Kapillarfunktion → Kapillare Wasserabgabe.
Kapillarkondensation Feuchtigkeitsbildung in den Kapillaren durch erniedrigten Dampfdruck, das heißt, Dampf kondensiert auch schon unterhalb des normalen → Taupunkts zu Wasser (→ Kondensation).
Kehlbalken Hahnenbalken, Hahnbalken, Spitzbalken, Balken im oberen Sparrendreieck eines Dachstuhls zur Versteifung der Sparrenverbindung.
Kehlen Rinnenförmige Vertiefungen, Dachkehlen sind Rinnen an Dachverschneidungen oder im Anschluß an andere Bauteile, zum Beispiel Kamine.
Kernholz Der innere, härtere Teil eines Baumstamms.
Kernholzbalken Balken, die zum überwiegenden Teil aus → Kernholz geschnitten sind und den Baumkern einschließen.
Kniestock (Drempel) Dachraum mit etwa kniehohen, senkrechten Seitenwänden über den Außenwänden der unteren Geschosse.
Kondensation Übergang eines Stoffes vom gasförmigen in den flüssigen bzw. festen Zustand beim Unterschreiten bestimmter Temperaturen oder Überschreiten der für den Stoff spezifischen Druckverhältnisse (→ Kapillarkondensation).
Kondenswasser Schwitzwasser, Tauwasser, Wasserniederschlag aus der Luft bei Abkühlung oder in Hohlräumen durch veränderte Druckverhältnisse (→ Kondensation).
Konterlattung (Gegenlattung) Latten, die unter einem Lattengerüst angebracht werden, meistens zur Hinterlüftung einer Verschalung.
Konvektion Ein Heizenergie-Verteilsystem: Raumaufheizung durch Umwälzen von erwärmter Luft.
Kopfbüge (Büge, Kopfband, Kopfstrebe, Knagge) Kurze, diagonal angeordnete Hölzer zur Aussteifung einer Balkenverbindung.
Kraftschlüssig Verbindung von Bauteilen, die eine direkte Kraftübertragung bei Druck- oder Zugbelastung gewährleisten.

Lehmschlag Gemisch aus Lehm und Häcksel, das in Schichten mit starkem Schlagen als Bodenbelag aufgebracht wird.
Leistungsverzeichnis (LVZ, Leistungsbuch) Auflistung und Beschreibung aller am Bau vorgesehenen Arbeiten nach → Gewerken.
Lisene Geringfügig aus der Wandoberfläche ragende, flache, senkrechte Fassadengliederung.

Magerbeton Beton mit sehr geringem → Bindemittelanteil.
Maschinenstunden Berechnungsgrundlage für den Einsatz von Baumaschinen, zum Beispiel eine Stunde Mörtelmischer, Preßluftbohrer usw. Maschinenstunden müssen mit Einheitspreis im Angebot aufgeführt werden.
Mauerkrone Der oberste Abschluß von Mauern.
Mönch und Nonne Altertümliche Art der Dachdeckung, die aus einer unteren flach-halbrunden Pfanne (Nonne) und einer oberen, voll-halbrunden Pfanne (Mönch) besteht. Die Dachpfannen werden in Kalkmörtel verlegt. → Dächer, gemörtelte.

Ortgang Dachabschluß an der Giebelseite.

Putzlatte (Kartätsche, Ziehlatte) Latte zum völlig planen Abziehen der angeworfenen Putzfläche.
Putzträger Früher Schilfrohrmatten, jetzt Maschendraht, verzinkt mit Ziegelstücken, verzinktes Streckmetall, Kunststoffgitter. Sie werden auf der zu verputzenden Fläche befestigt, um den nachfolgenden Putzlagen auf schlechtem Untergrund Halt zu geben.

Reet (Schilf) Dachdeckungsmaterial, ähnlich wie Stroh zu verarbeiten.
Regiearbeiten Arbeiten, die nach geleisteten Stunden abgerechnet werden.
Regreßansprüche Ansprüche auf Behebung von Schäden oder Ersatz von fehlerhaften Leistungen bei schuldhaftem Verhalten des Auftragnehmers. → Gewährleistungsfrist.

Scharblech → Traufblech.
Schwelle (Grundschwelle, Saumschwelle, Schwellriegel, Schwellenkranz, Schwellholz) Der unterste, horizontale Balken bei Holz- und Fachwerkbauten, der auf dem Fundament aufliegt.
Schwitzwasser → Kondenswasser.
Sickerdole (Sickergrube) Wassersammelschacht mit unterer Sickerschicht.
Sinterhaut Mineralstoffe, die sich an der Oberfläche absetzen (aussintern) und in trockenem Zustand eine starre Haut bilden.
Spannweite Die freie Strecke eines tragenden Bauteils (Balken, Träger) zwischen zwei Unterstützungen (→ Auflager).
Sperrmörtel (-Beton) Mörtel oder Beton mit wasserabweisenden (wassersperrenden) Zusätzen (→ Fluate).
Splintholz Der äußere, weichere Teil an einem Baumstamm.
Stahlbeton → Armierung.

Taupunkt Abkühlungspunkt, in dem der Dampf der Luft in Wasser übergeht (→ Kondensation).
Tauwasser → Kondenswasser.
Tragwerk Konstruktion zur Aufnahme von Lasten, zum Beispiel Dachtragwerk.
Tragwerksknoten Knotenpunkt oder Schnittpunkt von mehreren Tragwerksteilen, zum Beispiel von verschiedenen Dachbalken.
Traufblech (Scharblech) Blech, das zwischen Dachrinne und unterem Rand der Dacheindeckung zum Schutz des Dachfußes angebracht wird.

Traufe (Dachtraufe) Der unterste Teil des Daches, an dem das Regenwasser abläuft.
Traufseite Die Hausseite unter der → Traufe.

Überhangstreifen Schmaler Blechstreifen, in den größere Anschlußbleche beweglich eingehängt werden können.
Überzug Träger, der über der aufzunehmenden Last angeordnet wird, an dem die Last hängt (→ Unterzug).
Unterzug (Untergurt) Träger zur Aufnahme von Lasten, aus Holz, Stahl, Beton, der unter der Last angeordnet ist, der die Last trägt (→ Überzug).

Versottung Durchfeuchtung des Kamins durch Kondenswasser und schwefelige Säure. Die schwefelige Säure entsteht vor allem bei Ölheizungen, wenn sich der im Abgasstrom enthaltene Wasserdampf mit anderen Teilen aus dem Abgas verbindet und kondensiert.
VOB Verdingungsordnung für das Baugewerbe, bindende Vorschriften für die Ausführung einer Leistung (Mindestqualität). → Leistungsverzeichnis, VOB und DIN sind die Grundlagen für die Vergabe von Bauaufträgen.

Volumenprozent Prozentsatz aus dem Rauminhalt eines Materials, zum Beispiel 10 Vol% aus 10 Eimern ist 1 Eimer. Das Gewicht der verschiedenen Anteile (Sand und Kalk für Mörtel) spielt dabei keine Rolle (→ Gewichtsprozent).

Wassernase (Tropfnase) Nut oder kurzer Überstand zum Abtropfen von Regenwasser.
Wechsel Hilfsbalken in Holzbalkendecken oder in der Dachflächenkonstruktion zur Aufnahme besonderer Lasten, zum Beispiel aus Treppen, Dachgauben usw.

Zange Zwei Hölzer, die, parallel angeordnet, ein drittes, senkrecht oder schräg dazugestelltes »in die Zange nehmen«. Mit Schrauben wird eine feste Verbindung der Zangenhölzer mit dem gefaßten Balken hergestellt.
Zementbazillus → Ettringitt.
Zwerchgiebel Umfangreiche Giebeldachgaube, deren Front meistens in der Flucht der unteren Geschoßmauern liegt.

Stichwortregister

Bildquellen

AEG-Telefunken, München
Seite 179
AGROB, Ismaning
Seiten 214 (rechts), 223 (unten rechts)
Bachmann, Vinz. S., Schleching-Mettenham
Seite 113
Bayerischer Landesverein für Heimatpflege, München
Seiten 15 (oben), 75 (oben links), 80 (2), 83, 86, 90 (4), 99, 117 (Mitte und rechts), 146 (links und rechts), 151
Bayerisches Landesamt für Denkmalpflege, München
Seiten 36 (Mitte rechts), 87 (3), 114
Bayplan, Werkfoto, München,
Seiten 104, 105
Biebl + Söhne, München
Seiten 38 (oben), 102, 136, 138
Brändle, Evemarie, Gauting
Seite 36 (unten rechts)
Bromm, Edmund, Isar Bautenschutz GmbH, Ismaning
Seiten 37, 41, 43, 46, 91 (unten)
CMA, Centrale Marketinggesellschaft der deutschen Agrarwirtschaft m.b.H., Bad Godesberg
Seite 210 (rechts)
Daum, Eberhard, Bozen
Seite 173 (oben rechts und unten)
Daum, Raphael, Bozen
Seite 173 (oben links)
Deutsche Rockwool, Gladbeck
Seite 218
Fries, Karin, München
Seite 210 (links)
Funke, Jens, München
Seiten 165 (oben), 166 (links), 169
Grünzweig + Hartmann, Speyer
Seite 158
Gutknecht, Bruno, Ministerialrat, Buch am Erlbach
Seite 174
Hirsch, Stefan, München
Seite 210 (Mitte)
Gebr. Knauf, Westdeutsche Gipswerke, Iphofen
Seiten 142, 185, 195, 203, 214 (links), 215 (links), 223 (oben rechts und unten links)
Kosina, Hans, Linz/Österreich
Seiten 36 (oben links), 69 (2)
Landesamt für Denkmalpflege, Bremen
Seiten 78, 124 (oben links), 126 (oben)
Landesdenkmalamt für Baden-Württemberg, J. Geiger, Stuttgart
Seiten 17 (2), 129
Fa. Lömpel, Arnstein
Seiten 49, 52, 56 (2), 64, 67 (3), 80 (links), 126 (unten), 134 (3)
MERO-Werke, Würzburg
Seite 215 (Mitte)
Niewodniczanska, M. L., Dipl. Ing. Architektin, Bitburg
Seite 140 (2)
OVN Kontor, Senden-Bösensell
Seite 167
Pöhlmann, Lutz, Großdeinbach
Seiten 16, 18 (oben rechts, unten beide), 53, 75 (oben rechts und unten), 91 (oben), 124 (oben rechts und unten links), 128, 152, 153 (2), 154
Pöttler, Viktor Herbert, Österr. Freilichtmuseum, Stübing bei Graz
Seite 89
Preussag, Werkbild, Ibbenbüren
Seite 165 (unten)
PRS-Public Relations Systems Agentur für Öffentlichkeitsarbeit GmbH (GPRA), Berlin
Seite 176 (unten)
Quast, Siegfried von, Murnau (Entwurf Prof. Dipl. Ing. F. Riepl, München)
Seite 223 (oben links)
Riepshoff, Heinz/Interessengemeinschaft Bauernhaus e.V., Syke
Seiten 36 (Mitte links und oben rechts), 70 (2), 88 (3), 121 (4), 123 (3), 128, 190, 192 (4)
Roschmann + Schmidt, Werkfoto, Augsburg
Seite 166 (rechts)
Schrag Heinzungs-Lüftungs-Klima-Technik GmbH, Ebersbach
Seite 167 (rechts)
Stähli, Rolf Albin, Winterthur/Schweiz
Seiten 18 (oben links), 191 (4), 193
Thyssen, Werkfoto, Düsseldorf
Seite 215 (rechts)
Thermoval-Heiztechnik GmbH, Frechen
Seite 171 (unten)
Urban, Johannes, Haslach
Seite 176 (oben)
Wacker Chemie, Werkfoto, München
Seiten 38 (unten), 98
Werkmeister, Max, Freising
Seite 35
Werner, Paul, München
Seiten 15 (unten), 36 (unten links), 117 (links), 132 (oben und unten), 139 (3), 146 (Mitte)
Wittmann, Franz Xaver, München
Seiten 33, 42, 113, 159, 164 (2), 171 (oben), 180
Joh. Vaillant GmbH u. Co, Remscheid
Seite 163

Umschlagfotos

vorn: Gebr. Knauf, Westdeutsche Gipswerke, Iphofen (links unten)
Alle anderen: Wüstenrot AG, Leonberg, Kalender 1985
hinten: Riepshoff, Heinz/Interessengemeinschaft Bauernhaus e.V. Syke (rechts oben)
Pöhlmann, Lutz, Großdeinbach (links unten)
Max Werkmeister, Freising (rechts unten und links oben)

Zeichnungen

Werkzeichnung Fa. Lömpel, Arnstein, Seite 72 (31)
Schrag Heizungs-Lüftungs-Klima-Technik GmbH, Ebersbach, Seite 167
Alle übrigen Zeichnungen: Evemarie Brändle, Beschriftung: Elisabeth Kohl